论力学辅导纲要与题解

主编 王芳文 刘 睫 张亚红

图书在版编目(CIP)数据

理论力学辅导纲要与题解 / 王芳文，刘睫，张亚红主编. —西安：西安交通大学出版社，2021.8

ISBN 978-7-5693-1930-9

Ⅰ.①理… Ⅱ.①王… ②刘… ③张… Ⅲ.①理论力学—高等学校—教学参考资料 Ⅳ.①O31

中国版本图书馆 CIP 数据核字(2020)第 239937 号

LI LUN LIXUE FUDAO GANGYAO YU TIJIE

书　　名　理论力学辅导纲要与题解
主　　编　王芳文　刘　睫　张亚红
责任编辑　田　华
责任校对　魏　萍
装帧设计　任加盟

出版发行　西安交通大学出版社
(西安市兴庆南路 1 号　邮政编码 710048)
网　　址　http://www.xjtupress.com
电　　话　(029)82668357　82667874(发行中心)
(029)82668315(总编办)
传　　真　(029)82668280
印　　刷　陕西奇彩印务有限责任公司

开　　本　787 mm×1092 mm　1/16　**印张** 16　**字数** 399 千字
版次印次　2021 年 8 月第 1 版　2021 年 8 月第 1 次印刷
书　　号　ISBN 978-7-5693-1930-9
定　　价　48.00 元

如发现印装质量问题，请与本社发行中心联系、调换。
订购热线：(029)82665248　(029)82665249
投稿热线：(029)82664954　QQ：190293088
读者信箱：190293088@qq.com

前 言

本书是根据理论力学课程教学大纲的基本要求，参照西安交通大学近些年使用的《理论力学》（张亚红、刘睫主编，科学出版社2018年第2版；张克猛、张义忠主编，科学出版社2007年第1版）教材而编写的一本教辅书，除第1章和第11章外，每章分为以下四个部分：

1. 基本知识剖析。梳理基本知识，明确重点、难点内容，帮助读者对本章内容有一个提纲挈领的回顾。

2. 习题类型、解题步骤及解题技巧。帮助读者提高分析问题的方向性、求解问题的技巧性以及解题过程的规范性。

3. 例题精解。示范解题思路，规范解题步骤，通过理论联系实际，提高分析问题、解决问题的能力。

4. 题解。对教材（《理论力学》，张亚红、刘睫主编，科学出版社2018年第2版）相应章节的习题给出详细的解答，便于读者对照检查。

书末的附录1、附录2、附录3可帮助读者在期末考试或考研时自我检测，了解自身对本课程基本概念、重点、难点的理解和掌握情况，提高理论力学的应试能力。

由于时间仓促和水平所限，书中难免有不妥和疏忽之处，衷心希望广大读者指正。

编　者

2021年8月

目　录

第 1 章　静力学基础

1.1　基本知识剖析

1. 基本概念

(1)**力**是物体间相互的机械作用，是一个具有大小、方向、作用点的定位矢量，图示时还应标注相应的名称。

(2)**力系**是作用在物体上的一组力。常见的力系有：空间力系、平面力系、汇交力系、平行力系、力偶系等。

(3)**刚体**是实际物体抽象化的一个理想力学模型，也是力系等效、简化的要求。

(4)**平衡**是物体机械运动的一种特定形式，此时物体所受各力之间必然满足某种确定关系，此关系称为平衡条件。

(5)**约束**在刚体静力学中是指限制非自由体位置或位移的其他物体，各种约束对非自由体的限制作用体现为约束反力。

2. 重点及难点

重点

(1)各种基本概念和静力学公理。

(2)各种约束特性以及相应的约束反力。

(3)受力分析并绘制受力图。

难点

(1)常见约束的约束反力性质，尤其是固定端(或称插入端)约束、链杆(二力杆)、铰链等。

(2)正确选取隔离体(或称分离体)，绘制相应的受力图。

1.2　习题类型、解题步骤及解题技巧

1. 习题类型

本章习题类型主要为绘制单个物体以及物体系统的受力图。

2. 解题步骤

(1)明确研究对象，若选取整体为研究对象，需解除所有与固定件的约束；若选取局部为研究对象，一定要单独画出该局部的隔离体。

(2)在确定的研究对象上画出全部主动力及主动力偶。

(3)按照解除约束的类型，逐一画出相应的约束反力和约束反力偶。

3. 解题技巧

(1)解除约束才有相应的约束反力，约束及相应约束反力不能同时出现；

(2)约束反力要根据约束类型来画，不能主观想象，避免多画、漏画和错画；

(3)不同研究对象的受力图应分别绘制，内力不应出现在受力图中，作用力与反作用力的标识和方向应严格对应。

1.3 例题精解

例 1-1 图 1-1 所示平面构架由构件 AC、BH、CE 组成。C、D 处均为光滑铰链连接，BH 杆上的销钉 B 置于 AC 杆的光滑槽内。不计各构件重量和各处摩擦，画出整体及各杆件的受力图。

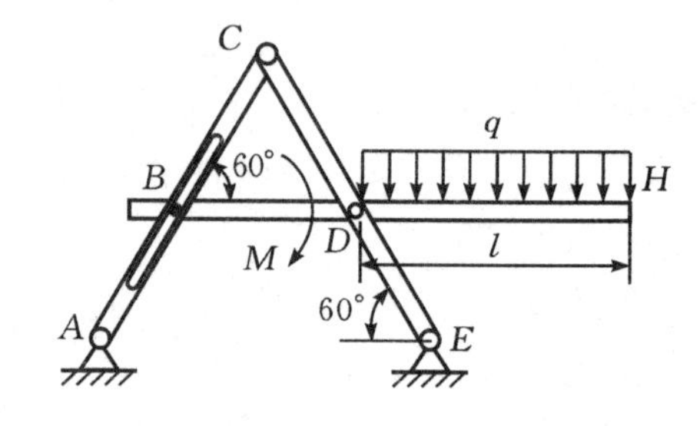

图 1-1

分析 受力分析关键在于明确研究对象，正确判断各种约束类型。

解 (1)选取整体为研究对象，只需解除 A、E 处的约束即可。A、E 两处均为固定铰支座，约束反力分别用一对正交分力表示。受力分析如图 1-2(a)所示。

(2)分别解除 B、C、D 处的约束，将整体拆分为三个研究对象 BDH、ABC 和 CDE。将原各杆件上的主动力标于图中；B 处约束为双面接触的光滑接触面约束，其约束反力的方位应垂直于 ABC 杆，方向未知；C、D 处均为光滑圆柱铰链连接，约束反力为一对正交分力。

三杆受力分析分别如图 1-2(b)、(c)、(d)所示。

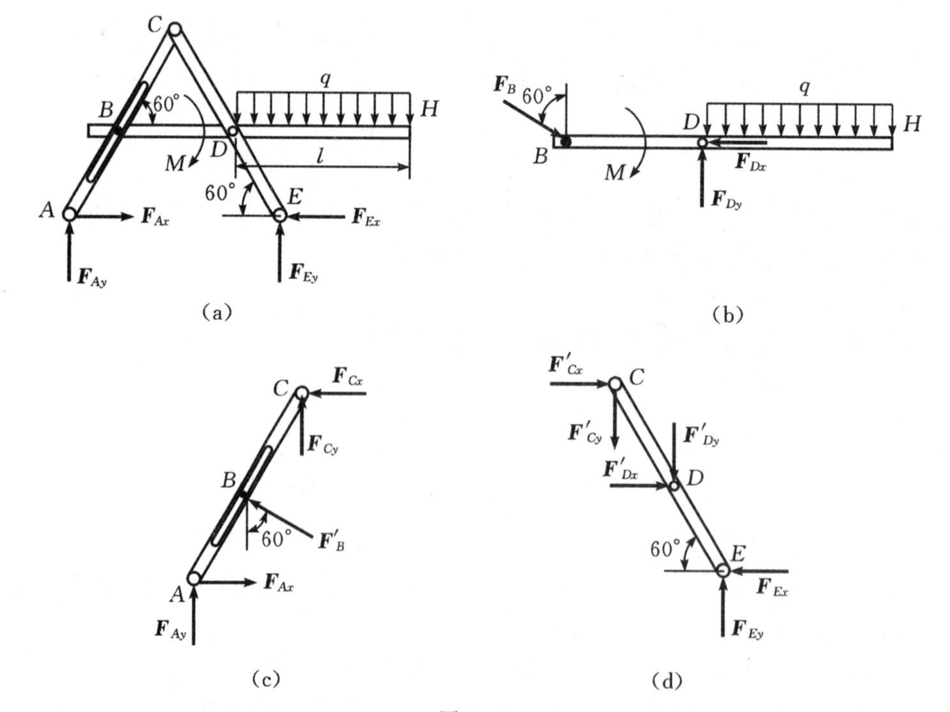

图 1-2

讨论

(1)BDH 杆的受力图中主动力偶不能少,一般按原始受力情况画分布载荷(尤其是分布载荷跨越两个构件时);

(2)作用力与反作用力应严格对应,包括图中力的方向和力矢量名称;

(3)无论是画整体还是分离体的受力图,同一个力应协调统一,包括图中力的方向和力矢量名称。

例 1-2　平面构架如图 1-3 所示,O、B、C、D 处均为铰接,物块重量为 $\boldsymbol{P}$。不计各杆、绳子、滑轮的重量及铰链处的摩擦。画出整体及各杆件的受力图。

分析　受力分析关键在于明确研究对象,正确判断各种约束类型,尤其是二力构件约束。

解　(1)选取整体为研究对象,只需解除 A、E 处的约束即可。E 处为固定铰支座,约束反力用一对正交分力表示。AB 为二力杆,故 A 处约束反力 $\boldsymbol{F}_{AB}$ 沿 AB 连线,方向可假设。受力分析如图 1-4(a)所示。

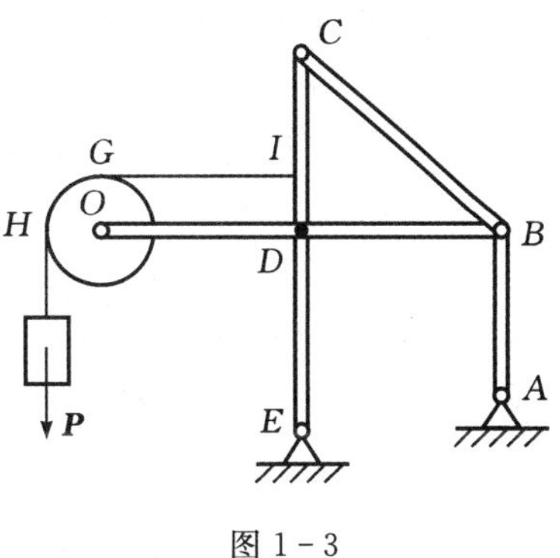

图 1-3

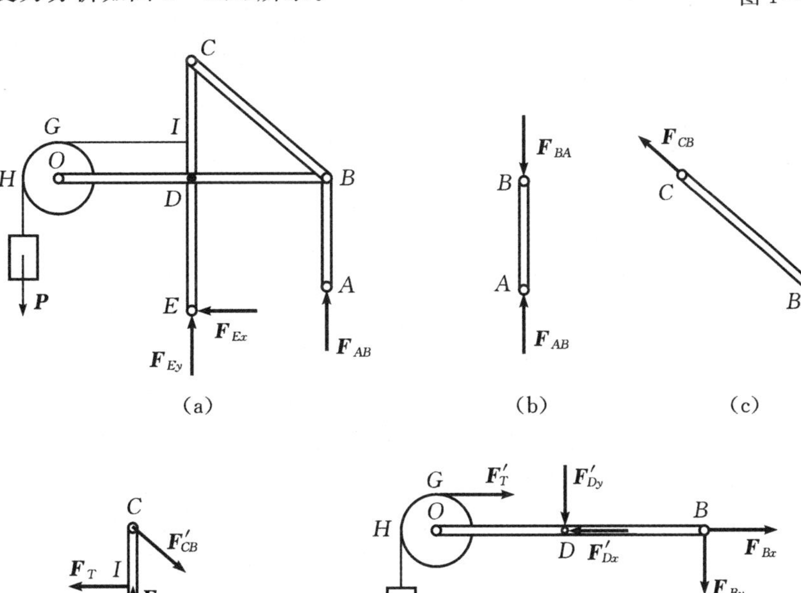

(a)　(b)　(c)

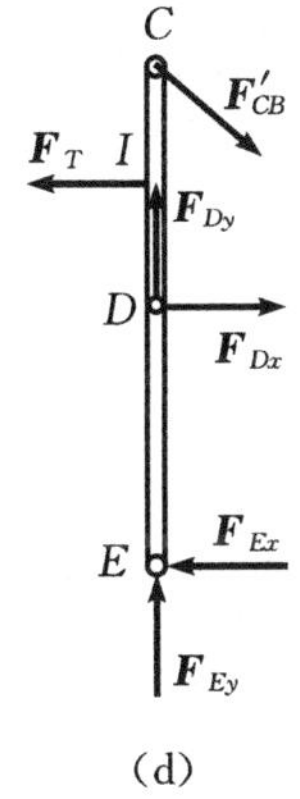

(d)

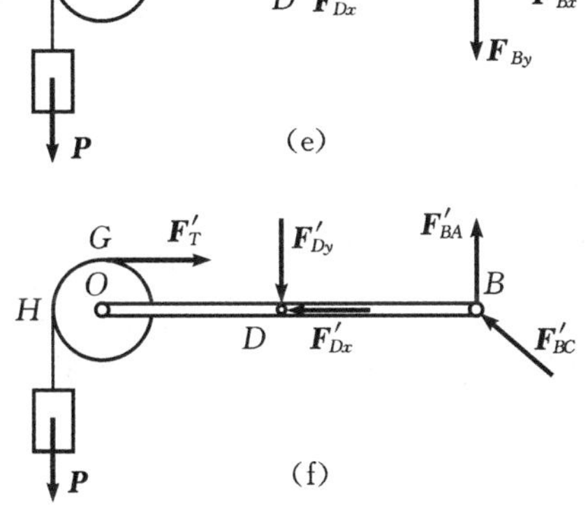

(e)

(f)

图 1-4

(2)分别解除 B、C、D、I 处的约束，将整体拆分为四个研究对象 AB、BC、CDE 和 BDH(包括滑轮、绳子及重物)。可以判断 AB 和 BC 为二力杆，受力分别如图 1-4(b)、(c)所示；CDE 杆上 I 处为柔索约束，D 处为光滑圆柱铰链约束，其受力如图 1-4(d)所示；BDH(包括滑轮、绳子及重物)杆上销钉 B 连接了三个杆件，若解除销钉则受力如图 1-4(e)所示，若保留销钉则受力如图 1-4(f)所示。

讨论

(1)正确判断二力杆，并按二力构件约束画约束反力；

(2)对于包含绳子、滑轮和重物的研究对象一般不必再拆开；

(3)若销钉连接两个以上的物体，要清楚研究对象是否含销钉，若解除销钉，销钉为施力物体，若保留销钉，则解除的杆件为施力物体。

例 1-3　图 1-5 所示组合梁由构件 AB、BD、DE 和 OC 构成。A 端为固定端约束，B、D 处用光滑圆柱铰链连接，E 端为一滚动支座，OC 杆与 BD 杆在 C 处铰接。不计各杆件的自重和摩擦，试绘制整体及各杆件的受力图。

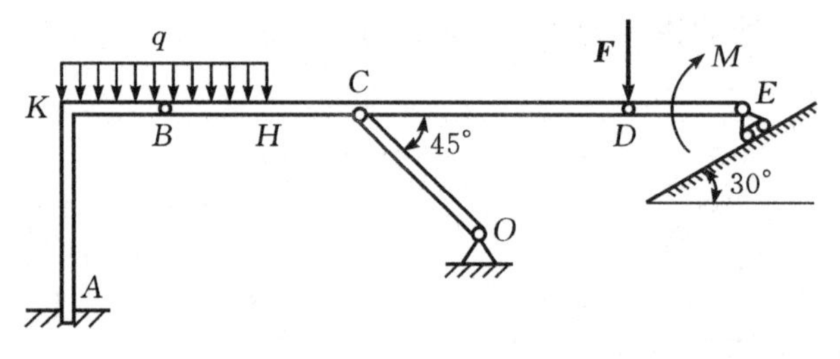

图 1-5

解　(1)选取整体为研究对象，解除 A、O、E 处的约束。E 处为滚动支座，约束反力为垂直于斜面的一个力。OC 为二力杆，故 O 处约束反力沿 OC 连线。A 处为平面固定端约束。受力分析如图 1-6(a)所示。

(2)依次解除 B、C、D 处的约束，将整体拆分为三个(OC 杆受力图略)研究对象 AB、BCD、DE。均布载荷跨越 AB 和 BCD 杆，应分别保留在各自杆件上。B 处为光滑圆柱铰链约束，AB 受力如图 1-6(b)所示；D 处为光滑圆柱铰链约束，主动力 $\boldsymbol{F}$ 恰好作用在 D 处，可理解为作用在销钉上，销钉在 BCD 杆上，则可根据 DE 杆力偶不能和力平衡，判断出 D 处约束反力的方向，两杆的受力图分别如图 1-6(c)、(d)所示，若 $\boldsymbol{F}$ 作用在 DE 杆上，则两杆的受力图分别如图 1-6(e)、(f)所示。

讨论

(1)对于作用在杆件连接处的集中力应和销钉在一起，而不能均分在两杆上；

(2)跨越两个杆件的均布载荷不能先等效为一集中力再拆分研究，而应画出各部分的分布载荷；

(3)固定端约束不能少约束反力偶；滚动支座的约束反力方位已知。

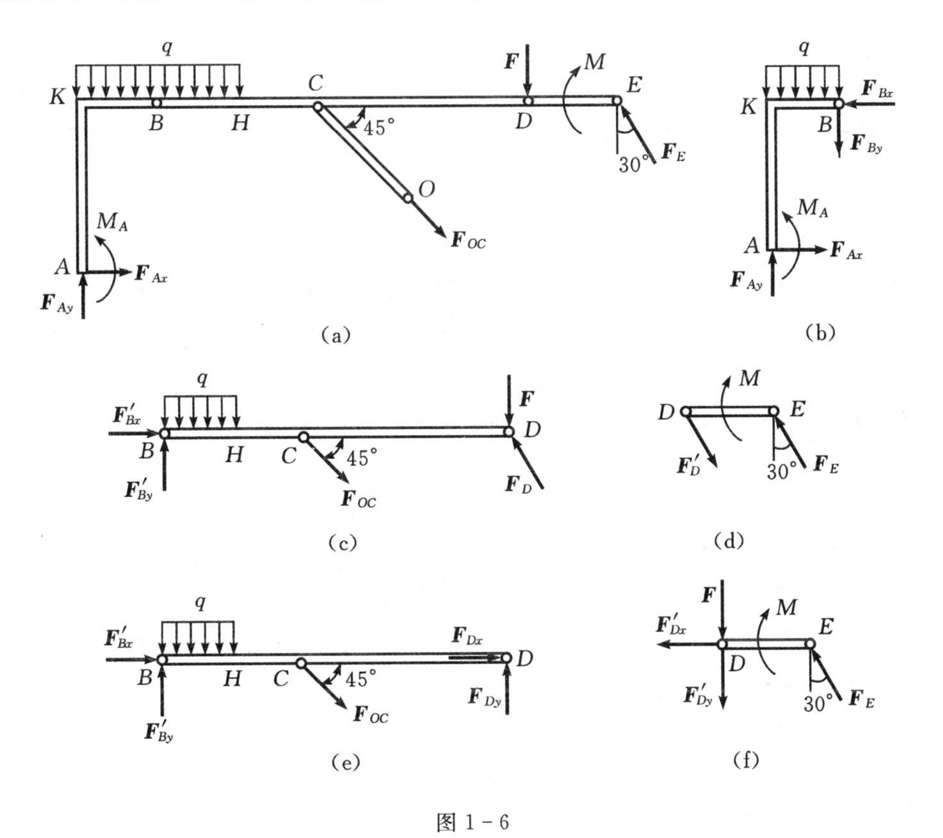
q
K
B
H
C
45°
D
F
M
E
30°
F_E
O
F_{OC}
M_A
A
F_{Ax}
F_{Ay}
(a)
q
K
B
F_{Bx}
F_{By}
M_A
A
F_{Ax}
F_{Ay}
(b)
q
F'_{Bx}
B
H
C
45°
F_{OC}
F'_{By}
F
D
F_D
(c)
M
D
E
F'_D
30°
F_E
(d)
q
F'_{Bx}
B
H
C
45°
F_{OC}
F'_{By}
F_{Dx}
D
F_{Dy}
(e)
F
M
F'_{Dx}
E
D
F'_{Dy}
30°
F_E
(f)

图 1 - 6

第 2 章　刚体上力系的等效与简化

本章通过引入力矩和力偶的概念，借助力的平移定理得到了刚体上任意力系的等效与简化方法和结果，为建立刚体平衡条件提供了必要的理论基础。

2.1　基本知识剖析

1. 基本概念

(1)**空间力对点之矩**。$\boldsymbol{M}_O(\boldsymbol{F})=\boldsymbol{r}\times\boldsymbol{F}$ 为一过 O 点的定位矢量，$\boldsymbol{r}$ 为矩心 O 至力 $\boldsymbol{F}$ 作用点的矢径；同时也可处理为力矢与矩心所决定平面内的代数量。

(2)**空间力对轴之矩**。以对 z 轴为例，$M_z(\boldsymbol{F})=\pm M_O(\boldsymbol{M}_{xy})$，即空间力 $\boldsymbol{F}$ 对 z 轴之矩等于力 $\boldsymbol{F}$ 在垂直 z 轴平面内的投影 $\boldsymbol{F}_{xy}$ 对 z 轴与该平面交点 O 之矩，为代数量。

(3)**力矩关系定理**。力对点之矩的矢量在通过此点任意轴上的投影，等于此力对该轴之矩。

(4)**合力矩定理**。合力对任意点(轴)之矩等于诸分力对同一点(轴)之矩的矢量(代数)和。

(5)**力偶和力偶矩**。等值、反向、不共线的一对力组成的力系称为力偶。力偶不能与一个力等效，因此力偶与力均是力学中的基本物理量。力偶矩是度量力偶使刚体产生转动效应的物理量，其大小为力与力偶臂的乘积；既可定义为垂直于力偶作用面的自由矢量，也可处理为力偶作用面内的代数量。由两个及两个以上的力偶组成的力偶系的合成结果必为一合力偶。

(6)**力的平移定理**。作用于刚体上的力可以平行搬移到刚体上任意指定点；力的大小和方向保持不变，同时在力矢量与指定点所决定的平面内附加一个力偶，其力偶矩等于该力对指定点之矩。一个力偶和在其作用面内的一个力可以进一步合成为一个力。

(7)**力系的主矢和主矩**。力系中各力的矢量和为力系的主矢，其大小和方向与简化中心位置无关；力系中各力对简化中心之矩的矢量和为力系的主矩，它与简化中心的选择有关。力系的主矢和主矩称为力系的特征量。

(8)**力系的合成结果**。一般力系向不同简化中心的简化结果会不同，但最终合成结果应一致。空间任意力系的合成结果为平衡、合力、合力偶或力螺旋；平面任意力系的合成结果为平衡、合力或合力偶。

(9)**重心与质心**。物体的重心是重力平行力系的合力作用点，为一确定点，与物体的空间位置无关。质量中心简称质心，指物体系统上被认为质量集中于此的一个假想点。均质物体的几何中心(形心)与重心和质心重合，由物体的几何形状和尺寸决定。对若干形状规则的均质组合物体重心的计算可采用分割法和负值法。

2. 重点及难点

重点

(1)力对点之矩和力对轴之矩的计算。

(2)力偶的性质以及力偶系的合成与平衡理论。

(3)计算一般力系的主矢和主矩,并分析其最终合成结果。

难点

(1)空间一般力系对点(轴)之矩的计算(可借助合力矩定理以及力矩关系定理)。

(2)主矢、主矩的计算及空间任意力系最终简化结果的讨论。

2.2 习题类型、解题步骤及解题技巧

1. 习题类型

(1)力对点之矩和力对轴之矩的计算;

(2)力偶系的合成与平衡问题;

(3)空间任意力系向某点简化的结果以及力系的最终合成结果;

(4)计算物体重心(质心)的位置。

2. 解题步骤

空间任意力系最终合成结果的讨论如下。

(1)分别计算主矢 $\boldsymbol{F}_R'$ 和主矩 $\boldsymbol{M}_O$。

(2)根据 $\boldsymbol{F}_R'$ 和 $\boldsymbol{M}_O$ 中是否有一项为零,即可判断其结果。若二者均不为零,可根据 $\boldsymbol{F}_R' \cdot \boldsymbol{M}_O$ 的结果判断二者是否正交;若结果为零,可进一步简化为偏离简化中心的合力;若结果不为零,需进一步讨论力螺旋的作用线位置。

3. 解题技巧

(1)求力矩可借助定义、计算公式、合力矩定理或力矩关系定理灵活计算;

(2)力系简化结果的讨论从分析主矢、主矩的大小和方向入手更清楚,无需将力系中各力进行平行搬移。

2.3 例题精解

例 2-1　力 $\boldsymbol{F}$ 沿长方体的主对角线 AB 作用,如图 2-1(a)所示。试求该力对 EC 轴和 CD 轴之矩。已知:$F=1$ kN,$a=18$ cm,$b=c=10$ cm。

分析　空间力对轴之矩的计算方法较多,力对坐标轴之距的计算较为常见且容易,可以按定义或套公式计算,而有些应针对具体问题灵活应用。本题中 EC 轴和 CD 轴均过 C 点,因此可先计算力 $\boldsymbol{F}$ 对 C 点之矩,然后向 EC 和 CD 轴投影即可,如图 2-1(b)所示。

解　由几何关系可得

$\sin\alpha=0.4369, \cos\alpha=0.8995, \beta=45°$

$\sin\theta=0.4856, \cos\theta=0.8742$

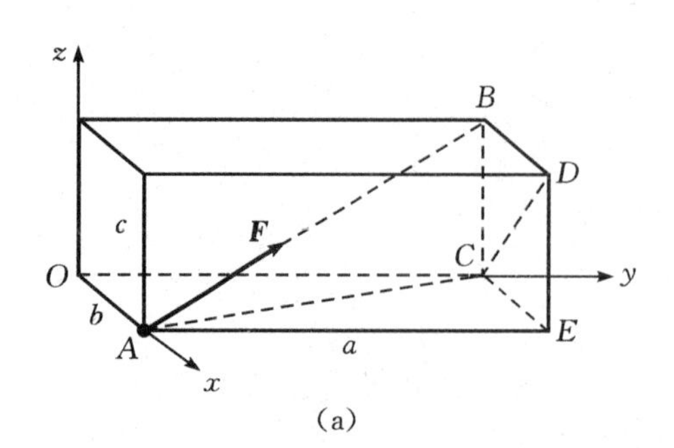

(a)

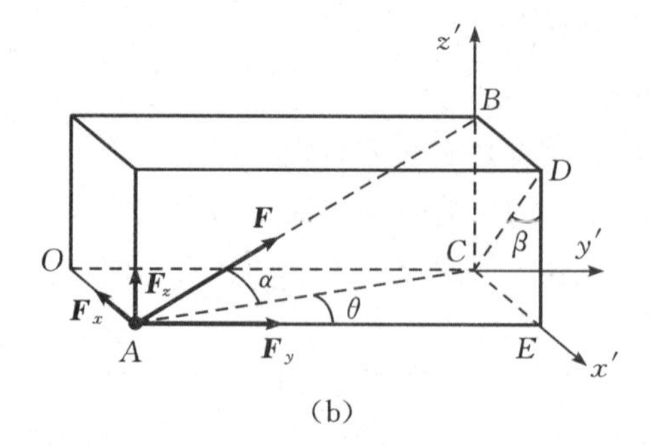

(b)

图 2-1

$F_x=-F\cos\alpha\sin\theta=-436.80\ \text{N}$

$F_y=F\cos\alpha\cos\theta=786.34\ \text{N}$

$F_z=F\sin\alpha=436.85\ \text{N}$

$M_{Cx'}=-F_z a=-78.63\ \text{N}\cdot\text{m}$

$M_{Cy'}=-F_z b=-43.69\ \text{N}\cdot\text{m}$

$M_{Cz'}=0\ \text{N}\cdot\text{m}$

$M_{EC}(\boldsymbol{F})=-M_{Cx'}=78.63\ \text{N}\cdot\text{m}$

$M_{CD}(\boldsymbol{F})=[\boldsymbol{M}_C(\boldsymbol{F})]_{CD}=M_{Cx'}\sin\beta=-55.6\ \text{N}\cdot\text{m}$

例 2-2 在棱长为 a 的正四面体上，沿棱边 AB 作用力 $\boldsymbol{F}_1$，沿棱边 CD 作用力 $\boldsymbol{F}_2$，如图 2-2所示，设$F_1=F_2=F$，试求力系向底面 ABC 中心 O 点的简化结果。

分析 空间任意力系对某点的简化结果只需分别计算该力系的主矢和主矩。

解 由几何关系可得 $\sin\theta=\dfrac{\sqrt{6}}{3}$，$\cos\theta=\dfrac{\sqrt{3}}{3}$

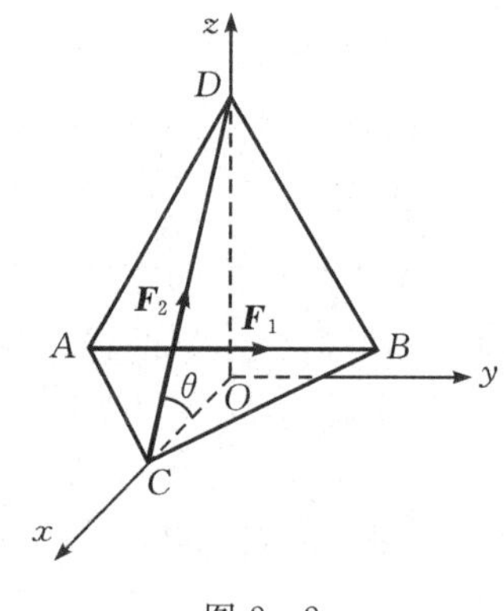

图 2-2

$\boldsymbol{F}_1=F\boldsymbol{j}$

$\boldsymbol{F}_2=-F\cos\theta\boldsymbol{i}+F\sin\theta\boldsymbol{k}=-\dfrac{\sqrt{3}}{3}F\boldsymbol{i}+\dfrac{\sqrt{6}}{3}F\boldsymbol{k}$

主矢 $\boldsymbol{F}'_R=-\dfrac{\sqrt{3}}{3}F\boldsymbol{i}+F\boldsymbol{j}+\dfrac{\sqrt{6}}{3}F\boldsymbol{k}$

$M_{Ox}=M_x(\boldsymbol{F}_1)+M_x(\boldsymbol{F}_2)=0$

$M_{Oy}=M_y(\boldsymbol{F}_1)+M_y(\boldsymbol{F}_2)=M_y(\boldsymbol{F}_{2z})=-\dfrac{\sqrt{2}}{3}Fa$

$M_{Oz}=M_z(\boldsymbol{F}_1)+M_z(\boldsymbol{F}_2)=M_z(\boldsymbol{F}_1)=-\dfrac{\sqrt{3}}{6}Fa$

主矩 $\boldsymbol{M}_O=-\dfrac{\sqrt{2}}{3}Fa\boldsymbol{j}-\dfrac{\sqrt{3}}{6}Fa\boldsymbol{k}$

讨论 F'_R，$M_O\neq0$，且 $\boldsymbol{F}'_R\cdot\boldsymbol{M}_O=-\dfrac{\sqrt{2}}{2}F^2a\neq0$，说明该力系的简化结果为一力螺旋。至于力螺旋中心轴的具体位置需进一步的计算。

例 2-3 边长 $a=1$ m 的正方体，受力如图 2-3(a)所示。已知 $F_1=F_2=F_3=3$ kN，$F_4=F_5=3\sqrt{2}$ kN。求：(1)该力系向 A 点简化的结果；(2)该力系简化的最终结果。

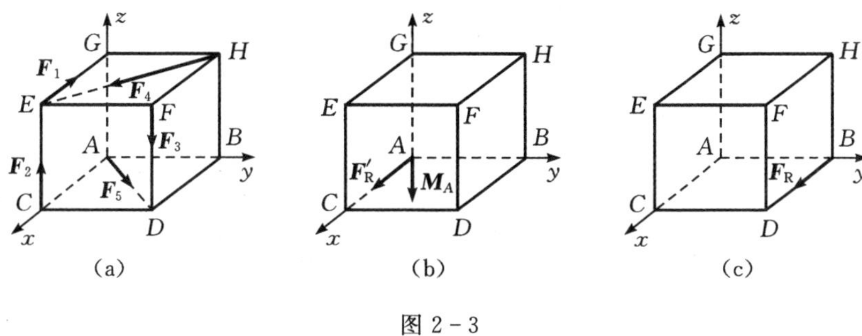

图 2-3

分析　求空间力系向某点的简化结果只需分别计算该力系的主矢和主矩，至于简化的最终结果需根据主矢和主矩的结果作进一步的讨论。

解　(1)$F'_{Rx}=-F_1+F_4\cos45°+F_5\cos45°=3\ \text{kN}$

$F'_{Ry}=-F_4\cos45°+F_5\cos45°=0\ \text{kN}$

$F'_{Rz}=F_2-F_3=0\ \text{kN}$

主矢　$\boldsymbol{F}'_R=3\boldsymbol{i}\ \text{kN}$

$M_{Ax}=M_{Ax}(\boldsymbol{F}_4)+M_{Ax}(\boldsymbol{F}_3)=F_4\cos45°\cdot a-F_3\cdot a=0\ \text{kN}\cdot\text{m}$

$M_{Ay}=M_{Ay}(\boldsymbol{F}_1)+M_{Ay}(\boldsymbol{F}_2)+M_{Ay}(\boldsymbol{F}_3)+M_{Ay}(\boldsymbol{F}_4)$

$=-F_1a-F_2a+F_3a+F_4\cos45°\cdot a=0\ \text{kN}\cdot\text{m}$

$M_{Az}=M_{Az}(\boldsymbol{F}_4)=-F_4\cos45°\cdot a=-3\ \text{kN}\cdot\text{m}$

主矩　$\boldsymbol{M}_A=-3\boldsymbol{k}\ \text{kN}\cdot\text{m}$

力系向 A 点简化结果如图 2-3(b)所示。

(2)$\boldsymbol{F}'_R$与 $\boldsymbol{M}_A$垂直，故可进一步简化为一个力，平移距离

$d=\dfrac{|\boldsymbol{M}_A|}{|\boldsymbol{F}'_R|}=1\ \text{m}$，最终合成结果如图 2-3(c)所示。

讨论　若力系向 B 点简化可直接得到最终简化结果。力系向不同点简化结果一般会不同，但最终结果一定是相同的。

例 2-4　半径为 r 的齿轮由曲柄 OA 带动，沿半径为 R 的固定齿轮滚动。已知曲柄 OA 上作用一矩为 M_1的力偶，在齿轮 A 上作用一矩为 M_2的力偶，它们的转向如图 2-4(a)所示，齿轮的压力角为 θ，若不计各杆件的自重和摩擦，求机构平衡时 M_1与 M_2的关系。

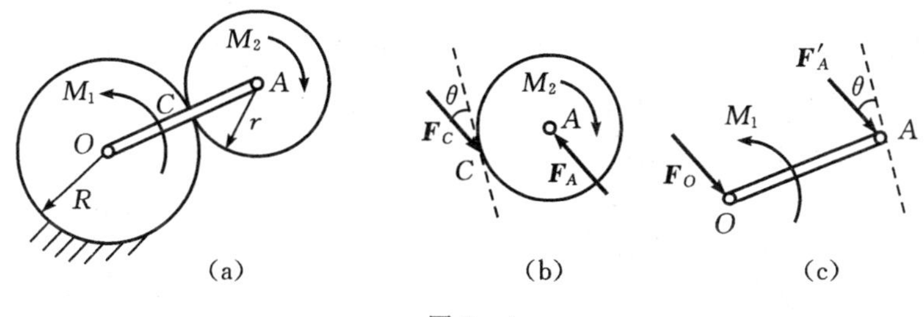

图 2-4

分析　若选取整体为研究对象，因固定齿轮的受力分析未知，无法求解，故需拆开研究。

解　(1)取齿轮 A 为研究对象，受力如图 2-4(b)所示。

$$\sum M=0 \qquad F_A\cos\theta\cdot r-M_2=0 \qquad F_A=\frac{M_2}{r\cos\theta}$$

(2)取曲柄 OA 为研究对象,受力如图 2-4(c)所示。

$$\sum M=0 \qquad -F'_A\cos\theta(R+r)+M_1=0 \qquad F'_A=\frac{M_1}{(R+r)\cos\theta}$$

$$F'_A=F_A \qquad 所以 \quad M_2=\frac{r}{(R+r)}M_1$$

讨论

(1)两齿轮接触处的啮合力不是与齿轮相切的切向力。

(2)根据力偶只能由力偶平衡,从而可以判断出铰链处的约束反力方位。

例 2-5　在一个半径为 R 的四分之一圆中挖去一个半径为 $R/2$ 的半圆,如图 2-5(a)所示,试求其重心。

分析　图示面积是由一个半径为 R 的四分之一圆中挖去一个半径为 $R/2$ 的半圆而成,两部分的重心均已知,故可采用负值法求解。

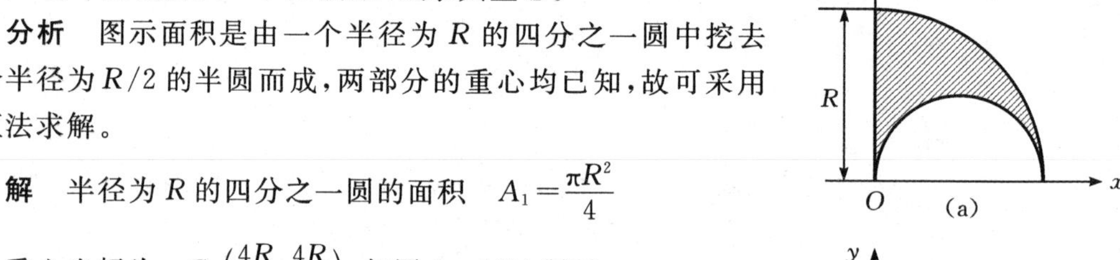

解　半径为 R 的四分之一圆的面积　$A_1=\frac{\pi R^2}{4}$

重心坐标为　$C_1\left(\frac{4R}{3\pi},\frac{4R}{3\pi}\right)$,如图 2-5(b)所示

半径为 $R/2$ 的半圆的面积　$A_2=\frac{\pi R^2}{8}$

重心坐标为　$C_2(\frac{R}{2},\frac{2R}{3\pi})$

$$x_C=\frac{A_1x_1-A_2x_2}{A_1-A_2}=(\frac{8}{3\pi}-\frac{1}{2})R$$

$$y_C=\frac{A_1y_1-A_2y_2}{A_1-A_2}=\frac{2}{\pi}R$$

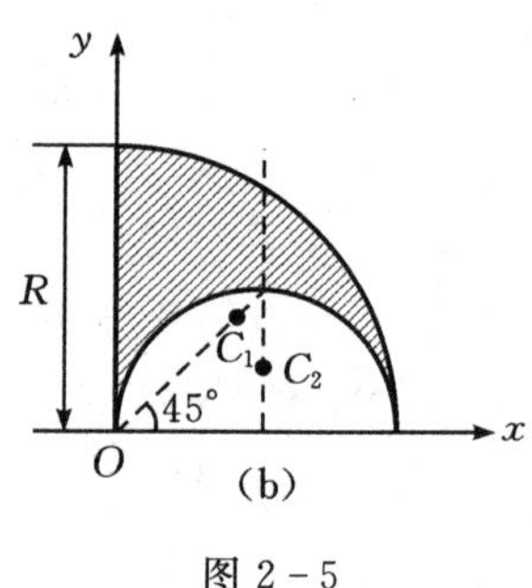

图 2-5

2.4　题　解

2-1　直三棱柱上作用着三个力偶($\boldsymbol{F}_1,\boldsymbol{F}'_1$)、($\boldsymbol{F}_2,\boldsymbol{F}'_2$)、($\boldsymbol{F}_3,\boldsymbol{F}'_3$),如图所示。已知 $F_1=F'_1=5$ N,$F_2=F'_2=10$ N,$F_3=F'_3=10\sqrt{2}$ N,$a=0.2$ m,求三个力偶的合成结果。

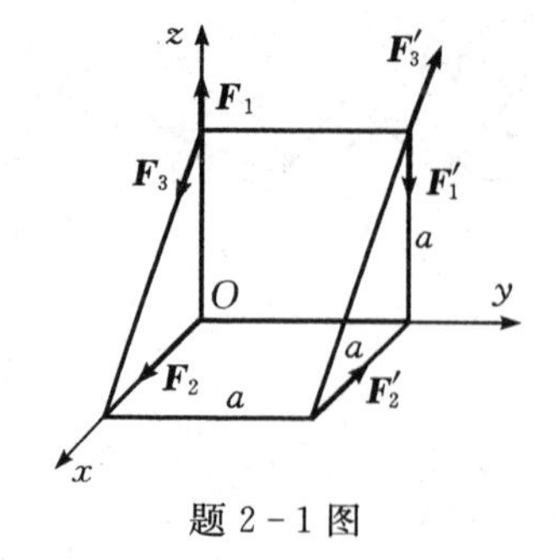

题 2-1 图

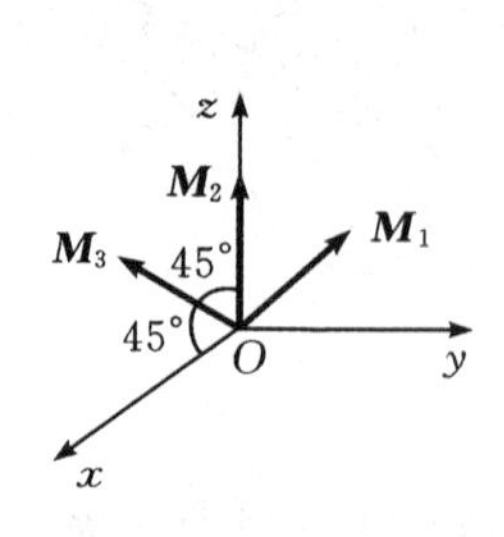

解 2-1 图

解　三力偶的力偶矩矢如图所示。

$M_1=F_1a=5\times0.2=1\ \text{N}\cdot\text{m}$

$M_2=F_2a=10\times0.2=2\ \text{N}\cdot\text{m}$

$M_3=F_3a=10\sqrt{2}\times0.2=2\sqrt{2}\ \text{N}\cdot\text{m}$

$\sum M_x=-M_1+M_3\cos45^\circ=1\ \text{N}\cdot\text{m}$

$\sum M_y=0$

$\sum M_z=M_2+M_3\cos45^\circ=4\ \text{N}\cdot\text{m}$

合力偶矩矢 $\boldsymbol{M}=\boldsymbol{i}+4\boldsymbol{k}\ \text{N}\cdot\text{m}$

2-2　用组合钻钻孔时，对部件作用力偶的力偶矩如图所示。已知：$M_1=M_3=M_4=M$，$M_2=\sqrt{2}M$，$\theta=45^\circ$。试求组合钻对工件的合力偶矩的大小和方位。

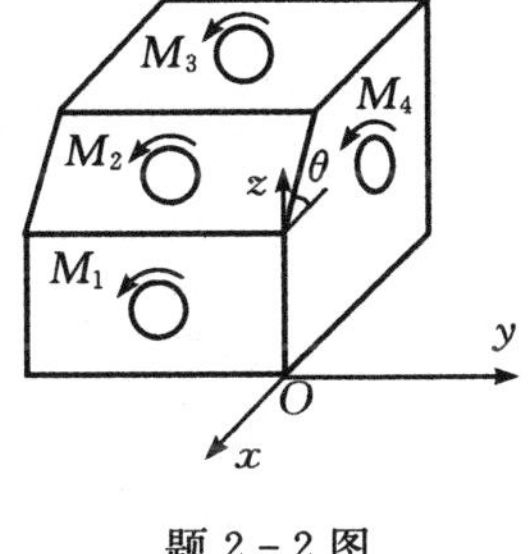

题 2-2 图

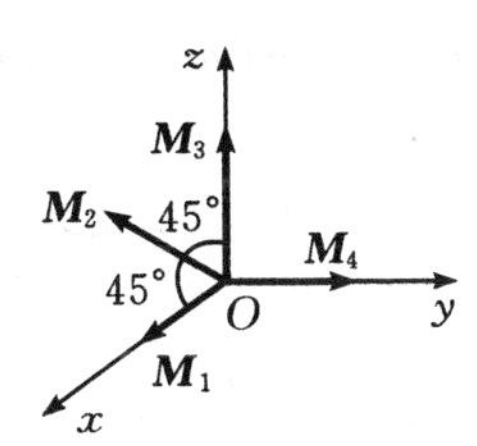

解 2-2 图

解　四力偶的力偶矩矢如解 2-2 图所示。

$\sum M_x=M_1+M_2\cos45^\circ=2M$

$\sum M_y=M_4=M$

$\sum M_z=M_3+M_2\cos45^\circ=2M$

合力偶矩矢

$\boldsymbol{M}=2M\boldsymbol{i}+M\boldsymbol{j}+2M\boldsymbol{k}$

2-3　齿轮箱受三个力偶的作用，求此力偶系的合力偶。

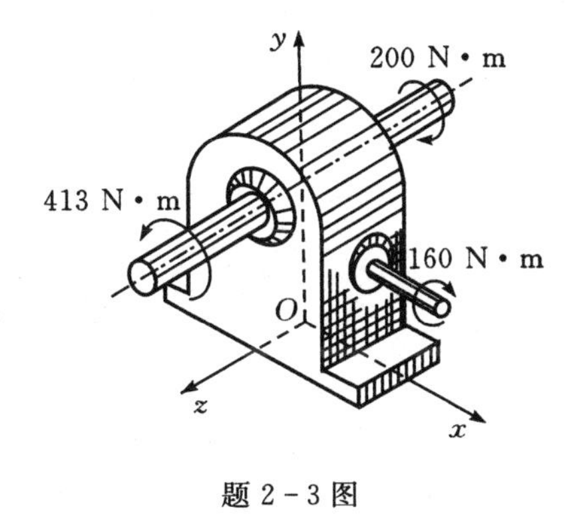

题 2-3 图

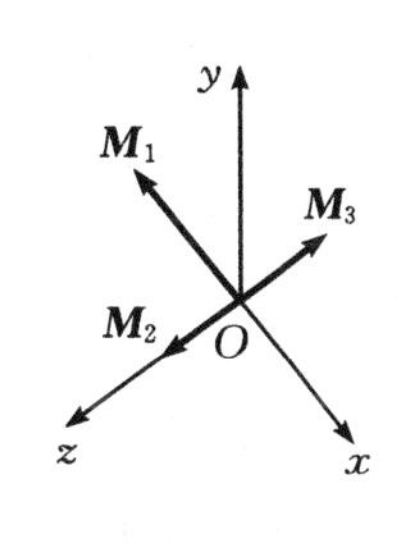

解 2-3 图

解　三力偶的力偶矩矢如解 2-3 图所示。

$M_1=160\ \text{N}\cdot\text{m}$

$M_2=413\ \mathrm{N \cdot m}$

$M_3=200\ \mathrm{N \cdot m}$

$\sum M_x=-M_1=-160\ \mathrm{N \cdot m}$

$\sum M_y=0$

$\sum M_z=M_2-M_3=413\ \mathrm{N \cdot m}-200\ \mathrm{N \cdot m}=213\ \mathrm{N \cdot m}$

合力偶矩矢

$\boldsymbol{M}=-160\boldsymbol{i}+213\boldsymbol{k}\ \mathrm{N \cdot m}$

2－4　图示三圆盘 A、B 和 C 的半径分别为 150 mm、100 mm 和 50 mm。三轴 OA、OB 和 OC 在同一平面内，$\angle AOB$ 为直角。在这三圆盘上分别作用力偶，组成各力偶的力作用在轮缘上，它们的大小分别等于 10 N、20 N 和 F。如这三圆盘所构成的系统是自由的且不计其重量，求能使此物体平衡的力 $\boldsymbol{F}$ 的大小和角 α。

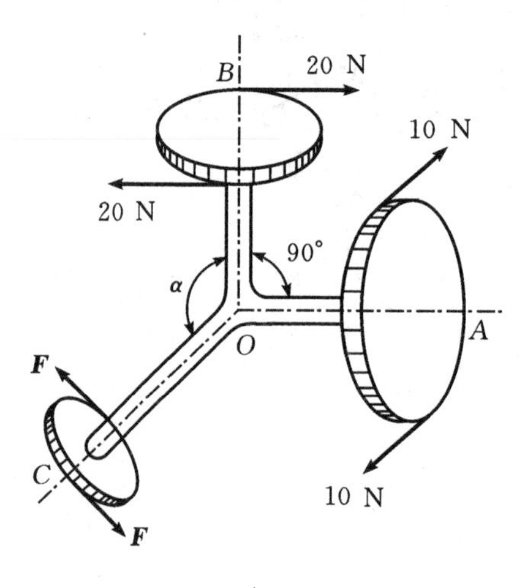

题 2－4 图

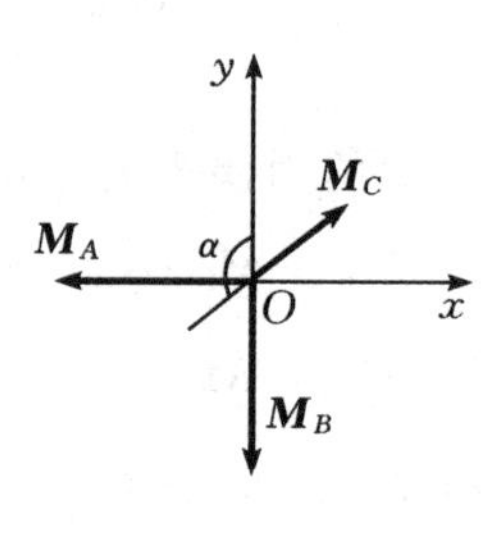

解 2－4 图

解　三力偶的力偶矩矢如解 2－4 图所示。

$M_A=10\ \mathrm{N}\times 0.3\ \mathrm{m}=3\ \mathrm{N \cdot m}$

$M_B=20\ \mathrm{N}\times 0.2\ \mathrm{m}=4\ \mathrm{N \cdot m}$

$M_C=F\times 0.1=0.1F\ \mathrm{N \cdot m}$

$\sum M_x=0\quad -M_A+M_C\cos(\alpha-90°)=0$

$\sum M_y=0\quad M_C\sin(\alpha-90°)-M_B=0$

解得

$F=50\ \mathrm{N},\alpha=143°8'$

2－5　在图示机构中，套筒 A 穿过摆杆 O_1B，用销子连接在曲杆 OA 上，已知 $OA=a$，其上作用有力偶矩 M_1，在图示位置时 $\alpha=30°$，OA 处于水平位置，机构能维持平衡，则应在摆杆 O_1B 上加多大的力偶矩 M_2？（不计各构件的重量。）

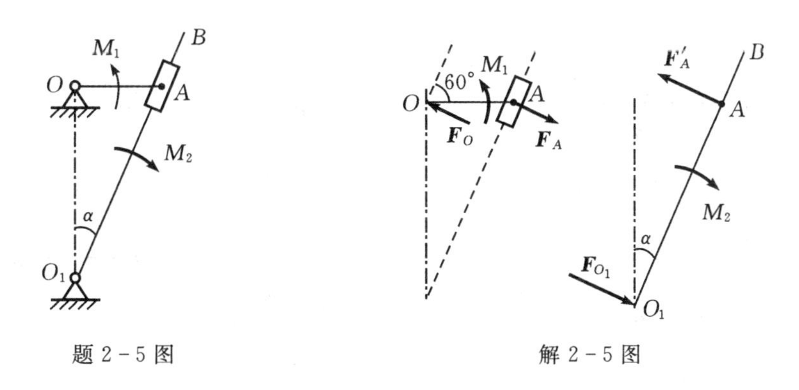

题 2-5 图　　　　解 2-5 图

解　研究 OA 杆和套筒，受力如解 2-5 图所示。

$$\sum M = 0 \quad M_1 = F_A a\cos(90° - \alpha) = \frac{1}{2}F_A a$$

$$F_A = \frac{2M_1}{a}$$

研究 O_1B，受力如图所示。

$$\sum M = 0 \qquad M_2 = F'_A\frac{a}{\sin\alpha} = 4M_1$$

2-6　在图示结构中，二曲杆自重不计，曲杆 AB 上作用有主动力偶 M。试求 A 和 C 处的约束力。

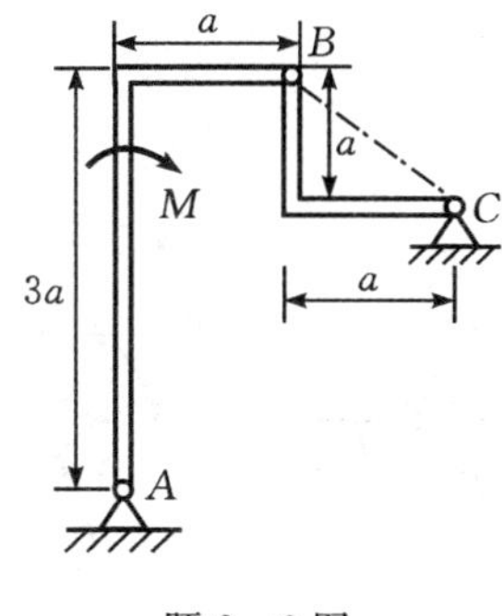

题 2-6 图

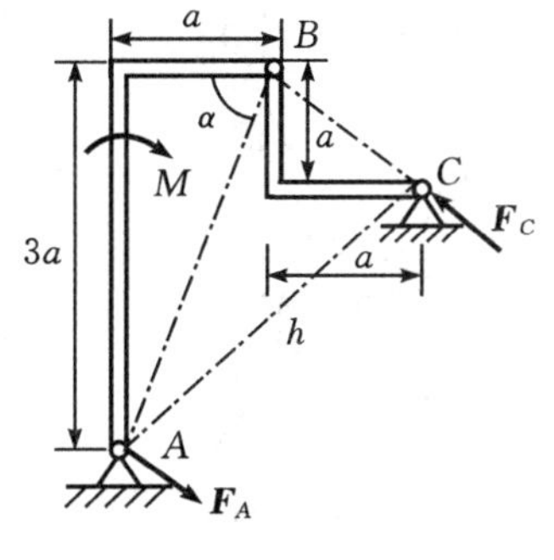

解 2-6 图

解　研究整体，受力如解 2-6 图所示。

$$\sum M = 0 \qquad F_C \cdot h = M$$

式中

$$h = \overline{AB}\sin(180° - 45° - \alpha) = 2\sqrt{2}a$$

$$\tan\alpha = \frac{3a}{a} = 3 \Rightarrow \alpha = 71.6°$$

解得　$F_C = \dfrac{\sqrt{2}M}{4a} = 0.353\,\dfrac{M}{a}$

2-7　四连杆机构在图示位置平衡，已知 $OA = 60$ cm，$BC = 40$ cm，作用在 BC 上力偶的力偶矩 $M_2 = 1$ N·m。试求作用在 OA 上力偶的力偶矩大小 M_1 和 AB 所受的力 $\boldsymbol{F}_{AB}$。各杆

重量不计。

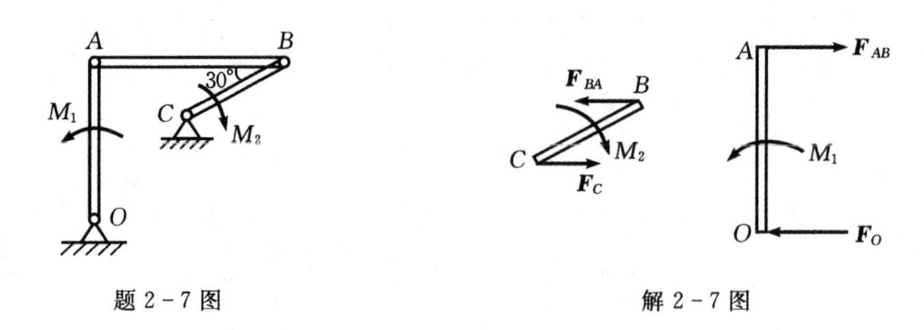

题 2-7 图　　解 2-7 图

解　研究 BC 杆，受力如解 2-7 图所示。

$\sum M=0 \qquad F_{BA}\ \overline{BC}\sin30^\circ = M_2$

$F_{BA}=5\ \text{N}$

研究 OA 杆，受力如图所示。

$\sum M=0 \qquad F_{AB}\ = F_{BA}$

$M_1=F_{AB}\overline{OA}=5\times0.6=3\ \text{N}\cdot\text{m}$

2-8　曲柄连杆活塞机构的活塞上受力 $F=400$ N。如不计所有构件的重量，试问在曲柄上应加多大的力偶矩 M 方能使机构在图示位置平衡？

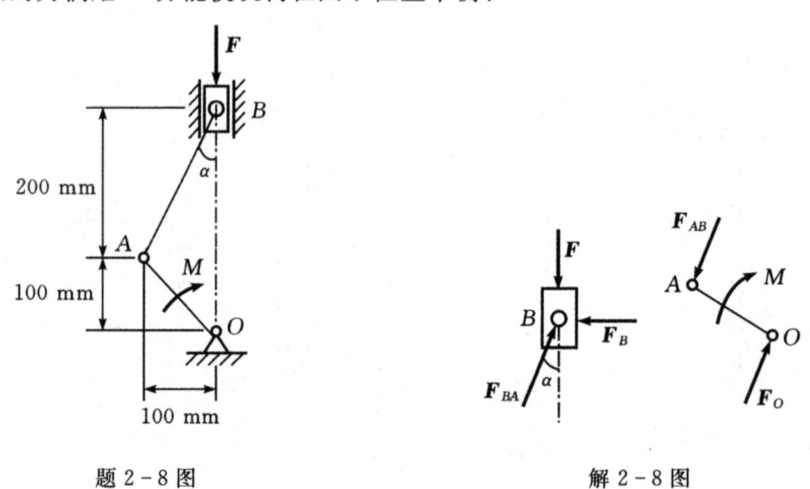

题 2-8 图　　解 2-8 图

解　研究活塞 B，受力如解 2-8 图所示。

$\sin\alpha=\dfrac{1}{\sqrt5} \qquad \cos\alpha=\dfrac{2}{\sqrt5}$

$\sum F_y=0 \qquad F_{BA}\cos\alpha = F$

$F_{BA}\ =\dfrac{\sqrt5}{2}F=200\sqrt5\ \text{N}$

研究 OA 杆，受力如图所示。

$\sum M=0 \qquad M=F_{AB}\cdot\overline{OB}\sin\alpha=200\sqrt5\times0.3\times\dfrac{1}{\sqrt5}=60\ \text{N}\cdot\text{m}$

2-9　图示直角曲杆 AB 上作用一力偶矩为 M 的力偶，不计杆重。试求曲杆在三种不同支承情况下所受的约束反力。

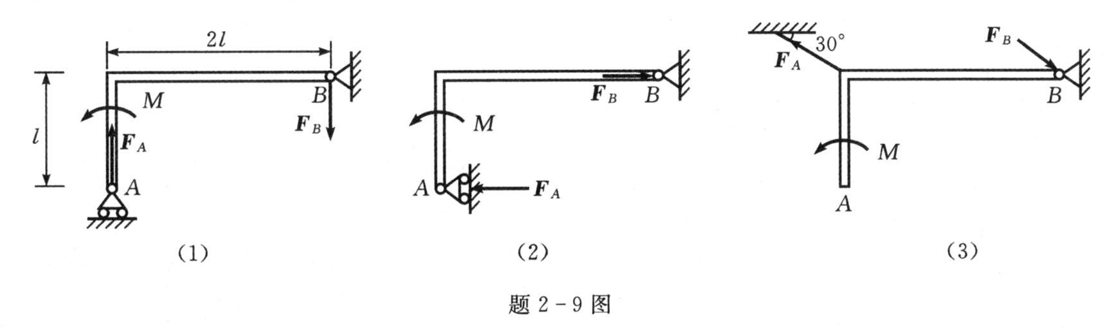

题 2-9 图

解　(1)　$\sum M = 0$　　$F_A \cdot 2l = M$　　$F_A = F_B = \dfrac{M}{2l}$

(2)　$\sum M = 0$　　$F_A = F_B = \dfrac{M}{l}$

(3)　$\sum M = 0$　　$F_B \cdot \sin 30^\circ \cdot 2l = M$　　$F_B = \dfrac{M}{l}$

2-10　图示杆 CD 有一导槽，该导槽套于杆 AB 的销钉 E 上。今在杆 AB、CD 上分别作用一力偶如图所示，已知其中力偶矩 M_1 的大小为 1000 N·m，不计杆重。试求力偶矩 M_2 的大小。

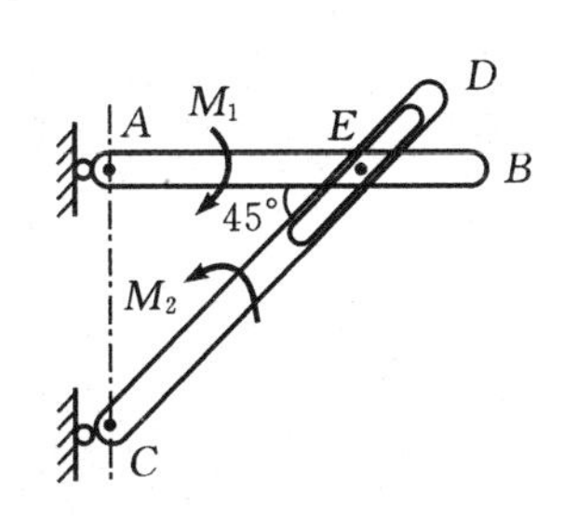

题 2-10 图

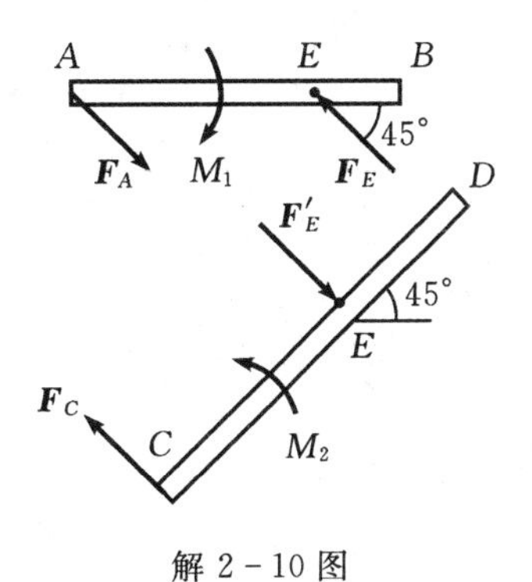

解 2-10 图

解　研究 AB 杆，受力如解 2-10 图所示。

$\sum M = 0$　　$F_E \cdot \overline{AE} \cdot \cos 45^\circ = M_1$

研究 CD 杆，受力如解 2-10 图所示。

$\sum M = 0$　　$F_E' \cdot \overline{CE} = M_2$

由 $F_E = F_E'$　　$M_2 = 2M_1 = 2000$ N·m

2-11　求图示力 $F=1000$ N 对 z 轴的力矩 M_z。

解　由几何关系可得

$\cos\theta = \sqrt{\dfrac{2}{7}}$　　$\sin\theta = \dfrac{5}{\sqrt{35}}$

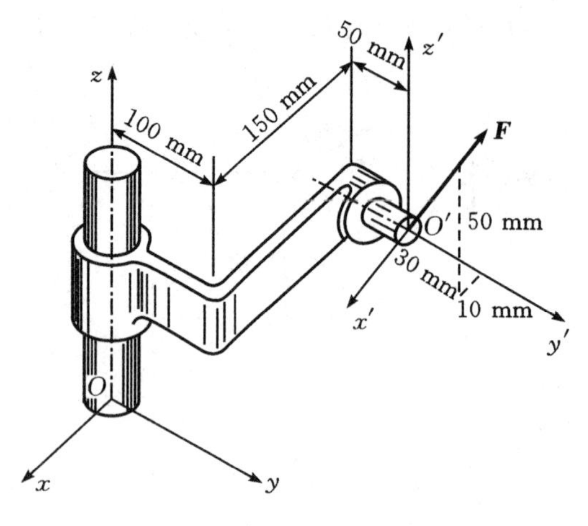

题 2-11 图

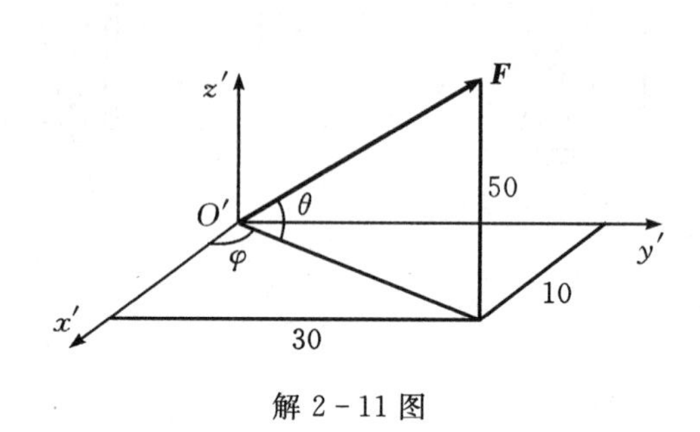

解 2-11 图

$\cos\varphi=\dfrac{1}{\sqrt{10}}$　　$\sin\varphi=\dfrac{3}{\sqrt{10}}$

$F'_x=F\cos\theta\cos\varphi=\dfrac{1000}{\sqrt{35}}$ N

$F'_y=F\cos\theta\sin\varphi=\dfrac{3000}{\sqrt{35}}$ N

力 $\boldsymbol{F}$ 对 z 轴的力矩

$$\begin{aligned}M_z&=M_z(F'_x)+M_y(F'_y)\\&=-F'_x\times0.15-F'_y\times0.15\\&=-\frac{600}{\sqrt{35}}=-101.4\ \text{N}\cdot\text{m}\end{aligned}$$

2-12　作用在手柄上的力 $F=100$ N，如图所示，求力 $\boldsymbol{F}$ 对 x 轴之矩。

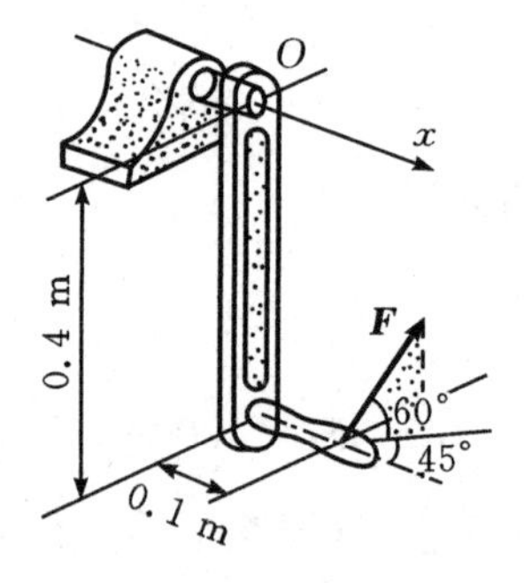

题 2-12 图

解　$\boldsymbol{F}$ 在三轴上的投影

$F_x=F\cos60^\circ\cos45^\circ=25\sqrt{2}$ N

$F_y=F\cos60^\circ\cos45^\circ=25\sqrt{2}$ N

$F_z=-F\sin60^\circ=-50\sqrt{3}$ N

力 $\boldsymbol{F}$ 对 x 轴之矩

$M_x(F)=M_x(F_y)+M_x(F_z)=F_y\times0.4=10\sqrt{2}=14.14$ N·m

2-13　力 $\boldsymbol{F}$ 作用于水平圆盘边缘上一点，并垂直于半径(如图)，其作用线在过该点而与圆周相切的平面内。已知圆盘半径为 r，$OO_1=a$。试求力 $\boldsymbol{F}$ 对 x、y、z 轴之矩。

解　力 $\boldsymbol{F}$ 在三轴上的投影

$F_x=F\cos60^\circ\cos30^\circ=\dfrac{\sqrt{3}}{4}F$

$$F_y=-F\cos60^\circ\sin30^\circ=-\frac{1}{4}F$$

$$F_z=-F\sin60^\circ=-\frac{\sqrt{3}}{2}F$$

而　$\boldsymbol{r}=r\sin30^\circ\boldsymbol{i}+r\cos30^\circ\boldsymbol{j}+a\boldsymbol{k}=\frac{r}{2}\boldsymbol{i}+\frac{\sqrt{3}}{2}r\boldsymbol{j}+a\boldsymbol{k}$

$$\boldsymbol{M}_{O_1}(\boldsymbol{F})=\begin{vmatrix}\boldsymbol{i} & \boldsymbol{j} & \boldsymbol{k}\\ \frac{r}{2} & \frac{\sqrt{3}}{2}r & a\\ \frac{3}{4}F & -\frac{F}{4} & -\frac{\sqrt{3}}{2}F\end{vmatrix}$$

$$=\frac{F}{4}(a-3r)\boldsymbol{i}+\frac{\sqrt{3}}{4}F(a+r)\boldsymbol{j}-\frac{1}{2}Fr\boldsymbol{k}$$

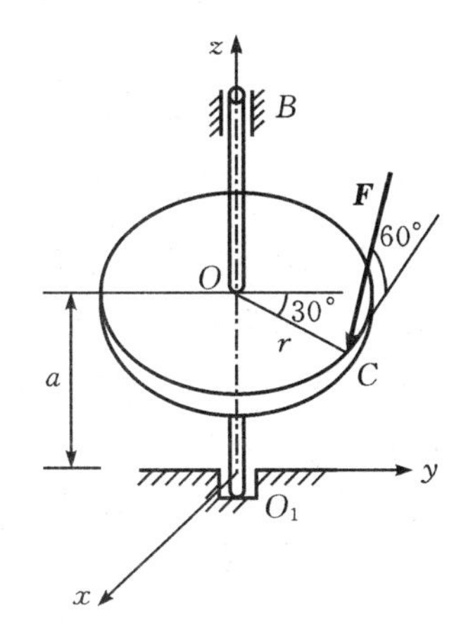

题 2－13 图

力 $\boldsymbol{F}$ 对 x、y、z 轴之矩

$$M_x=\frac{F}{4}(a-3r)$$

$$M_y=\frac{\sqrt{3}}{4}F(a+r)$$

$$M_z=-\frac{1}{2}Fr$$

2－14　在图示长方体的顶点 B 处作用一力 $\boldsymbol{F}$。已知 $F=700$ N，分别求力 $\boldsymbol{F}$ 对各坐标轴之矩，并写出力 $\boldsymbol{F}$ 对点 O 之矩矢量 $\boldsymbol{M}_O(\boldsymbol{F})$ 的解析表达式。

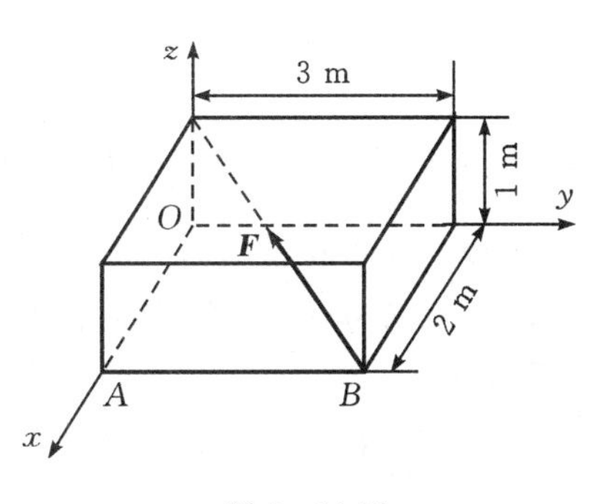

题 2－14 图

解　$\boldsymbol{F}$ 在三轴上的投影及 B 点坐标分别为

$F_x=-100\sqrt{14}$　$F_y=-150\sqrt{14}$　$F_z=50\sqrt{14}$

$x=2$　　$y=3$　　$z=0$

$$\boldsymbol{M}_O(\boldsymbol{F})=\begin{vmatrix}\boldsymbol{i} & \boldsymbol{j} & \boldsymbol{k}\\ 2 & 3 & 0\\ -100\sqrt{14} & -150\sqrt{14} & 50\sqrt{14}\end{vmatrix}$$

$$=150\sqrt{14}\boldsymbol{i}-100\sqrt{14}\boldsymbol{j}\ \text{N}\cdot\text{m}$$

力 $\boldsymbol{F}$ 对 x、y、z 轴之矩

$M_x=150\sqrt{14}$ N·m

$M_y=-100\sqrt{14}$ N·m

$M_z=0$

2－15　立柱 OAB 垂直固定在地面上，柱上作用两力的大小分别为 $F_1=4$ kN，$F_2=6$ kN。结构和受力情况如图所示。设 $a=3$ m。试分别求这两力对 O 点之矩。

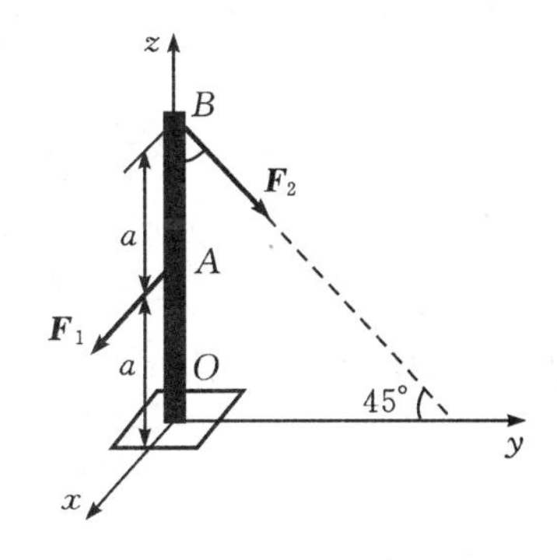

题 2－15 图

解　$\boldsymbol{F}_1$ 对 O 点之矩

$\boldsymbol{M}_O(\boldsymbol{F}_1)=F_1a\boldsymbol{j}=12\boldsymbol{j}$ kN·m

$\boldsymbol{F}_2$ 对 O 点之矩

$\boldsymbol{M}_O(\boldsymbol{F}_2)=-F_2\cos45°\cdot 2a\boldsymbol{i}=-18\sqrt{2}\boldsymbol{i}=-25.2\boldsymbol{i}$ kN·m

2-16 图示载荷 $F_1=100\sqrt{2}$ N，$F_2=200\sqrt{3}$ N，分别作用在正方体的顶点 A 和 B 处。试将此力系向 O 简化，并求其最简合成结果。

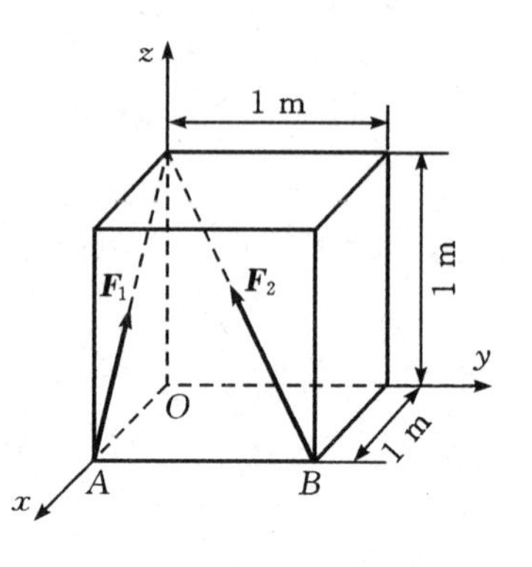

题 2-16 图

解 $\boldsymbol{F}_1=-\dfrac{\sqrt{2}}{2}F_1\boldsymbol{i}+\dfrac{\sqrt{2}}{2}F_1\boldsymbol{k}=-100\boldsymbol{i}+100\boldsymbol{k}$

$\boldsymbol{F}_2=-\dfrac{\sqrt{3}}{3}F_2\boldsymbol{i}+\dfrac{\sqrt{3}}{3}F_2\boldsymbol{j}+\dfrac{\sqrt{3}}{3}F_2\boldsymbol{k}=-200\boldsymbol{i}-200\boldsymbol{j}+200\boldsymbol{k}$

分别计算力系的主矢和主距

$\boldsymbol{F}'_{\mathrm{R}}=-300\boldsymbol{i}-200\boldsymbol{j}+300\boldsymbol{k}$ N $\qquad F'_{\mathrm{R}}=100\sqrt{22}$ N

$\boldsymbol{M}_O=200\boldsymbol{i}-300\boldsymbol{j}$ N·m $\qquad M_O=100\sqrt{13}$ N·m

$\boldsymbol{F}'_{\mathrm{R}}\cdot\boldsymbol{M}_O=0$ 所以 $\boldsymbol{F}'_{\mathrm{R}}\perp\boldsymbol{M}_O$

合成结果为一合力。

令 $O'(x,y,z)$ 为合力作用线上任一点，则

$$\boldsymbol{r}_{OO'}\times\boldsymbol{F}_{\mathrm{R}}=\begin{vmatrix}\boldsymbol{i} & \boldsymbol{j} & \boldsymbol{k}\\ x & y & z\\ -300 & -200 & 300\end{vmatrix}=\boldsymbol{M}_O$$

$$\begin{cases}3y+2z=2\\ x+z=1\\ -2x+3y=0\end{cases}$$

令 $z=0$，则 $x=1,y=\dfrac{2}{3}$；即合力过 $\left(1,\dfrac{2}{3},0\right)$ 点。

2-17 一空间力系如图所示。已知：$F_1=F_2=100$ N，$M=20$ N·m，$b=300$ mm，$l=h=400$ mm。试求力系的最简合成结果。

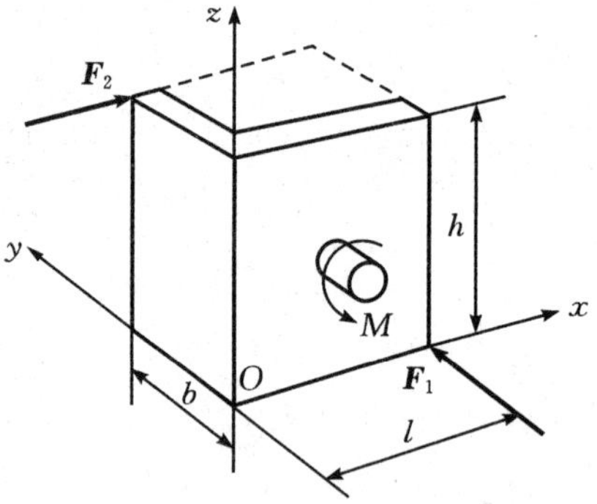

题 2-17 图

解 主矢

$F'_{\mathrm{R}x}=\sum F_x=F_2=100$ N

$F'_{\mathrm{R}y}=\sum F_y=F_1=100$ N

$F'_{\mathrm{R}z}=\sum F_z=0$

$\boldsymbol{F}'_{\mathrm{R}}=100\boldsymbol{i}+100\boldsymbol{j}$；$F'_{\mathrm{R}}=100\sqrt{2}$ N

主矩

$M_{Ox}=0\quad M_{Oy}=20$ N·m $\quad M_{Oz}=10$ N·m

$\boldsymbol{M}_O=20\boldsymbol{j}+10\boldsymbol{k}$；$M_O=10\sqrt{5}$ N·m

$\boldsymbol{F}'_{\mathrm{R}}\cdot\boldsymbol{M}_O=100\sqrt{2}\times10\sqrt{5}\times\cos\theta=2000\neq0$；设 $\theta=(\boldsymbol{F}'_{\mathrm{R}},\boldsymbol{M}_O)$

力系合成结果为力螺旋；

$$\cos\theta=\frac{\sqrt{10}}{5}\Rightarrow\quad \sin\theta=\frac{\sqrt{15}}{5};d=\frac{|\boldsymbol{M}_O|\sin\theta}{|\boldsymbol{F}_{\mathrm{R}}|}=\frac{\sqrt{6}}{20}=122.5\ \mathrm{mm}$$

$M''_O=M_O\cos\theta=10\sqrt{2}$ N·m

$\boldsymbol{M}_O''=10\boldsymbol{i}+10\boldsymbol{j}$ 方向同 $\boldsymbol{F}_R'$

2-18　图示沿直棱边作用 5 个力，$F_1=F_3=F_4=F_5=F$，$F_2=\sqrt{2}F$，$OA=OC=a$，$OB=2a$。求此力系简化结果。

解　(1)力系先向 O 点简化

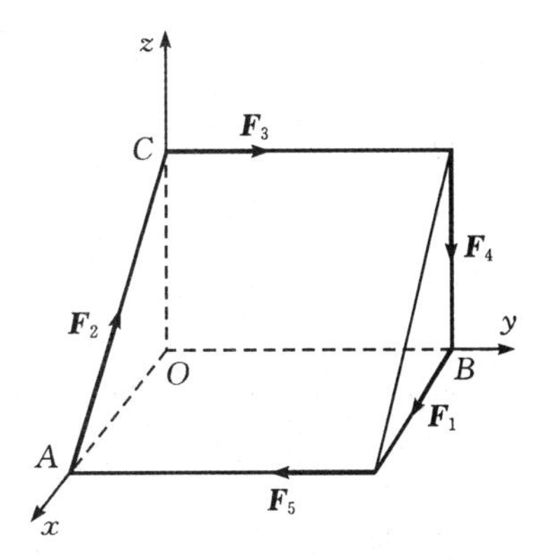

题 2-18 图

$$F_{Ox}=\sum F_x=F_1-\frac{\sqrt{2}}{2}F_2=0$$

$$F_{Oy}=\sum F_y=F_3-F_5=0$$

$$F_{Oz}=\sum F_z=\frac{\sqrt{2}F_2}{2}-F_4=0$$

故力系的主矢 $\boldsymbol{F}_R'=0$

$$M_x=-F_3a-2F_4a=-3Fa;M_y=-\frac{\sqrt{2}F_2}{2}a=-Fa;$$

$$M_z=-2F_1a-F_5a=-3Fa$$

故力系的主矩　$\boldsymbol{M}_O=-3Fa\boldsymbol{i}-Fa\boldsymbol{j}-3Fa\boldsymbol{k}$

(2)最终合成结果讨论

由于 $\boldsymbol{F}_R'\cdot\boldsymbol{M}_O=0$，力系最终合成为一个力偶。

2-19　水闸门长 50 m，高 14 m，闸门上下游水面至闸顶距离分别为 2 m 和 8 m，水的密度为 1000 kg/m³。试求水闸门上所受水压力的合力大小、方向及作用线位置。

解　闸门受力如图所示。

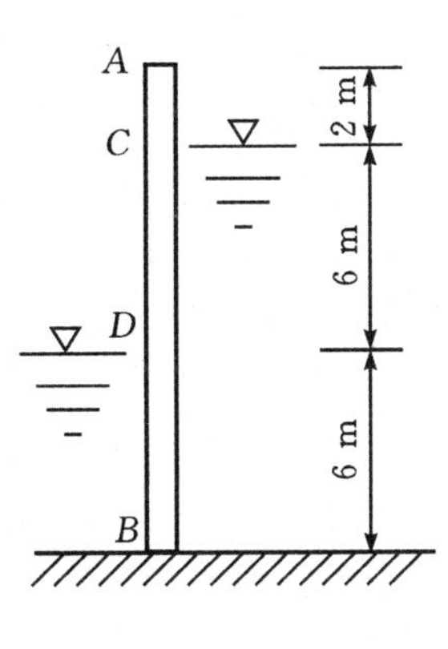

题 2-19 图

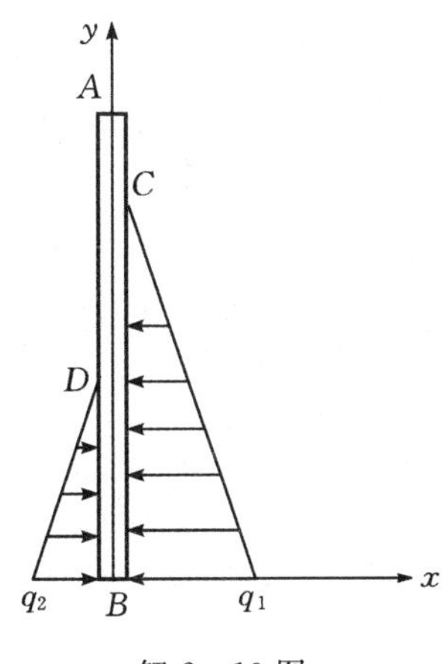

解 2-19 图

$$q_1=\rho gh_1=12\rho g\ \text{N/m};q_2=\rho gh_2=6\rho g\ \text{N/m}$$

$$Q_1=\frac{1}{2}q_1h_1=72\rho g\ \text{N};Q_2=\frac{1}{2}q_2h_2=18\rho g\ \text{N}$$

根据力系合成：

合力：$Q=Q_1-Q_2=54\rho g$ N(向左)

合力作用线位置：

$$y_C=\frac{\sum Q_iy_i}{\sum Q_i}=\frac{-72\rho g\times 4+18\rho g\times 2}{(-72\rho g+18\rho g)}=4.667\ \text{m}$$

2-20　汽车 A、B、C、D 四个轮子给地面的压力分别为 5104 N、5027 N、3613 N 和 3559 N，则汽车重心位置在 Oxz 平面内的坐标是多少？

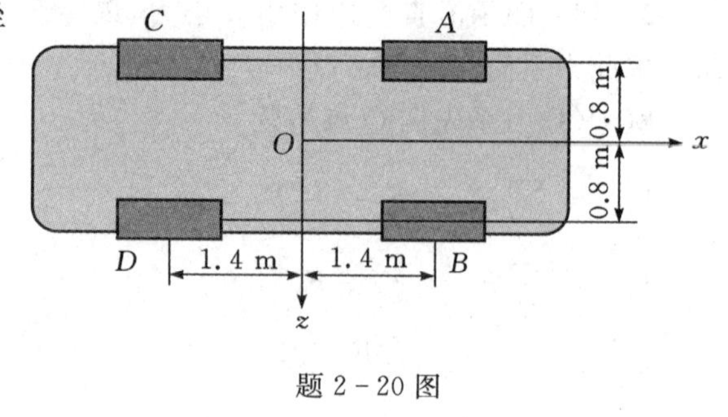

题 2-20 图

解　根据力系主矢、主矩的概念

$G=17300\ \text{N}$

$M_x=-75\ \text{N}\cdot\text{m}$

$M_z=-3822\ \text{N}\cdot\text{m}$

$$z_c=\frac{M_x}{G}=-0.0043\ \text{m}$$

$$x_c=\frac{-M_z}{G}=0.2209\ \text{m}$$

2-21　图示均质薄板，请确定其质心位置，给出具体的坐标值。设计实验，验证质心位置的正确性。

解　将板子划分成三部分，根据质心位置坐标公式得

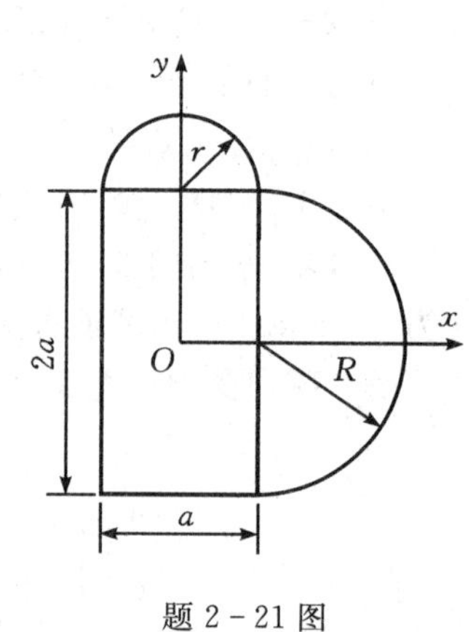

题 2-21 图

$$x_C=\frac{\sum A_i x_i}{\sum A_i}=\frac{2a^2\times 0+\frac{\pi r^2}{2}\times 0+\frac{\pi R^2}{2}\times(\frac{4R}{3\pi}+\frac{a}{2})}{2a^2+\frac{\pi r^2}{2}+\frac{\pi R^2}{2}}$$

$$=\frac{\frac{\pi R^2}{2}\times(\frac{4R}{3\pi}+\frac{a}{2})}{2a^2+\frac{\pi r^2}{2}+\frac{\pi R^2}{2}}$$

$$y_C=\frac{\sum A_i y_i}{\sum A_i}=\frac{2a^2\times 0+\frac{\pi r^2}{2}\times(\frac{4r}{3\pi}+a)+\frac{\pi R^2}{2}\times 0}{2a^2+\frac{\pi r^2}{2}+\frac{\pi R^2}{2}}$$

$$=\frac{\frac{\pi r^2}{2}\times(\frac{4r}{3\pi}+a)}{2a^2+\frac{\pi r^2}{2}+\frac{\pi R^2}{2}}$$

第3章　力系的平衡

3.1　基本知识剖析

1. 基本概念

(1)**空间任意力系平衡**的充要条件:力系的主矢和对任意点的主矩均为零。空间力系的独立平衡方程数为6,一般形式如下:

$$\begin{cases}\sum F_x = 0 \\ \sum F_y = 0 \\ \sum F_z = 0\end{cases} \qquad \begin{cases}\sum M_x(\boldsymbol{F}) = 0 \\ \sum M_y(\boldsymbol{F}) = 0 \\ \sum M_z(\boldsymbol{F}) = 0\end{cases}$$

空间特殊力系如空间汇交力系、空间力偶系、空间平行力系的平衡方程均可由任意力系的平衡方程导出。

(2)**平面任意力系平衡**的充要条件:力系的主矢和对任意点的主矩均为零。平面力系的独立平衡方程数为3,一般形式如下:

$$\begin{cases}\sum F_x = 0 \\ \sum F_y = 0 \\ \sum M_O(\boldsymbol{F}) = 0\end{cases}$$

平面特殊力系如平面汇交力系、平面力偶系、平面平行力系的平衡方程均可由平面任意力系的平衡方程导出。

(3)**静定与静不定概念**。平衡问题中,当系统的未知量总数小于或等于系统独立的平衡方程总数时,该系统为静定系统,仅用刚体的平衡条件就可求出全部未知量;当系统的未知量总数大于系统独立的平衡方程总数时,该系统为静不定系统或超静定系统,此时未知量不能全部由刚体平衡条件解出。

(4)**桁架**是由若干直杆在两端以铰链连接而成的几何形状不变的结构。若所有杆件都在同一平面内且满足:①各杆件均为不计自重的直杆;②各杆件以光滑铰链连接;③各杆件受力均在销钉处,以上条件为平面理想桁架。对于理想桁架,其各杆件均为二力杆。平面理想桁架内力的计算方法有节点法和截面法。

2. 重点及难点

重点

(1)单个物体的平衡问题。

(2)物体系统的平衡问题。

(3)平面桁架的内力计算。

难点

(1)物体系统的平衡问题。

(2)如何选取恰当的研究对象。

(3)正确地区分内力和外力。

3.2 习题类型、解题步骤及解题技巧

1. 习题类型

(1)空间力系的平衡问题;

(2)平面力系单个物体和物体系统的平衡问题;

(3)平面桁架的内力计算。

2. 解题步骤

(1)选取研究对象,正确进行受力分析;

(2)建立坐标系,列平衡方程;

(3)求解未知量。

3. 解题技巧

空间力系的平衡问题应选适当的投影轴或矩轴,尽可能使每个方程仅含一个未知量。

平面物体系的平衡问题:

(1)**判断静定**。由 n 个物体组成的系统,逐一拆开,若未知量个数不大于 $3n$,则为静定系统,任何未知量均可求解,只是方法优劣、过程繁简的问题。

(2)**首个研究对象选取原则:可解或部分可解**。在静定前提下,选适当的投影轴或矩心,使方程包含一个未知量,求出首个研究对象(如整体或未知量少的构件)的所有未知量(可解对象)或部分未知量(部分可解对象)。

(3)利用上述所求量**逐步扩大可解范围**,直至得到最终所求量。

平面桁架的内力计算:节点法或截面法在应用时,**研究对象选取原则**为可解或部分可解。各杆件内力均采用设正法——结果为正,说明该杆为拉杆,反之为压杆。

3.3 例题精解

例 3-1 一曲杆在 A、B、C 三处用光滑轴承支撑如图 3-1(a)所示。曲杆受主动力 $\boldsymbol{F}$ 和力偶 $\boldsymbol{M}$ 的作用。$F=300$ N,$M=50$ N·m。力偶矩矢量 $\boldsymbol{M}$ 位于与 DE 垂直的铅垂面内,与水平夹角为 45°,AH 段和 DE 段平行,$a=20$ cm, $b=10$ cm。不计曲杆自重,试求各轴承处的约束反力。

分析 本题为典型的空间力系平衡问题,各轴承处均有一对正交分力。

解 研究整体,建立坐标系,受力如图 3-1(b)所示。

列平衡方程如下:

$$\sum F_x = 0 \qquad F_{Cx} + F_{Bx} = 0$$

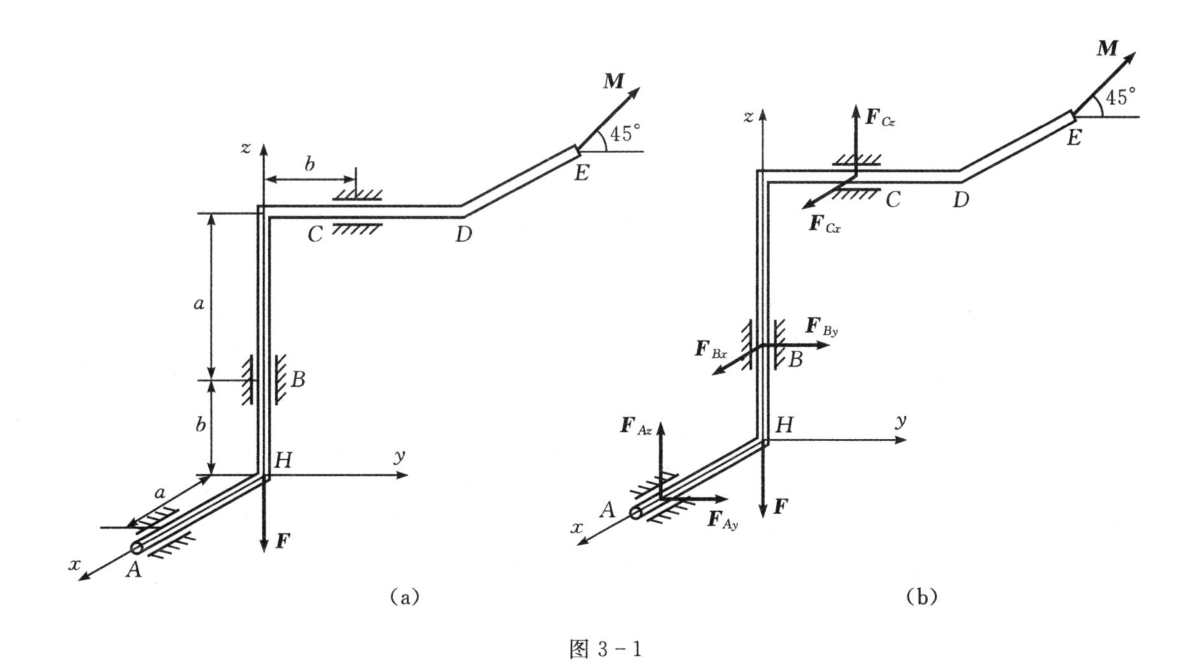

图 3-1

$$\sum F_y = 0 \qquad F_{Ay} + F_{By} = 0$$

$$\sum F_z = 0 \qquad F_{Az} + F_{Cz} - F = 0$$

$$\sum M_x(\boldsymbol{F}) = 0 \qquad F_{Cz}b - F_{By}b = 0$$

$$\sum M_y(\boldsymbol{F}) = 0 \qquad F_{Bx}b - F_{Az}a + F_{Cx}(a+b) + M\cos 45^\circ = 0$$

$$\sum M_z(\boldsymbol{F}) = 0 \qquad F_{Ay}a - F_{Cx}b + M\cos 45^\circ = 0$$

解方程可得

$F_{Ay} = -230.25$ N　　$F_{Az} = 69.75$ N

$F_{Bx} = 107$ N　　$F_{By} = 230.25$ N

$F_{Cx} = -107$ N　　$F_{Cz} = 230.25$ N

讨论　此题 6 个方程为耦合方程，必须解联立方程。

例 3-2　平面构架尺寸如图 3-2(a)所示，B、C 处均为链接，CE 杆上 D 处与 BD 杆及滚动支座铰接，不计各杆、绳子、滑轮的重量及铰链处的摩擦。已知物块 A 重量为 $\boldsymbol{G}$。试求平衡时：(1)E 处的约束反力；(2)CE 杆受销钉 D 的作用力。

分析　首先可判断 BD 杆为二力杆；H 处绳子的拉力即为物块 A 的重量，取研究对象时可不考虑滑轮和重物；铰链 D 处连接了 BD 杆、CE 杆和滚动铰支座三个物体，应根据所取研究对象进行正确的受力分析。

解　(1)取组合体(由杆 CH、BD、CE 组成)为研究对象，受力如图 3-2(b)。

$$\sum X = 0 \quad F_{Ex} - F_G \sin 45^\circ = 0$$

$$\sum Y = 0 \quad F_D + F_{Ey} - F_G \cos 45^\circ = 0$$

$$\sum M_D(\boldsymbol{F}) = 0 \quad F_{Ey} \times 1 + F_G \sin 45^\circ \times 1.3 + F_G \cos 45^\circ \times 1 = 0$$

$F_{Ex}=0.707G \quad F_{Ey}=-1.626G \quad F_D=2.33G$

(2)取杆 CH 为研究对象,受力如图 3-2(c)所示。

$$\sum M_C(\boldsymbol{F})=0 \qquad F_G\sin 45^\circ\times 1.3-F_{BD}\cos 45^\circ\times 1=0$$

$$F_{BD}=1.3G$$

(3)取销钉 D 为研究对象,受力如图 3-2(d)所示;其中 $F_{BD}=F_{DB}$

$$\sum X=0 \qquad F_{Dx}=F_{DB}\cos 45^\circ=0.919G$$

$$\sum Y=0 \qquad F_{Dy}=-F_D-F_{DB}\cos 45^\circ=-3.25G$$

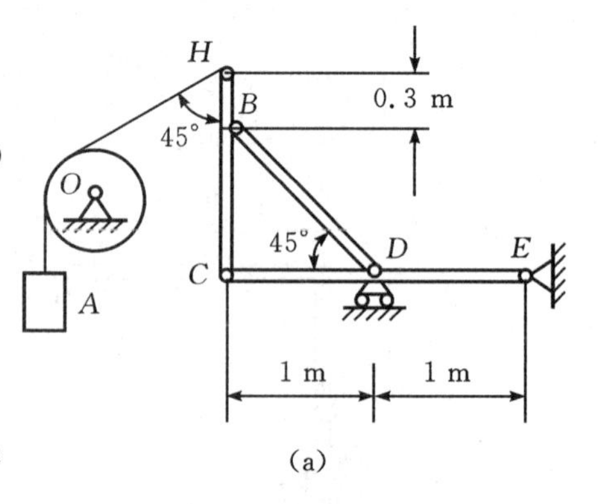

(a)

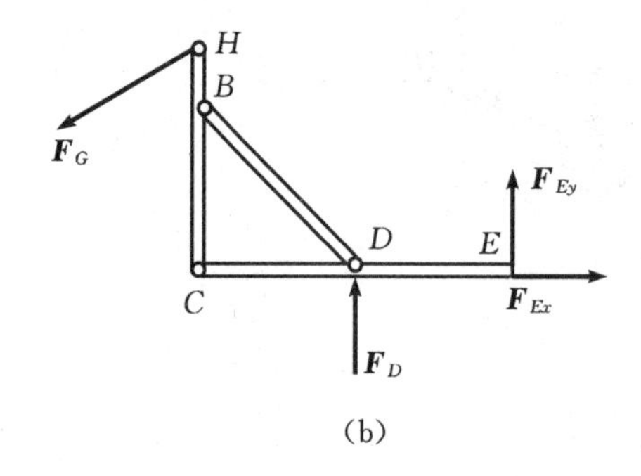

(b)

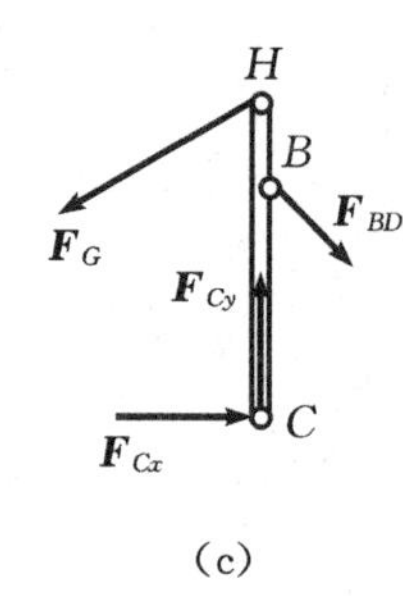

(c)

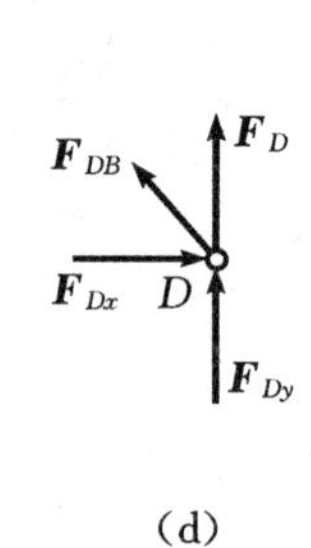

(d)

图 3-2

讨论 题中所求为 CE 杆受销钉 D 的作用力,$\boldsymbol{F}_D$是销钉处的支座反力,并非所求。

例 3-3 平面结构如图 3-3(a)所示。各杆件自重均不计,载荷与尺寸如图所示,$M=qa^2$。试求 A、D 处约束反力。

分析 此题为涉及多种载荷、多构件、仅有部分可解对象的问题。

解 (1)取杆 CD 为研究对象,受力如图 3-3(b)所示。$F_1=qa$,垂直作用于 CD 杆中点

$$\sum M_C(\boldsymbol{F})=0 \quad F_1\frac{a}{2}-F_{Dx}a=0 \quad F_{Dx}=\frac{qa}{2}$$

(2)研究 CD 与 BC 的组合体,受力如图 3-3(c)所示。

$$\sum M_D(\boldsymbol{F})=0 \quad F_1\frac{a}{2}+M-F_{Dx}a-F_{Dy}a=0 \quad F_{Dy}=qa$$

(3)取整体为研究对象,受力如图 3-3(d)所示。

$F_2=\dfrac{3qa}{2}$,水平作用在距 A 点 a 处

$$\sum F_x=0 \quad F_{Ax}+F_{Dx}+F_2-F_1=0 \quad F_{Ax}=-qa$$

$$\sum F_y=0 \quad F_{Ay}-F_{Dy}-F=0 \quad F_{Ay}=F+qa$$

$$\sum M_A(\boldsymbol{F})=0 \qquad M_A+M+F_1\frac{7a}{2}-F_{Dx}4a-F_{Dy}2a-F_2a-Fa=0$$

$$M_A=(F+qa)a$$

讨论

(1)分布载荷可等效为一集中力,其大小为载荷图形的面积,作用线过载荷面积的形心。

(2)固定端处的约束反力偶不能少。

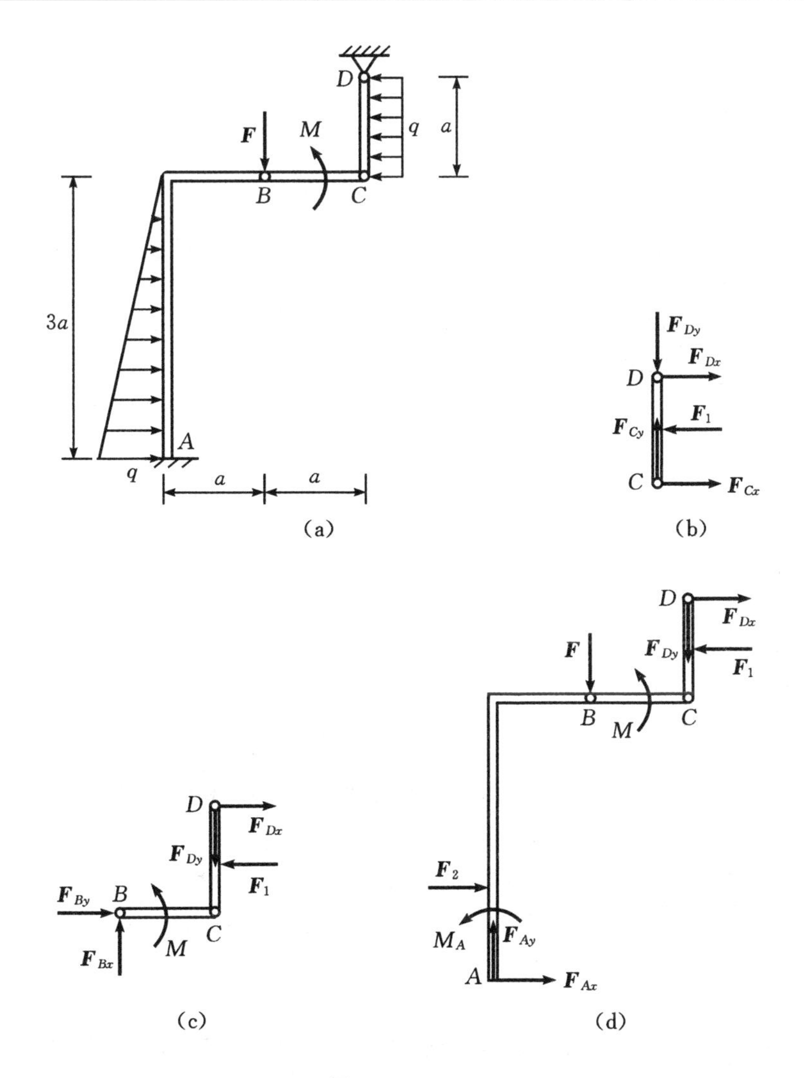

图 3-3

(3)此题也可拆分成3个物体，列9个方程求解。若从 B 处销钉拆开，力 $\boldsymbol{F}$ 应作用在包含销钉的杆件上。

例 3-4 图 3-4(a)所示平面机构中不计各杆件质量，HA、AB、FG 水平，CD 铅垂，$\alpha=30^\circ$，除 AB、CD 杆外，其余各杆件长均为 l。已知系统在力 $\boldsymbol{P}$ 和力偶矩为 M 的力偶作用下处于平衡，试求 AB 杆的内力。

分析 本题为平面桁架的内力计算，除 FG 杆件外其他杆件均为二力杆。若取整体为研究对象，有6个支座反力分量，未知量太多无法求解；若使用节点法逐次求解，依然会比较麻烦。

解 (1)用假想截面截断 AC、BC 杆，取下面部分为研究对象，受力如图 3-4(b)所示。

$$\sum M_G(\boldsymbol{F})=0 \quad -F_{CB}\sin 2\alpha \cdot CG - M = 0$$

$$F_{CB} = -\frac{2M}{3l}$$

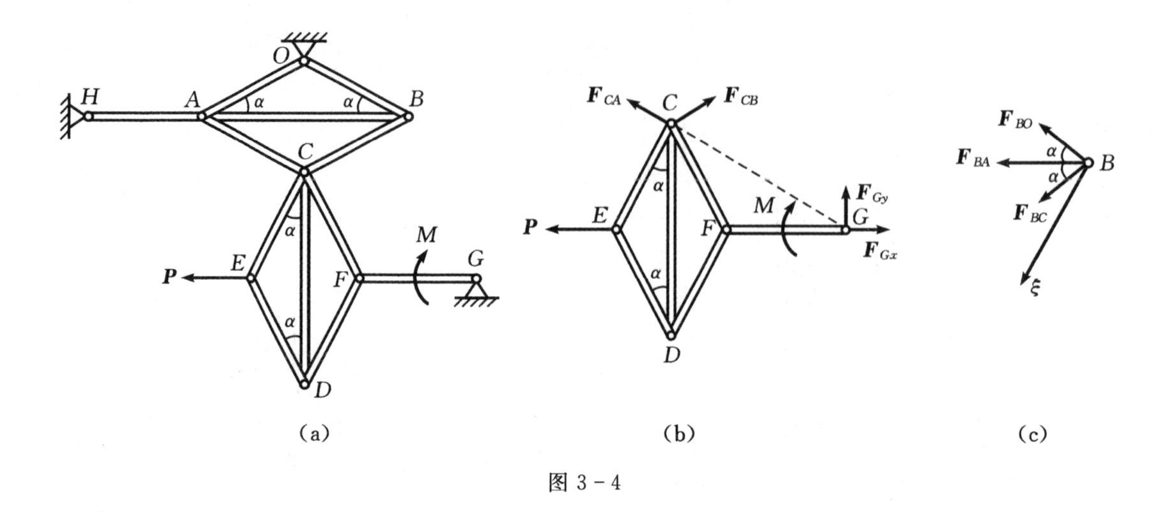

图 3-4

(2)取节点 B 为研究对象，受力如图 3-4(c)所示；其中 $F_{BC}=F_{CB}$

$$\sum F_{\xi}=0 \quad F_{BA}\cos 2\alpha+F_{BC}\cos\alpha=0$$

$$F_{BA}=\frac{2\sqrt{3}M}{3l}$$

讨论

(1)使用截面法时，一定要选取可解或部分可解的研究对象，此题首选的是部分可解的研究对象。

(2)研究节点 B 时，选择图示投影轴，可避免求解联立方程。

3.4 题 解

3-1 如图所示刚体在 A、B、C 三点分别作用着力 $\boldsymbol{F}_1$、$\boldsymbol{F}_2$、$\boldsymbol{F}_3$，已知此三力的大小之比与力作用线所在的△ABC 的相应边长之比相等。该力系是否平衡？为什么？

解 不平衡，因为力系构成封闭三角形，主矢为 0，主矩不为 0。

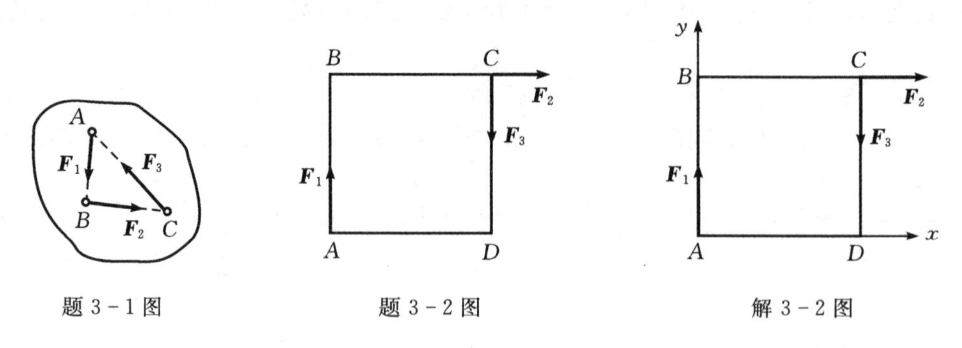

题 3-1 图　　题 3-2 图　　解 3-2 图

3-2 如图所示正方形各边长为 1 m，受三力作用如图。已知各力的大小均为 10 N。求此力系向 A 点简化的结果，并给出此力系最终的合成结果。

解 建立图示坐标系

$F'_R = 10\boldsymbol{i}$ N

$M_A = 20$ N·m

最终简化结果为在 A 点正上方距离 A 点 2 m、大小 10 N 的水平向右的合力。

3－3　如图所示长 $2l$、重 $\boldsymbol{P}$ 的均质杆靠在光滑墙上。求平衡位置时的 θ 及 A、B 处约束反力。设所有接触面都是光滑的。

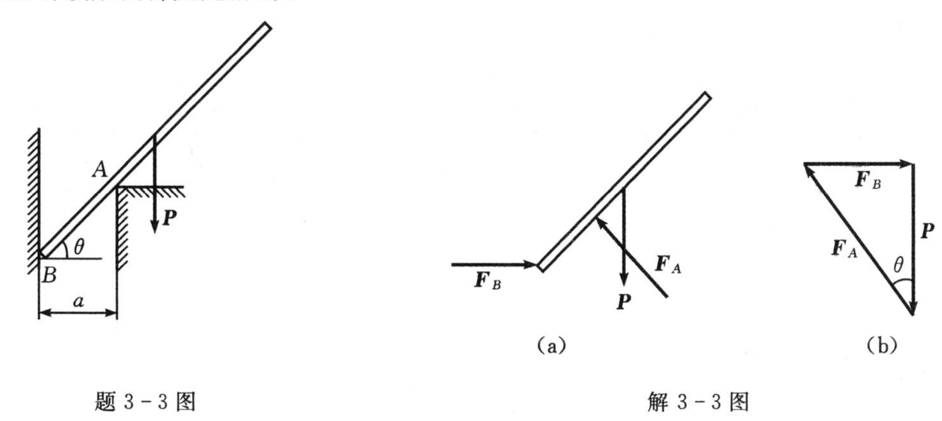

题 3－3 图　　　　解 3－3 图

解　研究 AB 杆，受力如解 3－3 图(a)所示。应用几何法：三力平衡汇交，力三角形封闭，力三角形如解 3－3 图(b)所示。因此

$$F_A = \frac{P}{\cos\theta}, \quad F_B = P\tan\theta$$

$$\sum M_B(\boldsymbol{F}) = 0 \qquad F_A \cdot \overline{AB} - P\cos\theta \cdot l = 0$$

$$\cos^3\theta = \frac{a}{l}, \qquad \theta = \arccos\sqrt[3]{\frac{a}{l}}$$

3－4　如图所示长为 l、重为 $\boldsymbol{G}$ 的均质细杆放置在两相互垂直的光滑斜面上，其中一个斜面的倾角为 θ，求细杆平衡时与水平线的夹角 β。

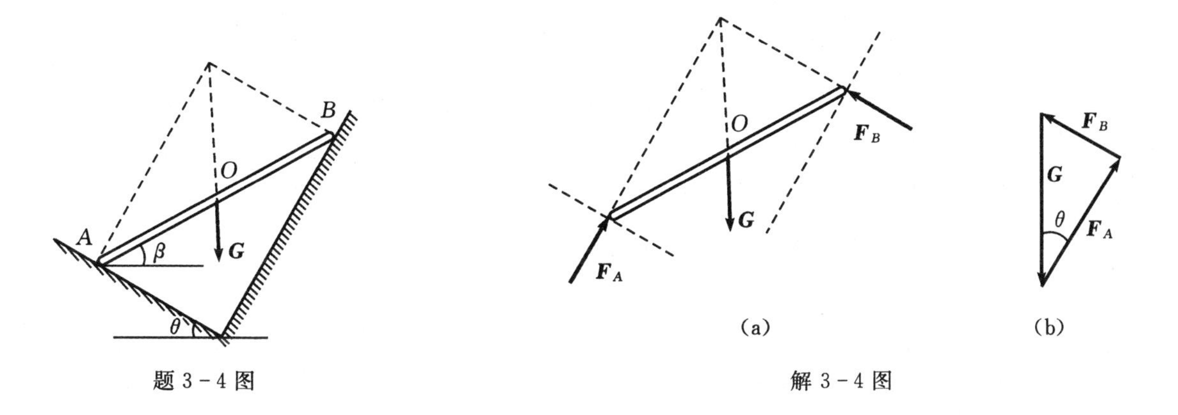

题 3－4 图　　　　解 3－4 图

解　研究 AB 杆，受力如解 3－4 图(a)所示。应用几何法：三力平衡汇交，力三角形封闭，力三角形如解 3－4 图(b)所示。因此

$$\frac{\pi}{2} - \theta = \beta + \theta$$

$\beta=\frac{\pi}{2}-2\theta$

3－5 水平梁 AB 由铰链 A 和柔索 BC 所支持，如图所示。在梁上 D 处用销子安装半径为 $r=0.1$ m 的滑轮。有一跨过滑轮的绳子，其一端水平地系于墙上，另一端悬挂有重 $G=1800$ N 的重物。如 $AD=0.2$ m，$BD=0.4$ m，$\alpha=45°$，且不计梁、杆、滑轮和绳的重量及各处的摩擦。求铰链 A 和柔索 BC 对梁的约束反力。

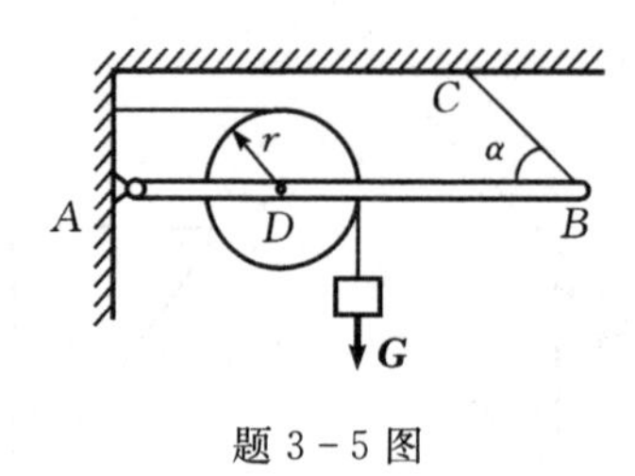

题 3－5 图

解 3－5 图

解 研究整体，受力分析如图所示。

$\sum F_x=0 \qquad F_{Ax}-F_T-F_{BC}\cos\alpha=0$

$\sum M_A(\boldsymbol{F})=0 \qquad F_{BC}\cdot\overline{AB}\sin\alpha-G(\overline{AD}+r)+F_T r=0$

$\sum F_y=0 \qquad F_{Ay}-G+F_{BC}\sin\alpha=0 \qquad$ 而 $\qquad F_T=G$

$F_{BC}=600\sqrt{2}=848.5$ N $\qquad F_{Ax}=2400$ N $\qquad F_{Ay}=1200$ N

3－6 如图所示，已知 $F=1.5$ kN，$q=0.5$ kN/m，$M=2$ kN·m，$a=2$ m。求支座 B、C 上的约束反力。

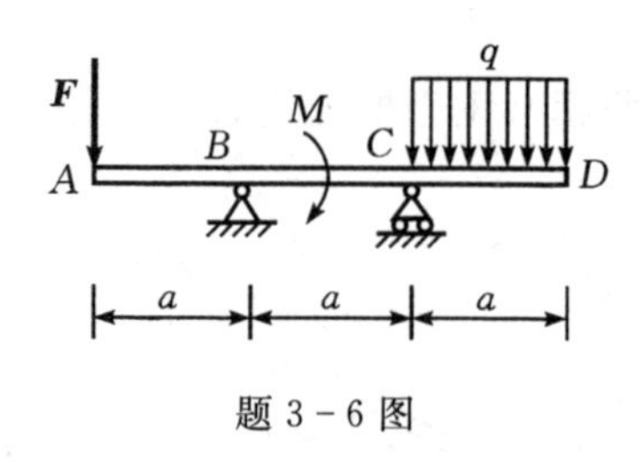

题 3－6 图

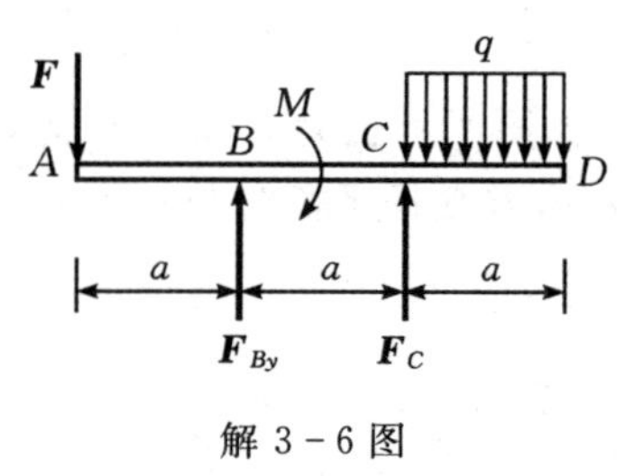

解 3－6 图

解 研究 AD 杆，受力分析如图所示。

$\sum M_B(\boldsymbol{F})=0 \qquad M+qa\cdot\frac{3}{2}a=F_C\cdot a+F\cdot a$

$F_C=1$ kN

$\sum F_y=0 \qquad F_C+F_{By}=F+qa$

$F_{By}=1.5$ kN

3－7 已知均质物体重量 $G=10$ kN，水平力 $F=3$ kN，各杆重量不计，有关尺寸如图所示。求杆 AC、BD、BC 的受力。

解 研究物体，受力如图所示，由几何关系可得

$\cos\theta=0.6$； $\sin\theta=0.8$

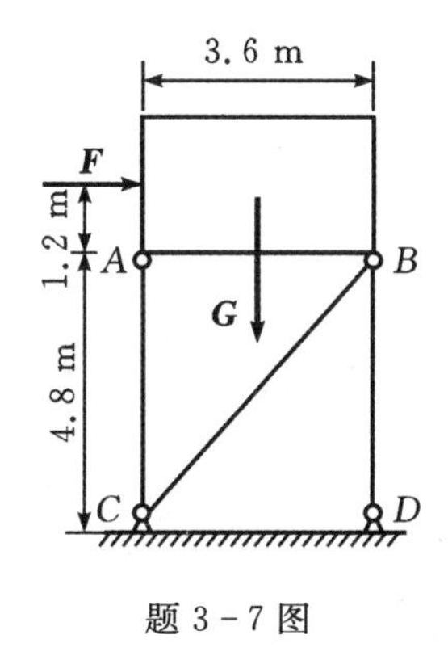

题 3-7 图

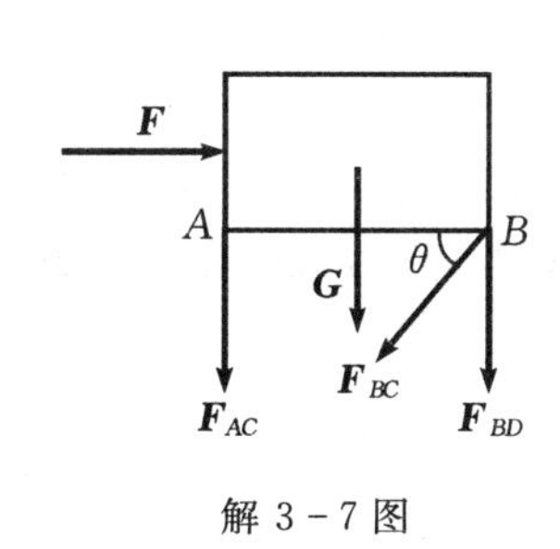

解 3-7 图

$\sum F_x = 0 \qquad -F_{BC}\cos\theta + F = 0$

$F_{BC} = 5\ \text{kN}$

$\sum M_B(\boldsymbol{F}) = 0 \qquad G \cdot 1.8 + F_{AC} \cdot 3.6 = F \cdot 1.2$

$F_{AC} = -4\ \text{kN}$

$\sum F_y = 0 \qquad -F_{AC} + F_{BD}\sin\theta + G = 0$

$F_{BD} = -G = -10\ \text{kN}$

3-8　如图所示两根相同的均质棒，各重为 $\boldsymbol{P}$，长为 $2l$，以铰链 C 互相连接并靠在水平面内半径为 r 的光滑固定圆柱上。求系统平衡时角度 θ 所满足方程及铰链 C 处约束反力。

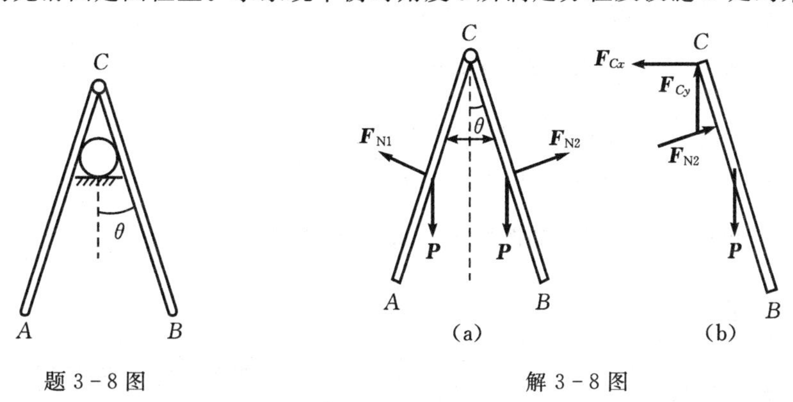

题 3-8 图　　解 3-8 图

解　研究物体 ABC，受力分析如解 3-8 图(a)所示

$\sum F_x = 0 \qquad F_{N1} = F_{N2}$

$\sum F_y = 0 \qquad 2F_{N2}\sin\theta = 2P$

$$F_{N2} = \frac{P}{\sin\theta}$$

研究 BC(或 AC)杆，受力分析如解 3-8 图(b)所示

$\sum M_C = 0 \qquad F_{N2}\dfrac{r}{\tan\theta} = Pl\sin\theta$

$$l\sin^3\theta - r\cos\theta = 0$$

$\sum F_x = 0 \qquad F_{Cx} + F_{N2}\cos\theta = 0$

$F_{Cx} = P\cot\theta$

$\sum F_y = 0 \qquad F_{Cy} + F_{N2}\sin\theta - P = 0$

$F_{Cy} = 0$

3-9 不计自重梯子的两部分 AB 和 AC 在点 A 铰接，在 D、E 两点用水平绳连接，如图所示。梯子放在光滑的水平面上，其一边作用有铅垂力 $\boldsymbol{F}$，几何尺寸如图所示。求绳的张力大小。

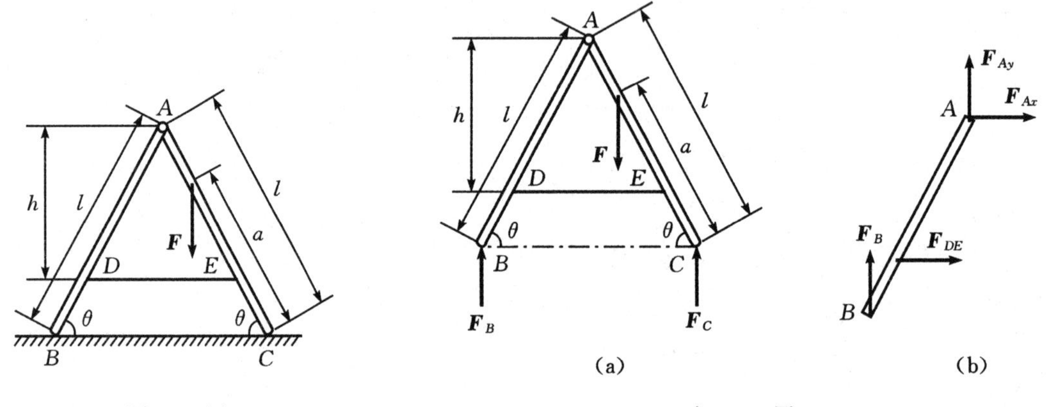

题 3-9 图　　　　解 3-9 图

解 研究整体，受力如解 3-9 图(a)所示。

$\sum M_C(\boldsymbol{F}) = 0 \qquad -F_B 2l\cos\theta + Fa\cos\theta = 0 \qquad F_B = \dfrac{Fa}{2l}$

研究 AB 杆，受力如解 3-9 图(b)所示。

$\sum M_A = 0 \qquad F_{DE}h - F_B l\cos\theta = 0 \qquad F_{DE} = \dfrac{Fa\cos\theta}{2h}$

3-10 组合梁的支承及载荷如图所示。求 A、B、D 处的约束反力。

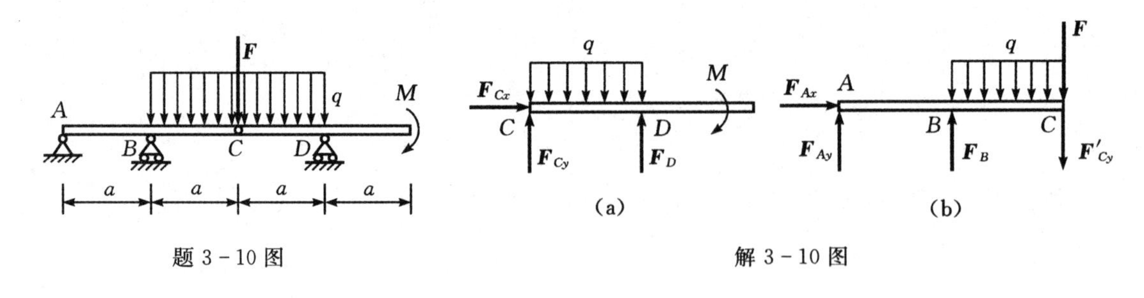

题 3-10 图　　　　解 3-10 图

解 研究 CD，受力如解 3-10 图(a)所示。

$\sum M_C = 0 \qquad qa \cdot \dfrac{a}{2} + M = F_D \cdot a \qquad F_D = \dfrac{M}{a} + \dfrac{qa}{2}$

$\sum F_x = 0 \qquad F_{Cx} = 0$

$\sum F_y = 0 \qquad F_{Cy} + F_D = qa \qquad F_{Cy} = \dfrac{qa}{2} - \dfrac{M}{a}$

研究 AC，受力如解 3-10 图(b)所示。

$$\sum F_x = 0 \qquad F_{Ax} = 0$$

$$\sum F_y = 0 \qquad F_{Ay} + F_B - qa - F'_{Cy} - F = 0 \qquad F_{Ay} = - F + \frac{M}{a} - qa$$

$$\sum M_C = 0 \qquad F_B a - qa \cdot \frac{3}{2}a - F \cdot 2a - F'_{Cy} 2a = 0 \quad F_B = \frac{5}{2}qa + 2F - \frac{2M}{a}$$

3-11　组合梁 ABC 上作用一集中力 $\boldsymbol{F}$ 和三角形分布载荷，最大载荷集度为 $q=2F/a$，其支承及载荷如图所示。求 A、C 处的约束反力。

解：研究 AB，受力如解 3-11 图(a)所示。

$$\sum M_B(\boldsymbol{F}) = 0 \qquad M_A + \frac{1}{2} \times \frac{q}{2} \times a = F_{Ay} \cdot 2a$$

研究 ABC 梁，受力如解 3-11(b)图所示。

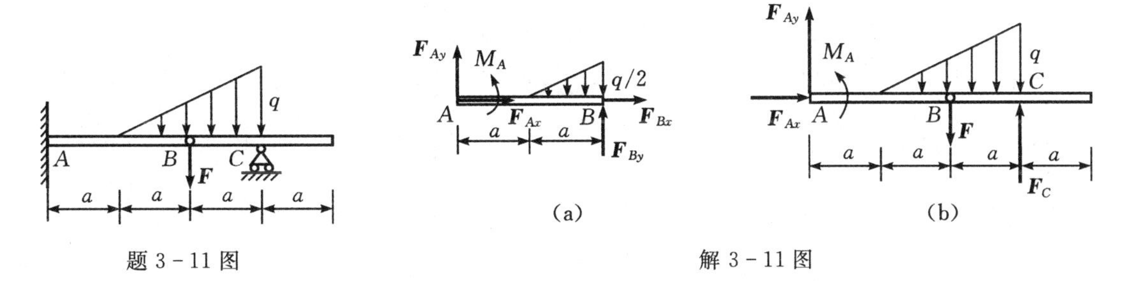

题 3-11 图　　解 3-11 图

$$\sum F_x = 0 \qquad F_{Ax} = 0$$

$$\sum F_y = 0 \qquad F_{Ay} + F_C - F - \frac{1}{2}q \times 2a = 0$$

$$\sum M_C = 0 \qquad M_A + Fa + \frac{1}{2}q \cdot 2a \cdot \frac{2}{3}a = F_{Ay} \cdot 3a$$

$$F_{Ay} = \frac{13}{6}F, \quad M_A = \frac{25}{6}Fa, \quad F_C = \frac{5}{6}F$$

3-12　三铰刚架的尺寸、支承及载荷如图所示。已知 $F_1=10$ kN，$F_2=12$ kN，力偶矩 $M=25$ kN·m，均布载荷集度 $q=2$ kN/m，$\theta=60°$。不计构件自重，求 A、B 处的约束反力。

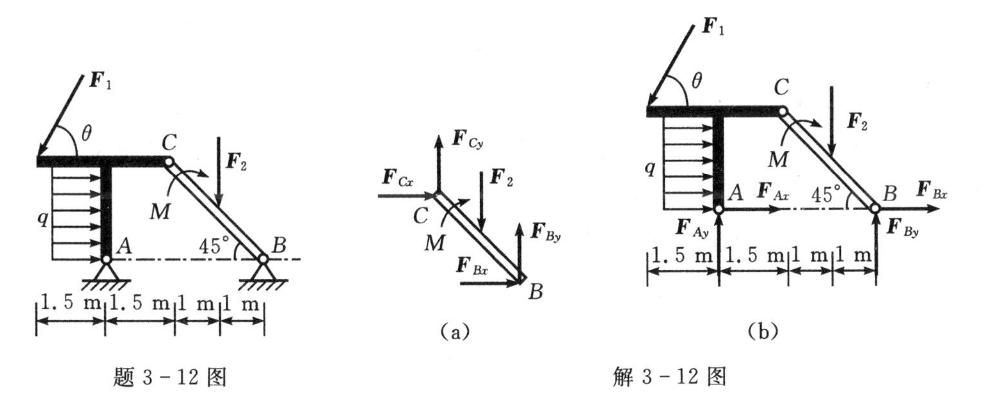

题 3-12 图　　解 3-12 图

解　研究 CB，受力如解 3-12 图(a)所示。

$\sum M_C(\boldsymbol{F})=0 \quad F_{Bx}\cdot 2+F_{By}\cdot 2=F_2\cdot 1+M$

研究整体,受力如解 3-12 图(b)所示。

$\sum M_A=0 \qquad F_{By}\cdot 3.5+F_1\cdot\cos 60^\circ\cdot 2+F_1\sin 60^\circ\cdot 1.5=2q\cdot 1+M+F_2\cdot 2.5$

$F_{By}=10.29\text{ kN} \quad F_{Bx}=8.21\text{ kN}$

$\sum F_y=0 \qquad F_{By}+F_{Ay}=F_1\sin 60^\circ+F_2 \qquad F_{Ay}=10.37\text{ kN}$

$\sum F_x=0 \qquad F_{Ax}+F_{Bx}+2q=F_1\cos 60^\circ \qquad F_{Ax}=-7.21\text{ kN}$

3-13 如图所示重 **G** 的物体由不计重量的杆 AB、CD 和滑轮支撑。已知 $AB=AC=a$,$CB=BD$,$r=a/2$。求 A、C 处的约束反力。

解 研究整体,受力如解 3-13 图(a)所示。

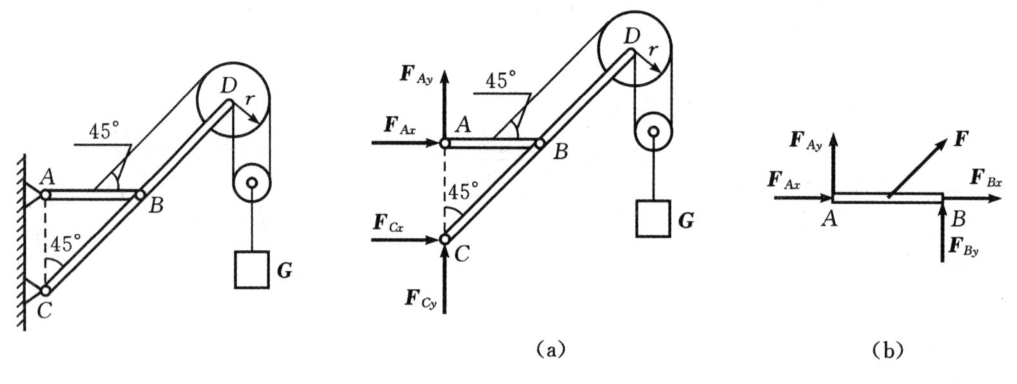

题 3-13 图　　解 3-13 图

$\sum M_A=0 \qquad F_{Cx}a=G\dfrac{9}{4}a \qquad F_{Cx}=\dfrac{9}{4}G$

$\sum F_x=0 \qquad F_{Cx}+F_{Ax}=0 \qquad F_{Ax}=-\dfrac{9}{4}G$

$\sum F_y=0 \qquad F_{Ay}+F_{Cy}=G$

研究 AB 杆,受力如解 3-13 图(b)所示。$F=\dfrac{1}{2}G$

$\sum M_B=0 \qquad F\cdot r+F_{Ay}\cdot a=0 \qquad F_{Ay}=-\dfrac{G}{4} \qquad F_{Cy}=\dfrac{5}{4}G$

3-14 图示结构由杆 AB 和杆 BC 铰接组成。已知 $P=20$ kN,$AD=DB=1$ m,$AC=2$ m,两滑轮半径皆为 30 cm,不计摩擦以及滑轮及杆的重量。求 A、C 处的约束反力。

解 研究 ADB 带滑轮及重物,受力如解 3-14 图(a)所示。

$\sum M_B(\boldsymbol{F})=0 \qquad F_E(1+0.3)-P\cdot 0.3-F_{Ay}\cdot 2=0 \qquad F_{Ay}=\dfrac{P}{2}=10\text{ kN}$

研究整体,受力如解 3-14 图(b)所示。

$\sum F_y=0 \quad F_{Ay}+F_{Cy}-P=0 \qquad F_{Cy}=10\text{ kN}$

$\sum M_C(\boldsymbol{F})=0 \qquad -F_{Ax}\cdot 2-P\cdot 2\cdot 3=0 \qquad F_{Ax}=-23\text{ kN}$

$$\sum F_x = 0 \qquad F_{Ax} + F_{Cx} = 0 \qquad F_{Cx} = 23\ \text{kN}$$

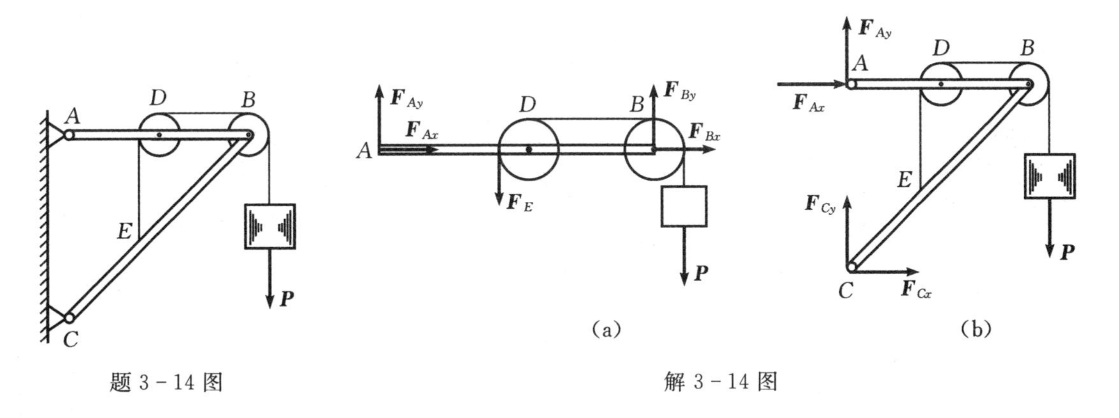

题 3-14 图　　　　解 3-14 图

3-15　支架由四杆 AB、AC、DE、MH 所组成。各部分均用光滑铰链相连，AC 杆铅垂，在水平杆 AB 的 B 端悬挂一重物，其重量为 $G=500$ N，各杆重量不计，求斜杆 DE、MH 的内力及 C 处的约束反力。

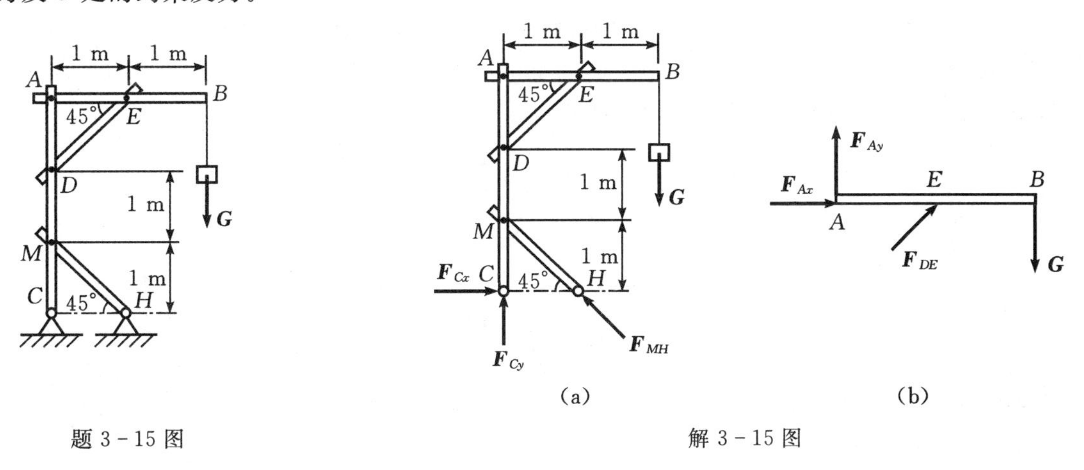

题 3-15 图　　　　解 3-15 图

解　研究整体，受力如解 3-15 图(a)所示。

$$\sum M_C(\boldsymbol{F}) = 0 \qquad F_{MH}\cos 45^\circ \cdot 1 = G \cdot 2 \qquad F_{MH} = 2\sqrt{2}G = 1000\sqrt{2}\ \text{N} = 1414\ \text{N}$$

$$\sum F_x = 0 \qquad F_{Cx} = F_{MH}\cos 45^\circ = 1000\ \text{N}$$

$$\sum F_y = 0 \qquad F_{Cy} + F_{MH}\cos 45^\circ = G \qquad F_{Cy} = -500\ \text{N}$$

研究 AB 杆，受力如解 3-15 图(b)所示。

$$\sum M_A(\boldsymbol{F}) = 0 \qquad F_{DE}\cos 45^\circ \cdot 1 = G \cdot 2 \qquad F_{DE} = 1000\sqrt{2}\ \text{N} = 1414\ \text{N}$$

3-16　剪床机构如图所示。作用在手柄 A 上的力 $\boldsymbol{F}$ 通过连杆机构带动刀片 DE 在 K 处剪断钢筋。若已知 $KE=DE/3$，$\angle BCD=60^\circ$，$\angle CDE=90^\circ$。如剪断钢筋需用力 $F_K=6$ kN，试求垂直于手柄的作用力 $\boldsymbol{F}$ 应为多大？

解　(1)以 DE 为研究对象，受力如解 3-16 图(a)所示。

$$\sum M_E(\boldsymbol{F}) = 0, \quad F_C \cdot \overline{DE} - F_K \cdot \overline{KE} = 0, \quad F_C = 2\ \text{kN}$$

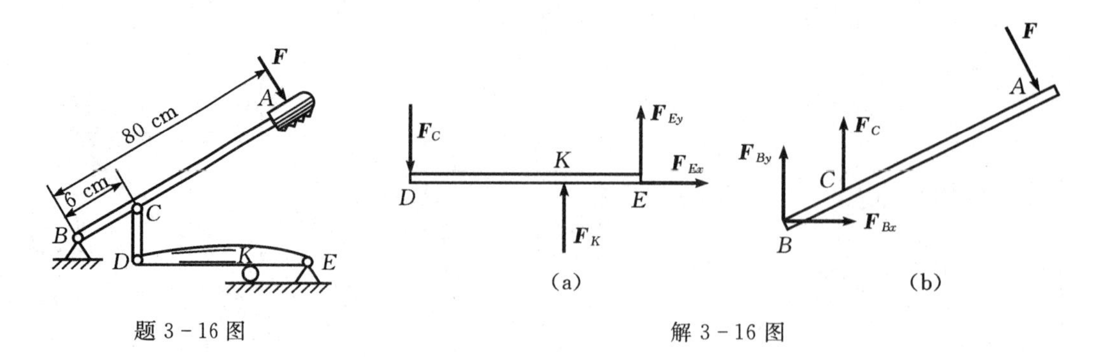

题 3-16 图　　　　解 3-16 图

(2)以 AB 为研究对象,受力分析

$$\sum M_B(\boldsymbol{F})=0 \qquad \frac{\sqrt{3}}{2}F_C\times 6-80F=0$$

求解得　$F=129.9\ \mathrm{N}$

3-17　自动开关中的四连杆机构如图所示,动触头 D 装在触头支架 OE 上,支架、杆 AB 和杆 BC 之间皆用光滑铰链相连,弹簧与销钉 B 相连。已知合闸后 $l=44\ \mathrm{mm}$,$\alpha=19.5°$,$\beta=26°$,点 O 至杆 AB 的垂直距离为 $d=23.25\ \mathrm{mm}$,动触头上作用有电动力 $F=90\ \mathrm{N}$。假设各杆自重不计,求合闸后杆 BC 和弹簧所受的力。

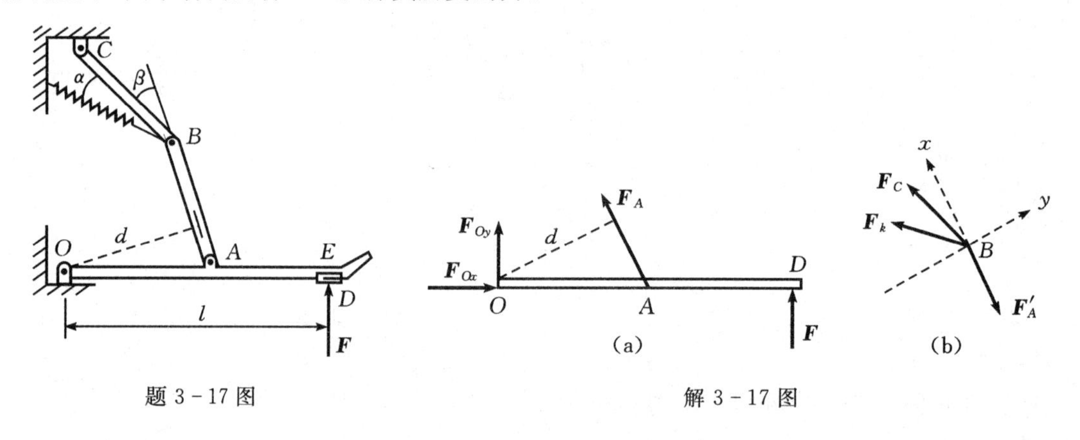

题 3-17 图　　　　解 3-17 图

解　(1)以 OE 为研究对象,受力分析如解 3-17 图(a)所示。

$$\sum M_O(\boldsymbol{F})=0 \qquad Fl-F_Ad=0 \qquad F_A=Fl/d=170.32\ \mathrm{N}$$

(2)以铰链 B 为研究对象,受力分析如解 3-17 图(b)所示。

$$\sum F_x=0 \qquad F_C\cos\beta+F_k\cos(\alpha+\beta)-F'_A=0$$

$$\sum F_x=0 \qquad F_C\sin\beta+F_k\sin(\alpha+\beta)=0 \qquad F_C=363.92\ \mathrm{N},\quad F_k=-223.68\ \mathrm{N}$$

3-18　组合结构如图所示。已知 $q=2\ \mathrm{kN/m}$,求 AD、CD、BD 三杆内力大小。

解　研究整体,受力如题 3-18 图所示。

由对称性可知 $F_A=F_B=\dfrac{6q}{2}=6\ \mathrm{kN}$

研究 AC,受力如解 3-18 图(a)所示。

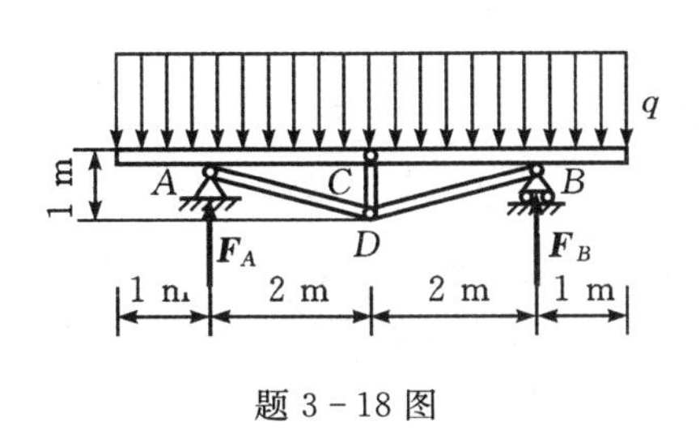

题 3-18 图

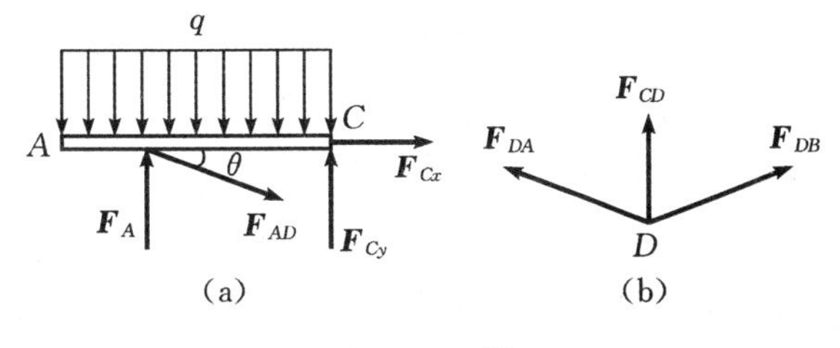

解 3-18 图

$\sum M_C = 0 \qquad 6 \times 1.5 - F_A \times 2 + F_{AD}\sin\theta \times 2 = 0$

$F_{AD} = 1.5\sqrt{5}\ \text{kN} = 3.354\ \text{kN}$

利用对称性研究 D 点，受力如解 3-18 图(b)所示。

$\sum F_x = 0 \qquad F_{DA} = F_{DB}$

$\sum F_y = 0 \qquad F_{CD} = -2F_{DA}\sin\theta = -3\ \text{kN}$

3-19　如图所示构架 ABC 由 AB、AC 和 DF 组成，DF 上的销钉 E 可在 AC 的槽内滑动。求在水平 DF 的一端作用铅直力 $\boldsymbol{F}$ 时，AB 上的点 A、D 和 B 所受的力。

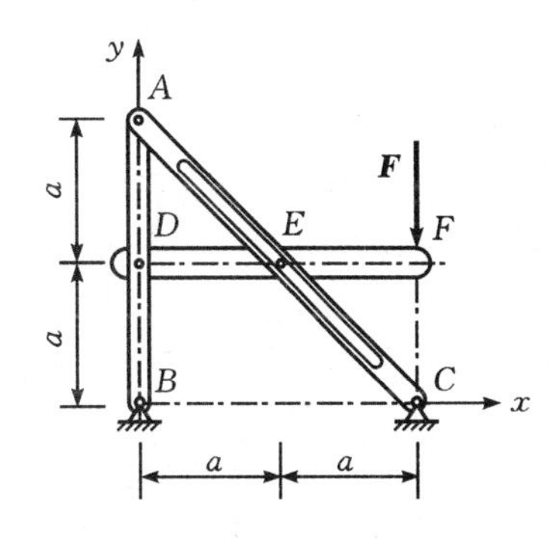

题 3-19 图

解　研究整体，受力如解 3-19 图(a)所示。

$\sum M_C(\boldsymbol{F}) = 0 \qquad F_{By} \cdot 2a = 0 \qquad F_{By} = 0$

研究 DF，受力如解 3-19 图(b)所示。

$\sum M_E(\boldsymbol{F}) = 0 \qquad F_{Dy} \cdot a + Fa = 0 \qquad F_{Dy} = -F$

$\sum M_D(\boldsymbol{F}) = 0 \qquad F_E\cos45° \cdot a = F \cdot 2a \qquad F_E = 2\sqrt{2}F$

$\sum F_x = 0 \qquad F_{Dx} + F_E\cos45° = 0 \qquad F_{Dx} = -2F$

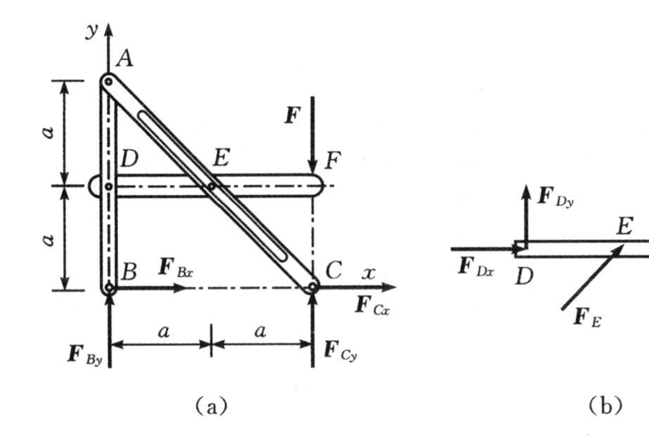

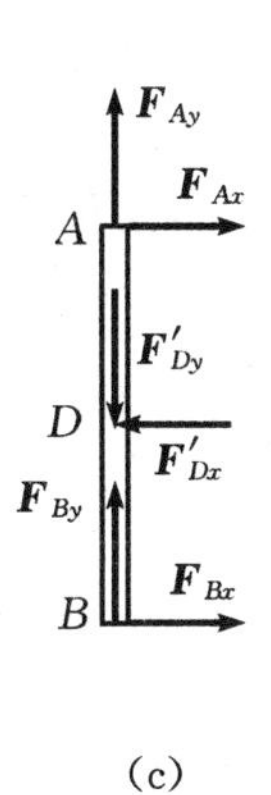

解 3-19 图

研究 AB 杆，受力如解 3-19 图(c)所示。

$\sum M_A(\boldsymbol{F}) = 0 \qquad F'_{Dx} \cdot a = F_{Bx} \cdot 2a \qquad F_{Bx} = -F$

$\sum F_x = 0 \qquad F_{Ax} + F_{Bx} - F'_{Dx} = 0 \qquad F_{Ax} = -F$

$\sum F_y = 0 \qquad F_{Ay} + F_{By} - F'_{Dy} = 0 \qquad F_{Ay} = -F$

3－20 如图所示构架由三根杆和一个滑轮铰接而成。在杆 AB 的下端 B 作用一水平力 $\boldsymbol{F}$，跨过滑轮的绳索上挂一重 $\boldsymbol{G}$ 的重物。已知 $F=G=5$ kN，$r=20$ cm，杆、滑轮和绳索的重量不计，其他尺寸如图所示。求 CE 杆作用于销钉 K 处的力。

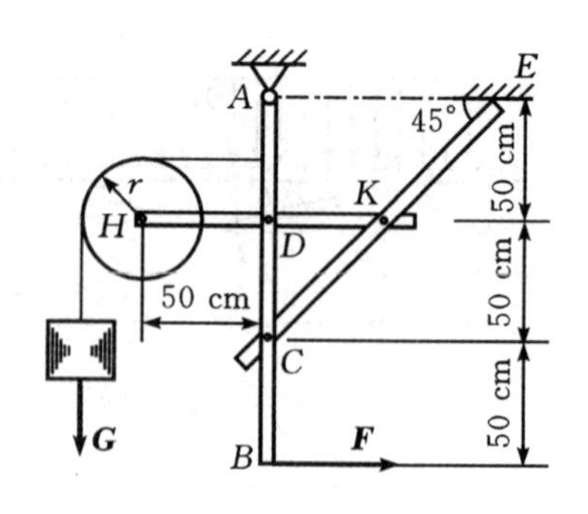

题 3－20 图

解 研究整体，受力如解 3－20 图(a)所示。

$\sum M_A(\boldsymbol{F}) = 0 \qquad F \cdot 150 + G \cdot 70 = F_E \cdot 100 \qquad F_E = 11$ kN

研究 CE 杆，受力如解 3－20 图(b)所示。

$\sum M_C(\boldsymbol{F}) = 0 \qquad F_{Kx} \cdot 50 + F_E \cdot 100 = F_{Ky} \cdot 50 \qquad F_{Kx} + 22 = F_{Ky}$

研究 HK 杆，受力如解 3－20 图(c)所示。

$\sum M_D(\boldsymbol{F}) = 0 \qquad F'_{Ky} \cdot 50 + G \cdot 20 = G \cdot 70 \qquad F'_{Ky} = G = 5$ kN $\qquad F_{Kx} = 17$ kN

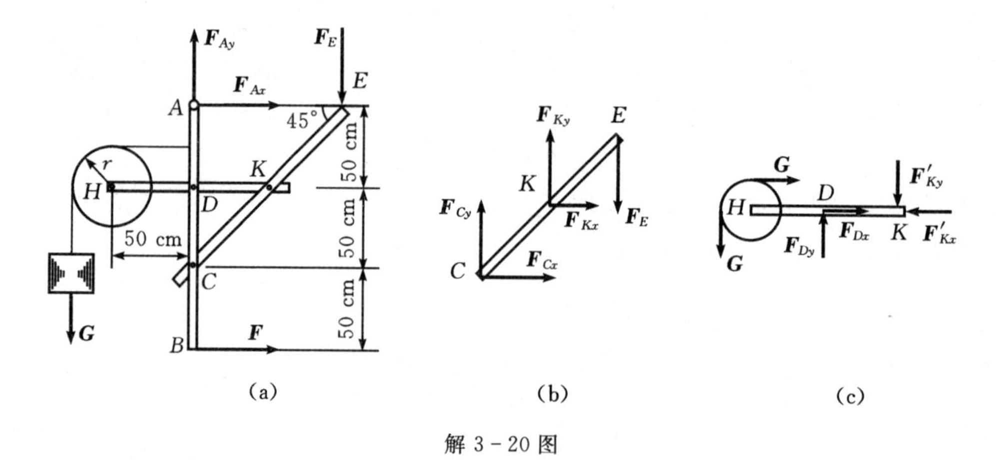

解 3－20 图

3－21 图示平面结构，由 AB、CB 和 BD 三根杆组成，B 处用销钉连接。已知 $q=4$ kN/m，$M=8$ kN·m，$F=4$ kN，$b=2$ m，求 A 端的约束力。

解 (1)以 BD 为研究对象，受力如解 3－21 图(a)所示。

$\sum M_D(\boldsymbol{F}) = 0 \qquad F_{B1} \cdot BD - M = 0 \qquad F_{B1} = 4$ kN

(2)以 BC 为研究对象，受力如解 3－21 图(b)所示。

$\sum M_C(\boldsymbol{F}) = 0 \qquad F_{B2} \cdot BC - F \cdot \dfrac{BC}{2} = 0 \qquad F_{B2} = 2$ kN

(3)以销钉 B 为研究对象，受力如解 3－21 图(c)所示。

$$\begin{cases} \sum F_x = 0 \qquad F_{B3x} = 0 \\ \sum F_y = 0 \qquad F'_{B1} - F'_{B2} - F_{B3y} = 0 \end{cases}$$

$F_{B3x} = 0，\quad F_{B3y} = 2$ kN

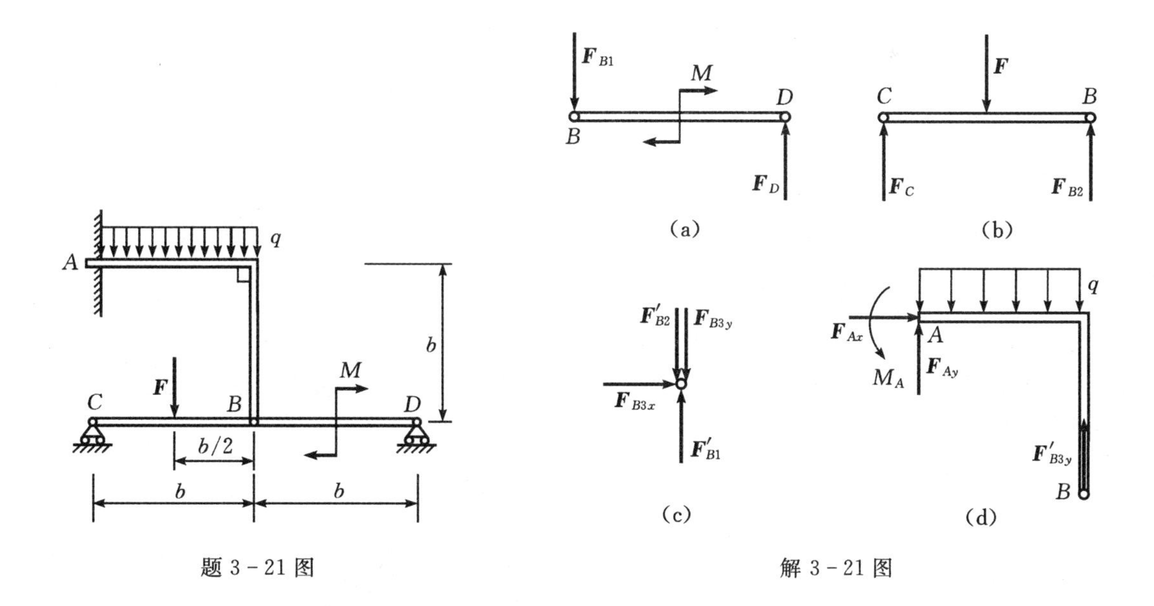

题3-21图　　解3-21图

(4)以 AB 杆为研究对象,受力如解3-21图(d)所示。

$$\begin{cases}\sum F_x = 0 & F_{Ax} = 0 \\ \sum F_y = 0 & F_{Ay} + F'_{B3y} - q \cdot b = 0 \\ \sum M_A = 0 & M + F'_{B3y} \cdot b - q \cdot b \cdot \dfrac{b}{2} = 0\end{cases}$$

$F_{Ax} = 0$, $F_{Ay} = 6\ \text{kN}$, $M_A = -4\ \text{kN}\cdot\text{m}$

3-22　图示结构由丁字形梁 ABC、直梁 CE 与支杆 DH 组成,C、D 点为铰接,均不计自重。已知 $q=200\ \text{kN/m}$,$F=100\ \text{kN}$,$M=50\ \text{kN}\cdot\text{m}$,$L=2\ \text{m}$,试求固定端 A 处反力。

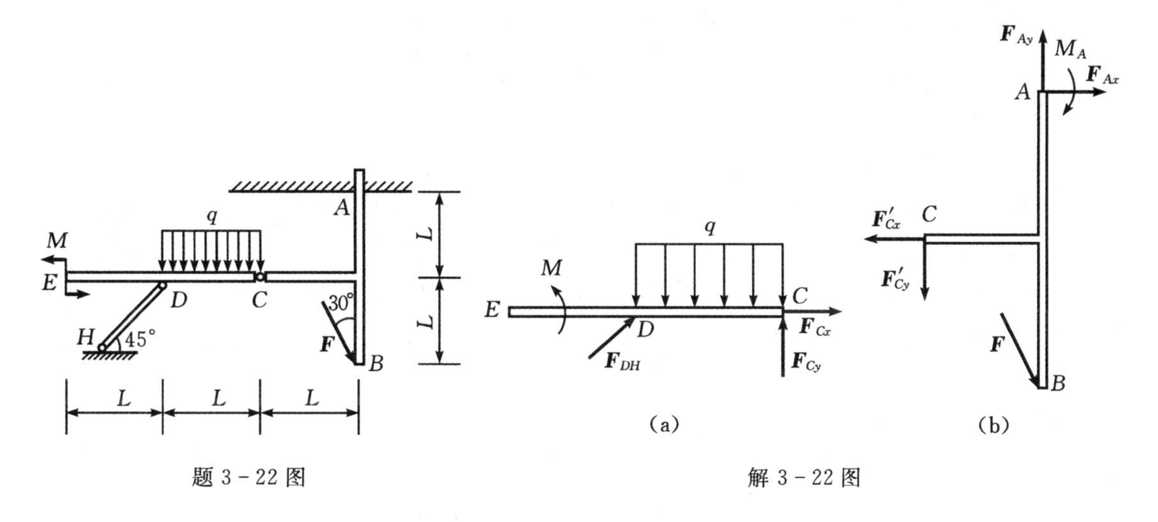

题3-22图　　解3-22图

解　研究 CE 杆,受力如解3-22图(a)所示。

$$\sum M_C(\boldsymbol{F}) = 0 \qquad M + qL \cdot \frac{L}{2} = F_{DH} \cdot \frac{\sqrt{2}}{2} \times L \qquad F_{DH} = 225\sqrt{2} = 318.2\ \text{kN}$$

$\sum F_x = 0 \qquad F_{Cx} + F_{DH}\cos45^\circ = 0 \qquad F_{Cx} = -225\ \text{kN}$

$\sum F_y = 0 \qquad F_{Cy} + F_{DH}\cos45^\circ - qL = 0 \qquad F_{Cy} = 175\ \text{kN}$

研究 ABC 杆,受力如解 3-22 图(b)所示。

$\sum F_x = 0 \qquad F_{Ax} + F\sin30^\circ - F'_{Cx} = 0 \qquad F_{Ax} = -275\ \text{kN}$

$\sum F_y = 0 \qquad F_{Ay} - F'_{Cy} - F\cos30^\circ = 0 \qquad F_{Ay} = 175 + 50\sqrt{3} = 261.6\ \text{kN}$

$\sum M_A(\boldsymbol{F}) = 0 \qquad M_A + F'_{Cx}\cdot L = F'_{Cy}\cdot L + F\sin30^\circ\cdot 2L \qquad M_A = 1000\ \text{kN}\cdot\text{m}$

3-23 图示汽车起重机上加有平衡重 $P_2=20$ kN,汽车起重机本身重 $P_1=20$ kN(不包括 P_2),重心在 O 点,尺寸如图所示,单位皆为 m。问起重载荷 P_3 以及前后轮间的距离应为何值,才能保证安全工作?

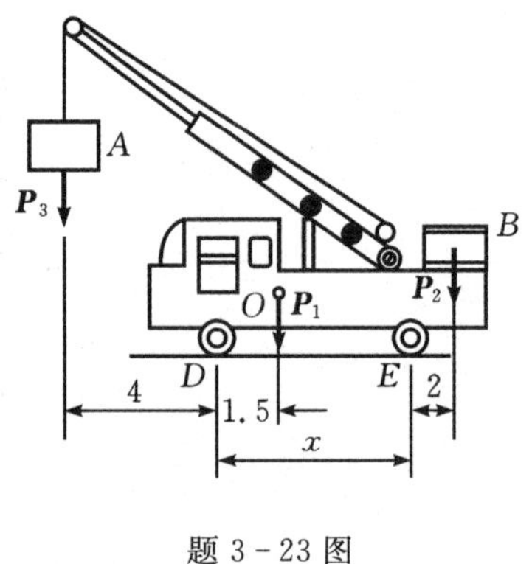

题 3-23 图

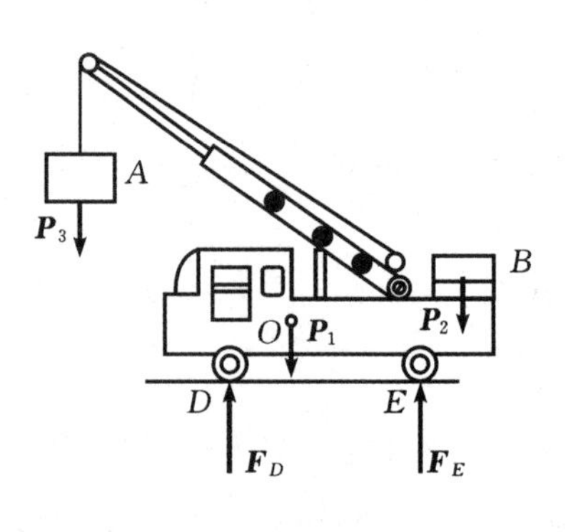

解 3-23 图

解 以汽车和起重机为研究对象,受力分析如图所示。

(1)$P_3 = P_{3\max}$ 时,$F_E=0$(对应绕 D 翻倒的临界状态)

$\sum M_D(\boldsymbol{F}) = 0 \qquad 4P_3 - 1.5P_1 - P_2(2+x) = 0 \qquad P_3 = (17.5+5x)\ \text{kN}$

(2)$P_3=0$ 时,$F_D=0$(对应绕 E 翻倒的临界状态)

$\sum M_E(\boldsymbol{F}) = 0 \qquad P_1(x_{\min} - 1.5) - 2P_2 = 0 \qquad x_{\min} = 3.5\ \text{m}$

所以安全工作的条件是:$x \geqslant 3.5$ m,$P_{3\max} = (17.5+5x)$ kN

3-24 为了测定汽车重心距后轮的水平尺寸 x_C 及离地面的高度尺寸 z_C,工程上常用的方法是:先称出汽车的重量 $\boldsymbol{P}$,量出其前后轮间的距离 l 及车轮半径 r;然后将前轮置于台秤上称得前轮正压力$\boldsymbol{P}_1$(图(a)),再将后轮抬高 H(图(b)),又称得此时前轮正压力$\boldsymbol{P}_2$。试用这些数据推算出 x_C 及 z_C。

解 (1)计算 x_C,由题 3-24 图(a)所示。

$\sum M_B(\boldsymbol{F}) = 0 \qquad Px_C - P_1 l = 0 \qquad x_C = \dfrac{P_1}{P}l$

(2)计算 z_C,由解 3-24 图所示。

$\sum M_B(\boldsymbol{F}) = 0 \qquad Px'_C - P_2 l\cos\theta = 0 \qquad x'_C = x_C\cos\theta + z_C\sin\theta \qquad \cos\theta = \dfrac{\sqrt{l^2-H^2}}{l}$,

$\sin\theta = \dfrac{H}{l}$

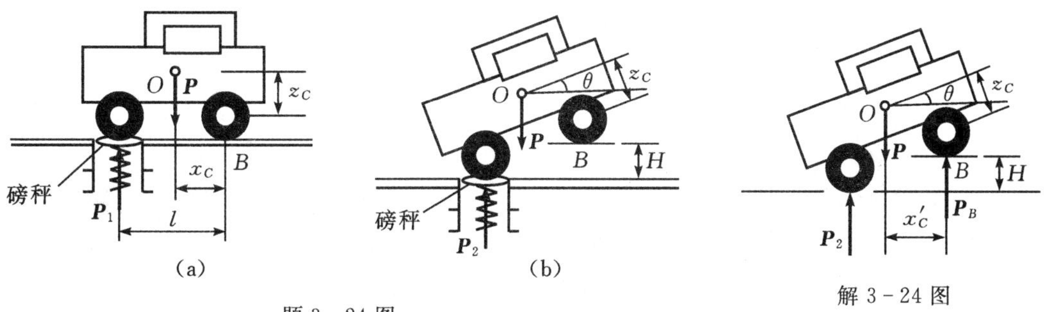

题3-24图　　解3-24图

$$z_C = \frac{(P_2 - P_1)l}{PH}\sqrt{l^2 - H^2}$$

3-25 水平传动轴上装有两皮带轮，其直径 $D_1=40$ cm，$D_2=50$ cm。与轴承 A 的距离各为 $a=1$ m，$b=3$ m。轴承 A 与 B 间距离 $l=4$ m，均为向心轴承。轮1上的皮带与铅垂线夹角 $\alpha=20°$，轮2上的皮带水平放置。已知皮带张力 $F_1=200$ N，$F_2=400$ N，$F_3=500$ N。设工作时传动轴受力平衡，轴及带轮的自重略去不计。试求张力 F_4 及两轴承反力。

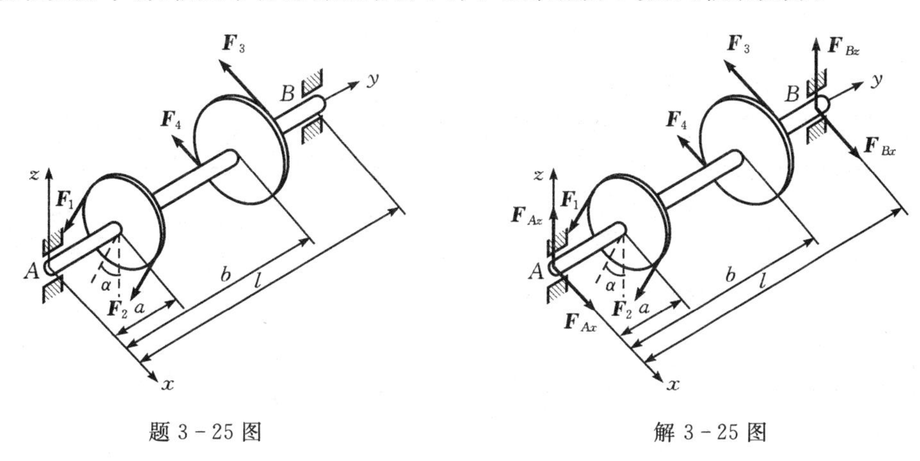

题3-25图　　解3-25图

解 传动轴受力如解3-25图所示。

$$\sum M_x = 0 \qquad F_{Bz}\cdot l - F_1\cos\alpha\cdot a - F_2\cos\alpha\cdot a = 0$$

$$\sum M_y = 0 \qquad F_2\cdot D_1/2 - F_1\cdot D_1/2 - F_3\cdot D_2/2 + F_4\cdot D_2/2 = 0$$

$$\sum M_z = 0 \qquad -F_{Bx}\cdot l + F_1\sin\alpha\cdot a + F_2\sin\alpha\cdot a + F_3\cdot b + F_4\cdot b = 0$$

$$\sum F_x = 0 \qquad F_{Ax} + F_{Bx} - F_1\sin\alpha - F_2\sin\alpha - F_3 - F_4 = 0$$

$$\sum F_z = 0 \qquad F_{Az} + F_{Bz} - F_1\cos\alpha - F_2\cos\alpha = 0$$

$F_{Ax}=210+450\sin 20°=364$ N，　$F_{Bx}=630+150\sin 20°=681$ N

$F_{Az}=450\cos 20°=423$ N，　$F_{Bz}=150\cos 20°=141$ N，　$F_4=340$ N

3-26 图示的三轮小车自重 $P=8$ kN，作用于点 E，载荷 $P_1=10$ kN，作用于点 C。求小车静止时地面对车轮的约束力。

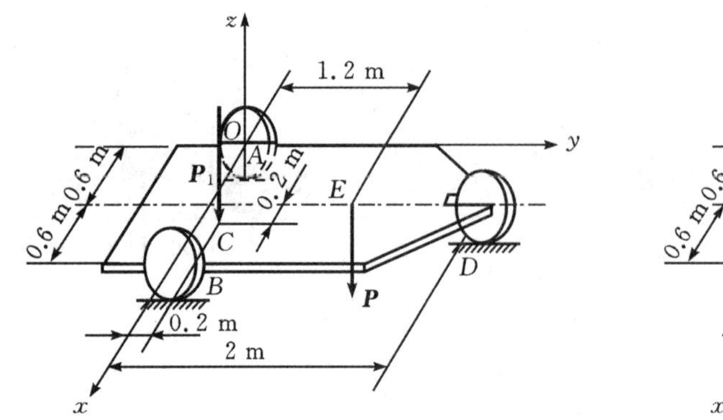

题 3－26 图

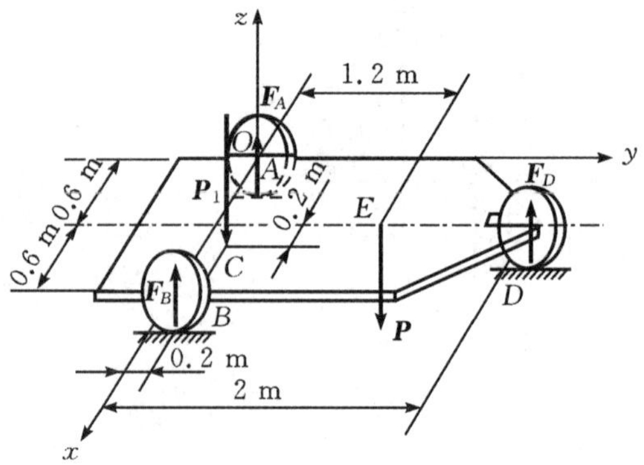

解 3－26 图

解 以整体为研究对象，受力如解 3－26 图所示。

$$\sum M_x = 0 \qquad 2F_D - 0.2P_1 - 1.2P = 0$$

$$\sum M_y = 0 \qquad 0.8P_1 + 0.6P - 1.2F_B - 0.6F_D = 0$$

$$\sum F_z = 0 \qquad F_A + F_B + F_D - P_1 - P = 0$$

$F_A = 4.423\ \text{kN} \qquad F_B = 7.777\ \text{kN} \qquad F_D = 5.8\ \text{kN}$

3－27 均质杆 AB 和 BC 分别重 $\boldsymbol{P}_1$ 和 $\boldsymbol{P}_2$，其端点 A 和 C 用球铰固定在水平面上，另一端 B 由球铰链相连接，靠在光滑的铅直墙上，墙面与 AC 平行，如图所示。如 AB 与水平面交角为 45°，$\angle BAC=90°$，求 A 和 C 的支座反力以及墙上 B 点所受的压力。

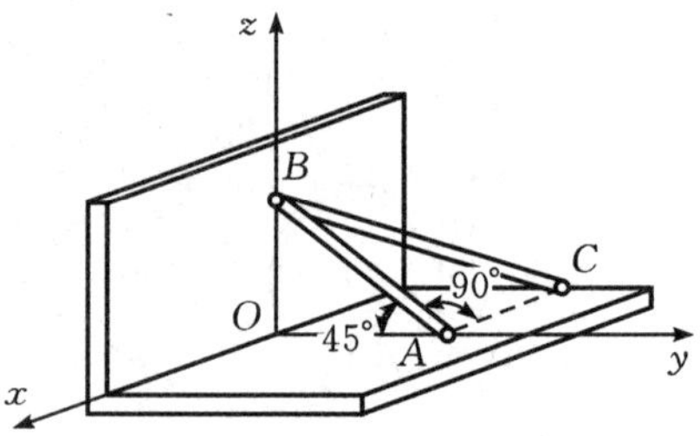

题 3－27 图

解 研究 AB 杆，受力如解 3－27 图(a)所示。

$\sum M_z(\boldsymbol{F}) = 0 \qquad -F_{Ax}\cdot OA = 0$，所以 $F_{Ax} = 0$

研究整体($AB+BC$)，受力如解 3－27 图(b)所示。

$$\begin{cases} \sum F_x = 0 & F_{Ax} + F_{Cx} = 0 \\ \sum M_{AC} = 0 & (P_1 + P_2)\dfrac{\overline{AB}}{2}\cos 45° - F_{\text{N}}\,\overline{AB}\sin 45° = 0 \\ \sum M_y = 0 & F_{Cz}\cdot \overline{AC} = P_2\dfrac{\overline{AC}}{2} \\ \sum M_z = 0 & (F_{Ax} + F_{Cx})\overline{OA} + F_{Cy}\,\overline{AC} = 0 \\ \sum F_y = 0 & F_{Cy} + F_{Ay} + F_{\text{N}} = 0 \\ \sum F_z = 0 & F_{Cz} + F_{Az} = P_1 + P_2 \end{cases}$$

解得

$$F_{Ay} = -\frac{P_1 + P_2}{2} \qquad F_{Az} = P_1 + \frac{P_2}{2}$$

$$F_{Cx} = 0,\quad F_{Cy} = 0,\quad F_{Cz} = \frac{P_2}{2}$$

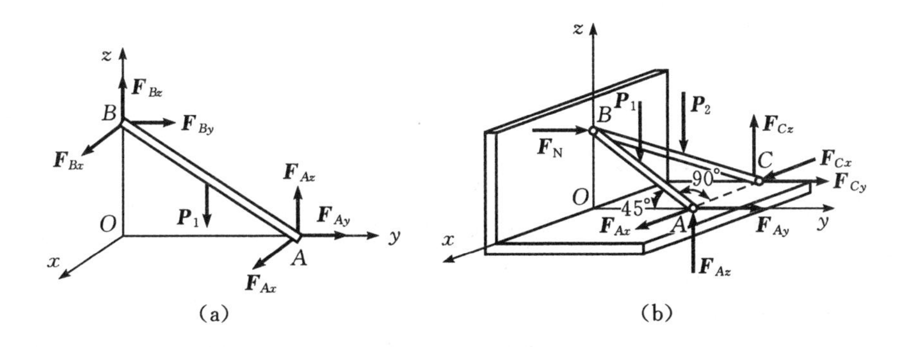

解 3-27 图

$$F_N=\frac{P_1+P_2}{2}$$

3-28　边长为 a 的等边三角形板 ABC 用两端是铰链的三根铅直杆 1、2、3 和三根与水平面成30°的斜杆 4、5、6 支承在水平位置。在板面内作用一矩为 M 的力偶，转向如图所示。如板和杆的重量不计，求各杆的内力。

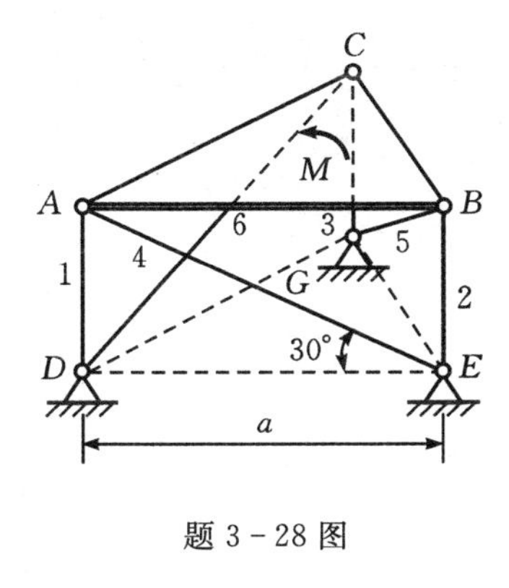

题 3-28 图

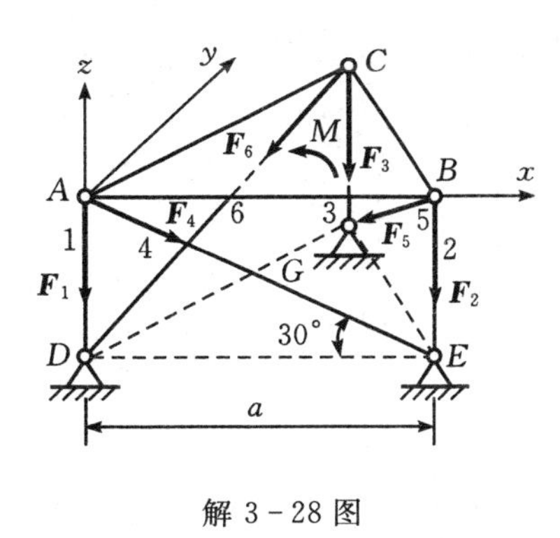

解 3-28 图

解　研究三角板 ABC，受力如解 3-28 图所示，建立如图坐标系。

$$\sum M_z=0\qquad F_5\cos30°\frac{\sqrt{3}}{2}a+M=0$$

$$F_5=-\frac{4M}{3a}$$

$$\sum F_y=0\qquad F_5\cos30°\cos30°=F_6\cos30°\cos30°$$

$$F_5=F_6=-\frac{4M}{3a}$$

$$\sum M_x=0\qquad -F_3\frac{\sqrt{3}}{2}a-F_6\sin30°\frac{\sqrt{3}}{2}a=0$$

$$F_3=-\frac{F_6}{2}=\frac{2M}{3a}$$

$$\sum M_y=0\qquad F_2a+F_3\frac{a}{2}+F_5\sin30°a+F_6\sin60°\frac{a}{2}=0$$

$$F_2 = \frac{2M}{3a}$$

$\sum F_x = 0 \qquad F_4\cos30° - F_5\cos30°\cos60° - F_6\cos30°\cos60° = 0$

$$F_4 = F_5 = -\frac{4M}{3a}$$

$\sum F_z = 0 \qquad F_1 + F_2 + F_3 + 3F_4\sin30° = 0$

$$F_1 = \frac{2M}{3a}$$

3-29 作用于齿轮上的啮合力 $\boldsymbol{F}$ 推动带轮 D 绕水平轴 AB 作匀速转动。已知紧边带的拉力为 200 N,松边带的拉力为 100 N,尺寸如图所示(图中长度单位为 mm)。求力 $\boldsymbol{F}$ 的大小和轴承 A、B 的约束力。

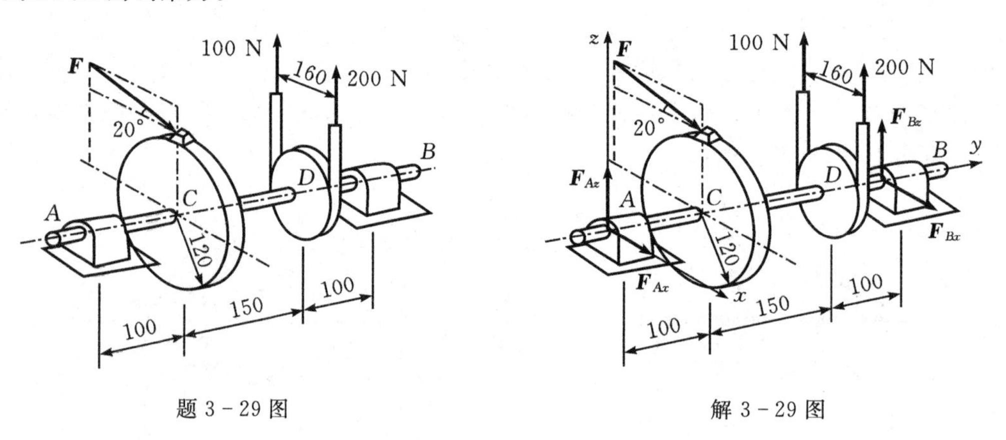

题 3-29 图　　　　解 3-29 图

解 研究整体,受力如解 3-29 图所示,建立图示坐标系。

$\sum M_y(\boldsymbol{F}) = 0 \qquad 100\times 80 - 200\times 80 + F\cos20°\times 120 = 0$

$$F = 70.9\ \text{N}$$

$\sum M_z(\boldsymbol{F}) = 0 \qquad -F\cos20°\times 100 - F_{Bx}\times 350 = 0$

$$F_{Bx} = -19.05\ \text{N}$$

$\sum M_x(\boldsymbol{F}) = 0 \qquad F_{Bz}\times 350 + 300\times 250 - F\sin20°\times 100 = 0$

$$F_{Bz} = -207.35\ \text{N}$$

$\sum F_x = 0 \qquad F_{Ax} + F_{Bx} + F\cos20° = 0$

$$F_{Ax} = -47.62\ \text{N}$$

$\sum F_z = 0 \qquad F_{Az} + F_{Bz} + 300 - F\sin20° = 0$

$$F_{Az} = -68.4\ \text{N}$$

3-30 图示手摇钻由支点 B、钻头 A 和一个弯曲的手柄组成。当支点 B 处加压力 $\boldsymbol{F}_x$、$\boldsymbol{F}_y$ 和 $\boldsymbol{F}_z$,以及手柄上加力 $\boldsymbol{F}$ 后,即可带动钻头绕轴 AB 转动而钻孔,已知 $F_z = 50$ N,$F = 150$ N。求:(1) 钻头受到的阻抗力偶矩 M;(2) 材料给钻头的反力 $\boldsymbol{F}_{Ax}$、$\boldsymbol{F}_{Ay}$ 和 $\boldsymbol{F}_{Az}$ 的值;(3) 压力 $\boldsymbol{F}_x$ 和 $\boldsymbol{F}_y$ 的值(图中长度单位为 mm)。

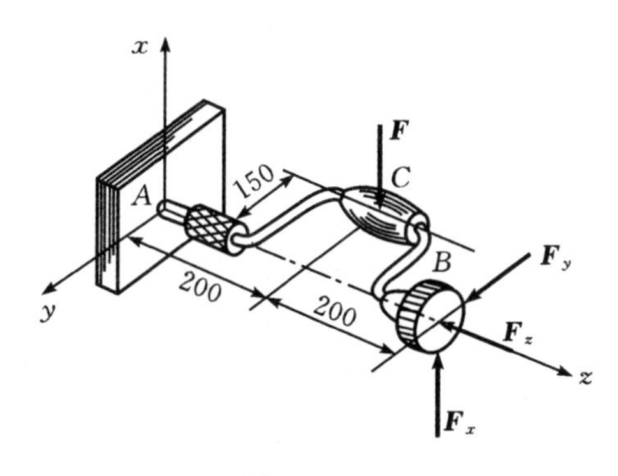

题 3－30 图

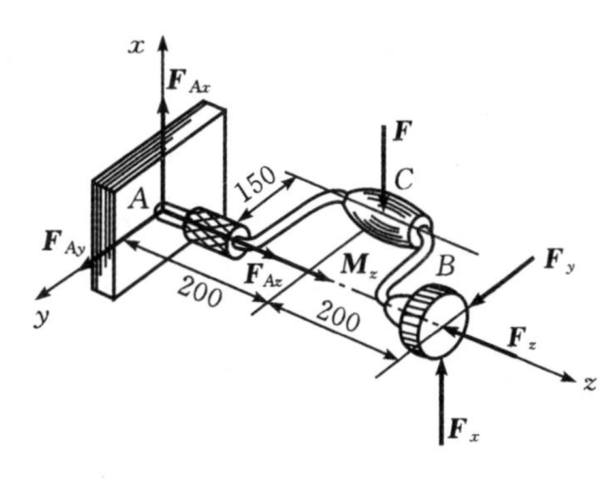

解 3－30 图

解　研究手摇钻，受力如解 3－30 图所示。

$\sum M_y(\boldsymbol{F})=0 \qquad F_x \times 400 - F \times 200 = 0$

$F_x = 75\ \text{N}$

$\sum M_z(\boldsymbol{F})=0 \qquad M_z - 150 \times F = 0$

$M_z = 22.5\ \text{N} \cdot \text{m}$

$\sum M_x(\boldsymbol{F})=0 \qquad F_y = 0$

$\sum F_x = 0 \qquad F_{Ax} + F_x - F = 0 \qquad F_{Ax} = 75\ \text{N}$

$\sum F_y = 0 \qquad F_{Ay} + F_y = 0 \qquad F_{Ay} = 0$

$\sum F_z = 0 \qquad F_{Az} - F_z = 0 \qquad F_{Az} = 50\ \text{N}$

3－31　平面桁架结构如图所示。节点 D 上作用载荷 $\boldsymbol{P}$，求各杆内力。

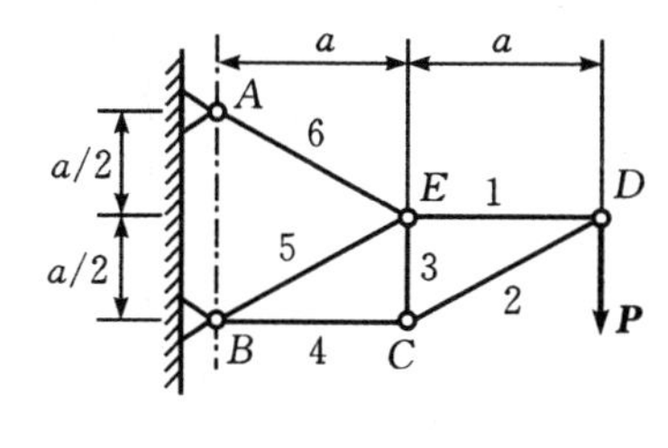

题 3－31 图

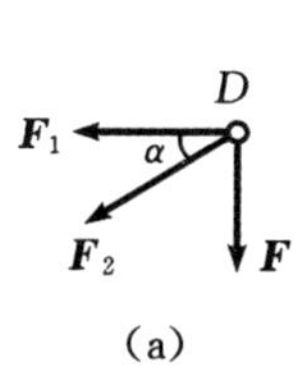

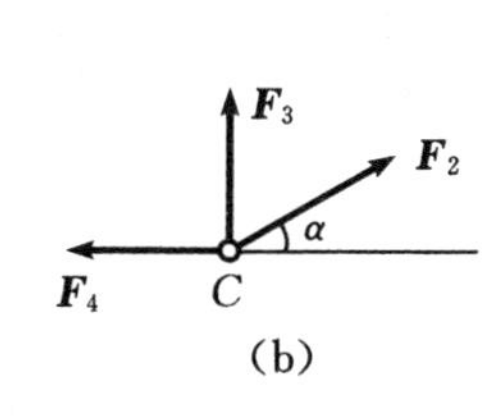

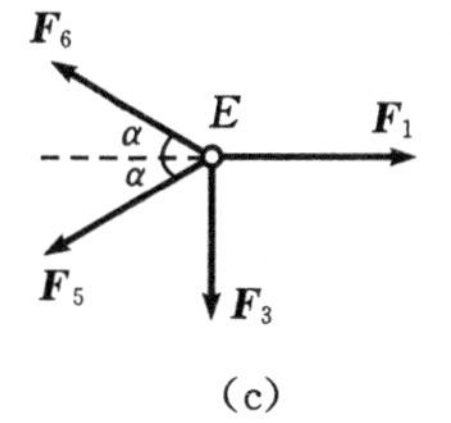

解 3－31 图

解　研究节点 D，受力如解 3－31 图(a)所示。

$\sin\alpha=\dfrac{\sqrt{5}}{5} \qquad \cos\alpha=\dfrac{2\sqrt{5}}{5}$

$$\begin{cases}\sum F_x = 0 & F_2\cos\alpha + F_1 = 0 \\ \sum F_y = 0 & F_2\sin\alpha + F = 0\end{cases}$$

$F_1 = 2F$(拉)　　$F_2 = -\sqrt{5}F$(压)

研究节点 C，受力如解 3－31 图(b)所示。

$$\begin{cases} \sum F_x = 0 & F_2\cos\alpha - F_4 = 0 \\ \sum F_y = 0 & F_2\sin\alpha + F_3 = 0 \end{cases}$$

$F_3 = F$(拉)　　$F_4 = -2F$(压)

研究节点 E,受力如解 3-31 图(c) 所示。

$$\begin{cases} \sum F_x = 0 & F_1 - F_5\cos\alpha - F_6\cos\alpha = 0 \\ \sum F_y = 0 & F_6\sin\alpha - F_5\sin\alpha - F_3 = 0 \end{cases}$$

$F_5 = 0$　　$F_6 = \sqrt{5}F$(拉)

3-32　试求图示桁架中 4、5、6 杆的内力(图中长度单位为 m)。

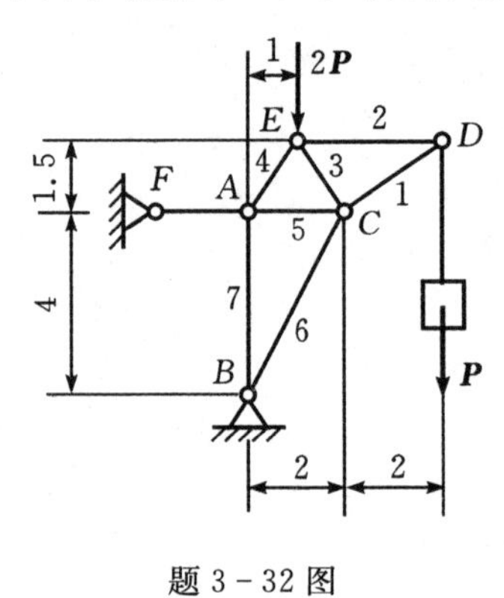

题 3-32 图

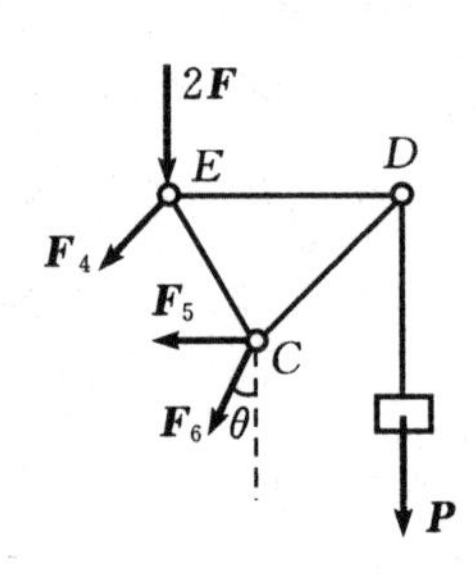

解 3-32 图

解　截取图示桁架,受力如解 3-32 图所示。

$\sum M_A(\boldsymbol{F}) = 0$　　$2P \times 1 + P \times 4 + F_6\cos\theta \times 2 = 0$

而 $\cos\theta = \dfrac{2}{\sqrt{5}}$　　$F_6 = -3.35P$

$\sum M_C(\boldsymbol{F}) = 0$　　$2P \times 1 + F_4 \times h = P \times 2$

$F_4 = 0$

$\sum F_x = 0$　　$-F_5 - F_6\sin\theta = 0$

$F_5 = 1.5P$

3-33　平面桁架尺寸及所受载荷如图所示。试求杆件 1、2 和 3 的内力。

解　图示截开取右段,受力如解 3-33 图(a)所示。

$\sum M_C(\boldsymbol{F}) = 0$　　$F_1 \times \dfrac{9}{4} + F \times 2 + F \times 4 + F \times 6 = 0$

$F_1 = -\dfrac{16}{3}F$(压)

$\sum M_D(\boldsymbol{F}) = 0$　　$F \times 6 + F \times 4 + F \times 2 = F_2 \times 6$

$F_2 = 2F$(拉)

研究节点 E,受力如解 3-33 图(b)所示。

$\sum F_y = 0$　　$F_2 - F + F_3\sin\theta = 0$

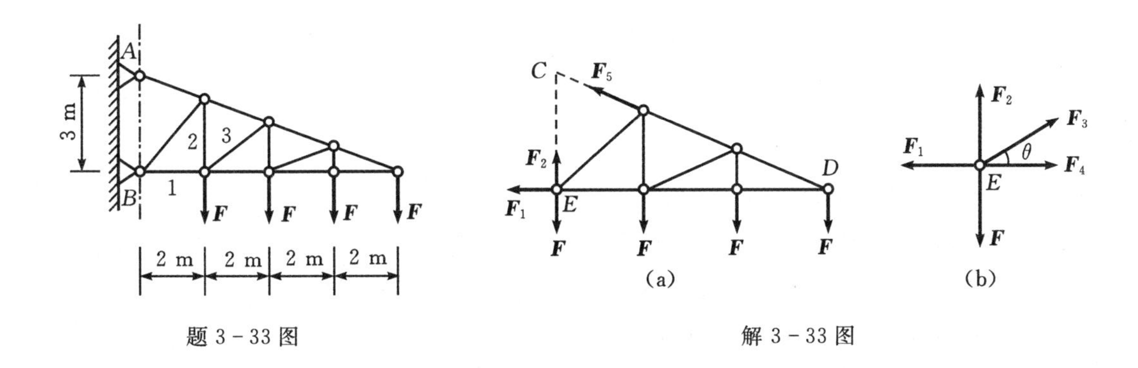

题 3-33 图　　解 3-33 图

而 $\sin\theta=\frac{3}{5}$

所以 $F_3=-\frac{5}{3}F$(压)

3-34　桁架受力如图所示，已知 $F_1=10\ \text{kN}$，$F_2=F_3=20\ \text{kN}$。试求桁架 4、5、7、10 杆的内力。

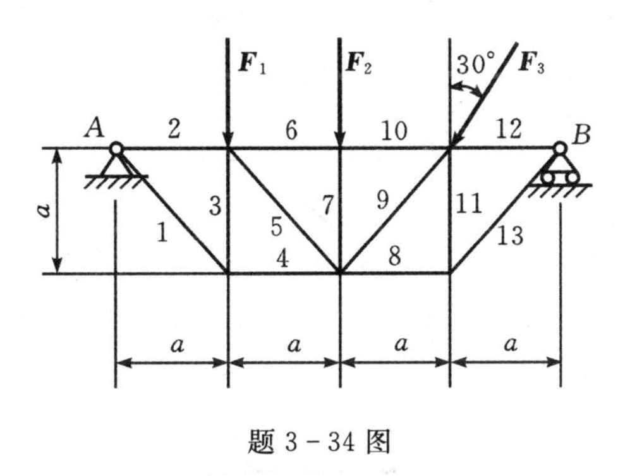

题 3-34 图

解　研究整体，受力如解 3-34 图(a)所示。

$\sum M_A(\boldsymbol{F})=0\quad F_B\times 4a=F_1\times a+F_2\times 2a+F_3\cos 30^\circ\times 3a$

$$F_B=12.5+7.5\sqrt{3}=25.49\ \text{N}$$

截开 4、5、7、10 杆，取右边，受力如解 3-34 图(b)所示。

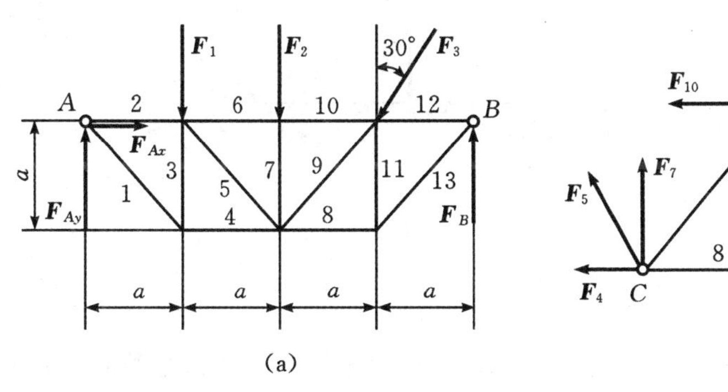

(a)

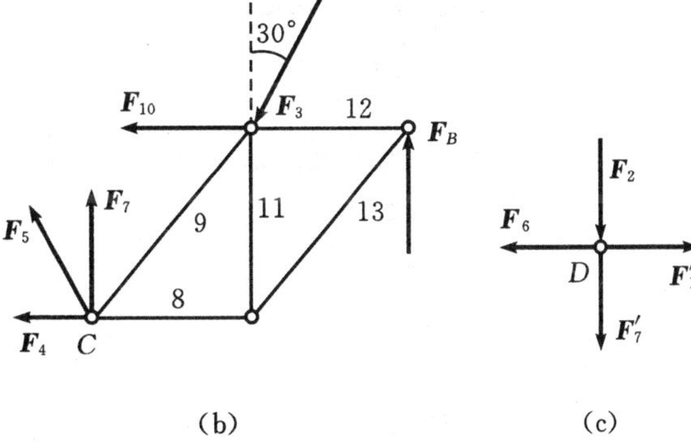

(b)　(c)

解 3-34 图

$\sum M_C(\boldsymbol{F})=0 \qquad F_{10}\times a+F_3\sin 30^\circ\times a+F_B\times 2a=F_3\cos 30^\circ\times a$

$F_{10}=-35-5\sqrt{3}=-43.66\ \text{N}$

$\sum F_x=0 \qquad -F_4-F_5\cos 45^\circ-F_{10}-F_3\sin 30^\circ=0$

$\sum F_y=0 \qquad F_5\cos 45^\circ+F_7+F_B-F_3\cos 30^\circ=0$

研究节点 D,受力如解 3-34 图(c)所示。

$\sum F_y=0 \qquad F'_7=-F_2=-20\ \text{kN}$

解得 $F_5=16.73\ \text{kN} \quad F_4=21.8\ \text{kN}$

3-35 判断图示各平衡问题是静定的还是超静定的?若为超静定,超静定次数是几?各杆重量略去不计。

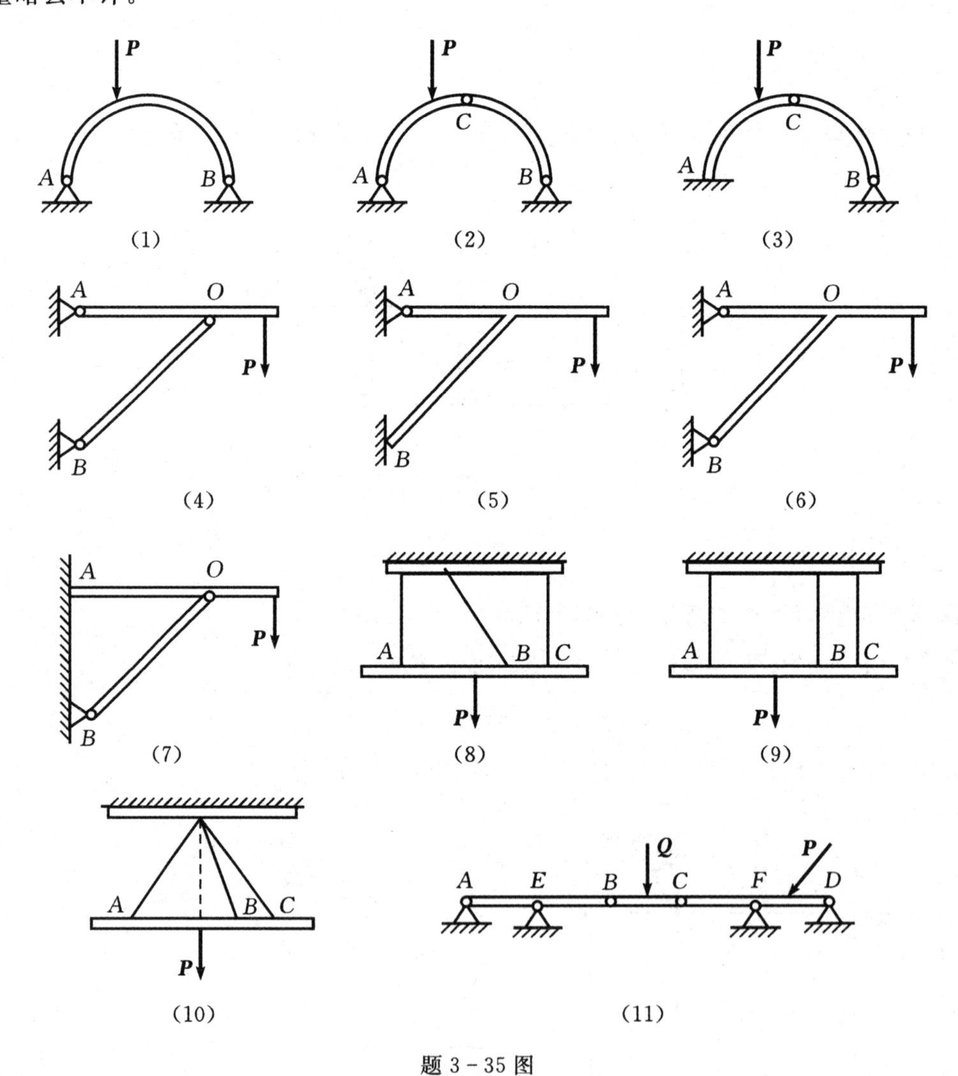

题 3-35 图

解 (1)一次超静定;(2)静定;(3)一次超静定;(4)静定;(5)静定;(6)一次超静定;(7)一次超静定;(8)静定;(9)一次超静定;(10)一次超静定;(11)三次超静定。

第 4 章　考虑摩擦的平衡问题

4.1　基本知识剖析

1. 基本概念

(1)**滑动摩擦力**。两个相互接触的物体沿着接触面相对滑动或者有相对滑动趋势时，彼此间产生的阻碍作用称为滑动摩擦力，一般分为**静滑动摩擦力** $\boldsymbol{F}_s$和**动滑动摩擦力** $\boldsymbol{F}_d$。

(2)**摩擦角与自锁现象**。静滑动摩擦力和法向反力的合力为不光滑接触面的约束全反力。当物体处于临界平衡时，全反力达到最大值，它与接触面公法线的夹角也达到最大值，称为摩擦角 φ。如果作用于物体的主动力合力作用线位于顶角为 2φ 的摩擦锥内，则无论该力多大，物体始终保持平衡状态，这种现象称为**自锁**。

(3)**滚动摩阻**。当物体沿另一物体表面滚动或有滚动趋势时，除了滑动摩擦力以外，还要受到接触面的阻力偶作用，即为滚动摩阻。

2. 重点及难点

重点

(1)确定物体平衡的临界状态。

(2)确定物体的平衡范围。

难点

考虑滑动摩擦力平衡的两类问题，正确处理摩擦力的大小与方向。

4.2　习题类型、解题步骤及解题技巧

1. 习题类型

(1)判断物体的状态(平衡、临界平衡、运动)，并确定滑动摩擦力的大小。

(2)确定物体的平衡范围。

2. 解题步骤

判断物体是否平衡问题：

(1)选取研究对象。

(2)假设物体处于平衡状态(不滑动、不翻倒)，进行受力分析，滑动摩擦力按未知约束反力处理。

(3)由平衡条件求出物体平衡时的摩擦力。

(4)将所求摩擦力与最大静滑动摩擦力进行比较，从而判断物体是否滑动；对于考虑物体

大小的平衡问题还应判断物体是否翻倒，通常假设物体处于临界翻倒时，由力矩方程求出结果并进行判断。

确定物体平衡范围问题：

(1)选取研究对象；

(2)假设物体处于临界平衡状态，滑动摩擦力按最大静滑动摩擦力处理，依据相对滑动趋势，正确分析摩擦力的方向，进行受力分析；

(3)由平衡条件及最大静滑动摩擦力的物理关系 $F_{max}=f_sF_n$，求解未知量；也可按不等式求解，即 $0\leqslant F_s\leqslant f_sF_n$。物体的平衡范围可以是力的变化范围，也可以是几何位置或几何尺寸的变化范围。

3. 解题技巧

与以往的平面一般力系的平衡问题相比，考虑摩擦的平衡问题的难点主要在于如何处理摩擦力。摩擦力不同于约束反力，其大小会根据物体的不同状态而改变。具体解题过程中，可不必严格区分两类问题，将摩擦力当作未知力处理，若方程数不够，再考虑补充最大静滑动摩擦力的物理关系。

4.3　例题精解

例 4-1　一个重量为 $G=196$ N 的圆盘静置在斜面上，如图 4-1(a)所示。圆盘与斜面间的摩擦系数为 0.2，杆重及滚动摩阻不计。$R=20$ cm，$e=10$ cm，$a=40$ cm，$b=60$ cm。求作用在曲杆 AB 上而不致引起圆盘在 C 处发生滑动的最大铅垂力 $\boldsymbol{F}$。

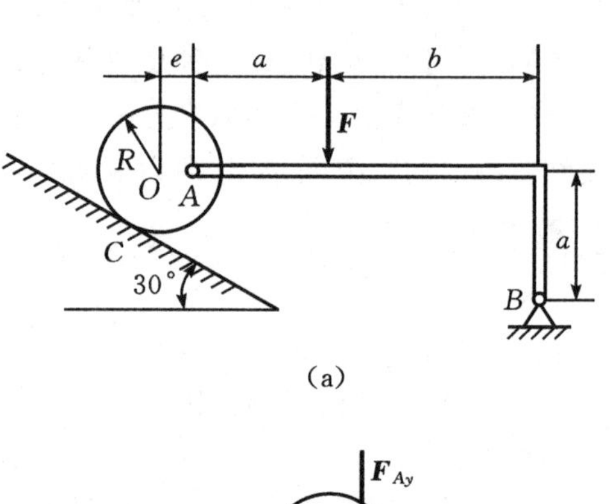

(a)

分析　首先需要判断圆盘 C 处在临界状态时的滑动趋势，当力 $\boldsymbol{F}$ 足够大时，圆盘上 C 点将沿斜面向上滑动，故其摩擦力方向应沿斜面向下。

解　(1)取圆盘为研究对象，受力如图 4-1(b)所示。

$$\sum F_x=0\qquad F_C\cos30°+F_{nC}\sin30°-F_{Ax}=0$$

$$\sum F_y=0\qquad F_{nC}\cos30°-F_C\sin30°-F_{Ay}-G=0$$

$$\sum M_A(\boldsymbol{F})=0$$

$$Ge+F_C(R+e\sin30°)-F_{nC}e\cos30°=0$$

补充方程：$F_C=F_{nC}f_s$

解得　$F_{nC}=535.5$ N　$F_{Ax}=360.5$ N

$F_{Ay}=214.2$ N

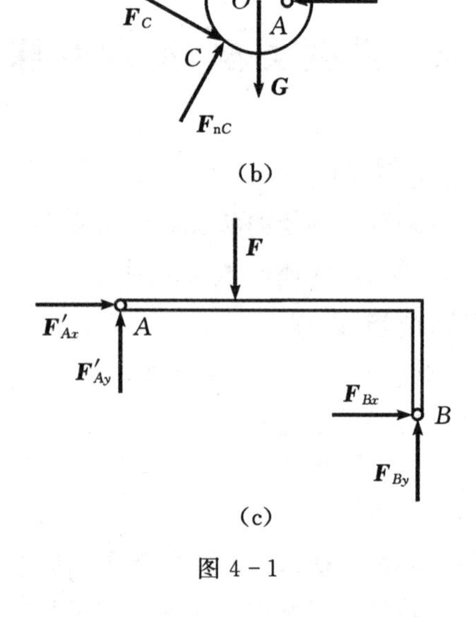

(c)

图 4-1

(2)取曲杆 AB 为研究对象，受力如图 4-1(c)所示。

$$\sum M_B(\boldsymbol{F})=0$$

$F_{max}b - F'_{Ax}a - F'_{Ay}(a+b) = 0$

$F_{max} = 597\ \text{N}$

讨论

此题为求临界平衡时力的大小，摩擦力的方向不能任意假设，若摩擦力方向反向，则力 $\boldsymbol{F}$ 的结果将为负值，与题目矛盾。

例 4-2　图 4-2(a)所示机构由滑块 B、AD 杆与 CB 杆组成。在 AD 杆上作用一力偶 $M_A = 40\ \text{N}\cdot\text{m}$，滑块和 AD 杆之间的静滑动摩擦系数为 0.3。若不计各杆件自重，求机构保持平衡时力偶矩 M_C 的范围。

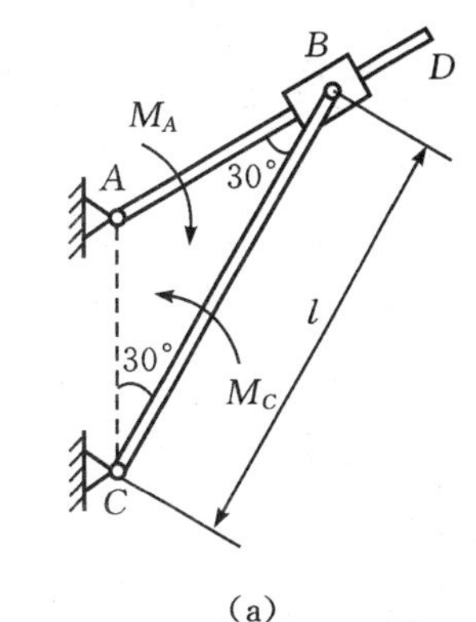

(a)

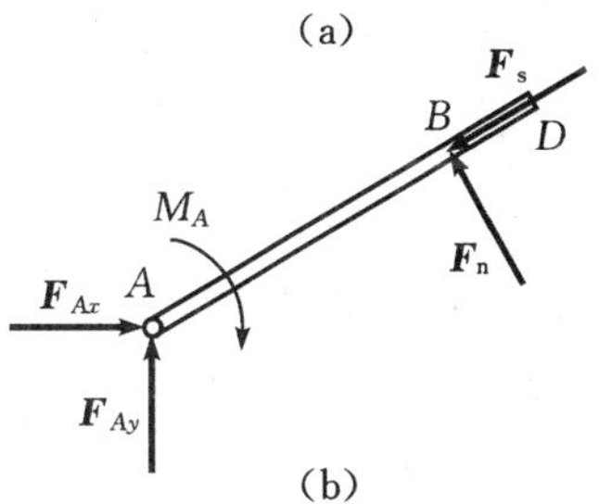

(b)

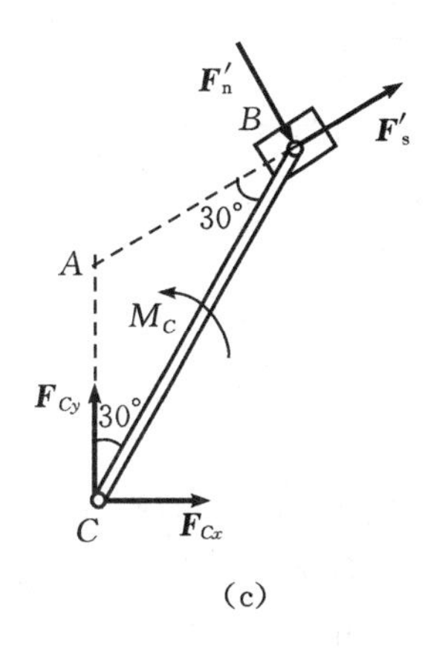

(c)

图 4-2

分析　此题为讨论物体的平衡范围，需要分别考虑 B 处的两种滑动趋势。

解　(1)取杆 AD 为研究对象，当 M_C 较大时，B 处摩擦力方向如图 4-2(b)所示。

$$\sum M_A(\boldsymbol{F}) = 0 \qquad F_n \cdot AB - M_A = 0 \qquad F_n = \frac{\sqrt{3}M_A}{l}$$

补充方程：$F_s = F_n f_s = \dfrac{0.3\sqrt{3}M_A}{l}$

(2)取杆 CB 和滑块为研究对象，受力如图 4-2(c)所示。

$$\sum M_C(\boldsymbol{F}) = 0 \qquad M_C - F'_n l\cos 30° - F'_s l\sin 30° = 0$$

$M_C = 70.4\ \text{N}\cdot\text{m}$

(3)当 M_C 较小时，B 处摩擦力方向与图 4-2(b)和图 4-2(c)所示反向。

$$\sum M_C(\boldsymbol{F}) = 0 \qquad M_C - F'_n l\cos 30° + F'_s l\sin 30° = 0$$

$M_C = 49.6\ \text{N}\cdot\text{m}$

故机构保持平衡时 M_C 的取值范围为

$$49.6\ \text{N}\cdot\text{m} \leqslant M_C \leqslant 70.4\ \text{N}\cdot\text{m}$$

例 4-3　结构如图 4-3(a)所示。均质箱体 A 宽 $b=1$ m，高 $h=2$ m，重 $G=200$ kN，放在倾角 $\theta=30°$ 的斜面上，箱体与斜面之间的摩擦系数 $f=0.2$，在箱体的 C 点系一软绳，绳的另一端通过滑轮 O 挂一重物 E。已知 $BC=a=1.8$ m，绳重、滑轮重及绳与滑轮之间的摩擦均不计。试求箱体保持平衡时物块 E 的重量 P。

分析　箱体 A 共有四种可能的运动趋势，分别为向下滑动、向上滑动、绕 D 点翻倒、绕 B 点翻倒。

解　(1)设箱体 A 处于向下滑动的临界状态，其受力及坐标系如图 4-3(b)所示。

$$\sum F_x = 0 \qquad F_T\cos 30° + F_s - G\sin 30° = 0$$

$$\sum F_y = 0 \qquad F_T\sin 30° + F_n - G\cos 30° = 0$$

补充方程：$F_s = F_n f$

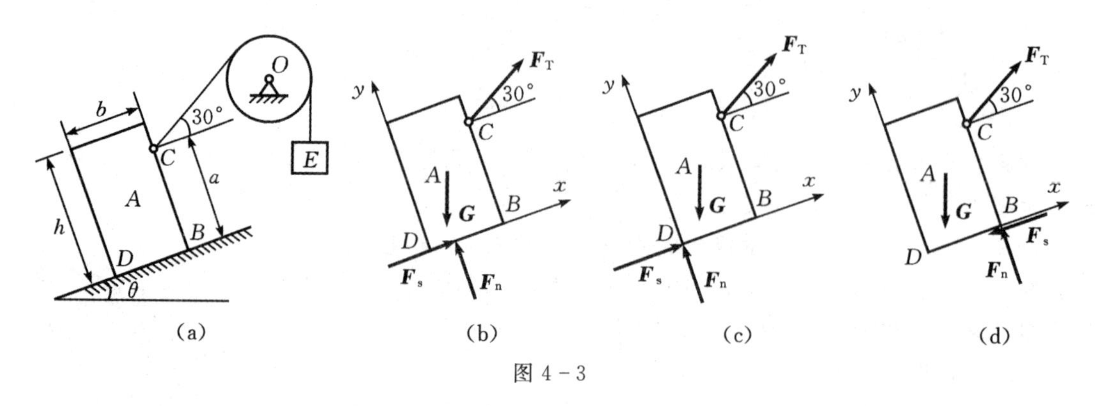

图 4-3

$P_1=F_T=39.9\ \text{kN}$

(2)设箱体 A 处于向上滑动的临界状态,此时摩擦力方向沿斜面向下,仅需将情况(1)中的摩擦力反号,可求得:

$$P_2=F_T=109.7\ \text{kN}$$

(3)设箱体 A 处于绕 D 点翻倒的临界状态,受力如图 4-3(c)所示。

$$\sum M_D(\boldsymbol{F})=0 \qquad F_T\sin30°\cdot b-F_T\cos30°\cdot a+G\sin20°\cdot\frac{h}{2}-G\cos20°\cdot\frac{b}{2}=0$$

$$P_3=F_T=-24.14\ \text{kN}$$

由于绳索只能承受拉力,故箱体不可能出现绕 D 点翻倒的情况。

(4)设箱体 A 处于绕 B 点翻倒的临界状态,受力如图 4-3(d)所示。

$$\sum M_B(\boldsymbol{F})=0 \qquad -F_T\cos30°\cdot a+G\sin20°\cdot\frac{h}{2}+G\cos20°\cdot\frac{b}{2}=0$$

$$P_4=F_T=104.2\ \text{kN}$$

综合上述四种情况可知,箱体 A 保持平衡时物块 E 的重量 P 的范围为

$$39.9\ \text{kN}\leqslant P\leqslant 104.2\ \text{kN}$$

讨论

(1)考虑大小的箱体平衡时,法向反力的作用线未必经过物体的中心。

(2)本题是既有滑动又有翻倒的综合问题,应全面考虑物体的各种可能运动趋势,以免犯错误。

例 4-4 均质圆柱重量为 $\boldsymbol{G}$,半径为 r,置于不计自重的水平杆和固定斜面之间。杆端 A 为光滑铰链,D 端受一铅垂向上的力 $\boldsymbol{F}$,圆柱上作用一力偶,如图 4-4(a)所示。已知 $F=G$,圆柱与杆和斜面间的静摩擦系数均为 0.3,不计滚动摩阻。当 $\theta=45°$时,$AB=BD$。求此时能保持系统静止的力偶矩 M 的值。

分析 本题为多点摩擦问题,圆柱体在 E、B 两点都受到摩擦力的作用,但可以不同时达到临界状态。

解 (1)取 AD 杆为研究对象,受力如图 4-4(b)所示。

$$\sum M_A(\boldsymbol{F})=0 \qquad F\cdot AD-F_{nB}\cdot AB=0 \qquad F_{nB}=2F$$

(2)取圆柱体为研究对象,受力如图 4-4(c)所示。

$$\sum F_x=0 \qquad F_{nE}\sin45°-F_E\cos45°-F'_B=0$$

$\sum F_y = 0 \qquad F'_{nB} - F_{nE}\sin45° - F_E\cos45° - G = 0$

$\sum M_O(\boldsymbol{F}) = 0 \qquad (F_E - F'_B)r + M = 0$

(i)设 E 处摩擦力先达到临界值，则有 $F_E = F_{nE}f_s$

解得　$F_{nE} = \dfrac{10\sqrt{2}}{13}G \quad F_E = \dfrac{3\sqrt{2}}{13}G \quad F'_B = \dfrac{7}{13}G$

$$M = \frac{7-3\sqrt{2}}{13}Gr = 0.212Gr$$

此时 B 处的摩擦力 $F'_B = \dfrac{7}{13}G < F'_{nB}f_s = 0.6G$，说明 B 处未滑动。

(ii)设 B 处摩擦力先达到临界值，则有 $F'_B = F'_{nB}f_s$

解得　$F_{nE} = 0.8\sqrt{2}G \quad F_E = 0.2\sqrt{2}G \quad F'_B = 0.6G$

$$M = (0.6 - 0.2\sqrt{2})Gr = 0.317Gr$$

此时 E 处的摩擦力 $F_E = 0.2\sqrt{2}G < F_{nE}f_s = 0.24\sqrt{2}G$，说明 E 处未滑动。比较(i)(ii)可知，力偶矩 M 的取值范围为

$$0.212Gr \leqslant M \leqslant 0.317Gr$$

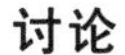

对于多点摩擦问题，可采用穷举法，分别假设各点达到临界状态再进行求解；也可先判断哪点先达到临界状态，大家可以尝试采用该法求解。

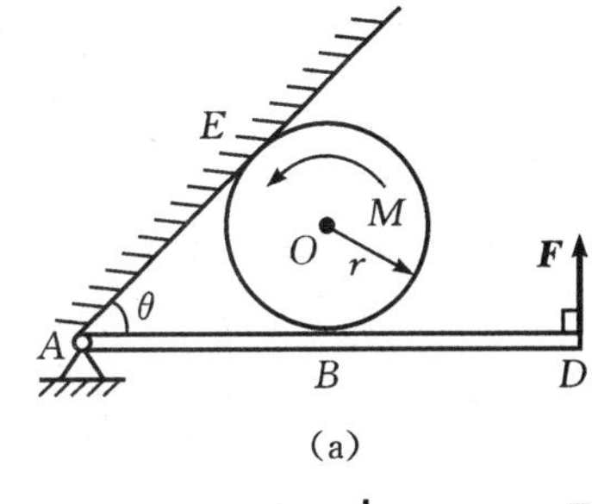

(a)

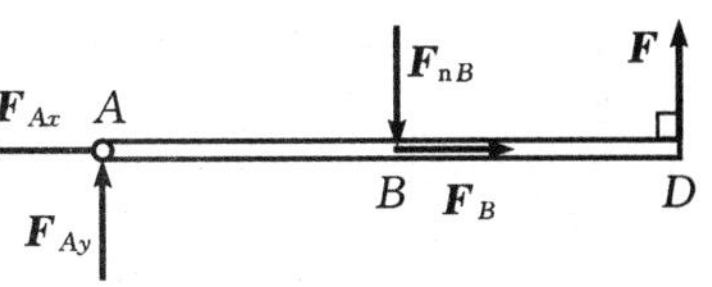

(b)

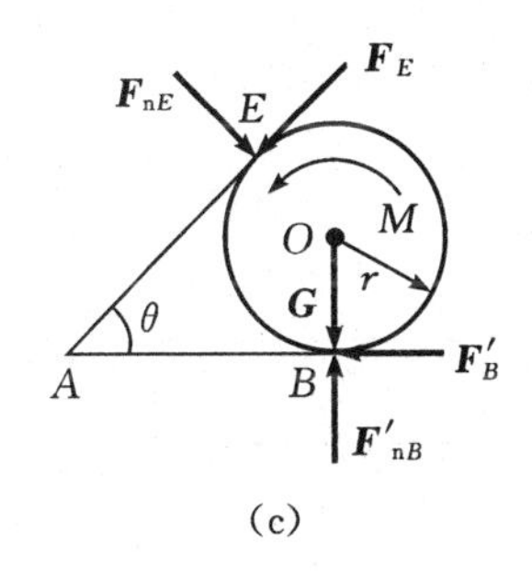

(c)

图 4-4

4.4　题　解

4-1　图示斜面上的物块重 $W = 980$ N，物块与斜面间的静摩擦系数 $f_s = 0.2$，动摩擦系数 $f_d = 0.17$。当水平主动力分别为 $F = 500$ N 和 $F = 100$ N 两种情况时，(1)问物块是否滑动；(2)求实际的摩擦力的大小和方向。

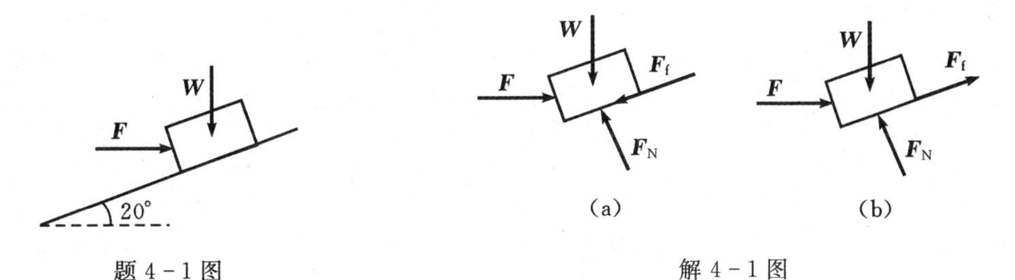

题 4-1 图　　(a)　　(b)　　解 4-1 图

解　(1)$F = 500$ N；研究物块，受力如解 4-1 图(a)所示。

$\sum F_x = 0 \qquad F\cos20° - F_f - W\sin20° = 0$

$\sum F_y = 0 \qquad F_N - F - W\cos20° = 0$

解得　$F_N=1092.2\ N$　$F_f=134.84\ N$

则　$F_{Smax}=f_sF_N=218.44\ N$

因为 $F_f<F_{Smax}$

所以不滑动；$F_f=134.84\ N$

(2)$F=100\ N$；研究物块，受力如解 4-1 图(b)所示。

$$\sum F_x=0\qquad F\cos20°+F_f-W\sin20°=0$$

$$\sum F_y=0\qquad F_N-F\sin20°-W\cos20°=0$$

解得　$F_N=955.1\ N$　$F_f=241.16\ N$

因为 $F_f>F_{Smax}=191.02$，所以滑动；$F_f=0.17F_N=162.4\ N$

4-2　一均匀平板利用两个支柱搁在粗糙的水平面上，如板重 $G=10\ N$，两支柱与固定平面的摩擦系数分别为 $f_{s1}=0.2$，$f_{s2}=0.3$。其尺寸如图所示，单位为 m。求平板仍处于平衡时的最大水平拉力 $\boldsymbol{F}$。

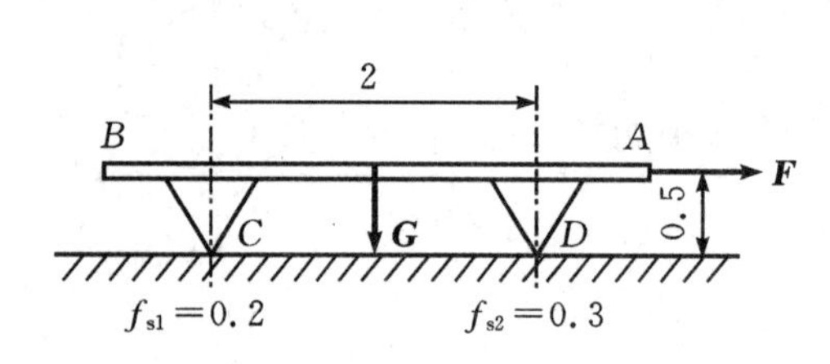

题 4-2 图

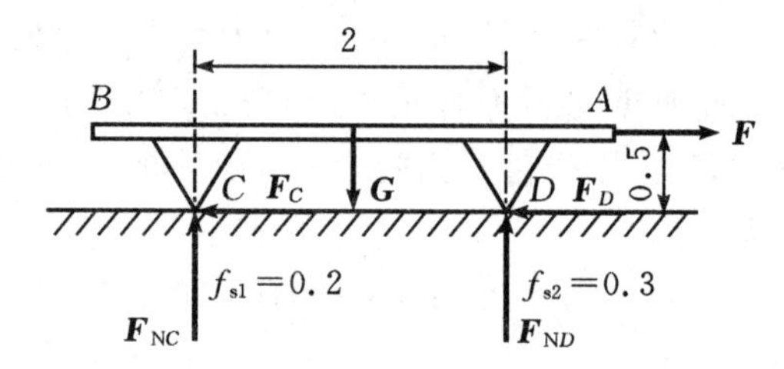

解 4-2 图

解　研究平板，受力如图所示。

$$\sum F_x=0\qquad F=F_C+F_D$$

$$\sum F_y=0\qquad F_{NC}+F_{ND}=G$$

$$\sum M_C(\boldsymbol{F})=0\qquad G\times1+F\times0.5=F_{ND}\times2$$

$F_C=f_{s1}F_{NC}$　　$F_D=F_{ND}f_{s2}$

解得　$F=2.564\ N$

4-3　图示提砖用的砖夹，由曲杆 AOC 和 $OEDB$ 铰接而成。设砖总厚为 $AB=25\ cm$，总重为 $\boldsymbol{Q}$。砖夹与砖之间的摩擦系数为 $f=0.5$，工人施力为 $\boldsymbol{P}$，且 $P=Q$。若不计杆重，试问保证能把砖匀速提起来的尺寸 b 应取多少？

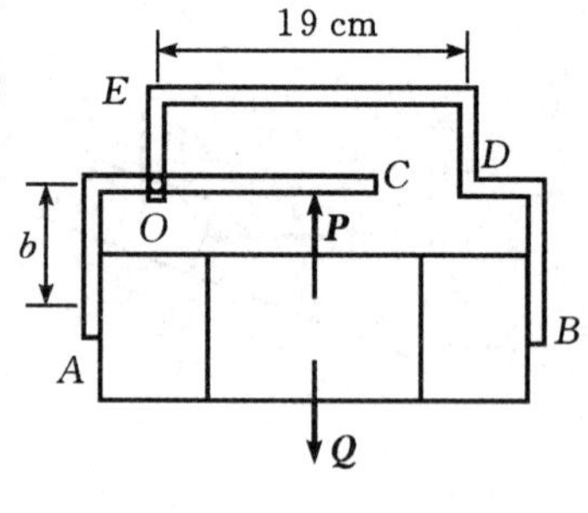

题 4-3 图

解　提起砖时系统平衡，$P=Q$。

以砖为研究对象，受力如解 4-3 图(a)所示。

$$\sum M_Q=0,\qquad F_{sA}=F_{sB}$$

$$\sum F_y=0,\qquad Q-F_{sA}-F_{sB}=0$$

$$\sum F_x=0,\qquad F_{NA}-F_{NB}=0$$

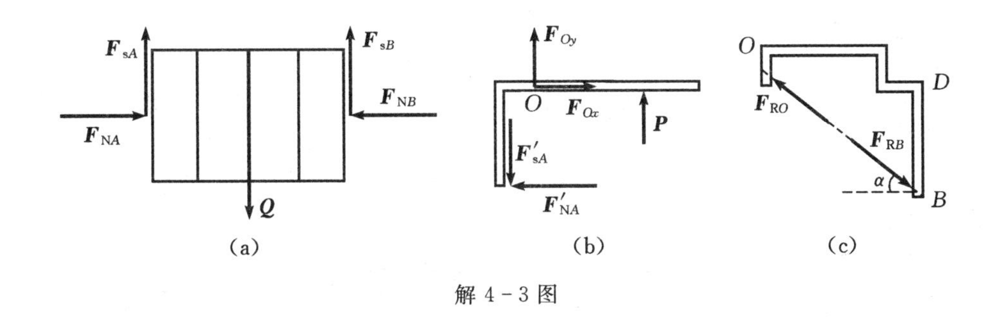

解 4-3 图

解得　$F_{sA}=F_{sB}=\dfrac{Q}{2}, F_{NA}=F_{NB}$

研究曲杆 AOC，受力如解 4-3 图(b)所示。

$$\sum M_O=0,\quad 95P+30F'_{sA}-bF'_{NA}=0\quad 解得\ b=\frac{220F_{sA}}{F_{NA}}$$

砖不下滑满足条件为 $F_{sA}\leqslant fF_{NA}$

由上面两式，求得 $b\leqslant 110$ mm。

(此题亦可根据摩擦角和自锁的概念进行求解，受力分析如解 4-3 图(c)所示，$\tan\alpha\leqslant f$)

4-4　一均质梯子 AB 重为 $\boldsymbol{P}$，上端靠在光滑的墙上，下端搁在不光滑的水平地板上如图所示。梯子和地板的夹角为 α，摩擦系数为 f。问重量为 $\boldsymbol{Q}$ 的人要沿梯子安全爬上顶端，α 必须在怎样的范围内？

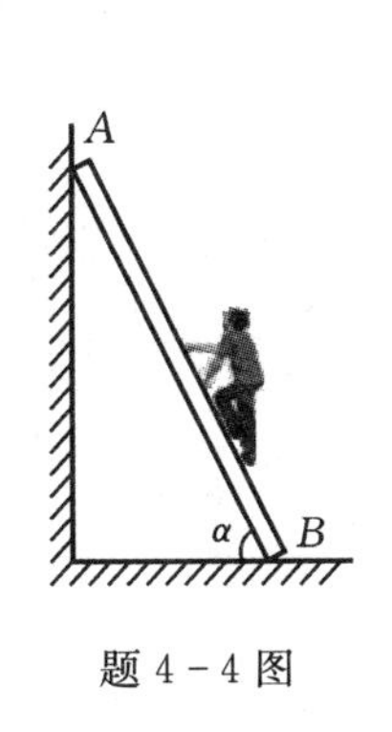

题 4-4 图

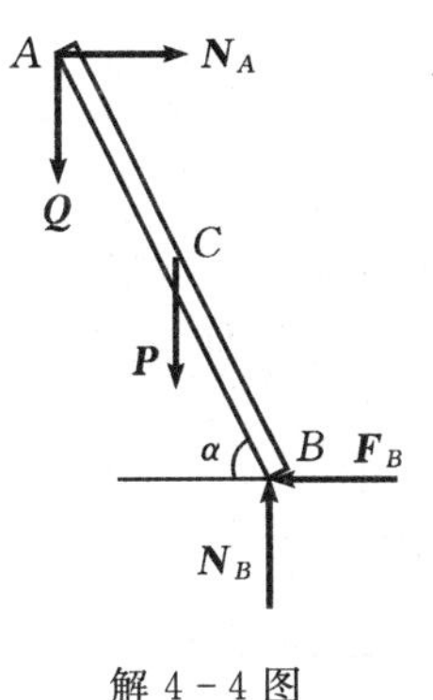

解 4-4 图

解　以系统为研究对象，受力分析如解 4-4 图所示，考虑人在顶端的情况，此位置为极限情况。

$$\sum F_x=0,\qquad N_A-F_B=0$$

$$\sum F_y=0,\qquad N_B-P-Q=0$$

$$\sum M_B=0,\qquad P\frac{l}{2}\cos\alpha+Ql\cos\alpha-N_A l\sin\alpha=0$$

$F_B=fN_B$

$\tan\alpha=\dfrac{P+2Q}{2f(P+Q)}$

$\alpha \geqslant \arctan\dfrac{P+2Q}{2f(P+Q)}$， $(\alpha < 90°)$

4-5 如图所示，球重 $W=400$ N，折杆自重不计，所有接触面间的静摩擦系数均为 $f_s=0.2$，铅直力 $F=500$ N，$a=20$ cm。问力 $\boldsymbol{F}$ 应作用在何处（即 x 为多大）时，球才不致下落？

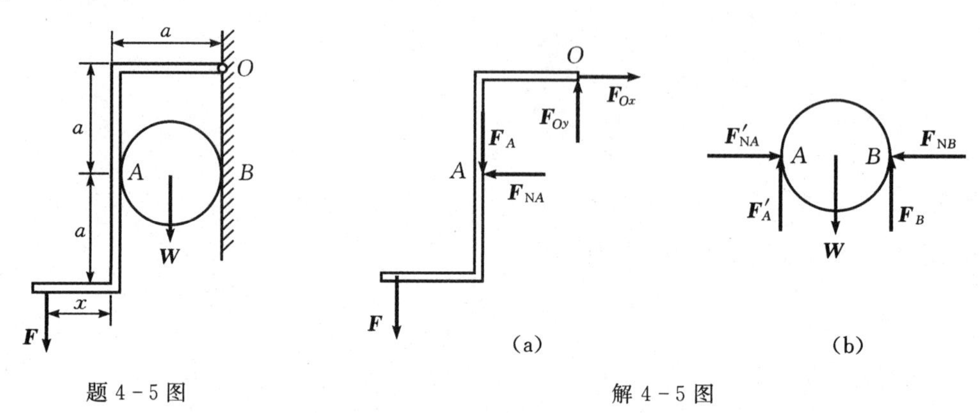

题 4-5 图　　解 4-5 图

解 研究折杆，受力如解 4-5 图(a)所示。

$\sum M_O(\boldsymbol{F})=0 \qquad F_{NA}\times a=F\times(x+a)+F_A\times a$

$F_A=f_sF_{NA}$

研究球，受力如解 4-5 图(b)所示。

$\sum M_B(\boldsymbol{F})=0 \quad F'_Aa=W\dfrac{a}{2}$

解得　$x=12$ cm

4-6 绞车的制动器由带制动块 D 的杠杆和鼓轮 C 组成，已知制动块与鼓轮间摩擦系数为 f_s，提升的重物重 $\boldsymbol{G}$，不计杠杆及鼓轮重量，问在杆端 B 最少应加多大的铅垂力 F 方能安全制动？尺寸如图所示。

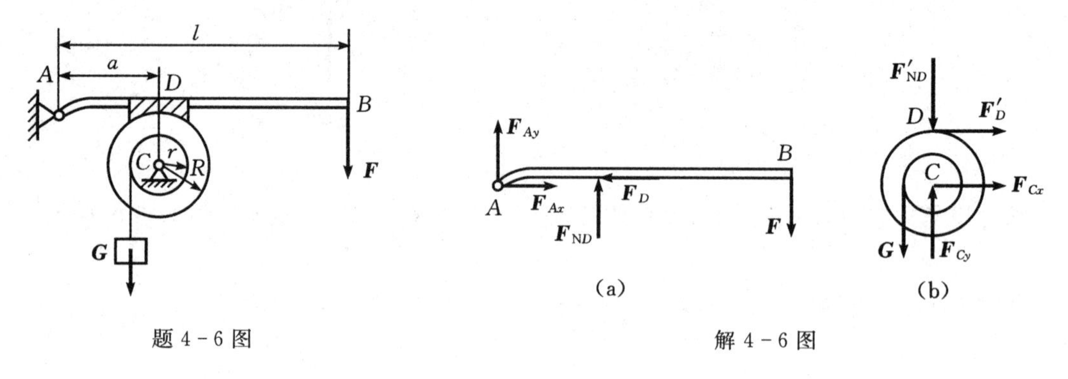

题 4-6 图　　解 4-6 图

解 研究 AB，受力如解 4-6 图(a)所示。

$\sum M_A(\boldsymbol{F})=0$

$F_{ND}=\dfrac{Fl}{a}$

研究轮 C，受力如解 4-6 图(b)所示。

$\sum M_C(\boldsymbol{F})=0 \qquad G\cdot r=F'_D R$

$F'_D=F_D=f_s F_{ND}$

$F=\dfrac{Gar}{f_s Rl}$

4-7　图示为一机床夹具中常用的偏心夹紧装置，转动偏心轮手柄，就可升高 O_1 点，使杠杆压紧工件。已知偏心轮半径为 r，与台面间摩擦系数为 f_s，O_2 为杠杆的中点。若不计偏心轮自重，要在图示位置夹紧工件后不致自动松开，偏心距 e 应为多少？

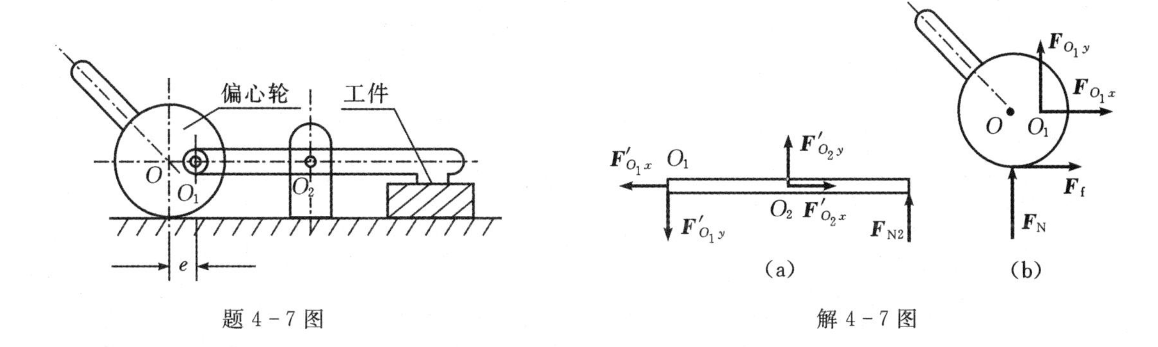

题 4-7 图　　解 4-7 图

解　研究杠杆，受力如解 4-7 图(a)所示。

$\sum M_{O_2}(\boldsymbol{F})=0 \qquad F_{N2}=F'_{O_1y}\neq 0$

研究偏心轮 O，受力如解 4-7 图(b)所示。

$\sum M_{O_1}(\boldsymbol{F})=0 \qquad F_N e=F_f r$

$\sum F_y=0 \qquad F_N+F_{O_1y}=0$

$F_{O_1y}=-F_N=F'_{O_1y}\neq 0$

$\dfrac{F_N e}{r}\leqslant F_N f_s \quad e\leqslant f_s r$

4-8　尖劈顶重装置如图所示。在 B 块上受力 $\boldsymbol{F}_P$ 的作用。A 块与 B 块间的摩擦系数为 f_s（其他有滚珠处表示光滑）。如不计 A 块和 B 块的重量，求使系统保持平衡的力 $\boldsymbol{F}$ 的值。

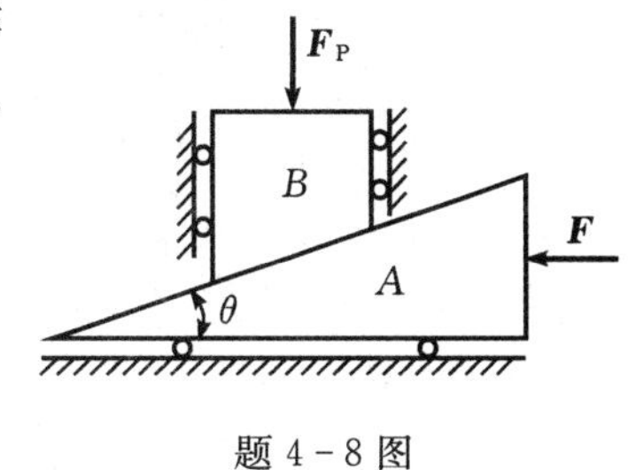

题 4-8 图

解　研究整体，受力如解 4-8 图(a)所示。

$\sum F_y=0 \qquad F_P=F_{NA}$

(1)A 向右运动时，研究 A，受力如解 4-8 图(b)所示。

$\sum F_x=0 \qquad F_1+F_B\cos\theta=F_{NB}\sin\theta$

$\sum F_y=0 \qquad F_{NA}=F_{NB}\cos\theta+F_B\sin\theta$

$F_B=f_s F_{NB}$

解得　$F_1=\dfrac{F_P(\sin\theta-f_s\cos\theta)}{\cos\theta+f_s\sin\theta}$

(2)A 向左运动时，研究 A，受力如解 4-8 图(c)所示。

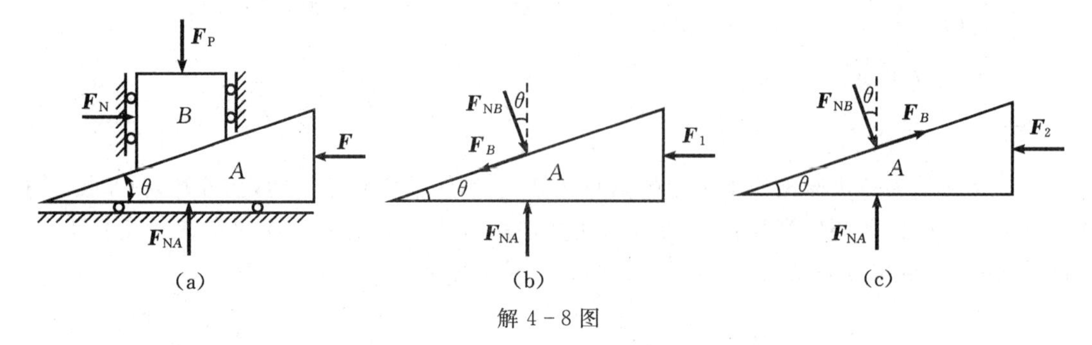

解 4-8 图

$\sum F_x = 0 \qquad F_2 = F_{NB}\sin\theta + F_B\cos\theta$

$\sum F_y = 0 \qquad F_{NA} + F_B\sin\theta = F_{NB}\cos\theta$

$F_B = f_s F_{NB}$

解得　$F_2 = \dfrac{F_P(\sin\theta + f_s\cos\theta)}{\cos\theta - f_s\sin\theta}$

$\dfrac{F_P(\sin\theta - f_s\cos\theta)}{\cos\theta + f_s\sin\theta} \leqslant F \leqslant \dfrac{F_P(\sin\theta + f_s\cos\theta)}{\cos\theta - f_s\sin\theta}$

4-9　图示一凸轮机构。已知偏心轮半径为 r，偏心距为 e，顶杆与导槽间的滑动摩擦系数为 f_s，力 F 与力偶矩 M 为常量。若不计顶杆与偏心轮的重量及它们之间的摩擦。为了不使顶杆被卡住，试求两导槽之间应有的最小距离 b。

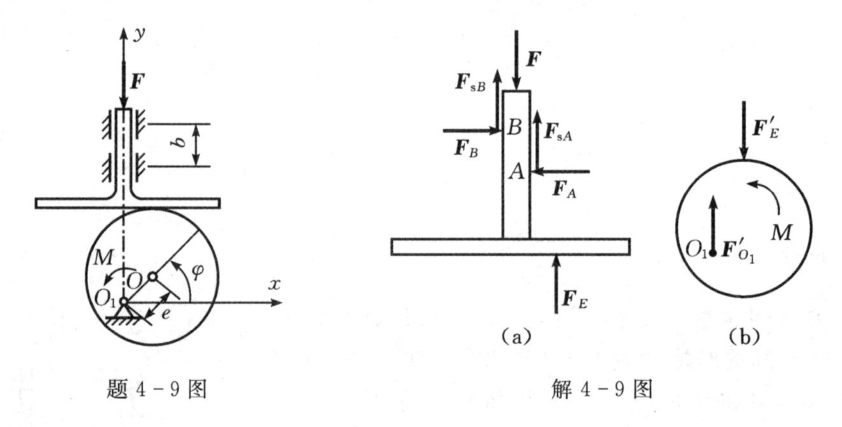

题 4-9 图　　　　解 4-9 图

解　(1)以杆为研究对象，画受力图如解 4-9 图(a)所示。

$\sum F_x = 0 \quad F_B - F_A = 0$

$\sum F_y = 0 \quad F_{sB} + F_{sA} + F_E - F = 0$

$\sum M_A = 0 \quad F_B b - F_E e = 0$

$F_{sA} = f_s F_A$，　$F_{sB} = f_s F_B$

(2)以轮为研究对象，画受力如解 4-9 图(b)所示。

$\sum M_{O_1}(\boldsymbol{F}) = 0 \quad F'_E e\cos\varphi - M = 0$

$F'_E = \dfrac{M}{e\cos\varphi}$

解得　$b_{\min}=\dfrac{2Mef_s}{M-eF\cos\varphi}$

4-10　图示方箱 M 重 $\boldsymbol{G}$，借夹钳的摩擦力提起，若各尺寸分别为 $DE=2a$，$AB=BC=2a$。$H=4a$，$\angle OAB=\angle OCB=90°$，$\angle AOC=120°$，不计夹钳重量。试求夹钳 D、E 端与箱间的摩擦系数最少等于多少？

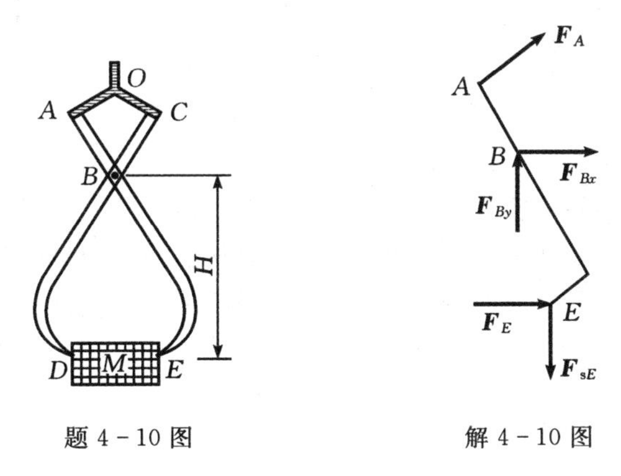

题 4-10 图　　解 4-10 图

解　(1)以节点 O 为研究对象，根据汇交力系平衡

$F_A=F_C=G$

(2)以 ABE 为研究对象，画受力图如解 4-10 图所示。

$$\sum F_x=0,\quad F_A\cos 30°+F_{Bx}+F_E=0$$

$$\sum F_y=0,\quad F_A\sin 30°+F_{By}-F_{sE}=0$$

$$\sum M_B=0,\quad F_A\cdot 2a-F_EH+F_{sE}a=0$$

$f_{s\min}=0.8$

4-11　图示滑块连杆铰接系统中，两滑块 A、B 的重量均为 100 N，摩擦系数 $f=0.5$，试求平衡时作用在铰 C 的铅垂向下的力 $\boldsymbol{F}$ 的大小。

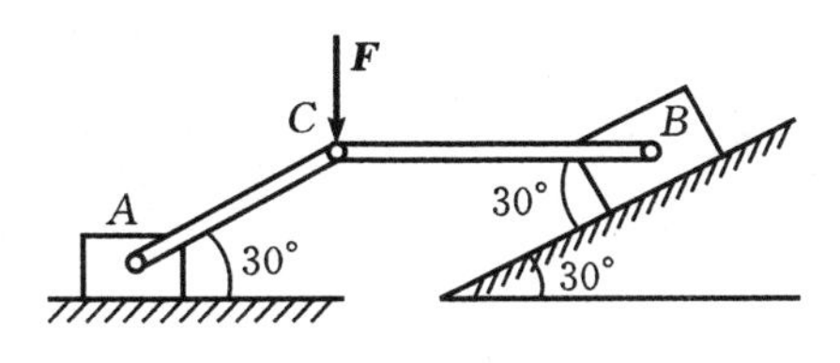

题 4-11 图

解　先设 A 块不动，B 块处于下滑临界平衡状态，$F_{sB}=F_{NB}f$，B 块受力如解 4-11 图(a)所示。

$$\sum F_y=0,\qquad F_{NB}-100\cos 30°-F_{BC}\cos 60°=0$$

$$\sum F_x=0,\qquad F_{NB}f+F_{BC}\cos 30°-100\cos 60°=0$$

解得　$F_{BC}=6$ N

研究铰链 C，受力如解 4-11 图(b)所示，由力三角形得

$$F_1=F_{BC}\tan 30°=3.64\text{ N}$$

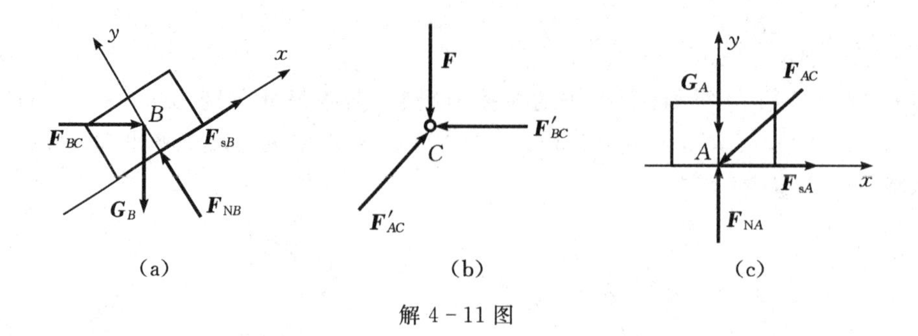

(a) (b) (c)

解 4－11 图

再分析两种可能的临界状态：

(1) A 块不动，B 块上滑，则解 4－11 图(a)中 $\boldsymbol{F}_{sB}$ 反向，类似求解得到 $F_2=87.4\ \text{N}$

(2) B 块不动，A 块左滑，受力如解 4－11 图(c)所示，$F_{sA}=F_{NA}f$

$$\sum F_x=0,\quad F_{NA}f-F_{AC}\cos 30^\circ=0$$

$$\sum F_y=0,\quad F_{NA}-100-F_{AC}\cos 60^\circ=0$$

解得　$F_{AC}=\dfrac{200(2\sqrt{3}+1)}{11}\text{N}$，$F_3=F_{AC}\cos 30^\circ=40.6\ \text{N}$

故　$F_1\leqslant F\leqslant F_3$ 即 $3.64\ \text{N}\leqslant F\leqslant 40.6\ \text{N}$。

4－12　图中均质杆 AB 长 l，重 $\boldsymbol{G}$。A 端由球形铰链支承在地面上，B 端自由地靠在铅垂墙上。墙面和铰链 A 的水平距离等于 a。图中 OB 线与铅垂线的交角为 θ，AB 杆与墙面间的摩擦系数为 f_s，铰链的摩擦不计。试求要维持 AB 杆平衡，θ 角最大等于多少？

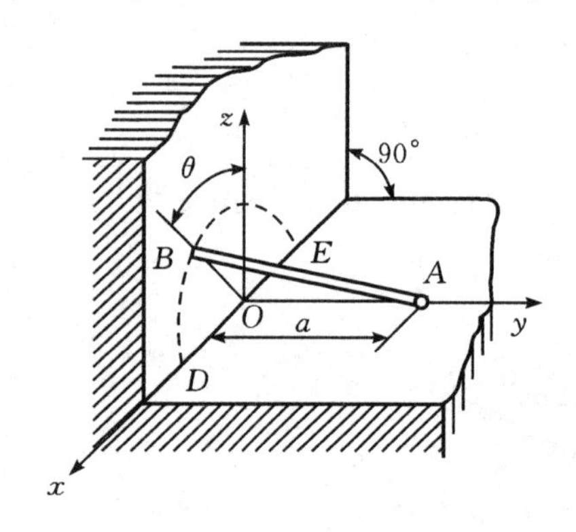

题 4－12 图

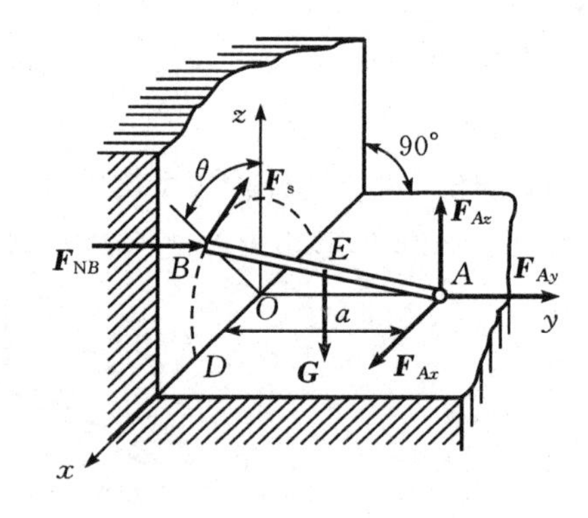

解 4－12 图

解　研究 AB 杆，受力如解 4－12 图所示。

$$\sum F_x=0,\quad F_{Ax}-F_s\cos\theta=0$$

$$\sum M_z(\boldsymbol{F})=0,\quad -F_{Ax}a+F_{NB}\sqrt{l^2-a^2}\sin\theta=0$$

$$F_s=f_sF_{NB}$$

解得　$\tan\theta=\dfrac{af_s}{\sqrt{l^2-a^2}}$

4－13　一半径为 R 的轮静止在水平面上，重为 $\boldsymbol{P}$，如图所示。在轮中央有一鼓轮半径为

r，其上缠有细绳，跨过光滑的滑轮 A，系一重为 $\boldsymbol{Q}$ 的物体。绳的 AB 段与铅垂线成 α 角。求轮与水平面接触点 C 处的滚动摩擦力偶矩、滑动摩擦力和法向反力。

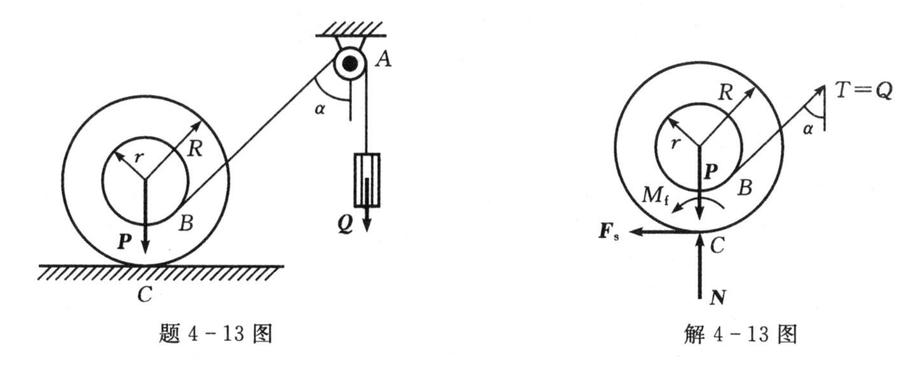

题 4-13 图　　　　解 4-13 图

解 以轮子为研究对象，进行受力分析，如解 4-13 图所示，并列写平衡方程。

$\sum F_x = 0,\quad T\sin\alpha - F_s = 0$

$\sum F_y = 0,\quad T\cos\alpha + N - G = 0$

$\sum M_C = 0,\quad Tr - T\sin\alpha R + M_f = 0$

求解得：

$M_f = Q(R\sin\alpha - r)$（逆时针），

$F_f = Q\sin\alpha(\leftarrow)$，$N = P - Q\cos\alpha(\uparrow)$

4-14 圆柱重 $P=200$ N，半径 $R=10$ cm，置于斜面上，如图所示。已知滑动摩擦系数 $f=0.30$，滚动摩擦系数 $\delta=0.1$ cm。沿斜面方向离斜面 9 cm 处，在圆柱上作用一力 $\boldsymbol{Q}$。试求平衡时力 $\boldsymbol{Q}$ 的最大值。

题 4-14 图　　　　解 4-14 图

解 以轮子为研究对象，进行受力分析，如解 4-14 图所示，并列写平衡方程。

$$\sum F_x = 0,\qquad Q - P\sin 30^\circ - F_s = 0 \tag{1}$$

$$\sum F_y = 0,\qquad P\cos 30^\circ = N \tag{2}$$

$$\sum M_D = 0,\qquad Qh - PR\sin 30^\circ - M_f = 0 \tag{3}$$

由方程(1)得出

$$Q_{max} = 151.96\ \text{N}（此时\ F_s = f\cdot N）$$

由方程(3)得出

$$Q_{max} = 113.03\ \text{N}（此时\ M_f = \delta\cdot N）$$

故平衡时 Q 的最大值为 113.03 N。

第 5 章　运动学基础

运动学是在不涉及物体质量和受力的前提下，研究物体机械运动的几何性质，如点的轨迹、速度、加速度，刚体的角速度、角加速度等。其任务一方面是为研究机械动力学打基础，同时也有其独立的应用意义。

运动的物体可分成两类：点和刚体。点可以是一个忽略了大小的单独物体，也可以是刚体上指定的点。刚体的运动形式是多样性的。一个物体究竟抽象为点还是刚体，完全取决于所讨论问题的性质。例如，研究人造卫星绕地球的运行轨道问题，可把它抽象为一个点；而当描述卫星的飞行姿态时，则把它视为刚体。

本章研究点的运动和刚体的两种基本运动——平动和定轴转动。

5.1　基本知识剖析

1. 基本概念

- 研究对象
  - 点的运动
    - 矢量法
    - 直角坐标法
    - 自然法
  - 刚体的基本运动
    - 平动
    - 定轴转动

研究方法	运动方程	速度	加速度
矢量法	$\boldsymbol{r}=\boldsymbol{r}(t)$	$\boldsymbol{v}=\dfrac{\mathrm{d}\boldsymbol{r}}{\mathrm{d}t}=\dot{\boldsymbol{r}}$	$\boldsymbol{a}=\dfrac{\mathrm{d}\boldsymbol{v}}{\mathrm{d}t}=\dfrac{\mathrm{d}^2\boldsymbol{r}}{\mathrm{d}t^2}=\ddot{\boldsymbol{r}}$
直角坐标法	$x=f_1(t)$ $y=f_2(t)$ $z=f_3(t)$	$\boldsymbol{v}=\dfrac{\mathrm{d}x}{\mathrm{d}t}\boldsymbol{i}+\dfrac{\mathrm{d}y}{\mathrm{d}t}\boldsymbol{j}+\dfrac{\mathrm{d}z}{\mathrm{d}t}\boldsymbol{k}$	$\boldsymbol{a}=\dfrac{\mathrm{d}^2x}{\mathrm{d}t^2}\boldsymbol{i}+\dfrac{\mathrm{d}^2y}{\mathrm{d}t^2}\boldsymbol{j}+\dfrac{\mathrm{d}^2z}{\mathrm{d}t^2}\boldsymbol{k}$
自然法	$s=s(t)$	$\boldsymbol{v}=\dfrac{\mathrm{d}s}{\mathrm{d}t}\boldsymbol{\tau}$	$\boldsymbol{a}=\dfrac{\mathrm{d}v_\tau}{\mathrm{d}t}\boldsymbol{\tau}+\dfrac{v^2}{\rho}\boldsymbol{n}$

刚体在运动过程中，若其上任意直线始终与它的初始位置平行，刚体的这种运动称为平行移动，简称平动。刚体平动时其上各点运动规律完全相同。

研究对象	运(转)动方程	(角)速度	(角)加速度
刚体定轴转动	$\varphi=\varphi(t)$	$\omega=\frac{\mathrm{d}\varphi}{\mathrm{d}t}=\dot{\varphi}(t)$	$\alpha=\frac{\mathrm{d}\omega}{\mathrm{d}t}=\ddot{\varphi}(t)$
转动刚体上的点	$s=R\varphi=R\varphi(t)$	$v=\frac{\mathrm{d}s}{\mathrm{d}t}=R\frac{\mathrm{d}\varphi}{\mathrm{d}t}$ $=R\omega$	$a_\tau=\frac{\mathrm{d}v}{\mathrm{d}t}=R\frac{\mathrm{d}\omega}{\mathrm{d}t}=R\alpha$ $a_\mathrm{n}=\frac{v^2}{\rho}=\frac{(R\omega)^2}{R}=R\omega^2$
转动刚体上的点速度、加速度矢积表示	—	$\boldsymbol{v}=\boldsymbol{\omega}\times\boldsymbol{r}$	$\boldsymbol{a}=\boldsymbol{a}_\tau+\boldsymbol{a}_\mathrm{n}=\boldsymbol{\alpha}\times\boldsymbol{r}+\boldsymbol{\omega}\times\boldsymbol{v}$

2. 重点及难点

重点

基本概念及运(转)动方程建立。

难点

(1)运(转)动方程的建立。

(2)自然法求点的切向加速度和法向加速度。

5.2 习题类型、解题步骤及解题技巧

1. 习题类型

微分类:已知点的运动规律,求点的运动轨迹、速度、加速度等;或已知刚体的运动规律,求刚体的角速度、角加速度等。

积分类:已知点的运动速度、加速度,求点的运动方程、轨迹等;或已知刚体的角速度、角加速度,求刚体的运动方程等。

综合类:如已知点的运动规律,求点的运动轨迹的曲率半径等。

2. 解题步骤

对微分类问题,首先将点或刚体置于一般位置,根据运动规律写出其运动方程;再通过求导运算得到点的运动速度、加速度或刚体的角速度、角加速度等。

对积分类问题,首先由其运动(角)速度、(角)加速度结合运动的初始条件,通过积分运算确定积分常数后得到点或刚体的运动规律。

对综合类问题,可能同时要进行微、积分运算,可参照上述两类问题灵活处理。

3. 解题技巧

矢量法多用于公式推导,而直角坐标法和自然法更多用于实际计算;求运动方程时,一定要把研究对象置于一般位置,这样才能进行求导运算;对于积分运算,要熟悉常见的微分方程的通解形式。

5.3 例题精解

例 5-1 半径为 R 的车轮沿固定直线轨道滚动而不滑动，如图 5-1 所示，轮心速度为 $\boldsymbol{v}_0$。试求轮缘上任意一点 M 的运动方程、速度，并求其切向加速度、法向加速度和轨迹的曲率半径。

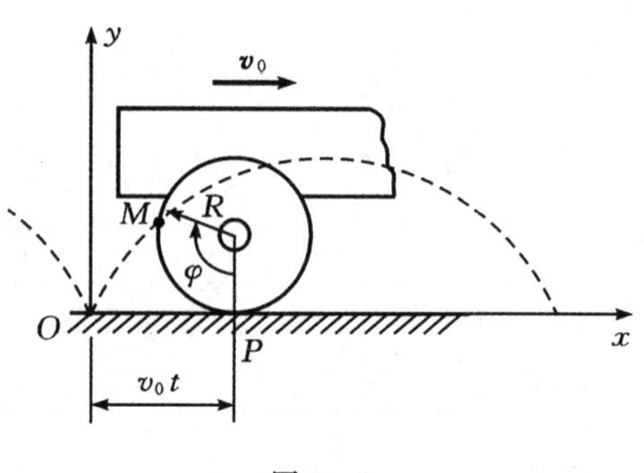

图 5-1

分析 点 M 轨迹未知，故用直角坐标法。

解 (1)运动方程：设 $t=0$ 时，点 M 和轨道接触点为 O，取点 O 为坐标原点，建立图示直角坐标系。在瞬时 t，点 M 运动到图示位置，点 M 的坐标为

$$\begin{aligned} x &= v_0 t - R\sin\varphi \\ y &= R - R\cos\varphi \end{aligned} \tag{1}$$

设此瞬时车轮与轨道的接触点为 P 点，由于车轮沿轨道滚动而不滑动，线段$\overline{OP}$的长度与弧$\overset{\frown}{PM}$的长度应相等，故

$$\varphi=\frac{v_0 t}{R}$$

将上式代入(1)式，得到点 M 的运动方程为

$$\begin{aligned} x &= v_0 t - R\sin\frac{v_0 t}{R} \\ y &= R - R\cos\frac{v_0 t}{R} \end{aligned} \tag{2}$$

这种曲线称为旋轮线，又称摆线。

(2)速度：由速度的定义得 M 点的速度在坐标轴上的投影为

$$\begin{aligned} v_x &= \frac{\mathrm{d}x}{\mathrm{d}t} = v_0 - v_0\cos\frac{v_0 t}{R} \\ v_y &= \frac{\mathrm{d}y}{\mathrm{d}t} = v_0\sin\frac{v_0 t}{R} \end{aligned} \tag{3}$$

点 M 速度的大小及方向余弦为

$$v_M = \sqrt{v_x^2+v_y^2} = 2v_0\sin\frac{v_0 t}{2R} \tag{4}$$

$$\cos\alpha = \frac{v_x}{v} = \sin\frac{v_0 t}{2R},\quad \cos\beta = \frac{v_y}{v} = \cos\frac{v_0 t}{2R}$$

(3)加速度：由加速度的定义，得

$$a_x = \frac{v_0^2}{R}\sin\frac{v_0 t}{R},\quad a_y = \frac{v_0^2}{R}\cos\frac{v_0 t}{R} \tag{5}$$

$$a_\tau = \frac{\mathrm{d}v}{\mathrm{d}t} = \frac{v_0^2}{R}\cos\frac{v_0 t}{2R} \tag{6}$$

点 M 加速度 a_M 的大小为 $\quad a_M=\sqrt{a_x^2+a_y^2}=\dfrac{v_0^2}{R}$

所以，点 M 的法向加速度 a_n 的大小为

$$a_{\mathrm{n}}=\sqrt{a_M^2-a_\tau^2}=\frac{v_0^2}{R}\sin\frac{v_0 t}{2R} \tag{7}$$

$\boldsymbol{a}_{\mathrm{n}}$ 和 $\boldsymbol{a}_\tau$的方向如图 5-2 所示。

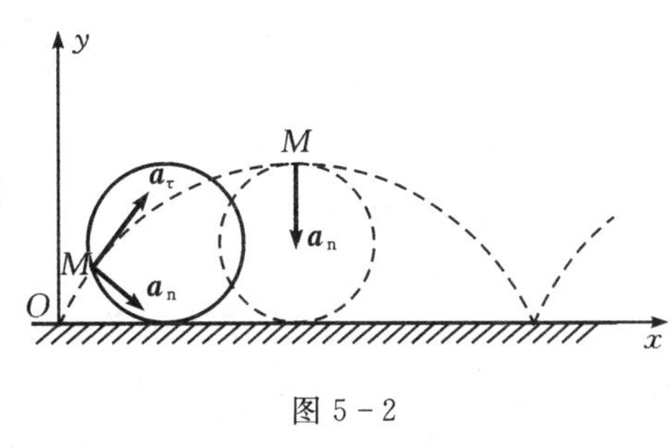

图 5-2

(4)曲率半径：根据曲率半径和法向加速度的关系，轨迹的曲率半径为

$$\rho=\frac{v^2}{a_{\mathrm{n}}}=\frac{4v_0^2\sin^2\dfrac{v_0 t}{2R}}{\dfrac{v_0^2}{R}\sin\dfrac{v_0 t}{2R}}=4R\sin\frac{v_0 t}{2R} \tag{8}$$

(5)点 M 运动分析

当 M 点运动到与轨道相接触时，由 $y=0$ 可求得 $\varphi=v_0 t/R=2n\pi, n=1,2,\cdots$

根据(3)式可知，这时有

$$v_x=0,\quad v_y=0,\quad v=0$$

即沿固定直线轨道纯滚动的轮子与轨道接触点的速度恒等于零。事实上，对于沿固定平面曲线轨道纯滚动的轮子，仍有同样的结论。对此现象可解释如下：轮子与固定轨道接触点无相对运动，二者接触点速度相等，轨道上接触点静止不动，故轮子上与轨道接触点速度必为零。

除此之外，当 M 点到达轨迹最高点时，$y=2R$，故 $\varphi=v_0 t/R=\pi$，由上述(6)～(8)式，得

$$a_\tau=0,\quad a_{\mathrm{n}}=\frac{v_0^2}{R},\quad \rho=4R$$

此时 M 点只有法向加速度，且曲率半径最大(见图 5-2)。

例 5-2　如图 5-3 所示平面机构中，三角形刚板 ABM 与杆 O_1A、O_2B 铰接，$O_1A=O_2B=l$，$O_1O_2=AB$，图示瞬时 O_1A 杆的角速度为 ω，求该瞬时板上 M 点的速度和刚板 ABM 的角速度。

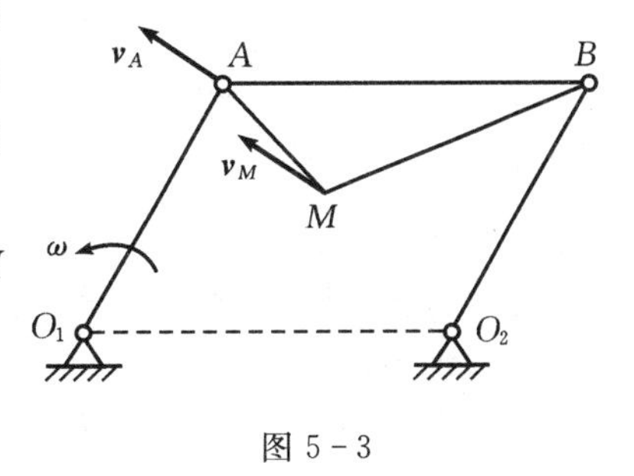

图 5-3

分析　杆 O_1A、O_2B 均作定轴转动，三角形刚板 ABM 作平动。

解　杆 O_1A 作定轴转动，该瞬时角速度为 ω，因此

$v_A=l\omega$，方向垂直于 O_1A 杆，如图所示。

而三角形刚板 ABM 作平动，

$v_M=v_A=l\omega$，方向垂直于 O_1A 杆，如图所示。

$\omega_{ABM}=0$

例 5-3　汽轮机叶轮由静止开始作匀加速转动，轮上 A 点距转轴 O 的距离 $OA=0.4$ m，某瞬时 A 点的加速度大小 $a_A=40\ \mathrm{m/s^2}$，方向如图 5-4 所示。求启动 5 s 后该汽轮机叶轮绕 O 轴转动的角速度和角加速度。

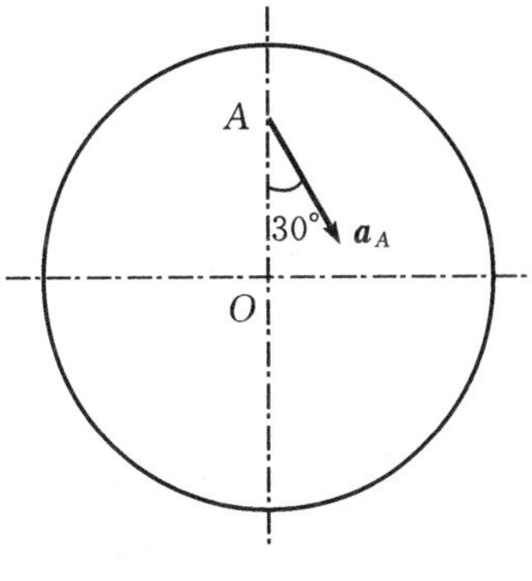

图 5-4

分析　定轴转动刚体上速度、加速度都有特定的分布规律。

解　$\sqrt{a_{A\tau}^2+a_{An}^2}=a_A$　即　$\sqrt{\alpha^2+\omega^4}\cdot OA=a_A$

$\dfrac{a_{A\tau}}{a_{An}}=\tan 30^\circ$　即　$\dfrac{\alpha\cdot OA}{\omega^2\cdot OA}=\tan 30^\circ$

解得　$\alpha=50\ \mathrm{rad/s^2}$

启动 5 s 后该汽轮机叶轮绕 O 轴转动的角速度为

$\omega=\alpha t=50\times5=250\ \text{rad/s}$；$\alpha=50\ \text{rad/s}^2$；均为顺时针转向。

5.4 题 解

5-1 若 $v\neq0$，$a\neq0$，试指出图中所画点 M 沿曲线 AB 运动时的加速度情况是否可能，为什么？

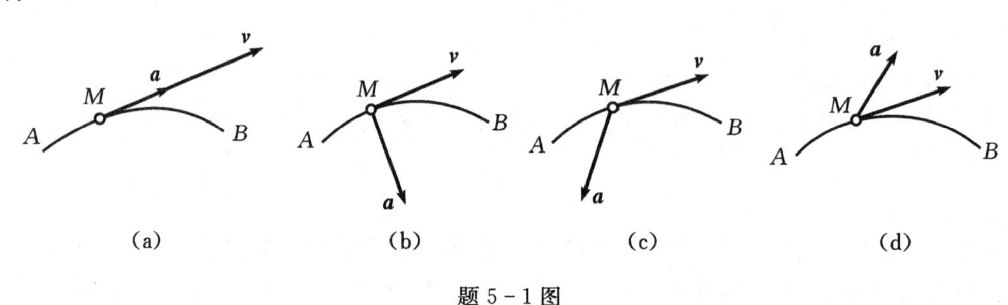

题 5-1 图

答 (a)、(d)不可能，M 沿曲线 AB 运动时的法向加速度不可能等于零或指向凸侧。(b)是点 M 沿曲线 AB 的匀速运动；(c)是点 M 沿曲线 AB 的减速运动。

5-2 图 5-1 中若已知 M 点沿曲线作变速运动，在图示位置的速度为 3 m/s，M 点的曲率半径为 2 m，则其切向加速度 $a_M^\tau=\dfrac{\mathrm{d}v_M}{\mathrm{d}t}=0$，法向加速度 $a_M^n=\dfrac{v_M^2}{\rho}=4.5\ \text{m/s}^2$，对吗？

答 切向加速度 $a_M^\tau=\dfrac{\mathrm{d}v_M}{\mathrm{d}t}=0$ 不对，法向加速度 $a_M^n=\dfrac{v_M^2}{\rho}=4.5\ \text{m/s}^2$ 正确。

5-3 点作曲线运动时，其全加速度是否可能等于零？其法向加速度是否可能等于零？并指出在哪些情况下等于零。

答 点作曲线运动时，其全加速度不可能等于零；其法向加速度可能等于零；当速度为零时其法向加速度等于零。

5-4 点 M 沿螺旋线自外向内运动，如图所示，它走过的弧长与时间的一次方成正比，问点的加速度是越来越大、还是越来越小？这点越跑越快、还是越跑越慢？

答 点的加速度是越来越大，点 M 等速率运动。

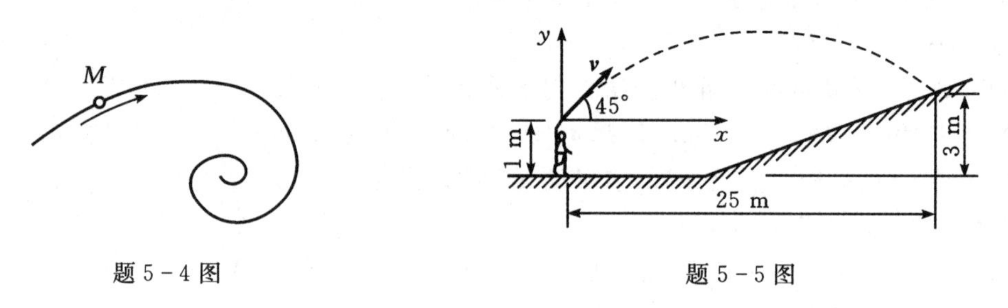

题 5-4 图　　　　题 5-5 图

5-5 投掷者在某处与水平面成 45°角掷出一球，与斜面相碰，如图所示，求球投掷时的速度和在空间经历的时间(忽略空气阻力)。

解 建立题 5-5 图示坐标系，

由质点运动微分方程积分后可得

$x=v_0\cos45^\circ t$

$y=v_0\sin45^\circ t-4.9t^2$

当$\begin{cases}x=25\\y=2\end{cases}$　解得$\begin{cases}t=2.16\ \text{s}\\v_0=16.3\ \text{m/s}\end{cases}$

5-6　雪橇沿近似于抛物线 $y=\dfrac{1}{4}x^2$ 的轨迹下滑，如图所示，当雪橇上 B 点与曲线上 A 点($x_A=2$ m，$y_A=1$ m)重合时，B 点的速率为 $v_B=10$ m/s，速率增加率 $\dot{v}_B=3$ m/s²，求 B 点的加速度。

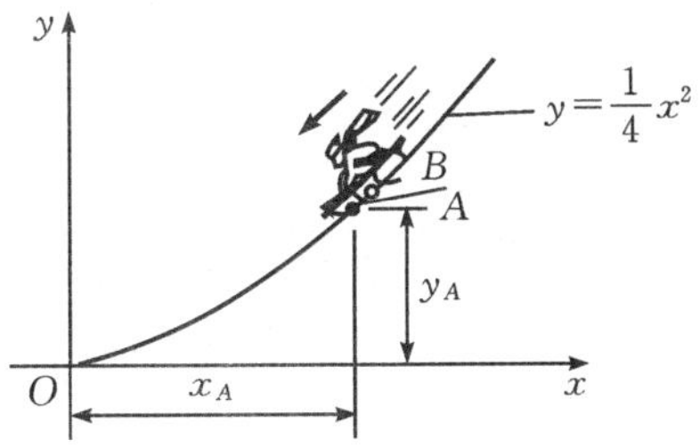

题 5-6 图

解　B 点与 A 点重合时，对应的曲率半径为

$$\rho=\left|\frac{(1+y'^2)^{\frac{3}{2}}}{y''}\right|=4\sqrt{2}\ \text{m},a_{\text{n}}=\frac{v^2}{\rho}=\frac{100}{4\sqrt{2}}=\frac{25\sqrt{2}}{2}\ \text{m/s}^2$$

$$a_\tau=\dot{v}_B=3\ \text{m/s}^2,a_B=\sqrt{a_\tau^2+a_{\text{n}}^2}=17.93\ \text{m/s}^2$$

5-7　飞机以恒定的速度 400 m/s 飞行，轨迹的切线与水平线夹角的变化率$\dfrac{\text{d}\theta}{\text{d}t}=5(^\circ)/\text{s}$。求：(1)飞行过程中的切向加速度和法向加速度；(2)图示瞬时飞行轨迹的曲率半径。

解　轨迹的切线与水平线的夹角变化率即为角速度：

$$\omega=\frac{\text{d}\theta}{\text{d}t}=5(^\circ)/\text{s}=0.087\ \text{rad/s}$$

$$a_\tau=\dot{v}=0$$

$$\rho=\frac{v}{\omega}=\frac{400}{0.087}=4597.7\ \text{m}$$

$$a_{\text{n}}=\frac{v^2}{\rho}=\frac{400^2}{4597.7}=34.8\ \text{m/s}^2$$

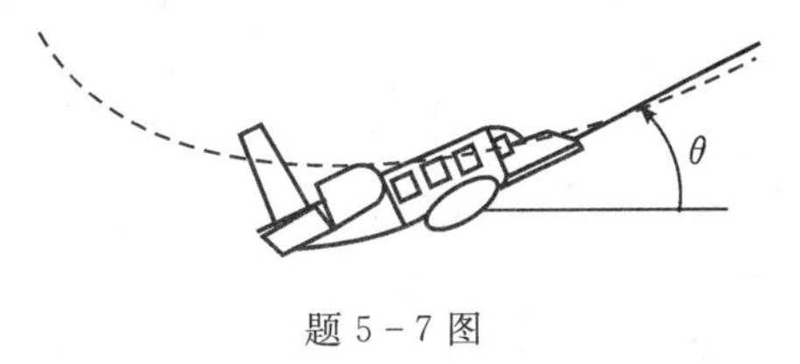

题 5-7 图

5-8　图示曲线规尺，杆长 $OA=AB=200$ mm，$CD=DE=AC=AE=50$ mm。如杆 OA 以等角速度 $\omega=\dfrac{\pi}{5}$ rad/s 绕 O 轴转动，并且当运动开始时，杆 OA 水平向右，求尺上点 D 的运动方程和轨迹。

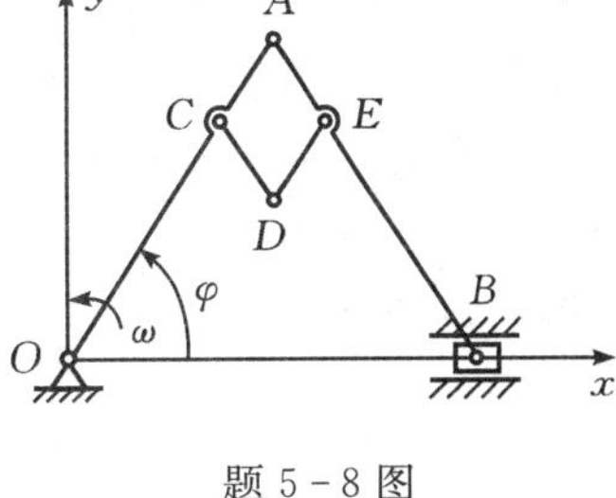

题 5-8 图

解　运动方程为

$x_D=200\cos(0.2\pi t)$　mm

$y_D=100\sin(0.2\pi t)$　mm

消 t 得 D 点运动方程

$$\frac{x_D^2}{200^2}+\frac{y_D^2}{100^2}=1(\text{椭圆})$$

5-9　图示半圆形凸轮以匀速 $v_0=1$ cm/s 向右作水平运动，带动活塞杆 AB 沿铅垂方向运动。$t=0$ 时，活塞杆 A 端在凸轮的最高点，凸轮半径 $R=8$ cm，试求杆端点 A 的运动方程和 $t=3$ s 时的速度与加速度。

解　建立图示坐标系

$$y_A=\sqrt{R^2-(v_0t)^2}=\sqrt{64-t^2}$$

$$v_y=\dot{y}_A=\frac{t}{\sqrt{64-t^2}}$$

$$a_y=\ddot{y}_A=-64\ (64-t^2)^{-\frac{3}{2}}$$

$t=3$ s时

$$v_y=-\frac{3}{\sqrt{64-9}}=-0.4045\ \text{cm/s};$$

$$a_y=-64\ (64-9)^{-\frac{3}{2}}=-0.157\ \text{cm/s}^2$$

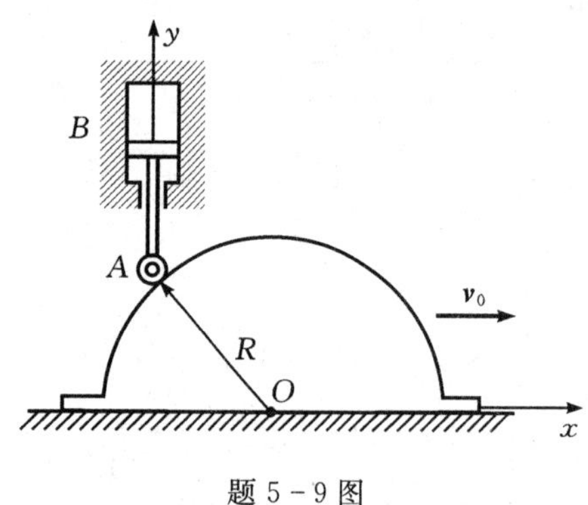

题 5 - 9 图

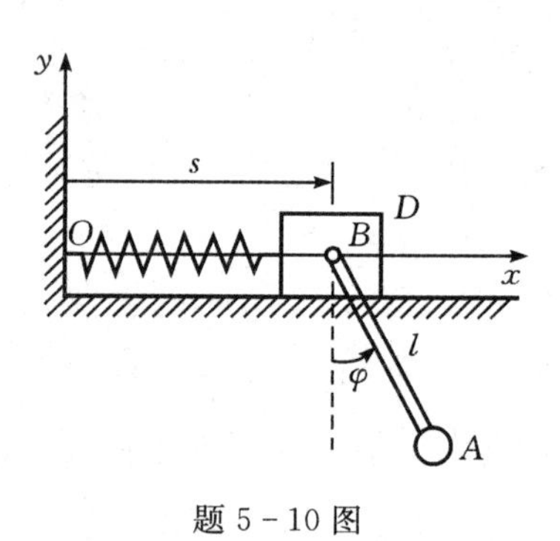

题 5 - 10 图

5 - 10 杆 AB 长 l，以匀角速度 ω 绕点 B 转动，角 φ 的变化规律为 $\varphi=\omega t$。与杆连接的滑块 D 按 $s=c+b\sin(\omega t)$ 沿水平方向作简谐运动，如图所示，其中 c 和 b 均为常数。求点 A 的轨迹。

解 $x_A=s+l\sin\varphi=c+(b+l)\sin\omega t$

$y_A=-l\cos\varphi=-l\cos\omega t$

消 t 得 A 点轨迹方程为

$$\left(\frac{x_A-c}{b+l}\right)^2+\left(\frac{y_A}{l}\right)^2=1\text{(椭圆)}$$

5 - 11 图示铁路轨道从直线到某一曲线的过渡部分由方程 $y=x^2/2000$ 来描述，式中 x、y 以 m 计。火车沿轨道的运动规律为 $s=t^2/10$，式中弧坐标 s 的原点在 $x=0$ 处，s 以 m 计，t 以 s 计。求当 $x=1000$ m 时火车的速度、切向加速度和全加速度。

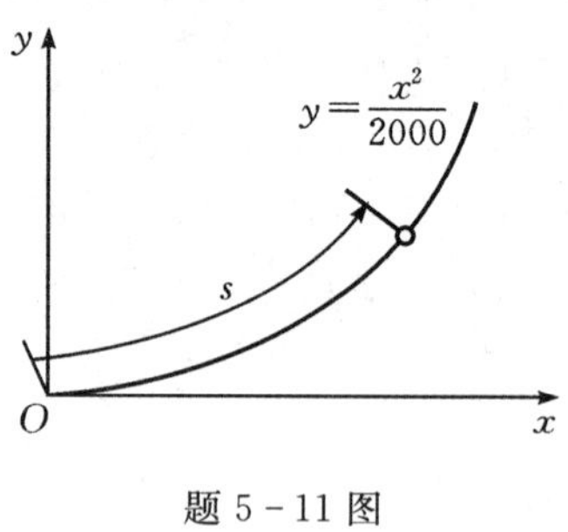

题 5 - 11 图

解 $x=1000$ m 时，运动轨迹对应的曲率半径为

$$\rho=\left|\frac{(1+y'^2)^{\frac{3}{2}}}{y''}\right|=2000\sqrt{2}\ \text{m}$$

运动过程中：

$$\dot{s}=\frac{t}{5}\quad \ddot{s}=\frac{1}{5}$$

$x=1000$ m 时，$\mathrm{d}s=\sqrt{1+\left(\frac{\mathrm{d}y}{\mathrm{d}x}\right)^2}\,\mathrm{d}x$，

根据 $\int\sqrt{1+t^2}\mathrm{d}t=\frac{1}{2}\left(t\sqrt{t^2+1}+\lg\left|t+\sqrt{t^2+1}\right|\right)+c$，积分得到

$x=1000$ m 时，$s=1147.7$ m，代入运动轨迹方程得到 $t=107$ s，

$x=1000$ m 时，$v=\dot{s}=\dfrac{t}{5}=21.43$ m/s，$a_\tau=\ddot{s}=\dfrac{1}{5}=0.2$ m/s^2，

$$a_n=\frac{v^2}{\rho}=\frac{21.43^2}{2000\sqrt{2}}=0.162\ \text{m/s}^2 \qquad a=\sqrt{a_\tau^2+a_n^2}=\sqrt{0.2^2+0.162^2}=0.258\ \text{m/s}^2$$

5－12　已知点的运动方程为 $x=L[bt-\sin(bt)]$，$y=L(L-\cos(bt))$。其中，L、b 为大于零的常数。求该点运动轨迹的曲率半径。

解　$x=L[bt-\sin(bt)]$　$v_x=Lb-Lb\cos(bt)$　$a_x=Lb^2\sin(bt)$

$y=L[L-\cos(bt)]$　$v_y=Lb\sin(bt)$　$a_y=Lb^2\cos(bt)$

$$v=\sqrt{v_x^2+v_y^2}=Lb\sqrt{2[1-\cos(bt)]};a=\sqrt{a_x^2+a_y^2}=Lb^2$$

$$a_\tau=\frac{dv}{dt}=Lb^2\sin(bt)\{2[1-\cos(bt)]\}^{-\frac{1}{2}};a_n=\sqrt{a^2-a_\tau^2}=Lb^2\sqrt{\frac{1-\cos(bt)}{2}}$$

$$\rho=\frac{v^2}{a_n}=4L\sin\frac{bt}{2}$$

5－13　图示凸轮顶杆机构，已知凸轮绕 O 轴转动的角速度 ω 为常数，顶杆 AB 与 O 共线，可沿滑槽上下运动，要使顶杆以匀速率 u 上升一段距离，试设计凸轮相应段 CD 的轮廓线。

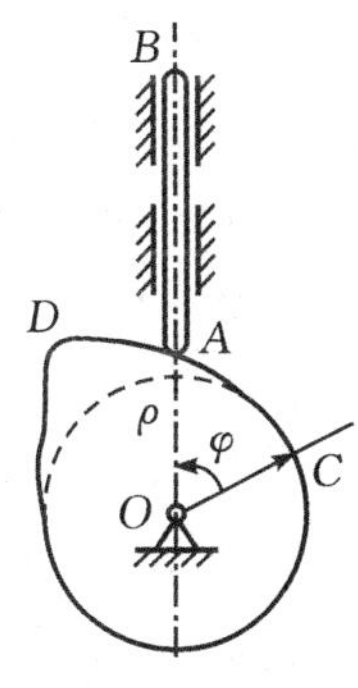

题 5－13 图

解　建立极坐标 ρ、φ，得

$$\omega=\frac{\mathrm{d}\varphi}{\mathrm{d}t},u=\frac{\mathrm{d}\rho}{\mathrm{d}t}$$

当 $t=0$ 时，$\varphi=0$，$\rho=R$，积分得

$\varphi=\omega t$，$\rho=ut+R$

消去 t，得 $\rho=R+\dfrac{u\varphi}{\omega}$

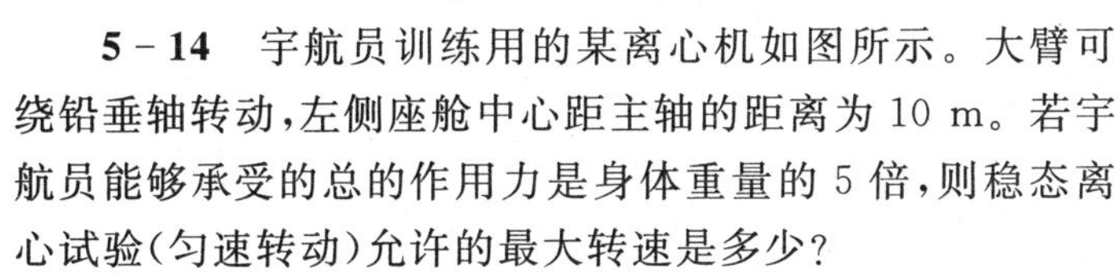

5－14　宇航员训练用的某离心机如图所示。大臂可绕铅垂轴转动，左侧座舱中心距主轴的距离为 10 m。若宇航员能够承受的总的作用力是身体重量的 5 倍，则稳态离心试验(匀速转动)允许的最大转速是多少?

题 5－14 图

解　大臂匀速转动时，宇航员承受的加速度为

$a_n=\omega^2 R$，　$ma_n\leqslant 5G$，

$$\omega^2\leqslant\frac{G}{2m},\quad n\leqslant\frac{30}{\pi}\sqrt{\frac{g}{2}}$$

5－15　如图所示，杆 OA 和 O_1B 分别绕 O 轴和 O_1 轴转动，用十字形滑块 D 将两杆连接。在运动过程中，两杆保持相交成直角。已知：$OO_1=a$；$\varphi=kt$，其中 k 为常数。求滑块 D 的速度和相对于 OA 的速度。

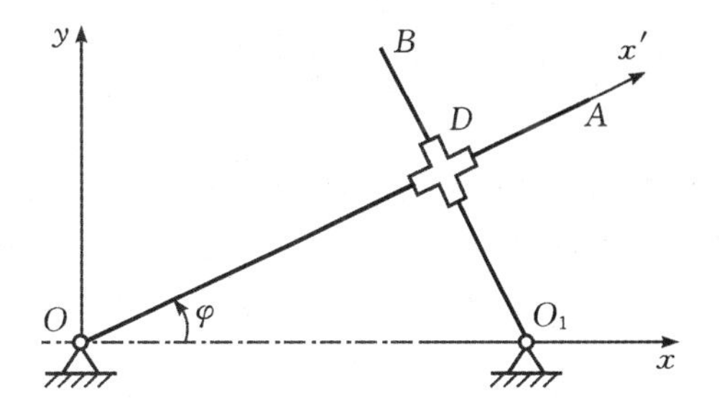

题 5－15 图

解　建立图示坐标系

$x_D=\overline{OO_1}\cos\varphi\cos\varphi=a\cos^2(kt)$

$y_D=\overline{OO_1}\cos\varphi\sin\varphi=\dfrac{a}{2}\sin(2kt)$

$v_D=\sqrt{\dot{x}_D^2+\dot{y}_D^2}=ak$

$x_D'=\overline{OO_1}\cos\varphi=a\cos(kt)$

$v_D'=-ak\sin(kt)$

5－16 在图示机构中，已知 $O_1A=O_2B=AM=r=0.2\ \text{m}$，$O_1O_2=AB$。如 O_1 轮按 $\varphi=15\pi t$ 的规律转动，其中 φ 以 rad 计，t 以 s 计。试求 $t=0.5$ s 时，AB 杆上 M 点的位置、速度和加速度的大小和方向。

题 5－16 图

解 $\varphi=15\pi t$，$\omega=15\pi$，$\alpha=0$

$t=0.5$ s 时，$\varphi=7.5\pi$

$v_M=v_A=\omega r=9.42$ m/s，方向水平向右，

$a_M=a_M^{\text{n}}=\omega^2 r=443.7\ \text{m/s}^2$，方向铅垂向上。

5－17 搅拌机的构造如图所示。已知 $O_1A=O_2B=R$，$AB=O_1O_2$，杆 O_1A 以不变的转速 n 转动。试问杆件 BAM 作什么运动？给出 M 点的运动轨迹并计算其速度和加速度。

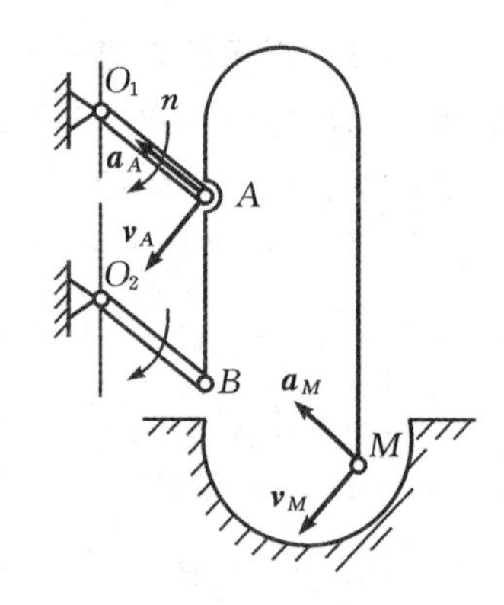

题 5－17 图

解 BAM 平动

$\boldsymbol{v}_M=\boldsymbol{v}_A$，$\boldsymbol{a}_M=\boldsymbol{a}_A$

M 点轨迹：半径为 R 的圆周

$v_M=v_A=\omega R=\dfrac{2\pi n}{60}R=0.105Rn$

$a_M=a_A=\omega^2 R=\left(\dfrac{2\pi n}{60}\right)^2 R=0.011Rn^2$

5－18 如图所示，一绕轴 O 转动的皮带轮，某瞬时轮缘上点 A 的速度大小为 $v_A=50$ cm/s，加速度大小为 $a_A=150\ \text{cm/s}^2$；轮内另一点 B 的速度大小为 $v_B=10$ cm/s。已知 A、B 两点到轮轴的距离相差 20 cm。求该瞬时：(1)皮带轮的角速度；(2)皮带轮的角加速度及 B 点的加速度。

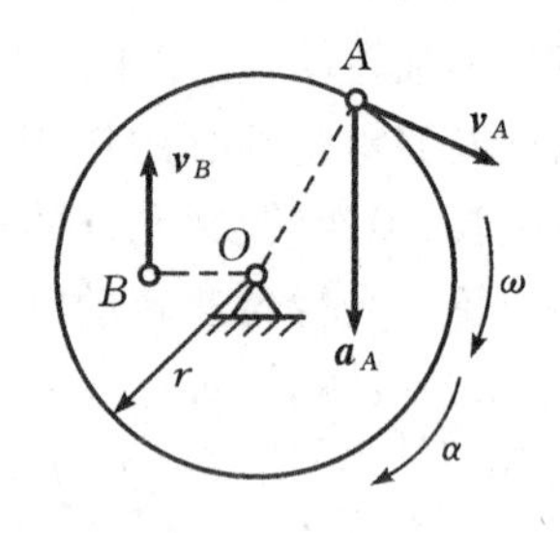

题 5－18 图

解 (1)$v_A=\omega r=50$ cm/s　　$v_B=\omega(r-20)=10$ cm/s

解得　$r=25$ cm　　$\omega=2$ rad/s(顺时针)

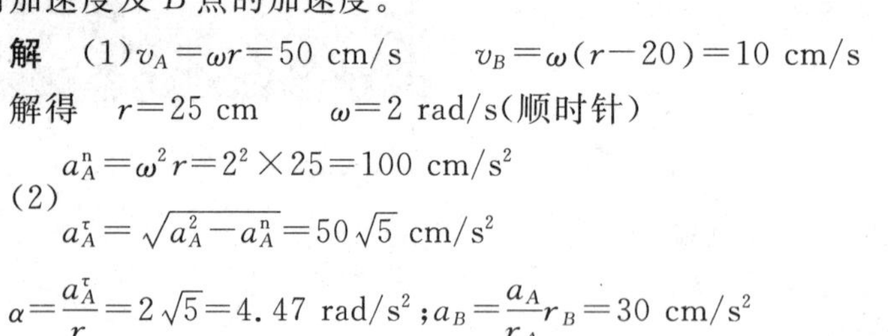

(2) $a_A^{\text{n}}=\omega^2 r=2^2\times 25=100\ \text{cm/s}^2$

$a_A^{\tau}=\sqrt{a_A^2-a_A^{\text{n}}}=50\sqrt{5}\ \text{cm/s}^2$

$\alpha=\dfrac{a_A^{\tau}}{r}=2\sqrt{5}=4.47\ \text{rad/s}^2$；$a_B=\dfrac{a_A}{r_A}r_B=30\ \text{cm/s}^2$

5－19 如图所示，时钟内由秒针 A 到分针 B 的齿轮传动机构由四个齿轮组成，轮Ⅱ和轮Ⅲ刚性连接，齿数分别为：$z_1=8$，$z_2=60$，$z_4=64$。求齿轮Ⅲ的齿数。

解 传动比

$$i_{14}=\frac{n_1}{n_4}=60=(-1)^2\ \frac{z_4 z_2}{z_1 z_3}=\frac{64\times 60}{8\times z_3}$$

$z_3=8$

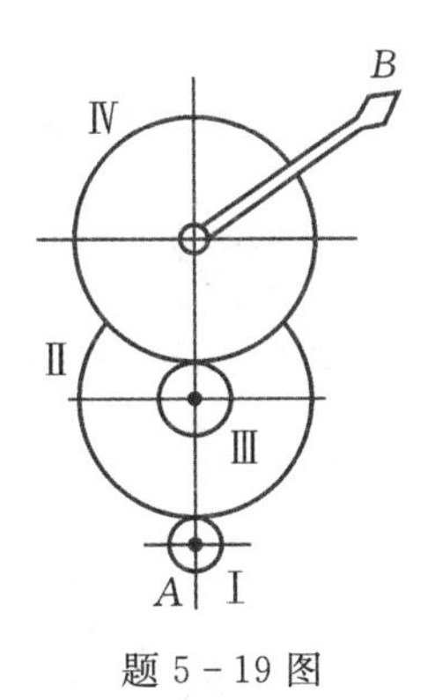

题 5-19 图

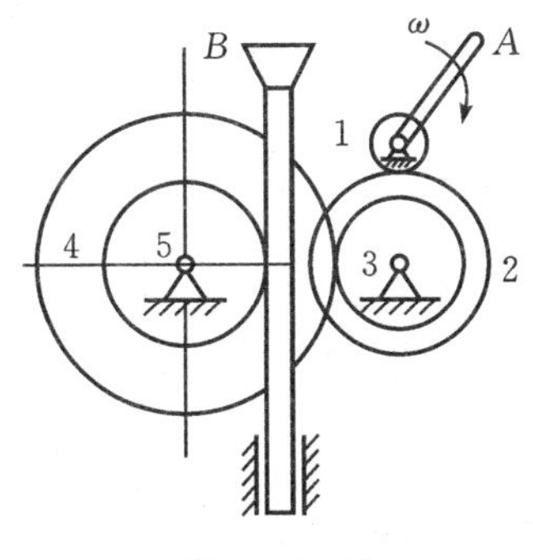

题 5-20 图

5-20　千斤顶机构如图所示。已知：手柄 A 与齿轮 1 固结，转速为 30 r/min，齿轮 1～4 齿数分别为 $z_1=6$，$z_2=24$，$z_3=8$，$z_4=32$；齿轮 5 的半径为 $r_5=4$ cm。试求齿条的速度。

解　传动比

$$i_{15}=(-1)^2\frac{z_4z_2}{z_1z_3}=16=\frac{n_1}{n_5}=\frac{30}{n_5}$$

$$n_5=\frac{15}{8}$$

齿条的速度 $v=\frac{2\pi n_5}{60}r_5=\frac{\pi}{4}=0.785$ cm/s　（↓）

5-21　如图所示，摩擦传动机构的主轴Ⅰ转速为 $n=600$ r/min。轴Ⅰ的轮盘与轴Ⅱ的轮盘接触，接触点按箭头 A 所示方向移动，距离 d 的变化规律为 $d=100-5t$，其中 d 以 mm 计，t 以 s 计。已知 $r=50$ mm，$R=150$ mm。求：(1)轴Ⅱ的角加速度(表示成 d 的函数)；(2)当主动轮移动到 $d=r$ 时，轮 B 边缘上一点的全加速度。

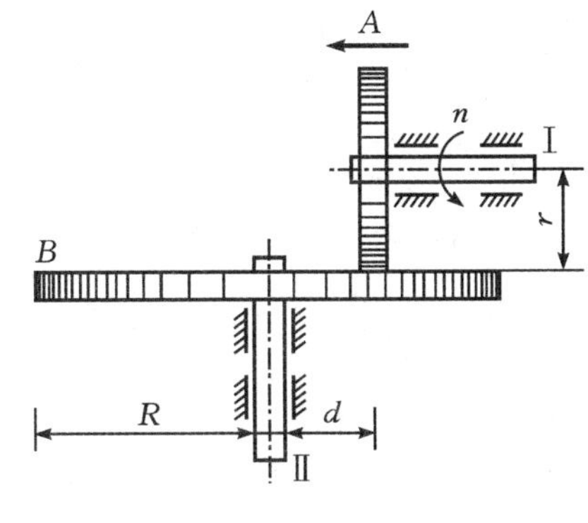

题 5-21 图

解　(1)$\omega_{\text{I}}=\frac{2\pi n}{60}=20\pi$

轮Ⅰ接触处周向速度　$v=\omega_{\text{I}}r$

$$\omega_{\text{II}}=\frac{v}{d}=\frac{r}{d}\omega_{\text{I}}=\frac{1000\pi}{d}\ \text{rad/s}$$

$$\alpha_{\text{II}}=\frac{\mathrm{d}\omega_{\text{II}}}{\mathrm{d}t}=\frac{5000\pi}{d^2}\ \text{rad/s}^2$$

(2)当 $d=r$ 时

$$\omega_{\text{II}}=\frac{1000\pi}{r}\ \text{rad/s};\alpha_{\text{II}}=\frac{5000\pi}{r^2}\ \text{rad/s}^2$$

$$a_B^{\tau}=\alpha_{\text{II}}R=0.3\pi=0.94248\ \text{m/s}^2;a_B^{n}=\omega_{\text{II}}^2R=60\pi^2=592.175\ \text{m/s}^2$$

$$a_B=\sqrt{a_B^{n\,2}+a_B^{\tau\,2}}=592.2\ \text{m/s}^2$$

5-22　槽杆 OA 可绕垂直图面的轴 O 转动，固结在方块上的销钉 B 嵌在槽内。设方块以匀速 $\boldsymbol{v}$ 沿水平方向运动，$t=0$ 时，OA 恰在铅垂位置，并已知尺寸 b。求 OA 杆的角速度及角加速度。

解　$\tan\varphi=\dfrac{vt}{b}$；$\varphi=\arctan\dfrac{vt}{b}$

$$\omega=\frac{\mathrm{d}\varphi}{\mathrm{d}t}=\frac{\dfrac{v}{b}}{1+\left(\dfrac{vt}{b}\right)^2}=\frac{vb}{b^2+(vt)^2}$$

$$\alpha=\frac{\mathrm{d}\omega}{\mathrm{d}t}=\frac{-vb2vtv}{[b^2+(vt)^2]^2}=-\frac{2v^3bt}{[b^2+(vt)^2]^2}$$

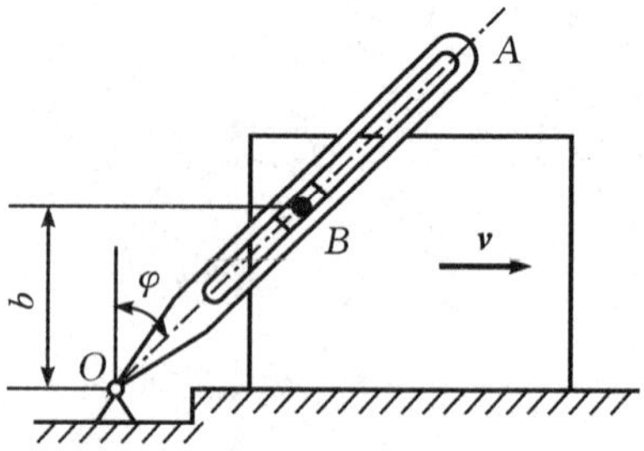

题 5-22 图

5-23　曲柄 O_1A 和 O_2B 的长度均等于 $2r$，并以相同的匀角速度 ω_0 分别绕 O_1 轴和 O_2 轴转动。通过固结在 AB 上的齿轮Ⅰ，带动齿轮Ⅱ绕 O 轴转动。两齿轮半径均为 r。求Ⅰ和Ⅱ轮缘上任意一点的加速度。

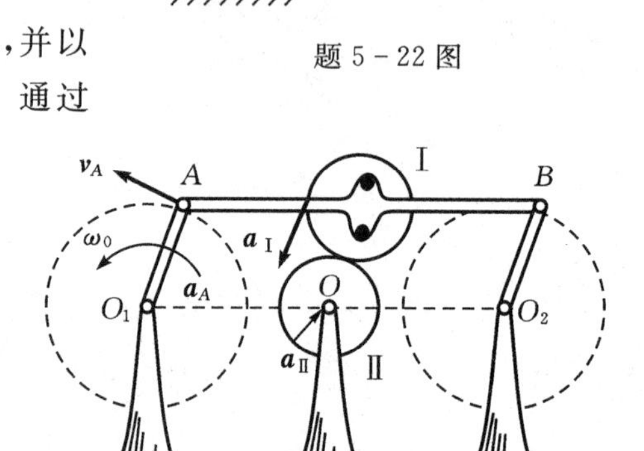

题 5-23 图

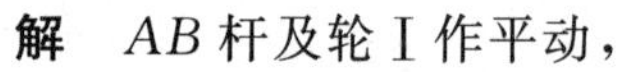

解　AB 杆及轮Ⅰ作平动，

轮Ⅰ轮缘上任意一点加速度为

$\boldsymbol{a}_{\mathrm{I}}=\boldsymbol{a}_A$，$a_{\mathrm{I}}=2\omega_0^2r$，方向平行 AO_1，

轮Ⅱ轮缘上任意一点加速度为

$a_{\mathrm{II}}=\dfrac{v^2}{r}=\dfrac{v_A^2}{r}=4\omega_0^2r$，方向指向 O。

***5-24**　如图所示，纸盘由厚度为 h 的纸条卷成，可绕其中心 O 转动，现以等速度 $\boldsymbol{v}$ 拉纸条，求纸盘的角加速度(表示成纸盘半径 r 的函数)。(提示：以面积变化率 $\dfrac{\mathrm{d}}{\mathrm{d}t}(\pi r^2)=-hv$ 作为补充关系)

解　纸盘面积 $A=\pi r^2$

两边对 t 求导：$\dfrac{\mathrm{d}A}{\mathrm{d}t}=2\pi r\dfrac{\mathrm{d}r}{\mathrm{d}t}$，而 $\dfrac{\mathrm{d}A}{\mathrm{d}t}=-hv$

即 $\dfrac{\mathrm{d}r}{\mathrm{d}t}=-\dfrac{hv}{2\pi r}$

又 $v=\omega r$，两边对 t 求导

$0=\dfrac{\mathrm{d}\omega}{\mathrm{d}t}r+\omega\dfrac{\mathrm{d}r}{\mathrm{d}t}$

解得 $\alpha=\dfrac{\mathrm{d}\omega}{\mathrm{d}t}=\dfrac{hv^2}{2\pi r^3}$

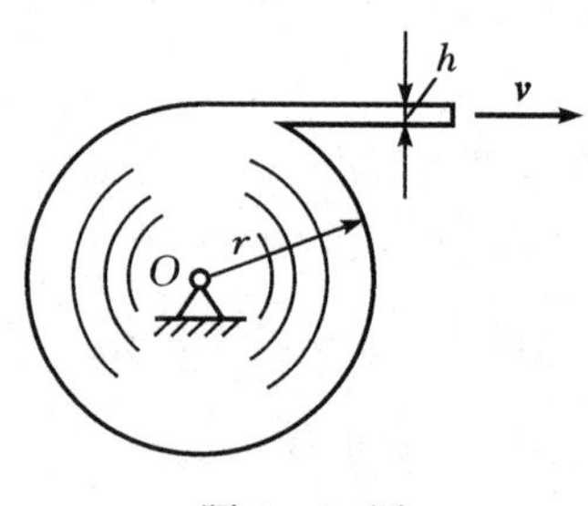

题 5-24 图

第6章　点的复合运动

点的复合运动分析方法提供了一种有别于解析法的分析方法，它可以解决点的运动学中不易用显函数表述运动方程或仅求某一特定时刻运动量的一些问题，还可以为下一章刚体的平面运动提供研究方法，而非简单的运动量（速度或加速度）的投影或分解。

6.1　基本知识剖析

1. 基本概念

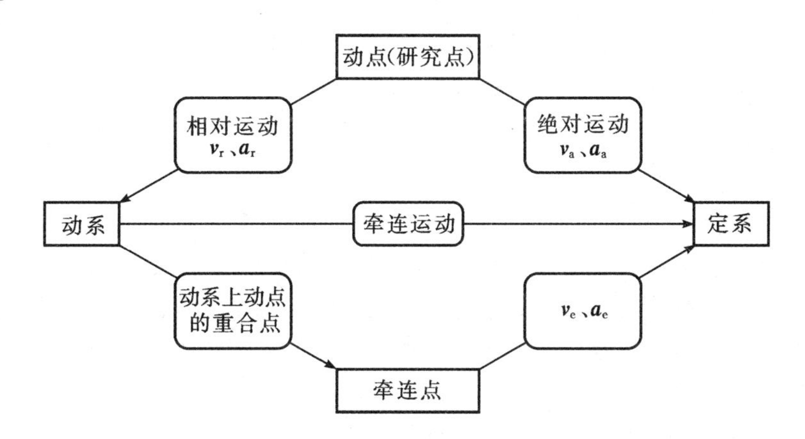

（1）点的绝对运动可以分解为相对运动和牵连运动。动点相对于定系的运动称为绝对运动；动点相对于动系的运动称为相对运动；动系相对于定系的运动称为牵连运动。

（2）点的速度合成定理：$\boldsymbol{v}_a=\boldsymbol{v}_e+\boldsymbol{v}_r$。动点在某瞬时的绝对速度等于它在该瞬时的牵连速度与相对速度的矢量和。

（3）点的加速度合成定理

①牵连运动为平动时，$\boldsymbol{a}_a=\boldsymbol{a}_e+\boldsymbol{a}_r$

当牵连运动为平动时，某瞬时动点的绝对加速度等于其该瞬时的牵连加速度与相对加速度的矢量和。

②牵连运动为转动时，$\boldsymbol{a}_a=\boldsymbol{a}_e+\boldsymbol{a}_r+\boldsymbol{a}_c$；其中，科氏加速度 $\boldsymbol{a}_c=2\boldsymbol{\omega}\times\boldsymbol{v}_r$

当牵连运动为转动时，某瞬时动点的绝对加速度等于其该瞬时的牵连加速度、相对加速度与科氏加速度的矢量和。

2. 重点及难点

重点

（1）明确三种运动及牵连点的概念。

（2）能正确分析三种速度及三种加速度。

难点

(1)动点、动系的选取。

(2)$\boldsymbol{v}_e$、$\boldsymbol{a}_e$ 的确定。

(3)相对运动轨迹的确定。

6.2 习题类型、解题步骤及解题技巧

1. 习题类型

习题分类：
- 两物体相互接触(如凸轮顶杆机构)
  - 有持续接触点:如曲柄滑块机构
  - 没有持续接触点:如平底凸轮机构
- 两物体不相互接触:如两车辆的运动

2. 解题步骤

(1)动点、动系的选取。

(2)三种运动分析并在动点上画出相应的(加)速度矢量图。

(3)写出相应的(加)速度合成定理。

(4)由上述矢量方程求解未知量。

3. 解题技巧

动点、动系的选取：
- 动点、动系不能位于同一物体之上,否则没有相对运动。
- 相对运动轨迹必须是明确的、易于研究的,如直线、圆周等。
- 选持续接触点为动点;当无持续接触点时,选其他特殊点为动点,如圆心。

巧解矢量方程:平面上的一个矢量方程只能求解两个未知量(大小或方向);它借助于矢量等式向两个不同方向的轴上投影后,得到两个代数方程;为避免解联立方程组,所选投影轴应垂直于某一个未知量。

强调

动点:是研究对象,它是一个物质点;其运动服从构件的运动规律。

牵连点:某瞬时动系上与动点相重合的那一点为该瞬时动点的牵连点;它是动系空间上的一个几何点;其运动服从动系的运动规律。

动点和牵连点是一对相伴相生的几何空间上重合的点,但各自有其自身的运动规律;动点在不同瞬时有不同的牵连点;该瞬时牵连点相对于定系的速度、加速度定义为动点的牵连速度、牵连加速度。

6.3 例题精解

例 6-1 船 A 和船 B 分别沿夹角是 φ 的两条直线行驶,如图 6-1(a)所示。已知船 A 的速度是 $\boldsymbol{v}_1$,船 B 始终在船 A 的左舷正对方向。试求船 B 的速度 $\boldsymbol{v}_2$ 和它对船 A 的相对速度。

分析 此为两物体不相互接触的类型,动点、动系明确。

解 (1)动点动系选取:

动点:取船 B 上任一点为动点。

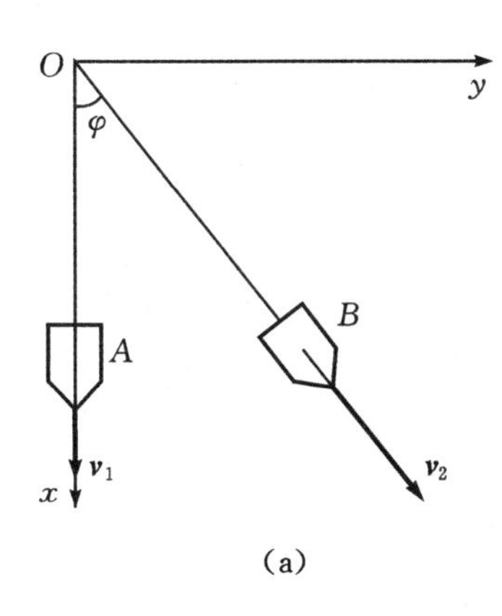

(a)

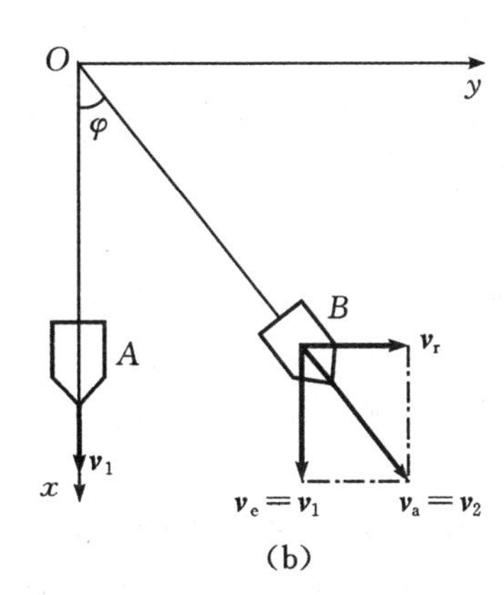

(b)

图 6-1

动系：固连于船 A 上。

定系：固连于海岸。

(2)运动分析。

绝对运动：沿 OB 的直线运动。

相对运动：沿 AB 的直线运动。

牵连运动：随动系的直线平动。

(3)速度分析。

绝对速度 $\boldsymbol{v}_a$：$\boldsymbol{v}_a=\boldsymbol{v}_2$，大小待求，方向沿 OB。

牵连速度 $\boldsymbol{v}_e$：$\boldsymbol{v}_e=\boldsymbol{v}_1$，方向沿轴 Ox。

相对速度 $\boldsymbol{v}_r$：大小未知，方向沿 AB。

(4)求速度。

应用速度合成定理　$\boldsymbol{v}_a=\boldsymbol{v}_e+\boldsymbol{v}_r$

得船 B 的绝对速度和对于船 A 的相对速度的大小为

$v_2=v_1/\cos\varphi$；$v_r=v_1\tan\varphi$

例 6-2　半径为 R、偏心距为 e 的凸轮，以匀角速度 ω 绕 O 轴转动，推动顶杆 AB 沿铅垂导轨滑动，如图 6-2(a)所示。求当 $OC\perp AC$ 瞬时，顶杆 AB 的速度。

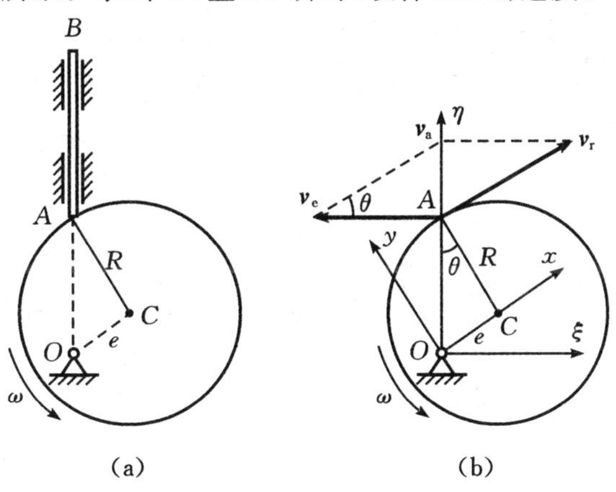

(a)　(b)

图 6-2

分析 此为两物体有持续不变接触点的类型。

解 (1)动点、动系的选取及三种运动分析。

动点:杆 AB 上的 A 点。

动系:偏心轮。

绝对运动:直线运动。

相对运动:圆周运动。

牵连运动:定轴转动。

(2)速度分析。

绝对速度 $\boldsymbol{v}_a$:大小未知,沿铅垂方向;

相对速度 $\boldsymbol{v}_r$:大小未知,沿凸轮切线方向;

牵连速度 $\boldsymbol{v}_e$:$v_e = OA \cdot \omega = \sqrt{R^2+e^2}\omega$,方向已知垂直于 OA。

根据速度合成定理 $\boldsymbol{v}_a = \boldsymbol{v}_e + \boldsymbol{v}_r$ 作速度平行四边形如图 6-2(b)所示。

(3)求解未知量。

由速度平行四边形几何关系,可求出图示位置绝对速度和相对速度分别为

$$v_a = v_e \tan\theta = \frac{e}{R}\sqrt{R^2+e^2}\omega$$

$$v_r = \frac{v_e}{\cos\theta} = \frac{R^2+e^2}{R}\omega$$

由于杆 AB 作平动,故其上任一点的速度等于 $\boldsymbol{v}_a$。

讨论 本题如取动点为“轮心 C”,动系固连于杆 AB 上,是否可行?

例 6-3 平底凸轮机构如图 6-3(a)所示,偏心圆盘凸轮半径为 R,偏心矩为 e,以匀角速度 ω 绕 O 轴转动,推动平底顶杆沿铅垂导轨滑动。求在图示位置时平底顶杆的速度。

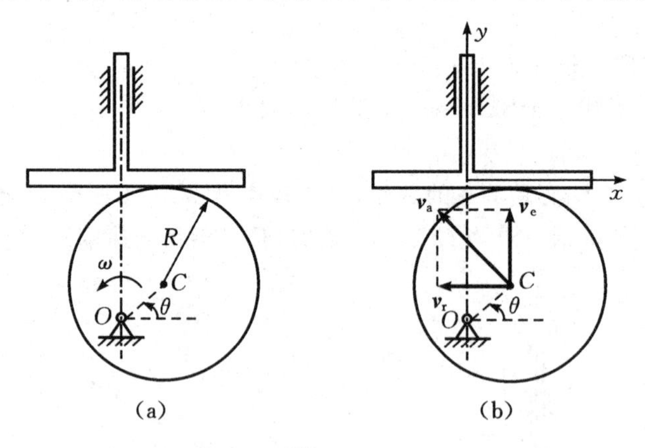

图 6-3

分析 凸盘、顶杆无持续接触点时,因相对轨迹不明确,不能以接触点为动点,而应选圆心 C 点为动点;顶杆为动系。

解 (1)动点、动系选取及三种运动分析。

动点:偏心轮轮心 C 点。

动系:平底顶杆。

绝对运动：以 O 为圆心的圆周运动。

相对运动：沿水平方向的直线运动。

牵连运动：沿铅垂方向的平动。

(2)速度分析。

绝对速度 $\boldsymbol{v}_a$：大小 $v_a=e\omega$，方向垂直于 OC。

相对速度 $\boldsymbol{v}_r$：大小未知，方向沿水平方向。

牵连速度 $\boldsymbol{v}_e$：大小未知，方向沿铅垂方向。

根据速度合成定理　$\boldsymbol{v}_a=\boldsymbol{v}_e+\boldsymbol{v}_r$，作速度平行四边形如图 6－3(b)所示。

(3)求解未知量。

由速度平行四边形几何关系可求出图示位置牵连速度和相对速度分别为

$$v_e=v_a\cos\theta=e\omega\cos\theta$$

$$v_r=v_a\sin\theta=e\omega\sin\theta$$

平底顶杆的平动速度为 $v_e=e\omega\cos\theta$

所用几何关系在 θ 为任何值时都成立，故在任意位置 $\theta=\omega t$，都有

$$v_e=e\omega\cos\omega t$$

讨论　取凸轮与顶杆“接触点”为动点是否可行？

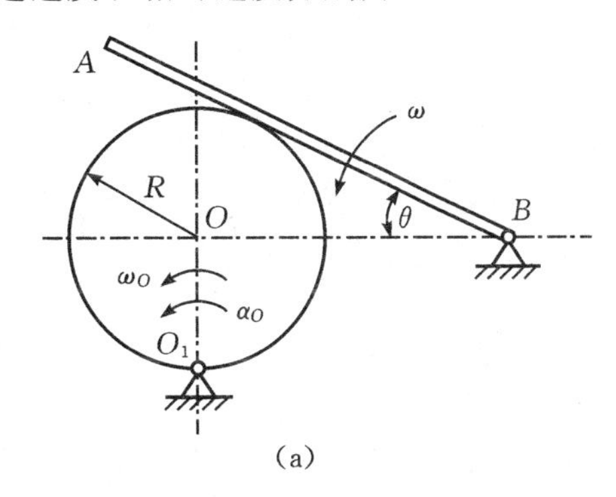

(a)

例 6－4　如图 6－4(a)所示，半径为 R 的圆盘，绕通过边缘上一点 O_1 且垂直于圆盘平面的轴转动。AB 杆的 B 端用固定铰链支座支承，当圆盘转动时 AB 杆始终与圆盘外缘相接触。在图示瞬时，已知圆盘的角速度为 ω_O，角加速度为 α_O，$OB=l$。求该瞬时杆的角速度及角加速度。

分析　圆盘、杆无持续接触点时，因相对轨迹不明确，不能以接触点为动点，而应选圆心 O 点为动点，AB 杆为动系。

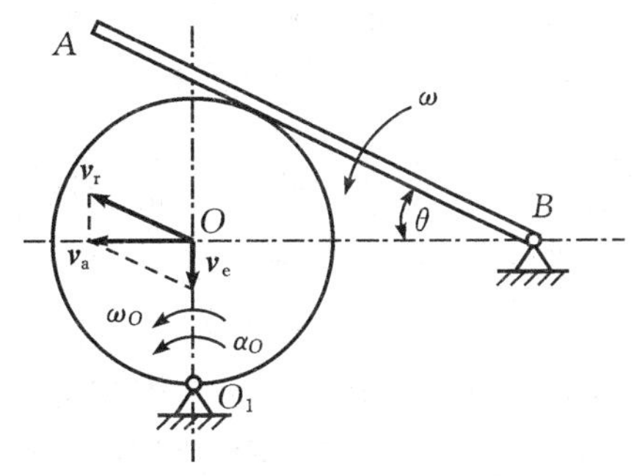

(b)

解　(1)动点、动系的选取及三种运动分析。

动点：盘心 O 点。

动系：与 AB 相固接。

定系：与机架相固接。

绝对运动：圆心为 O_1 的圆周运动。

相对运动：O 相对于 AB 杆作直线运动。

牵连运动：AB 杆作定轴转动。

(2)速度分析。

速度合成定理　$\boldsymbol{v}_a=\boldsymbol{v}_e+\boldsymbol{v}_r$

其中，$\boldsymbol{v}_a$ 大小为 $R\omega_O$，方向垂直于 OO_1；

$\boldsymbol{v}_r$ 平行于 AB，其大小未知；

$\boldsymbol{v}_e$ 的大小未知，方向垂直于 OB。

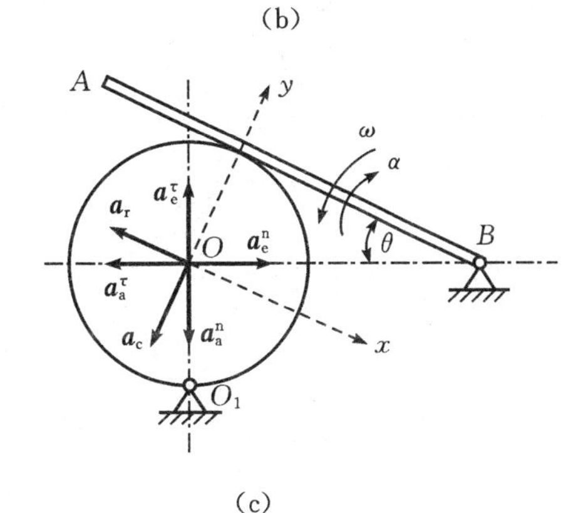

(c)

图 6－4

作速度平行四边形如图 6－4(b)所示，解得

$$v_e = v_a \tan\theta = R\omega_0 \tan\theta \qquad v_r = \frac{v_a}{\cos\theta} = \frac{R\omega_0}{\cos\theta}$$

则 AB 杆在图示瞬时的角速度为

$$\omega = \frac{v_e}{OB} = \frac{R\omega_0 \tan\theta}{l} = \frac{R}{l}\omega_0 \frac{R}{\sqrt{l^2-R^2}} = \frac{R^2\omega_0}{l\sqrt{l^2-R^2}}$$

(3)加速度分析如图 6－4(c)所示。

$$\boldsymbol{a}_a^n + \boldsymbol{a}_a^\tau = \boldsymbol{a}_e^\tau + \boldsymbol{a}_e^n + \boldsymbol{a}_r + \boldsymbol{a}_c$$

选取 xOy 坐标系，对 y 轴投影

$$-a_a^n\cos\theta - a_a^\tau\sin\theta = a_e^n\sin\theta + a_e^\tau\cos\theta + 0 - a_c$$

$$-R\omega_0^2\cos\theta - R\alpha_0\sin\theta = l\omega^2\sin\theta + l\alpha\cos\theta - 2\omega v_r$$

$$\alpha = \frac{1}{l\cos\theta}(2\omega v_r - R\omega_0^2\cos\theta - R\alpha_0\sin\theta - l\omega^2\sin\theta)$$

$$= \frac{R^3\omega_0^2(2l^2-R^2)}{l^2\sqrt{(l^2-R^2)^3}} - \frac{R}{l}\left(\frac{R}{\sqrt{l^2-R^2}}\alpha_0 + \omega_0^2\right)$$

6.4 题 解

6－1 火车以速度 $\boldsymbol{u}$ 沿地面行驶。取地球为动参考系，试求火车沿下列轨道运动到图示 A、B、C、D、E 位置时，科氏加速度的大小和方向(地球自转角速度为 ω)。

(1)赤道上 A 点；(2)纬线(北纬 30°)上 B 点；(3)经线上 C 点；(4)经线上 D 点；(5)经线上 E 点。

解 A：大小 $2\omega u$，方向：由 A 指向 O；

B：大小 $2\omega u$，方向：由 B 指向 O_1；

C：大小 0；

D：大小 ωu，方向：过 D 点沿纬线切线向左；

E：大小 $2\omega u$，方向：过 E 点切平面内。

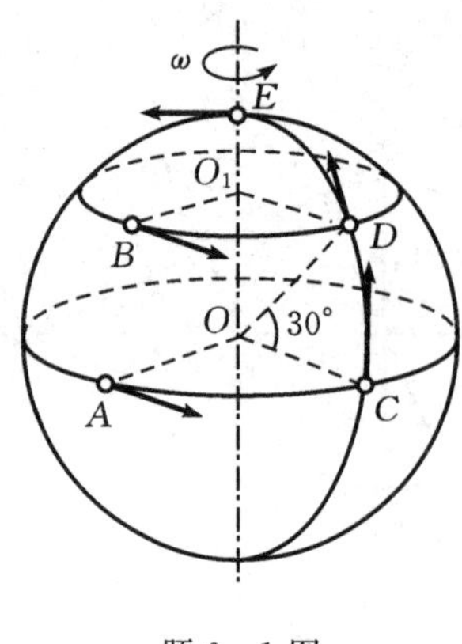

题 6－1 图

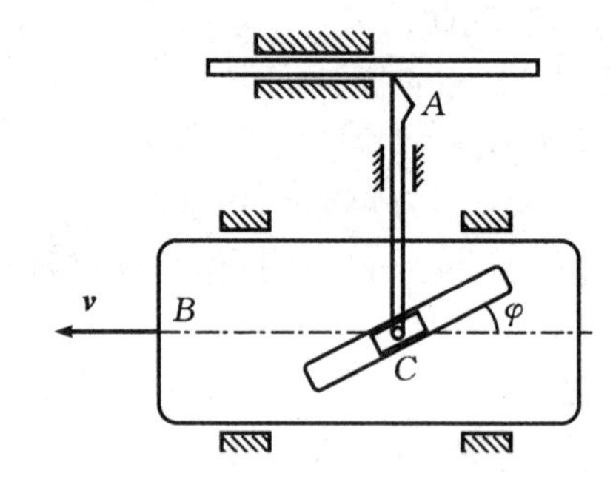

题 6－2 图

6－2 图示为自动切料机构。凸轮 B 沿水平方向作往复运动，通过滑块 C 使切刀 A 的推杆在固定滑道内滑动，从而实现切刀的切料动作。设凸轮的移动速度为 $\boldsymbol{v}$，凸轮斜槽与水平方

向的夹角为 φ，试求切刀的速度。

解　以滑块 C 为动点，动系固连于凸轮 B，速度分析如解 6－2 图所示。

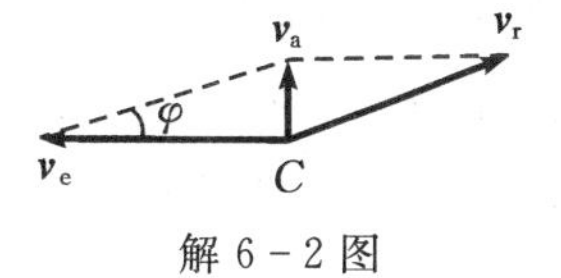

解 6－2 图

由 $\boldsymbol{v}_a=\boldsymbol{v}_e+\boldsymbol{v}_r$　因 $\boldsymbol{v}_e=\boldsymbol{v}$

解得 $v_a=v_A=v\tan\varphi$

6－3　图示曲柄滑道机构中，杆 BC 为水平，而杆 DE 保持铅垂。曲柄长 $OA=10$ cm，并以匀角速度 $\omega=20$ rad/s 绕 O 轴顺时针转动，通过滑块 A 使杆 BC 作往复运动。求当曲柄与水平线交角分别为 $\varphi=0°$、30°和 90°时，杆 BC 的速度。

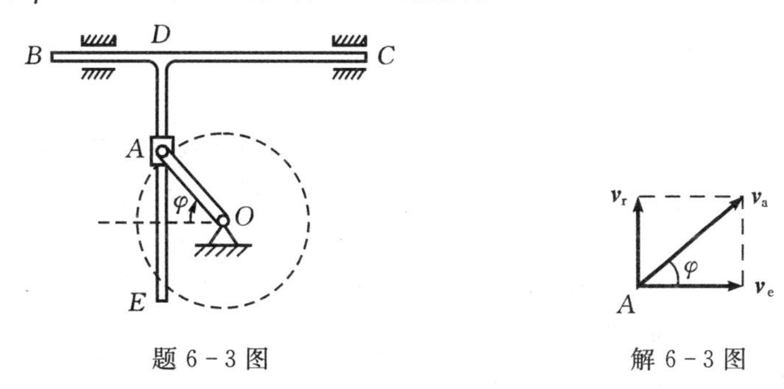

题 6－3 图　　　解 6－3 图

解　以滑块 A 为动点，动系固连于 BC 杆，速度分析如图。

$\boldsymbol{v}_a=\boldsymbol{v}_e+\boldsymbol{v}_r$　　$\boldsymbol{v}_{BC}=\boldsymbol{v}_e$

$v_e=v_a\sin\varphi=OA\cdot\omega\sin\varphi=200\sin\varphi$ cm/s

当 $\varphi=0°$时，$v_e=0$

当 $\varphi=30°$时，$v_e=100$ cm/s

当 $\varphi=90°$时，$v_e=200$ cm/s

6－4　在图示滑道连杆机构中，当杆 OC 绕垂直于图面的 O 轴摆动时，滑块 A 就沿 OC 杆滑动，并带动连杆 AB 铅垂运动。设 $OK=l$，图示位置 OC 杆的转角为 φ，角速度为 ω（逆时针）。试求：该瞬时滑块 A 相对机架及杆 OC 的速度。

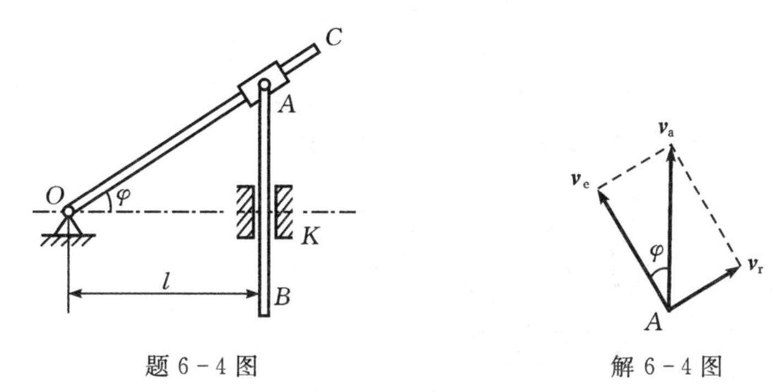

题 6－4 图　　　解 6－4 图

解　以 AB 杆上 A 为动点，动系固连于 OC 杆，速度分析如图。

$\boldsymbol{v}_a=\boldsymbol{v}_e+\boldsymbol{v}_r$

$v_a=\dfrac{v_e}{\cos\varphi}=\dfrac{OA\cdot\omega}{\cos\varphi}=\dfrac{\omega l}{\cos^2\varphi}$，方向沿 BA，

$v_r=\dfrac{v_a}{\sin\varphi}=\dfrac{\omega l\sin\varphi}{\cos^2\varphi}$，方向沿 OC。

6-5 汽车在弯道上行驶，弯道平均曲率半径为 R，图中车上一点 D 的速度为 $\boldsymbol{u}$。在直路 AB 上有一自行车亦以速度 $\boldsymbol{u}$ 运动。将自行车视为质点，车厢视为刚体，求当 ODM 成一直线，且 $OM \perp AB$ 时，自行车相对于汽车车厢的速度（已知 $DM=c$）。

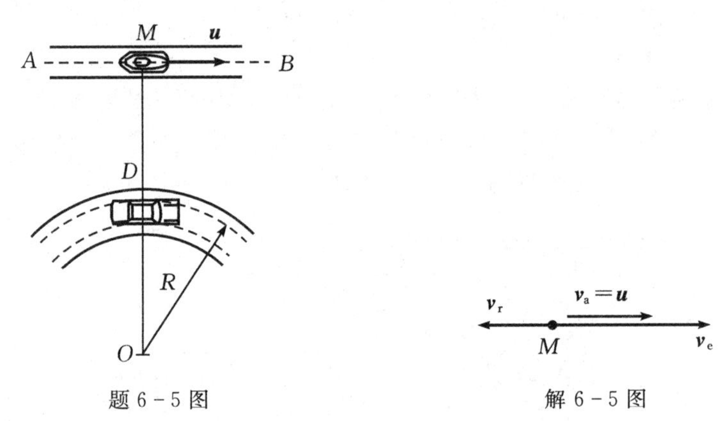

题 6-5 图　　　　解 6-5 图

解　以自行车 M 为动点，动系固连于汽车车厢。

绝对运动：沿 AB 直线运动；

相对运动：平面曲线运动；

牵连运动：绕 O 点的定轴转动；

绝对速度：$\boldsymbol{v}_a=\boldsymbol{u}$；

相对速度：$\boldsymbol{v}_r$ 大小、方向均未知；

牵连速度：$v_e=\dfrac{u}{R}(R+c)$，方向水平向右；

根据速度合成定理　$\boldsymbol{v}_a=\boldsymbol{v}_e+\boldsymbol{v}_r$，作解 6-5 图所示速度图；

自行车相对于汽车车厢的速度

$v_r=v_e-v_a=\dfrac{u}{R}(R+c)-u=\dfrac{c}{R}u$，方向水平向左。

6-6 图示为一平面凸轮机构。曲柄 OA 及 O_1B 可分别绕水平轴 O 及 O_1 转动，带动三角形平板 ABC 运动，平板的斜面 BC 又推动顶杆 DE 沿导轨作铅垂运动。已知 $OA=O_1B$，$AB=OO_1$，在图示位置时，OA 铅垂，$AB\perp OA$，OA 的角速度 $\omega_0=2$ rad/s，逆时针转动。图中尺寸单位为 cm，试计算图示瞬时 DE 杆上 D 点的速度。

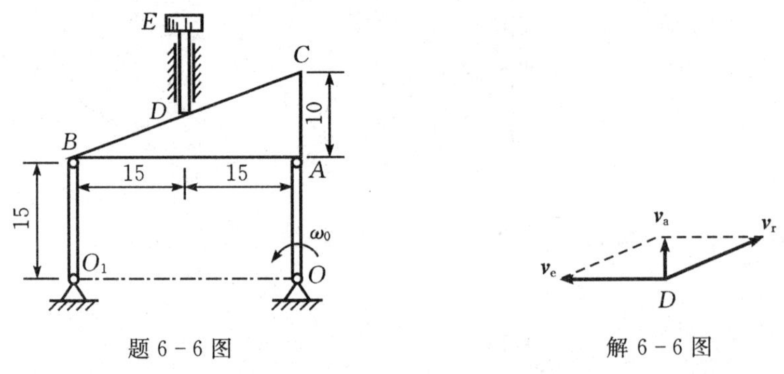

题 6-6 图　　　　解 6-6 图

解　以 DE 杆上 D 点为动点，动系固连于板 ABC，速度分析如图，根据速度合成定理

$\boldsymbol{v}_a=\boldsymbol{v}_e+\boldsymbol{v}_r$

$v_D = v_a = v_e \tan\theta = \omega_0 \overline{OA} \tan\theta$

$= 2 \times 15 \times \frac{10}{30} = 10$ cm/s，方向铅垂向上。

6-7　如图所示，车床主轴的转速 $n = 30$ r/min，工件的直径 $d = 4$ cm，如车刀轴向走刀速度为 $v = 1$ cm/s，求车刀对工件的相对速度（大小及方向）。

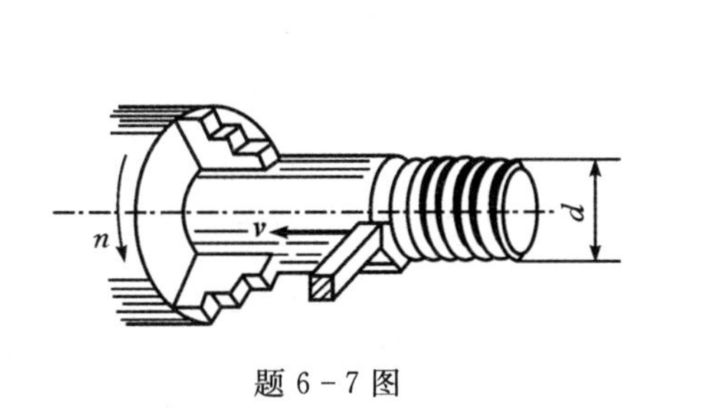

题 6-7 图

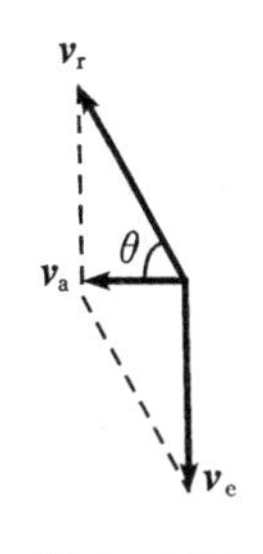

解 6-7 图

解　以刀尖为动点，工件为动系

$\boldsymbol{v}_a = \boldsymbol{v}_e + \boldsymbol{v}_r$

$v_r = \sqrt{v_a^2 + v_e^2} = \sqrt{\left(\frac{n\pi}{60}d\right)^2 + v_a^2} = 6.362$ cm/s

$\theta = \arctan\frac{v_e}{v_a} = 80°57'$

6-8　如图所示，矿砂从传送带 A 落到另一传送带 B 的绝对速度为 $v_1 = 4$ m/s，其方向与铅垂线成 30°角。设传送带 B 与水平面成 15°角，其速度为 $v_2 = 2$ m/s。求：(1)矿砂对于传送带 B 的相对速度 $\boldsymbol{v}_r$；(2)当传送带 B 的速度为多大时，矿砂的相对速度才能与它垂直。

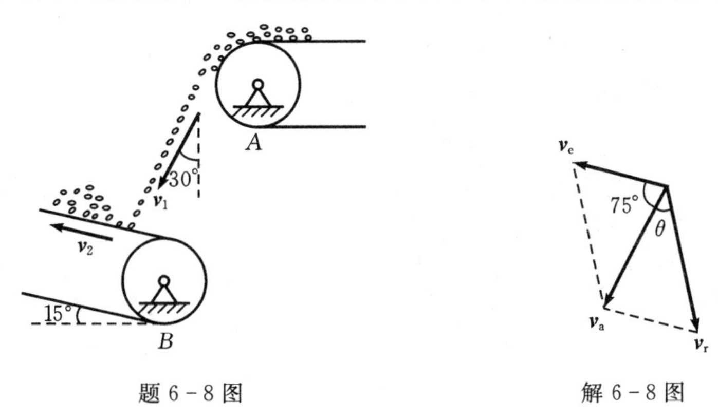

题 6-8 图　　解 6-8 图

解　以矿砂为动点，动系固连于传送带 B 上，速度分析如解 6-8 图所示，根据速度合成定理

$\boldsymbol{v}_a = \boldsymbol{v}_e + \boldsymbol{v}_r$

(1) $\boldsymbol{v}_a = \boldsymbol{v}_1$；$\boldsymbol{v}_e = \boldsymbol{v}_2$

解得 $v_r = 3.982$ m/s

(2) $\boldsymbol{v}_a = \boldsymbol{v}_1$；$\theta = 15°$

解得　$v_e = v_a \cos 75° = 1.035$ m/s

6-9 如图所示，在水涡轮中，水自导流片由外缘进入动轮。为避免入口处水的冲击，轮叶应恰当地安装，使水的相对速度 $\boldsymbol{v}_r$ 恰与叶面相切。如水在入口处的绝对速度 $v=15$ m/s，并与半径成交角 $\theta=60°$；动轮的顺时针转速 $n=30$ r/min，又入口处的半径 $R=2$ m。求水在动轮入口处的相对速度 $\boldsymbol{v}_r$ 的大小和方向。

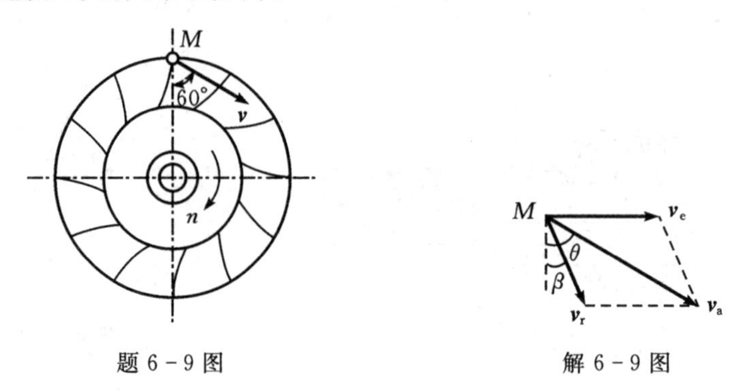

题 6-9 图　　解 6-9 图

解 以水滴为动点，动系固连于涡轮上，速度分析如解 6-9 图所示。

(1)根据速度合成定理 $\boldsymbol{v}_a=\boldsymbol{v}_e+\boldsymbol{v}_r$

$\boldsymbol{v}_a=\boldsymbol{v}$；$v_e=\dfrac{2\pi n}{60}R$，方向水平向右。

解得　$v_r=10.06$ m/s；方向为与法线间夹角 $\beta=41.47°$

6-10 图示为一间歇运动机构。在主动轮 O_1 的边缘上有一销子 A，当进入轮 O_2 的导槽后，带动轮 O_2 转动。转过 90°后，销子与导槽脱离，轮 O_2 就停止转动。主动轮 O_1 继续转动，当销子 A 再次进入轮 O_2 的另一导槽后，轮 O_2 又被带动。已知轮 O_1 作匀角速度转动，$\omega_1=10$ rad/s，曲柄 $O_1A=R=50$ mm，两轴距离 $O_1O_2=L=\sqrt{2}R$。求当 $\alpha=30°$时，轮 O_2 转动的角速度及销子 A 相对于轮 O_2 的速度。

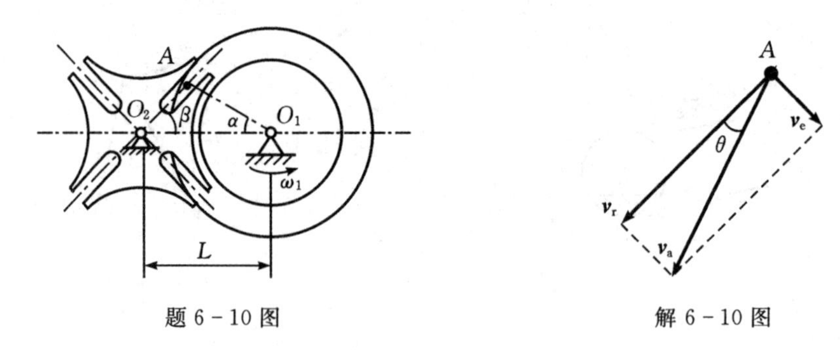

题 6-10 图　　解 6-10 图

解 以销子为动点，动系固连于轮 O_2 上。速度分析如解 6-10 图所示。

由余弦定理可求得 $O_2A=0.037$ m

由正弦定理可求得 $\beta=42.18°$

由几何关系可求得 $\beta+\theta=60°$

则 $\theta=17.82°$

$\boldsymbol{v}_a=\boldsymbol{v}_e+\boldsymbol{v}_r$　　$v_a=\omega_1 R$

解得　$\omega_2=\dfrac{v_e}{O_2A}=\dfrac{v_a\sin\theta}{O_2A}=4.1\ \text{rad/s}$ 顺时针；$v_r=v_a\cos\theta=0.476\ \text{m/s}$

6-11　具有半径 $R=0.2$ m 的半圆形槽的滑块，如图所示，以速度 $v_0=1$ m/s，加速度 $a_0=2\ \text{m/s}^2$ 水平向右运动，推动杆 AB 沿铅垂方向运动。试求在图示位置 $\varphi=60°$时，杆 AB 的速度和加速度。

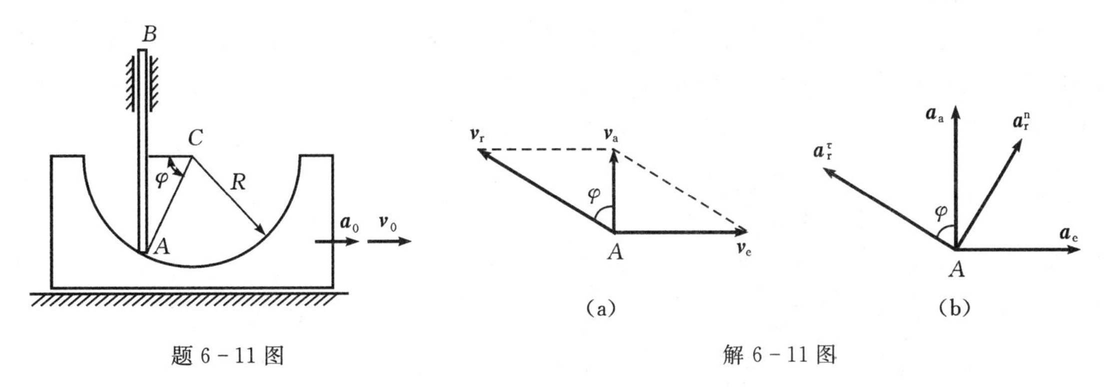

题6-11图　　　　解6-11图

解　(1)以 AB 杆上 A 为动点，动系固连于滑块，速度分析如解6-11图(a)所示。

根据速度合成定理 $\boldsymbol{v}_a=\boldsymbol{v}_e+\boldsymbol{v}_r$

得 $v_{AB}=v_a=v_e\cot\varphi=\dfrac{\sqrt{3}}{3}$，方向沿 AB

$v_r=\dfrac{v_e}{\sin\varphi}=\dfrac{2\sqrt{3}}{3}$，方向垂直 AC

(2)加速度分析如解6-11图(b)所示。

由 $\boldsymbol{a}_a=\boldsymbol{a}_e+\boldsymbol{a}_r^n+\boldsymbol{a}_r^\tau$ 向 $\boldsymbol{a}_r^n$ 方向投影，解得

$\boldsymbol{a}_{AB}=\boldsymbol{a}_a=\dfrac{46\sqrt{3}}{9}$

6-12　图示铰接四边形机构中，$O_1A=O_2B=10$ cm，又 $O_1O_2=AB$，并且杆 O_1A 以匀角速度 $\omega=2$ rad/s 绕 O_1 轴转动。AB 杆上有一套筒 C，与 CD 杆相固接。求：当 $\varphi=60°$时，CD 杆的速度和加速度。

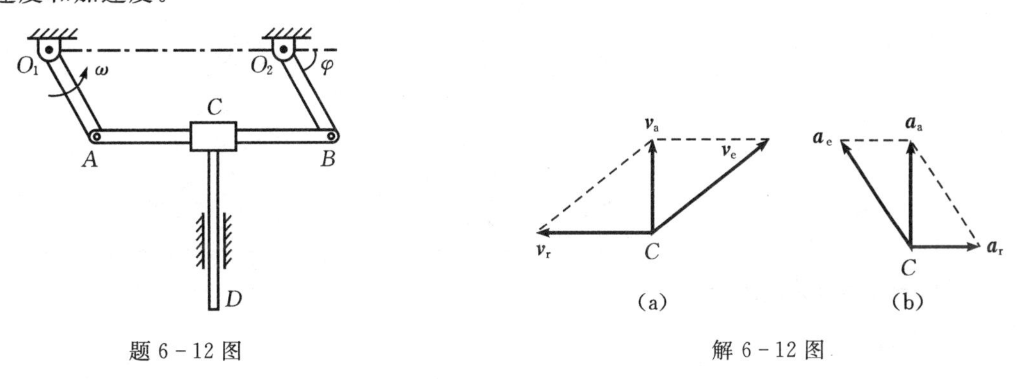

题6-12图　　　　解6-12图

解　取 CD 上 C 为动点，AB 杆为动系，速度及加速度分析如解6-12图所示。

由 $\boldsymbol{v}_a=\boldsymbol{v}_e+\boldsymbol{v}_r$，而 $\boldsymbol{v}_e=\boldsymbol{v}_A$

由 $\boldsymbol{a}_a=\boldsymbol{a}_e+\boldsymbol{a}_r$，而 $\boldsymbol{a}_e=\boldsymbol{a}_A$

式中：$v_A=\omega\cdot OA=0.2\ \text{m/s}$，$a_A=\omega^2\cdot OA=40\ \text{cm/s}$

解得杆 CD 的速度、加速度分别为

$v_a=v_A\cos\varphi=10\ \text{cm/s}$

$a_a=a_A\sin\varphi=34.64\ \text{cm/s}^2$

6-13 小车沿水平方向向右作加速运动，其加速度 $a=0.493\ \text{m/s}^2$。在小车上有一轮绕 O 轴转动，转动的规律为 $\varphi=t^2$（t 以 s 计，φ 以 rad 计）。当 $t=1$ s 时，轮缘上点 A 的位置如图所示。如轮的半径 $r=0.2$ m，求此时点 A 的绝对加速度。

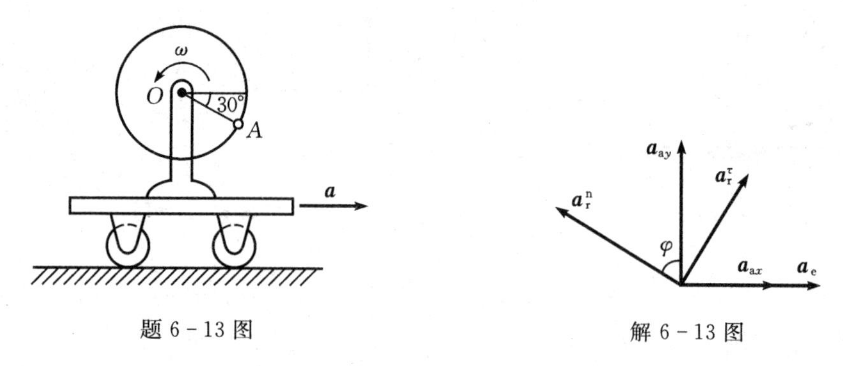

题 6-13 图　　　　解 6-13 图

解 由 $\varphi=t^2$ 得 $\omega=\dot{\varphi}=2t$，$\alpha=\ddot{\varphi}=2$

当 $t=1$ 时 $\omega=2$，$\alpha=2$

以 A 为动点，动系固连于小车，加速度分析如解 6-13 图所示。

根据 $\boldsymbol{a}_a=\boldsymbol{a}_e+\boldsymbol{a}_r^n+\boldsymbol{a}_r^\tau$

上式向 $\boldsymbol{a}_{ax}$ 方向投影，解得 $a_{ax}=0$

上式向 $\boldsymbol{a}_{ay}$ 方向投影，解得 $a_{ay}=0.746$

$a_A=0.746\ \text{m/s}^2$，方向铅垂向上。

6-14 倾角 $\varphi=30°$的尖劈以匀速 $v=20$ cm/s 沿水平面向右运动，如图所示，使杆 OB 绕轴 O 转动；$l=20\sqrt{3}$ cm。试求 $\theta=\varphi$ 时，杆 OB 的角速度和角加速度。

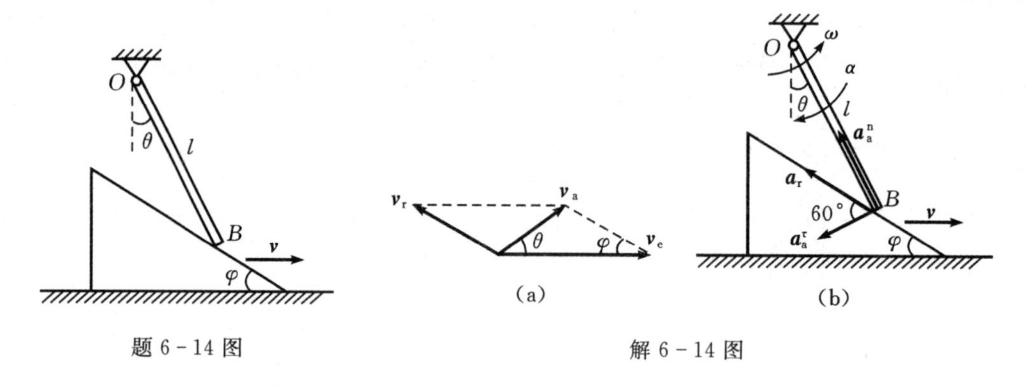

题 6-14 图　　　　解 6-14 图

解 以 OB 上 B 为动点，尖劈为动系，速度、加速度分析如解 6-14 图所示。

由 $\boldsymbol{v}_a=\boldsymbol{v}_e+\boldsymbol{v}_r$ 得

$$v_a=\frac{1}{2}v_e/\cos 30°=\frac{20}{\sqrt{3}}\ \text{cm/s}$$

$$\omega=\frac{v_a}{l}=\frac{\frac{20}{\sqrt{3}}}{20\sqrt{3}}=\frac{1}{3}\ \text{rad/s},逆时针$$

由 $\boldsymbol{a}_a^n+\boldsymbol{a}_a^\tau=\boldsymbol{a}_e+\boldsymbol{a}_r$，$\boldsymbol{a}_e=0$ 得

$$a_a^\tau=a_a^n/\tan 60°=\omega^2 l/\frac{\sqrt{3}}{3}=\frac{20}{9}\ \text{cm/s}^2$$

$$\alpha=\frac{a_a^\tau}{l}=\frac{20/9}{20\sqrt{3}}=\frac{\sqrt{3}}{27}\ \text{rad/s}^2$$

6 - 15　图示机构中，$AB=CD=EG=r$。设在图示位置，$\theta=\varphi=45°$，杆 EG 的角速度为 ω，角加速度为零。试求此时杆 AB 的角速度与角加速度。

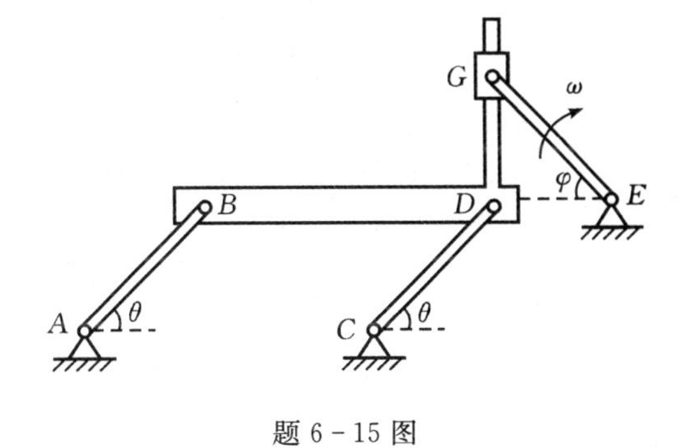

题 6 - 15 图

解　以 EG 上 G 为动点，BD 为动系，速度分析如解 6 - 15 图(a)所示。

由于牵连运动为平动，

由 $\boldsymbol{v}_a=\boldsymbol{v}_e+\boldsymbol{v}_r$

而 $\boldsymbol{v}_e=\boldsymbol{v}_B$

解得　$v_e=v_a=\omega r$

$$\omega_{AB}=\frac{v_e}{AB}=\omega$$

加速度分析如解 6 - 15 图(b)所示。

将 $\boldsymbol{a}_a=\boldsymbol{a}_r+\boldsymbol{a}_e^n+\boldsymbol{a}_e^\tau$ 向 x 轴投影：

$$a_a\cos 45°=-a_e^n\cos 45°+a_e^\tau\cos 45°$$

$$\omega^2 r=-\omega_{AB}^2 r+\alpha_{AB} r$$

$$\alpha_{AB}=2\omega^2$$

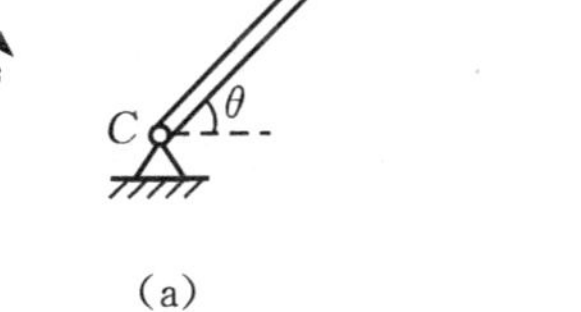

(a)　　　　(b)

解 6 - 15 图

6－16　两圆盘绕垂直于盘面过盘心的轴转动，角速度为 ω。其中一个盘上有一距盘心为 r 的直槽，另一盘上有一半径为 r 的圆环槽。动点分别沿两槽匀速运动，在图示位置，两种情况相对速度都等于 $\boldsymbol{u}(u=r\omega)$，问点的绝对速度、绝对加速度是否相同？

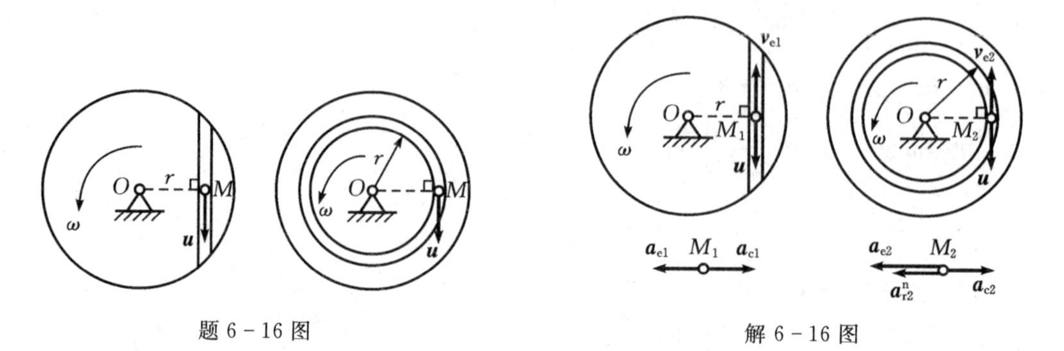

题 6－16 图　　　　解 6－16 图

解　均以 M 为动点，盘为动系，速度及加速度分析如解 6－16 图所示。

已知 $v_{e1}=v_{e2}=\omega r$

由 $\boldsymbol{v}_a=\boldsymbol{v}_e+\boldsymbol{v}_r$　可得　$v_{M_1}=v_{M_2}=0$

$a_{e1}=a_{e2}=\omega^2 r;a_{c1}=a_{c2}=2\omega u;a_{r2}^{n}=\dfrac{u^2}{r}=\omega^2 r$

由 $\boldsymbol{a}_a=\boldsymbol{a}_e+\boldsymbol{a}_r+\boldsymbol{a}_c$ 可得

$a_{M_1}=a_{c1}-a_{e1}=\omega^2 r$，方向水平向右

$a_{M_2}=a_{c2}-a_{e2}-a_{r2}^{n}=0$

6－17　图示杆 AB 可在管 OC 内滑动，其 A 端的销钉可在半径为 R 的固定圆槽内运动；当 OC 与铅垂线的夹角为 θ 时，其角速度为 ω。若取管 OC 为动参考系，试求该瞬时销钉 A 的科氏加速度。

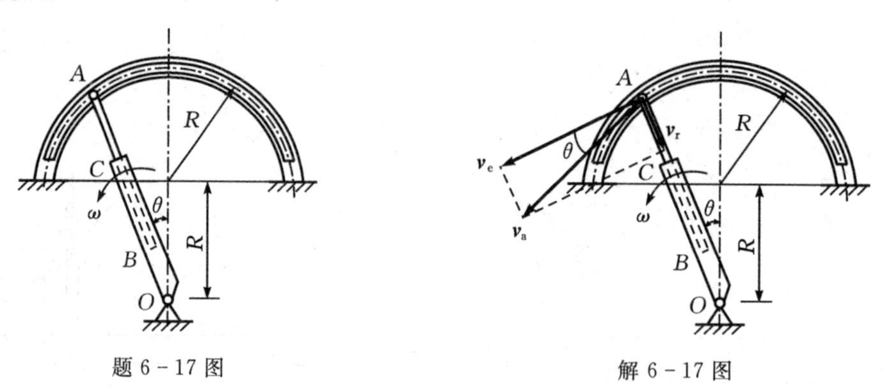

题 6－17 图　　　　解 6－17 图

解　以销钉 A 为动点，管 OC 为动系，速度分析如解 6－17 图所示。

因为 $v_e=2\omega R\cos\theta$

由 $\boldsymbol{v}_a=\boldsymbol{v}_e+\boldsymbol{v}_r$

可得　$v_r=v_e\tan\theta=2\omega R\sin\theta$

$a_c=2\omega v_r=4\omega^2 R\sin\theta$，方向垂直 OA 斜向上。

6-18　如图所示，曲杆 OBC 绕 O 轴转动，使套在其上的小环 M 沿固定直杆 OA 滑动。已知：$OB=10$ cm，OB 与 BC 垂直，曲杆 OBC 的角速度 $\omega=0.5$ rad/s，求：$\varphi=60°$时，小环 M 的速度和加速度。

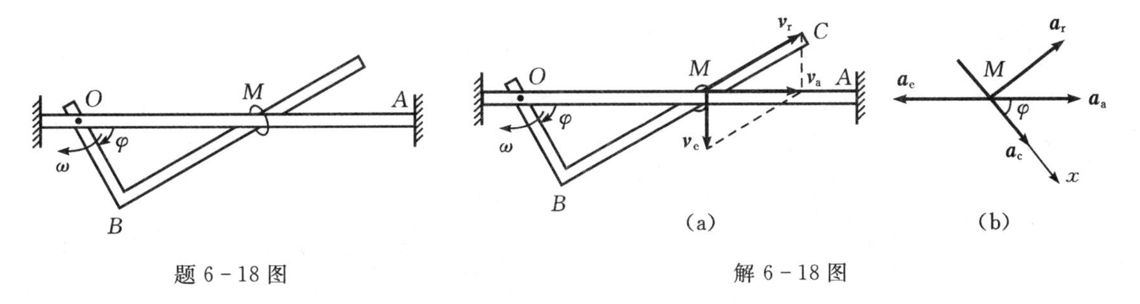

题 6-18 图　　解 6-18 图

解　以小环 M 为动点，直角杆为动系，速度及加速度分析如解 6-18 图所示。

由 $\boldsymbol{v}_a=\boldsymbol{v}_e+\boldsymbol{v}_r$

解得　$v_a=17.32$ cm/s　　$v_r=20$ cm/s

$a_c=2\omega v_r=2\times0.5\times20=20\ \text{cm/s}^2$

$$a_e=\omega^2\,\overline{OM}=\frac{\overline{OB}}{\cos\varphi}\omega^2=5\ \text{cm/s}^2$$

将 $\boldsymbol{a}_a=\boldsymbol{a}_e+\boldsymbol{a}_r+\boldsymbol{a}_c$ 向 x 轴投影：$a_a\cos\varphi=a_c-a_e\cos\varphi$ 得 $a_a=35\ \text{cm/s}^2$

6-19　图示半径为 r 的空心圆环固结于 AB 轴上，并与轴线在同一平面内。圆环内充满液体，液体按箭头方向以相对速度 $\boldsymbol{u}$ 在环内作匀速运动。如从点 B 顺轴向点 A 看去，AB 轴以匀角速度 ω 逆时针旋转。求在 1、2、3、4 各点处液体的绝对加速度。

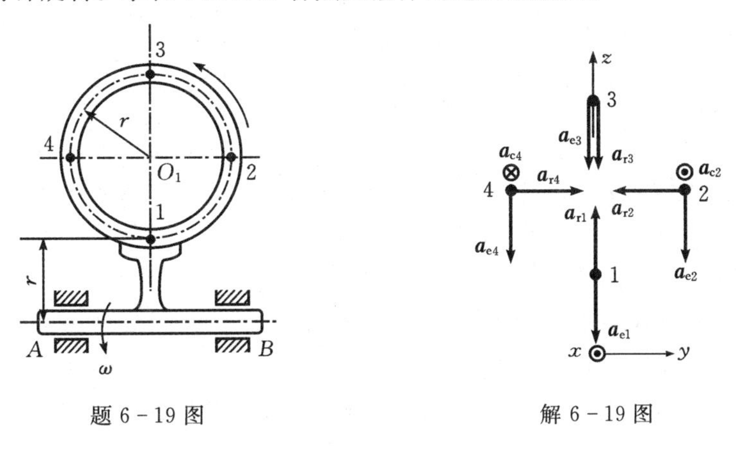

题 6-19 图　　解 6-19 图

解　分别以 1、2、3、4 各点处液体为动点，圆环为动系，建立图示坐标系；各点加速度分析如解 6-19 图所示。

$$a_{r1}=a_{r2}=a_{r3}=a_{r4}=\frac{u^2}{r}$$

$a_{e1}=\omega^2r$；$a_{e2}=a_{e4}=2\omega^2r$；$a_{e3}=3\omega^2r$

$a_{c2}=a_{c4}=2\omega u$

由 $\boldsymbol{a}_a=\boldsymbol{a}_e+\boldsymbol{a}_r+\boldsymbol{a}_c$

可得 $\boldsymbol{a}_{a1}=-a_{e1}\boldsymbol{k}+a_{r1}\boldsymbol{k}=(\frac{u^2}{r}-\omega^2 r)\boldsymbol{k}$;$\boldsymbol{a}_{a2}=a_{c2}\boldsymbol{i}-a_{r2}\boldsymbol{j}-a_{e2}\boldsymbol{k}=2\omega u\boldsymbol{i}-\frac{u^2}{r}\boldsymbol{j}-2\omega^2 r\boldsymbol{k}$

$\boldsymbol{a}_{a3}=-a_{e3}\boldsymbol{k}-a_{r3}\boldsymbol{k}=-(3\omega^2 r+\frac{u^2}{r})\boldsymbol{k}$;$\boldsymbol{a}_{a4}=-a_{c4}\boldsymbol{i}+a_{r4}\boldsymbol{j}-a_{e4}\boldsymbol{k}=-2\omega u\boldsymbol{i}+\frac{u^2}{r}\boldsymbol{j}-2\omega^2 r\boldsymbol{k}$

6-20 如图所示,正方形平板边长 $2l=80$ cm,绕铅垂轴 AB 转动,其角速度 $\omega=\pi t$ rad/s。在平板对角线上有一动点 M 按 $x_1=l\sin\frac{\pi}{2}t$ cm 的规律运动。试求:当 $t=1$ s 和 $t=2$ s 时,动点的绝对加速度。

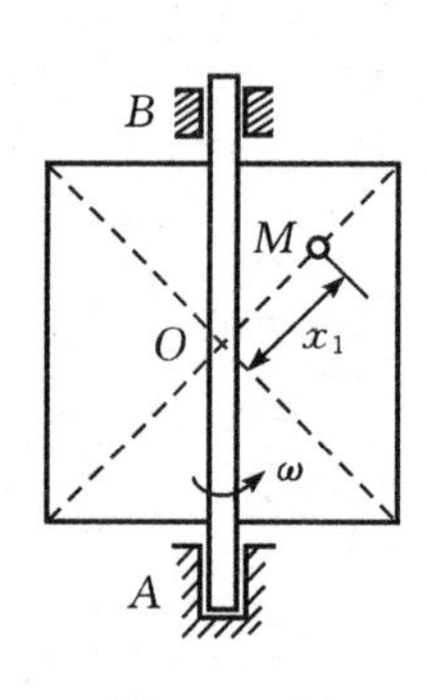

题 6-20 图

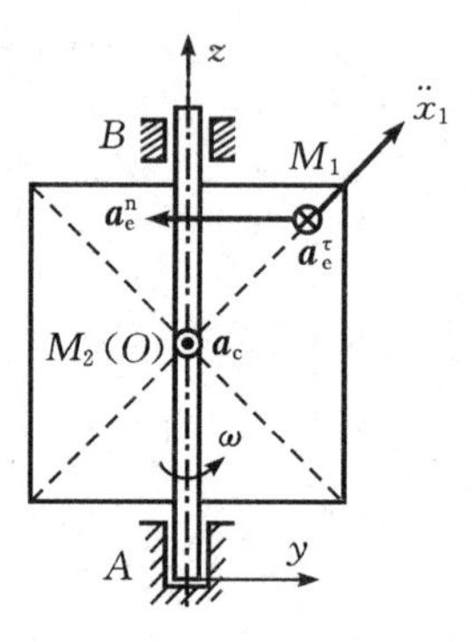

解 6-20 图

解 以 M 为动点,板为动系;由 $\omega=\pi t$ 得 $\alpha=\pi$

由 $x_1=l\sin\frac{\pi}{2}t$ 得 $\dot{x}_1=\frac{\pi l}{2}\cos\frac{\pi}{2}t$,$\ddot{x}_1=-\frac{\pi^2 l}{4}\sin\frac{\pi}{2}t$

当 $t=1$ s 时,$x_1=l$,$\dot{x}_1=0$,$\ddot{x}_1=-\frac{\pi^2 l}{4}$,$\omega=\pi$

当 $t=2$ s 时,$x_1=0$,$\dot{x}_1=-\frac{\pi l}{2}$,$\ddot{x}_1=0$,$\omega=2\pi$

因此 $\boldsymbol{a}_{t=1}=-a_e^\tau\boldsymbol{i}-a_e^n\boldsymbol{j}+\frac{\sqrt{2}}{2}\ddot{x}_1\boldsymbol{j}+\frac{\sqrt{2}}{2}\ddot{x}_1\boldsymbol{k}=-\pi l\boldsymbol{i}-\frac{8-\sqrt{2}}{2}\pi^2 l\boldsymbol{j}-\frac{\sqrt{2}}{8}\pi^2 l\boldsymbol{k}$ cm/s^2

$\boldsymbol{a}_{t=2}=-a_c\boldsymbol{k}=-\frac{\sqrt{2}}{2}2\omega\dot{x}_1\boldsymbol{i}=\sqrt{2}\pi^2 l\boldsymbol{i}=558\boldsymbol{i}$ cm/s^2

6-21 图示机构中,圆盘 O_1 绕其中心以匀角速度 $\omega_1=3$ rad/s 转动。当圆盘转动时,通过圆盘上的销子 M_1 与导槽 CD 带动水平杆 AB 往复运动。同时,在 AB 杆上有一销子 M_2 带动杆 O_2E 绕 O_2 轴摆动。设 $\theta=30^\circ$、$\varphi=30^\circ$,求此瞬时杆 O_2E 的角速度与角加速度。已知 $r=20$ cm,$l=30$ cm。

解 分别以 M_1 为动点,BCD 为动系;以 M_2 为动点,O_2B 为动系,速度、加速度分析如解 6-21图所示。

$v_{e1}=v_{a1}\sin\theta=\omega_1 r\sin 30^\circ=v_{a2}$

$v_{e2}=v_{a2}\cos\varphi=\omega_1 r\sin 30^\circ\cos 30^\circ$

$v_{r2}=v_{a2}\sin\varphi$

$\omega_2=\frac{v_{e2}}{O_2M_2}=\frac{\omega_1 r\sin 30^\circ\cos^2 30^\circ}{l}=0.75$ rad/s;顺时针。

$a_{e1}=a_{a1}\cos\theta=a_{a2}$

将 $\boldsymbol{a}_{a2}=\boldsymbol{a}_{e2}^{n}+\boldsymbol{a}_{e2}^{\tau}+\boldsymbol{a}_{r2}+\boldsymbol{a}_{c2}$ 向 $\boldsymbol{a}_{e2}^{\tau}$ 方向投影：$a_{e2}^{\tau}=157.7\ \text{cm/s}^2$

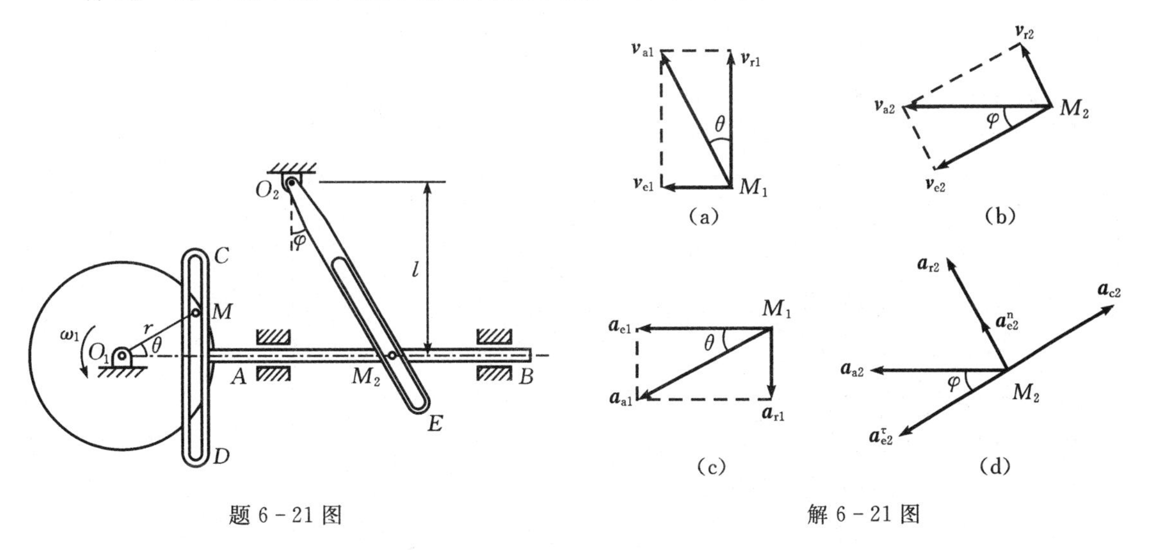

题 6-21 图　　解 6-21 图

解得　$\alpha=\dfrac{a_{e2}^{\tau}}{O_2M_2}=\dfrac{a_{e2}^{\tau}\cos\varphi}{l}=4.55\ \text{rad/s}^2$，顺时针。

6-22　图示为一种刨床机构。已知 $OA=25\ \text{cm}$，$OO_1=60\ \text{cm}$，$O_1B=100\ \text{cm}$，曲柄 O_1A 作匀速转动，角速度 $\omega=10\ \text{rad/s}$。试分析当 $\varphi=60°$，刨头 CD 运动的速度和加速度。

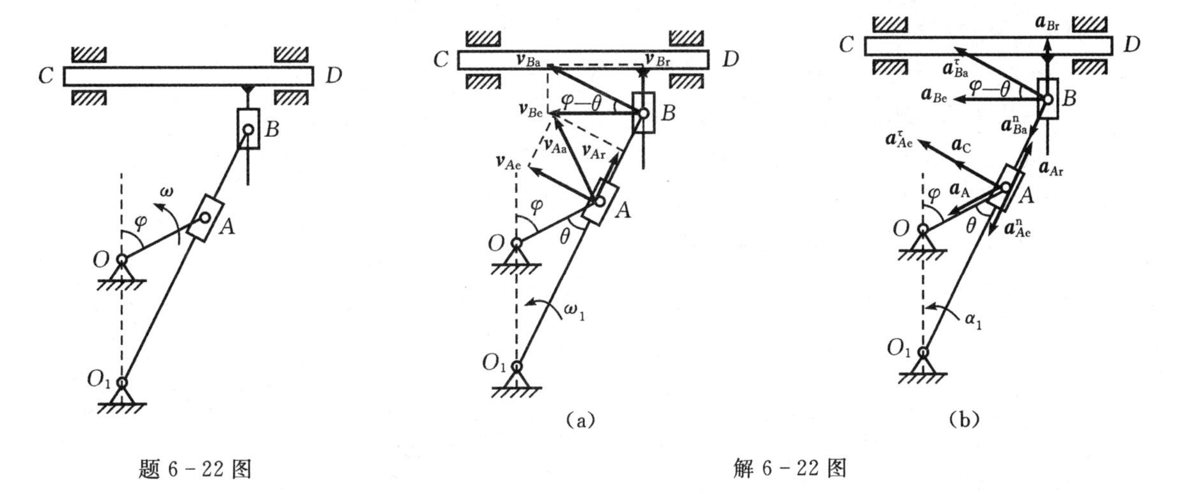

题 6-22 图　　解 6-22 图

解　设 $OA=r$，由几何关系可以求出

$O_1A=75.66\ \text{cm}$，$\sin\theta=0.6868$，$\cos\theta=0.7268$

(1)速度分析。

取滑块 A 点为动点，O_1B 为动系，

速度分析如解 6-22 图(a)所示，

根据 $\boldsymbol{v}_{Aa}=\boldsymbol{v}_{Ae}+\boldsymbol{v}_{Ar}$

解得　$v_{Ar}=\omega r\sin\theta$；$v_{Ae}=\omega r\cos\theta$

$\omega_1=\dfrac{v_{Ae}}{O_1A}=\dfrac{\omega r\cos\theta}{O_1A}=2.40\ \text{rad/s}$,逆时针

再选 B 点为动点,CD 为动系,B 点速度为

$\boldsymbol{v}_{Ba}=\boldsymbol{v}_{Be}+\boldsymbol{v}_{Br}$

解得 CD 的速度

$$v_{CD}=v_{Be}=v_{Ba}\cos(\varphi-\theta)=O_1B\cdot\omega_1\cos(\varphi-\theta)$$
$$=100\times2.4\times(\frac{1}{2}\cos\theta+\frac{\sqrt{3}}{2}\sin\theta)$$
$$=230\ \text{cm/s}$$

(2)加速度分析如解 6-22 图(b)所示。A 点加速度为

$\boldsymbol{a}_{Aa}=\boldsymbol{a}_{Ae}^{\tau}+\boldsymbol{a}_{Ae}^{n}+\boldsymbol{a}_{Ar}+\boldsymbol{a}_{c}$

将其向 $\boldsymbol{a}_{Ae}^{\tau}$ 轴投影得

$a_{Aa}\sin\theta=a_{Ae}^{\tau}+a_c$

其中,$a_{Aa}=\omega^2r$,$a_{Ae}^{\tau}=O_1A\cdot\alpha_1$ 待求

$a_{Ae}^{n}=O_1A\cdot\omega_1^2$,$a_c=2\omega_1v_{Ar}$

解出

$\alpha_1=\dfrac{a_{Ae}^{\tau}}{O_2A}=\dfrac{a_{Aa}\sin\theta-a_c}{O_2A}$,逆时针

B 点加速度为

$\boldsymbol{a}_{Ba}^{n}+\boldsymbol{a}_{Ba}^{\tau}=\boldsymbol{a}_{Be}+\boldsymbol{a}_{Br}$

将其向 $\boldsymbol{a}_{Be}$ 轴投影得

$a_{Ba}^{n}\sin(\varphi-\theta)+a_{Ba}^{\tau}\cos(\varphi-\theta)=a_{Be}$

解得 CD 的加速度 $a_{CD}=a_{Be}=1295\ \text{cm/s}$

6-23 图示摆动式汽缸,当曲柄 OA 转动时,带动活塞 B 在汽缸内运动,同时汽缸绕固定轴 O_1 摆动。已知:$OA=20$ cm,匀角速度 $\omega=5$ rad/s。当 $\angle AOO_1=45°$,$\angle AO_1O=15°$时。试求该瞬时活塞 B 在汽缸内运动的速度和加速度。

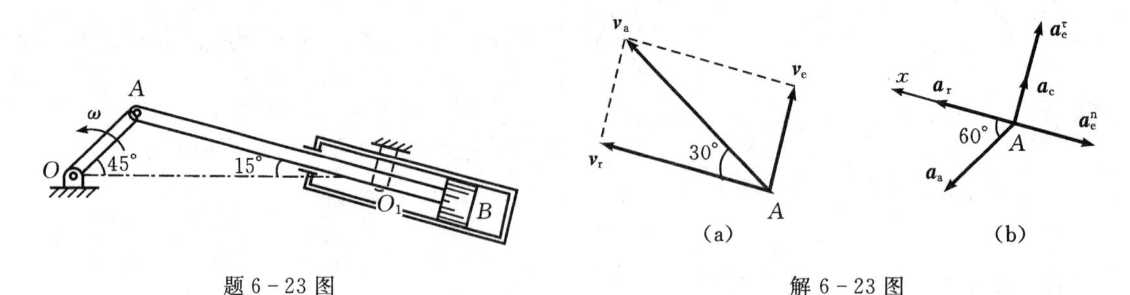

题 6-23 图　　解 6-23 图

解 以 AB 上 A 为动点,汽缸为动系

由 $\boldsymbol{v}_a=\boldsymbol{v}_e+\boldsymbol{v}_r$ 得

$v_e=v_a\sin30°=5\times20\times\dfrac{1}{2}=50\ \text{cm/s}$

$v_r=v_a\cos30°=86.6\ \text{cm/s}$

$$AO_1=\frac{AO\cos45^\circ}{\sin15^\circ}=\frac{20\times\frac{\sqrt{2}}{2}}{0.25}=54.4\ \text{cm}$$

$$\omega_e=\frac{v_e}{AO_1}=\frac{50}{54.4}=0.919\ \text{rad/s}\quad(\circlearrowright)$$

将 $\boldsymbol{a}_a=\boldsymbol{a}_e^n+\boldsymbol{a}_e^\tau+\boldsymbol{a}_r+\boldsymbol{a}_c$ 向 x 轴投影得

$a_a\cos60^\circ=a_r-a_e^n$

其中：$a_e^n=\omega_e^2AO_1=45.9\ \text{cm/s}^2$，$a_a=\omega^2AO=500\ \text{cm/s}^2$

解得　$a_r=296\ \text{cm/s}^2$

6-24　游乐场中的旋转天车如图所示。车斗及其拉杆由销钉连接在柱 AB 的 A 端。车及拉杆可绕过点 A 的水平轴转动，转角为 θ。柱 AB 又可绕铅垂轴匀速转动，转速 $n=15$ r/min。在某瞬时，$\theta=30^\circ$，$\dot{\theta}=0.5$ rad/s，$\ddot{\theta}=-1$ rad/s^2，求人乘坐的点 P 的加速度 $\boldsymbol{a}_P$，并在图示的 $Axyz$（z 轴向外未画出）坐标系中表示。

解　动点：P 点，动系：固结于 AB 轴；

绝对运动：空间曲线运动；

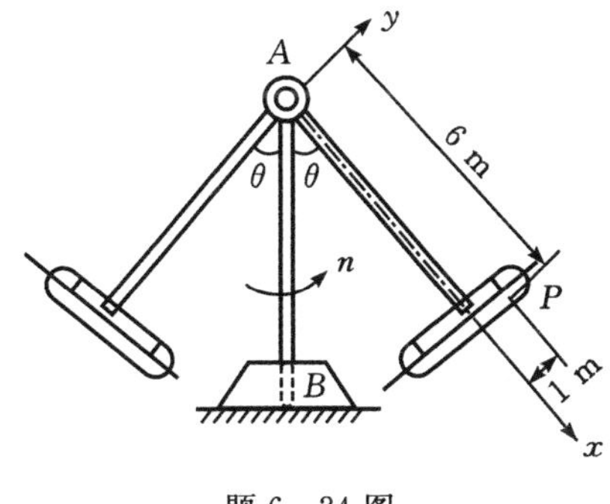

题 6-24 图

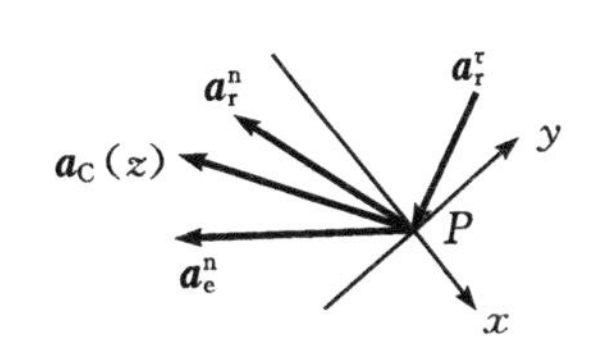

解 6-24 图

相对运动：圆周运动；

牵连运动：定轴转动。

$$\omega=\frac{2\pi n}{60}=\frac{\pi}{2}\ \text{rad/s}$$

加速度分析如解 6-24 图所示。

$$\boldsymbol{a}_P=\boldsymbol{a}_a=\boldsymbol{a}_e+\boldsymbol{a}_r^n+\boldsymbol{a}_r^\tau+\boldsymbol{a}_c$$

$$a_e=a_e^n=\omega^2(6\sin\theta+\cos\theta)=\frac{\pi^2}{4}\left(3+\frac{\sqrt{3}}{2}\right)=9.53\ \text{m/s}^2$$

$$a_{ex}=-a_e^n\sin\theta=-\frac{\pi^2}{8}\left(3+\frac{\sqrt{3}}{2}\right)=-4.765\ \text{m/s}^2$$

$$a_{ey}=-a_e^n\cos\theta=-\frac{\sqrt{3}\pi^2}{8}\left(3+\frac{\sqrt{3}}{2}\right)=-8.253\ \text{m/s}^2$$

$$a_r^n=\sqrt{37}\,\dot{\theta}^2=\frac{\sqrt{37}}{4}=1.52\ \text{m/s}^2$$

$$a_r^\tau=\sqrt{37}\,\ddot{\theta}=6.08\ \text{m/s}^2$$

$$a_{ry}=-\frac{1}{\sqrt{37}}\times a_r^n-\frac{6}{\sqrt{37}}\times a_r^\tau=-\frac{1}{\sqrt{37}}\times\frac{\sqrt{37}}{4}-\frac{6}{\sqrt{37}}\times\sqrt{37}=-6.25\ \text{m/s}^2$$

$$a_C=2\omega v_r\sin(90-(\theta+\varphi))$$

$$=2\times\frac{\pi}{2}\times\sqrt{37}\dot{\theta}\times\cos(39.46°)=\frac{\pi\sqrt{37}}{2}=7.38\ \text{m/s}^2$$

$(\theta+\varphi)$为 AP 与铅垂方向的夹角。

$$\boldsymbol{a}_P=-5.27\boldsymbol{i}-14.5\boldsymbol{j}-7.38\boldsymbol{k}\ \text{m/s}^2$$

第 7 章　刚体的平面运动

刚体的平面运动较刚体基本运动是一种比较复杂的运动。本章以第 5、6 章的内容为基础，应用运动的分解与合成的概念，对平面运动刚体上的点进行速度和加速度分析。

7.1　基本知识剖析

1. 基本概念

刚体平面运动：在刚体运动过程中，若刚体内任一点到某一固定平面的距离始终保持不变，则称刚体作平面运动。

刚体平面运动的简化：平面图形 S 在自身平面内的运动。

刚体的平面运动方程：

$$\begin{aligned} x_A &= f_1(t) \\ y_A &= f_2(t) \\ \varphi &= f_3(t) \end{aligned} \tag{7-1}$$

A 点称为基点(见图 7-1)。

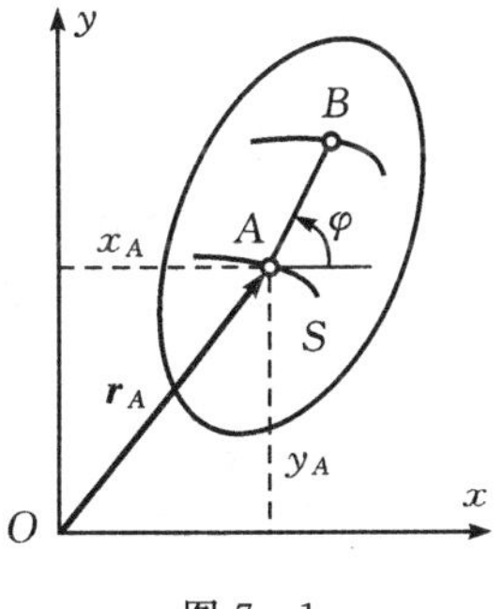

图 7-1

刚体的平面运动的分解：刚体的平面运动(绝对运动)可以分解为随基点的平动(牵连平动)和绕基点的转动(相对运动)。

平面图形随同基点平动的速度和加速度随基点选取的不同而不同；而平面图形绕基点转动的角速度、角加速度与基点的选择无关，同时，动坐标系是基点平动系，因而它们又等于平面图形的绝对角速度和绝对角加速度，故统称为平面图形的角速度和角加速度。

2. 求平面图形上各点的速度

(1)速度基点法。

设已知某瞬时平面图形上 A 点的速度为 $\boldsymbol{v}_A$ 和平面图形的角速度为 ω(见图 7-2)，平面图形上任一点 M 的速度为

$$\boldsymbol{v}_M = \boldsymbol{v}_A + \boldsymbol{v}_{MA} \tag{7-2}$$

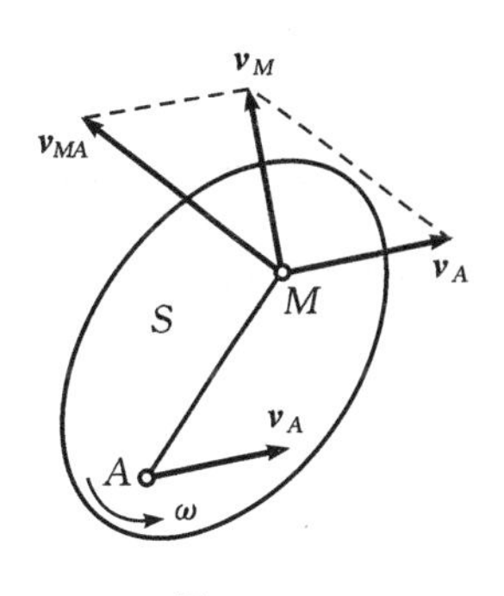

图 7-2

(2)速度投影定理。

将式(7-2)投影到 A、M 连线上，注意到 $\boldsymbol{v}_{MA}$ 垂直于 AM，于是可得

$$[\boldsymbol{v}_A]_{AM} = [\boldsymbol{v}_M]_{AM} \tag{7-3}$$

该式称为**速度投影定理**。

(3)速度瞬心法。

以速度瞬心 P 为基点求速度的方法，称为速度瞬心法(见图 7-3)。平面图形上任一点 M 的速度为

$$\boldsymbol{v}_M = \boldsymbol{v}_{MP} \tag{7-4}$$

即平面图形上任一点的速度等于该点绕速度瞬心作圆周运动的速度。

(4)找速度瞬心位置 P 的方法。

①如图 7－4 所示，过 A、B 分别作 $\boldsymbol{v}_A$ 和 $\boldsymbol{v}_B$ 的垂线，交点 P 即为图形的速度瞬心。

特别的情况如图 7－5 所示，这时，刚体作瞬时平动：此时图形上各点的速度相等，但加速度并不相等。

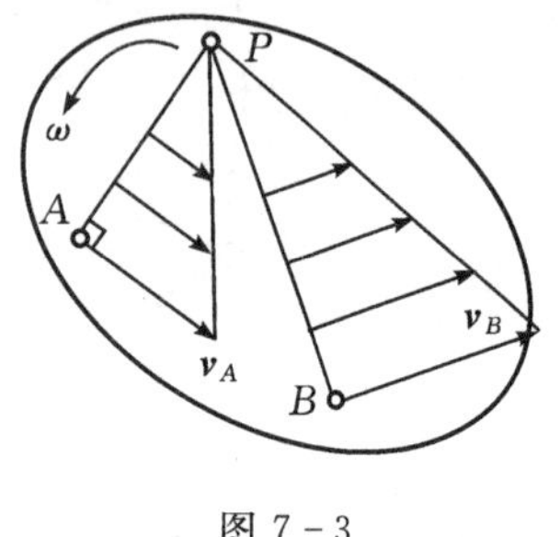

图 7－3

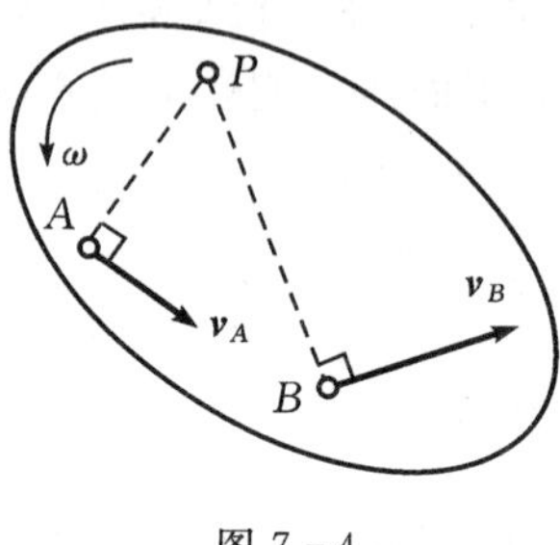

图 7－4

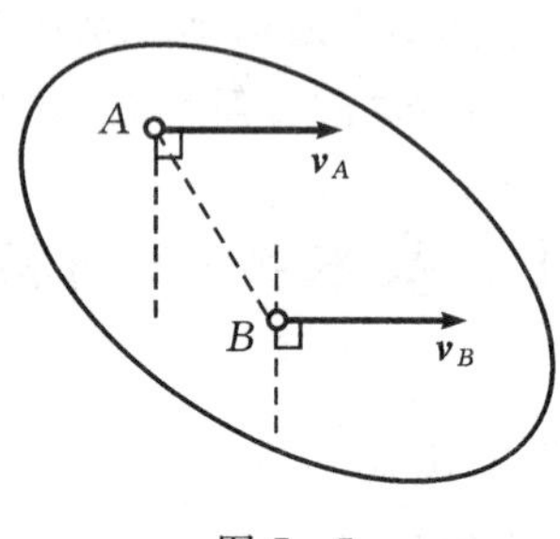

图 7－5

②如图 7－6(a)、(b)所示，P 即为图形的速度瞬心。特别的情况如图 7－6(c)所示，$\boldsymbol{v}_A = \boldsymbol{v}_B$，此时，图形处于瞬时平动状态。

③轮子作纯滚动(见图 7－7)，则轮缘上与固定轨道的接触点 P 即为图形在该瞬时的速度瞬心。

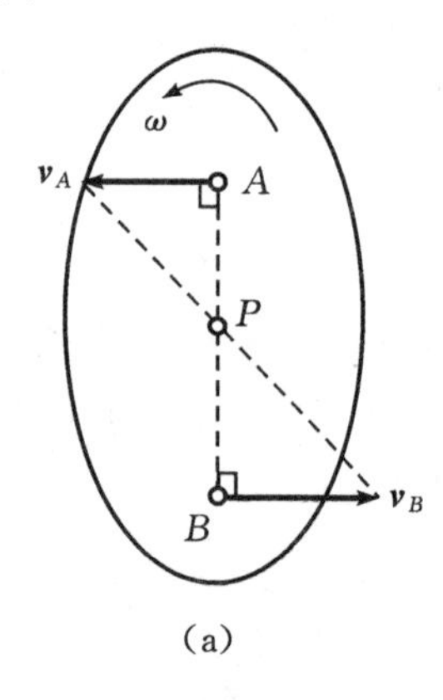

(a)

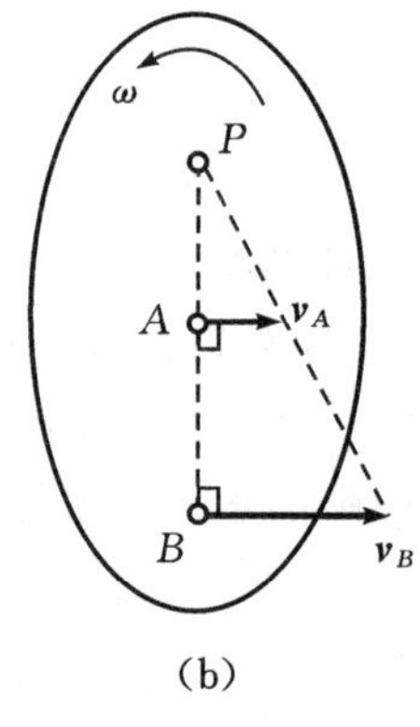

(b)

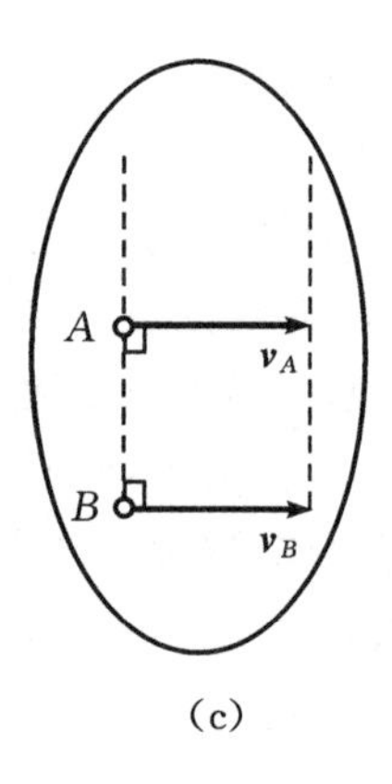

(c)

图 7－6

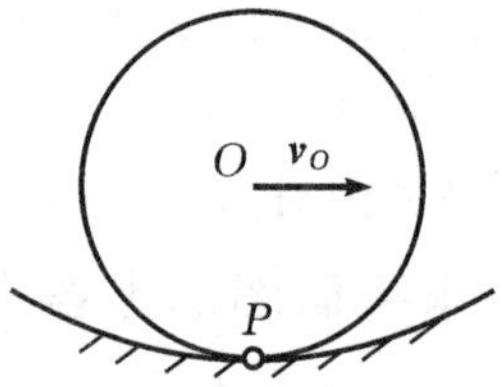

图 7－7

3. 求平面图形上各点加速度的基点法

如图 7－8 所示，已知某瞬时平面图形上某一点 A(基点)的加速度为 $\boldsymbol{a}_A$，平面图形的角速度为 ω，角加速度为 α，则图形上任一点 M 的加速度为

$$\boldsymbol{a}_M = \boldsymbol{a}_A + \boldsymbol{a}_{MA}^{n} + \boldsymbol{a}_{MA}^{\tau} \tag{7-5}$$

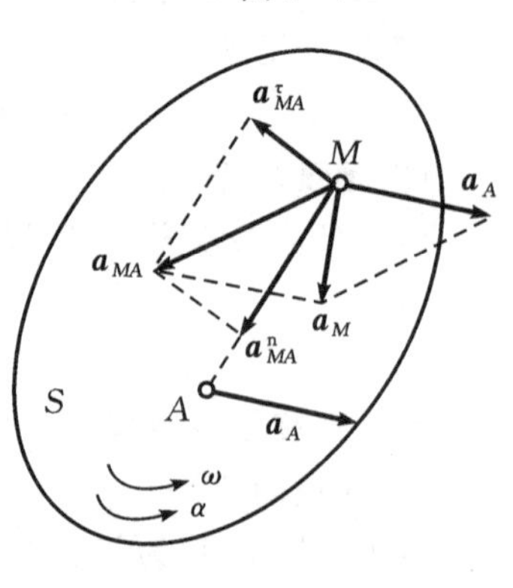

图 7－8

4. 重点及难点

重点

平面图形上点的速度、加速度求解。

难点

平面图形上点的速度、加速度求解时矢量分析图及矢量方程的求解。

7.2　习题类型、解题步骤及解题技巧

1. 习题类型

三类：轮子滚动类、杆件运动类及轮子和杆组合运动类的运动分析。

2. 解题步骤

(1)对各构件进行运动分析，明确其运动特性。

(2)建立平面图形上两点间的速度或加速度的联系，并在研究点上画出相应的速度矢量图或加速度矢量图。

(3)写出相应的两点间速度或加速度方程，求解未知量。

3. 解题技巧

基点法是求解平面图形上任意点速度或加速度的基本方法。首先选一个运动已知的点为基点，而动点到基点的距离可知；$\boldsymbol{v}_M=\boldsymbol{v}_A+\boldsymbol{v}_{MA}$ 中就是“知四求二”；$\boldsymbol{a}_M=\boldsymbol{a}_A+\boldsymbol{a}_{MA}^{n}+\boldsymbol{a}_{MA}^{\tau}$ 中就是“知六求二”；那么，解题中尽可能去凑齐“四和六”个已知量(大小或方向)就成了解题方向。

巧解矢量方程：平面上的一个矢量方程只能求解两个未知量(大小或方向)；它借助于矢量等式向两个不同方向的轴上投影后，得到两个代数方程；为避免解联立方程组，所选投影轴应垂直于某一个未知量。

7.3　例题精解

例 7-1　在图 7-9(a)平面机构中，ABE 为一边长为 l 的等边三角形板，$O_1B=O_2E=l$。图示瞬时 $OA=l$，A、E、O_2 三点恰处于水平，杆 O_1B 的角速度为 ω_1。试求该瞬时，三角板和 OD 杆的角速度。

分析　OD、O_1B、O_2E 杆作定轴转动，三角板作 ABE 平面运动，套筒 A 与 OA 杆以滑动副相连，所以此题是刚体平面运动与点的复合运动的综合应用。

解　由 B、E 点的速度方向可确定三角板 ABE 的速度瞬心为 P(见图 7-9(b))。

$v_B=l\omega_1$，三角板 ABE 的角速度

$$\omega=\frac{v_B}{BP}=\frac{2\sqrt{3}}{3}\omega_1$$

$$v_A=AP\cdot\omega=\frac{\sqrt{3}}{3}l\omega_1$$

动点：A，动系：OD 杆；由速度合成定理 $\boldsymbol{v}_a=\boldsymbol{v}_e+\boldsymbol{v}_r$ 得

$$v_e=v_A\cos 60°=\frac{\sqrt{3}}{6}l\omega_1$$

OD 杆的角速度为

$\omega_{OD}=\dfrac{v_e}{OA}=\dfrac{\sqrt{3}}{6}$，转向如图 7-9(b)所示。

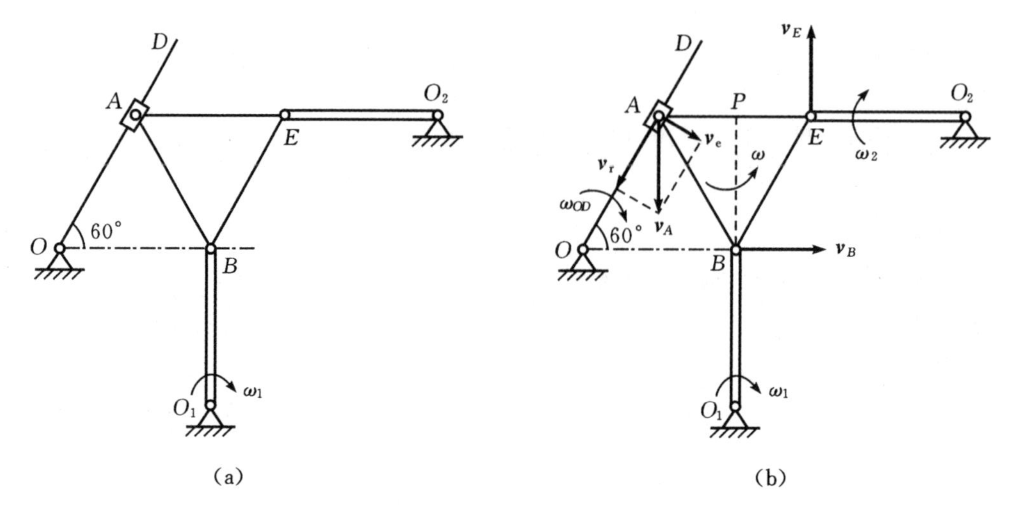

图 7-9

例 7-2 平面机构如图 7-10(a)所示。半径为 R 的圆盘以匀角速度 $\omega=1.6\ \mathrm{rad/s}$ 沿水平直线轨道作纯滚动，杆 AB 一端铰接于圆盘边缘，另一端与套筒 B 铰接，套筒 B 可在铅垂杆上滑动。已知 $R=10\ \mathrm{cm}$，$AB=40\ \mathrm{cm}$。在图示位置 $\theta=30°$，试求杆 AB 的角速度。

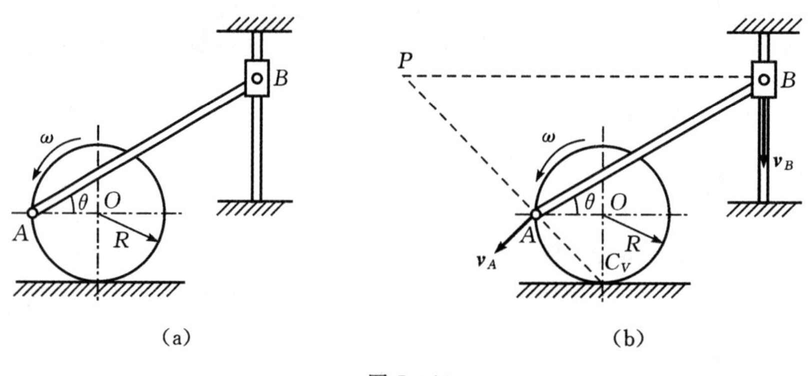

图 7-10

分析 此题为轮子和杆组合运动类题目，轮子和杆均作平面运动，且 B 点速度方向不变，轮子上 A 点速度方向易知，可以用速度瞬心法求解。

解 圆盘以匀角速度沿水平直线作纯滚动，触地点 C_V 是其速度瞬心（见图 7-10(b)）；A 点速度大小

$$v_A=\omega\cdot AC_V=\sqrt{2}R\omega,\text{方向垂直于 } AC_V$$

而 B 点速度沿铅垂方向；由 A、B 点速度方向可确定 AB 杆速度瞬心 P（见图 7-10(b)）。而

$$v_A=\omega_{AB}\cdot PA$$

$$PA=\sqrt{2}\cdot AB\cdot\sin\theta$$

所以杆 AB 的角速度

$$\omega_{AB}=\frac{v_A}{PA}=\frac{\sqrt{2}R\omega}{\sqrt{2}\cdot AB\cdot\sin\theta}=0.8\ \mathrm{rad/s}\quad(\curvearrowright)$$

例 7-3　图示滑块 B、D 分别沿铅垂和水平导槽滑动，AB 杆长为 $l=0.5\sqrt{2}$ m，杆 AB、AD 与圆轮中心 A 点铰接，圆轮在水平面上作纯滚动，其半径 $r=0.2$ m；滑块 B 以匀速向下运动，$v_B=0.5$ m/s。试求图示瞬时：(1)圆轮的角速度和滑块 D 的速度；(2)圆轮的角加速度。

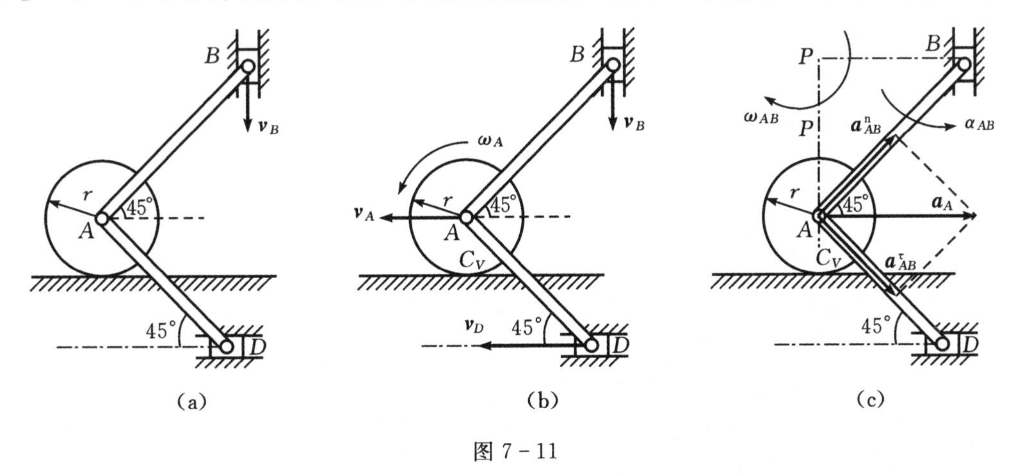

图 7-11

分析　此题为轮子和杆组合运动类题目，轮子和杆均作平面运动，有三种方法求速度；而求(角)加速度只有基点法。

解　(1)A、B、D 点速度如图 7-11(b)所示；由速度投影定理得

$$v_A\cos45°=v_B\cos45°$$

$$v_A=v_B=0.5\ \text{m/s}$$

对圆轮 A，触地点 C_V 是其速度瞬心；因此圆轮的角速度

$$\omega_A=\frac{v_A}{AC_V}=\frac{0.5}{0.2}=2.5\ \text{rad/s}$$

由于 A、D 两点速度均沿水平方向；所以 AB 杆作瞬时平动；则

$$\boldsymbol{v}_A=\boldsymbol{v}_D\text{；}v_D=0.5\ \text{m/s}$$

(2)P 是 AB 杆速度瞬心，所以

$$\omega_{AB}=\frac{v_A}{l\cos45°}=\frac{0.5}{0.5\sqrt{2}\times\frac{\sqrt{2}}{2}}=1\ \text{rad/s}$$

以 B 点为基点，研究 A 点，加速度分析如图 7-11(b)所示，由

$$\boldsymbol{a}_A=\boldsymbol{a}_{AB}^\tau+\boldsymbol{a}_{AB}^n$$

式中　$a_{AB}^n=\omega_{AB}^2\cdot AB=1^2\times0.5\sqrt{2}=0.5\sqrt{2}\ \text{m/s}^2$

解得

$$a_A=1\ \text{m/s}^2\qquad \alpha_A=\frac{a_A}{r}=5\ \text{rad/s}^2\quad\text{(顺时针方向)}$$

7.4　题　解

7-1　如图所示，拖车的车轮 A 与垫滚 B 的半径均为 r。问当拖车以速度 $\boldsymbol{v}$ 前进时，轮 A 与垫滚的角速度是否相等？(设 A、B 与地面间无滑动)

答 不等。A 轮轮心速度等于 B 轮最高点的速度。

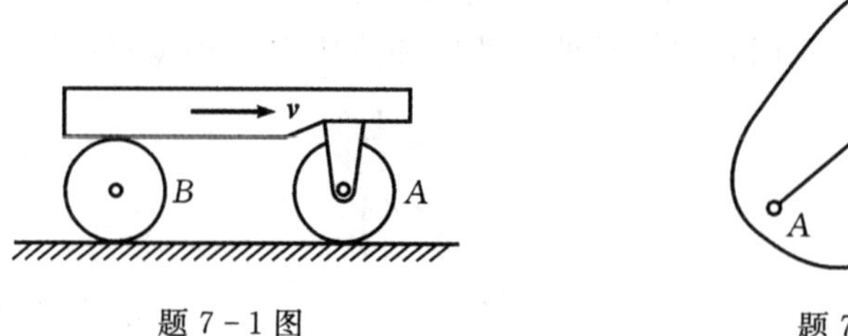

题 7-1 图

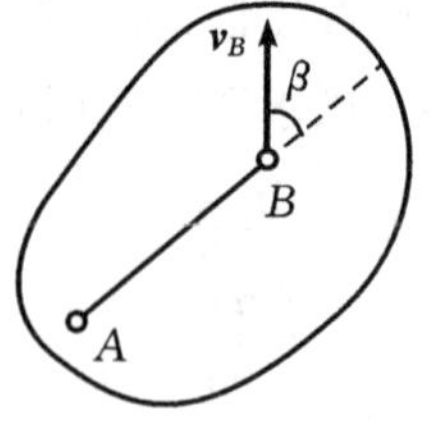

题 7-2 图

7-2 平面运动刚体(平面图形)上 B 点的速度为 $\boldsymbol{v}_B$,若以 A 点为基点,则 B 点绕 A 点(相对于以基点 A 为原点的平动坐标系)作圆周运动的速度 $\boldsymbol{v}_{BA}$ 的值是否等于 $v_B\sin\beta$? 为什么? 若 A 点速度已知,$\boldsymbol{v}_{BA}$ 应如何求得?

答 不一定等于 $v_B\sin\beta$,只有 A 点速度为 0 或沿 AB 连线方向时,$\boldsymbol{v}_{BA}$ 的值才等于 $v_B\sin\beta$。若 A 点速度已知,$\boldsymbol{v}_{BA}$ 应由基点法求得。

7-3 判断下列结论正确与否,并说明原因。

(1)速度瞬心的加速度一定等于零;

(2)平动与定轴转动都是平面运动的特殊情况。

答 (1)错误。速度瞬心具有瞬时性,下一瞬时的速度一般不等于零。

(2)错误。平动不一定是平面运动。

7-4 试证明平面运动刚体(平面图形)上任意两点 A、B 的加速度在 AB 连线上的投影并不相等,即 $a_A\cos\varphi\neq a_B\cos\beta$,且二者之差等于 $AB\cdot\omega^2$。

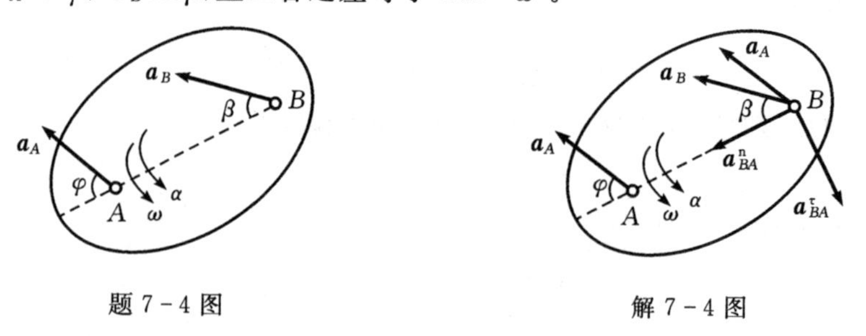

题 7-4 图 解 7-4 图

证明 以 A 为基点,B 点的加速度如解 7-4 图所示。

将 $\boldsymbol{a}_B=\boldsymbol{a}_A+\boldsymbol{a}_{BA}^n+\boldsymbol{a}_{BA}^\tau$ 在 AB 连线上投影得

$a_B\cos\beta=a_A\cos\varphi+AB\cdot\omega^2$

即 $a_A\cos\varphi\neq a_B\cos\beta$,且二者之差等于 $AB\cdot\omega^2$

7-5 如图所示,两平板以匀速度 $v_1=6\text{ m/s}$ 与 $v_2=2\text{ m/s}$ 作同方向运动,平板间夹一半径 $r=0.5\text{ m}$ 的圆盘,圆盘在平板间滚动而不滑动,求圆盘的角速度及其中心 O 的速度。

解 圆盘速度瞬心为 C_V

$$\omega=\frac{v_1-v_2}{2r}=\frac{6-2}{2\times0.5}=4\text{ rad/s}\quad(\downarrow)$$

$$v_O=\frac{v_1+v_2}{2}=\frac{6+2}{2}=4\text{ m/s}$$

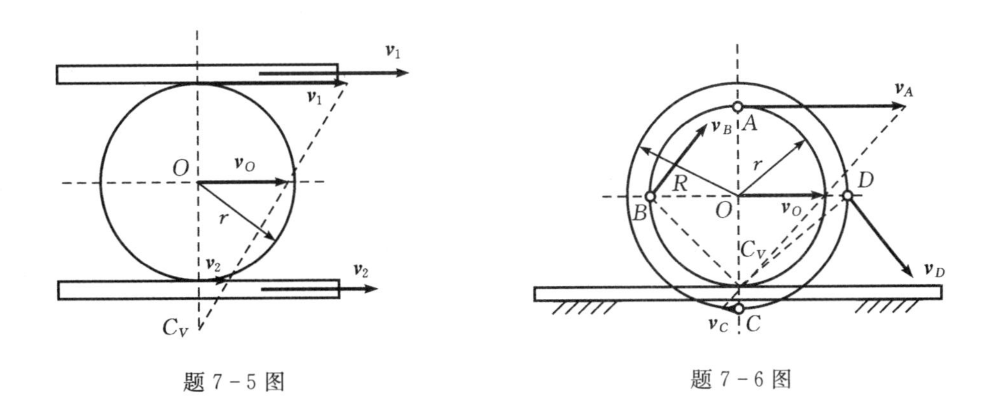

题 7-5 图　　　　题 7-6 图

7-6　如图所示，火车车轮在钢轨上滚动不滑动，轮心速度为 $\boldsymbol{v}_O$。设车轮直径为 $2r$，凸缘直径为 $2R$，试求轮周上 A、B 点及凸缘上 C、D 点的速度。

解　车轮与钢轨接触点 C_V 为车轮速度瞬心

$\omega=\dfrac{v_O}{r}$　顺时针

$v_A=\omega\cdot 2r=2v_O \qquad v_B=\omega\cdot\sqrt{2}r=\sqrt{2}v_O$

$v_C=\omega\cdot(R-r)=\dfrac{R-r}{r}v_O \qquad v_D=\omega\cdot C_VD=\dfrac{\sqrt{R^2+r^2}}{r}v_O$

各点速度方向如题 7-6 图所示。

7-7　试求出下列各图中平面运动刚体在图示位置的速度瞬心，并确定角速度的转向以及 M 点速度的方向。

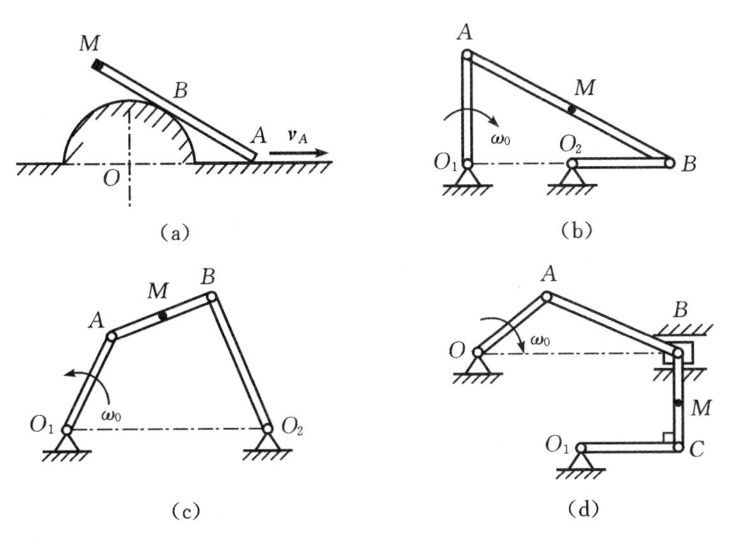

题 7-7 图

解

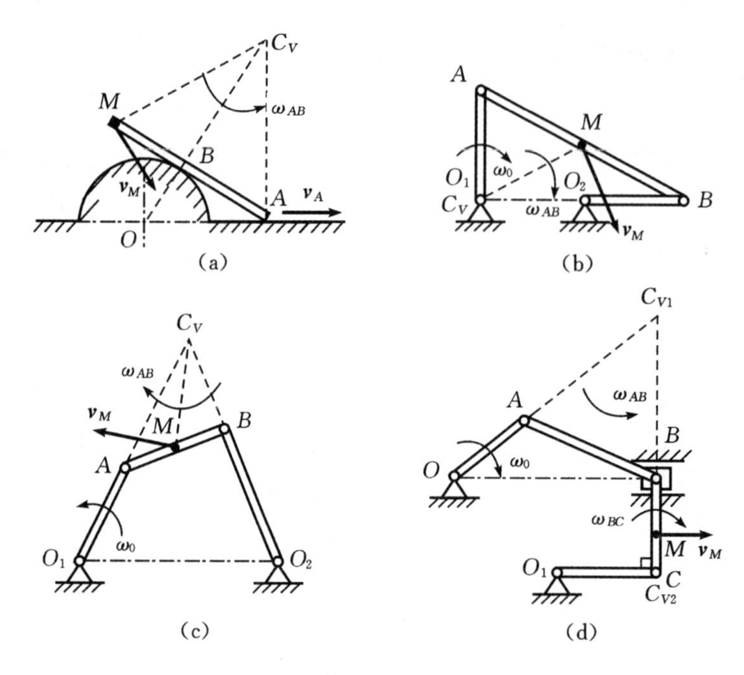

解 7－7 图

7－8 已知曲柄滑块机构中，曲柄 OA 长为 r，连杆 AB 长为 l，曲柄的角速度 ω_0 为常量，试求图示两特殊位置时，连杆的角速度和角加速度。

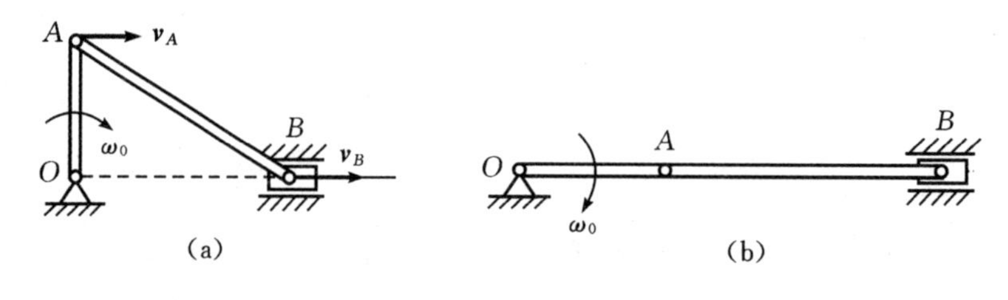

题 7－8 图

解 (a)AB 杆瞬时平动，$\omega_{AB}=0$

$\boldsymbol{a}_B=\boldsymbol{a}_A+\boldsymbol{a}_{BA}^{\tau}$，$a_A=\omega^2 r$，$\alpha_{AB}=\dfrac{a_{BA}^{\tau}}{l}=\dfrac{a_A}{l}\times\dfrac{l}{\sqrt{l^2-r^2}}$；逆时针

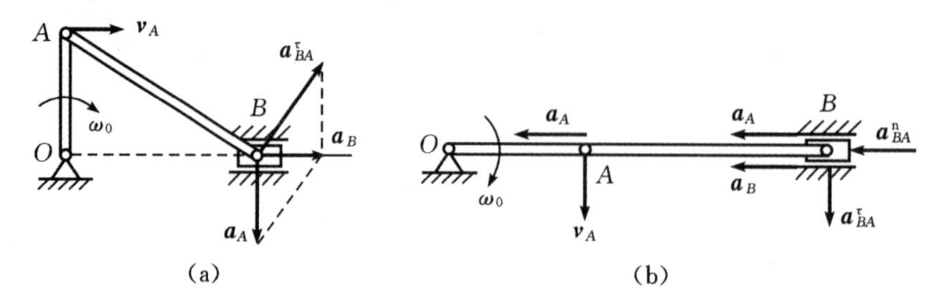

解 7－8 图

(b)B 点为 AB 杆速度瞬心

$\omega_{AB}=\dfrac{v_A}{AB}=\dfrac{r}{l}\omega_0$　逆时针

$\boldsymbol{a}_B=\boldsymbol{a}_A+\boldsymbol{a}_{BA}^{n}+\boldsymbol{a}_{BA}^{\tau}$，$\boldsymbol{a}_{BA}^{\tau}=0$，$\alpha_{AB}=0$

7－9　图示筛动机构中，筛子由曲柄连杆机构带动而作平动。已知曲柄 OA 的转速 $n_{OA}=40$ r/min，$OA=30$ cm。当筛子 BC 运动到与点 O 在同一水平线上时$\angle BAO=90°$。求此瞬时筛子 BC 的速度。

解　A、B 两点速度如题 7－9 图所示。

$\omega_{OA}=\dfrac{2\pi n_{OA}}{60}=\dfrac{4}{3}\pi$ rad/s

由速度投影定理得

$v_A=v_B\cdot\cos60°$

解得筛子平动的速度为

$v_B=2v_A=2\omega_{OA}\cdot OA=2.513$ m/s

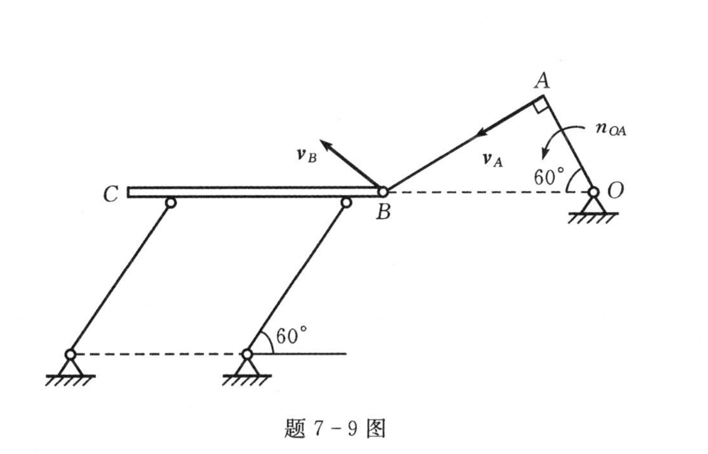

题 7－9 图

题 7－10 图

7－10　如图所示，四连杆机构由曲柄 O_1A 带动。已知：$\omega_{O_1A}=2$ rad/s，$O_1A=10$ cm，$O_1O_2=5$ cm，$AD=5$ cm。当 O_1A 铅垂时，AB 平行于 O_1O_2，且 AD 与 O_1A 在同一直线上，$\varphi=30°$。试求三角板 ABD 的角速度和 D 点的速度。

解　速度分析如题 7－10 图所示。

P 为 ABD 板速度瞬心

$\omega_{ABD}=\dfrac{v_A}{PA}=\dfrac{2\times10}{10+5\sqrt{3}}\approx1.07$ rad/s，逆时针

$v_D=\omega_{ABD}\times PD=1.07\times15+5\sqrt{3}\approx25.35$ cm/s，方向如图。

7－11　如图所示，直杆 AB 与圆柱 C 相切，A 点以匀速 60 cm/s 沿水平线向右滑动。圆柱在水平面上滚动，直径 20 cm。假设杆与圆柱之间及圆柱与地面之间均无滑动，试求在图示位置圆柱的角速度。

解　速度分析如题 7－11 图所示。

P 为 AB 杆速度瞬心，E 为轮 C 速度瞬心

$v_A\cos60°=v_D\cos30°$

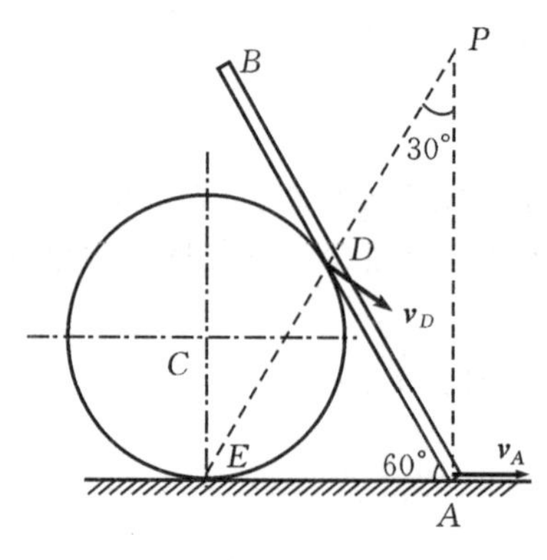

题 7-11 图

$v_D = v/\sqrt{3}$

$ED = \sqrt{3}r$

$\omega_C = \dfrac{v_D}{ED} = \dfrac{v}{3r} = 2$ rad/s，转向为顺时针方向

7-12 图示配气机构，曲柄 OA 以匀角速度 $\omega = 20$ rad/s 转动。已知：$OA = 40$ cm，$AC = CB = 20\sqrt{37}$ cm。求当 $\varphi = 90°$ 和 $\varphi = 0°$时，配气机构中气阀杆 DE 的速度。

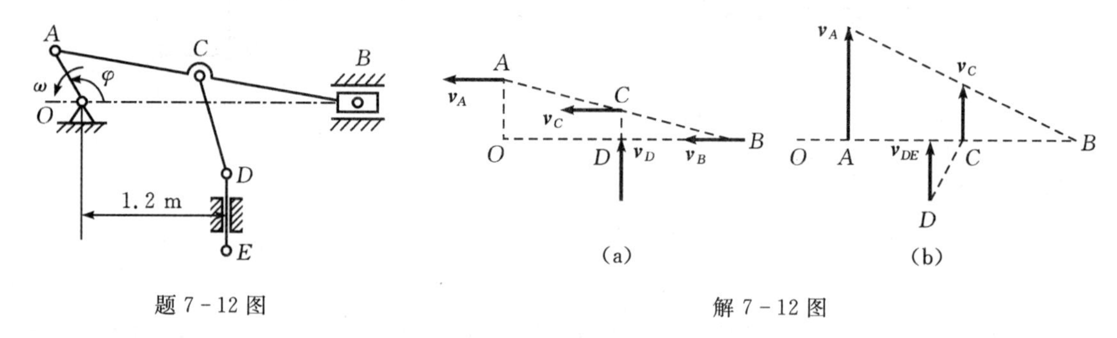

题 7-12 图　　解 7-12 图

解　$\varphi = 90°$时，杆 AB 瞬时平动，速度分析如解 7-12 图(a)所示。

$\boldsymbol{v}_B = \boldsymbol{v}_A = \boldsymbol{v}_C$，方向水平向右

由速度投影定理得　$v_{DE} = 0$

$\varphi = 0°$时，B 为杆 AB 速度瞬心，速度分析如解 7-12 图(b)所示。

杆 CD 瞬时平动

$v_{DE} = v_C = \dfrac{1}{2}v_A = \dfrac{1}{2}\omega \cdot OA = 4$ m/s

7-13 图示为剪断钢材用的飞剪的连杆机构。当曲柄 OA 转动时，连杆 AB 使摆杆 BF 绕 F 点摆动，装有刀片的滑块 C 由连杆 BC 带动作上下往复运动。已知曲柄的角速度为 ω，$OA = r$，$BF = BC = l$。试求图示位置剪刀的速度 $\boldsymbol{v}_C$。

解　速度分析如题 7-13 图所示。

P 为 AB 杆速度瞬心，Q 为 BC 杆速度瞬心。对 AB 杆，由速度投影定理得

$v_A \cdot \cos 30° = v_B \cdot \cos 30°$　$v_A = v_B$

对 AC 杆，由速度投影定理得

$v_B \cdot \cos30° = v_C \cdot \cos30° \quad v_B = v_C$

$v_A = v_C = \omega \cdot r$，方向如题 7 - 13 图所示。

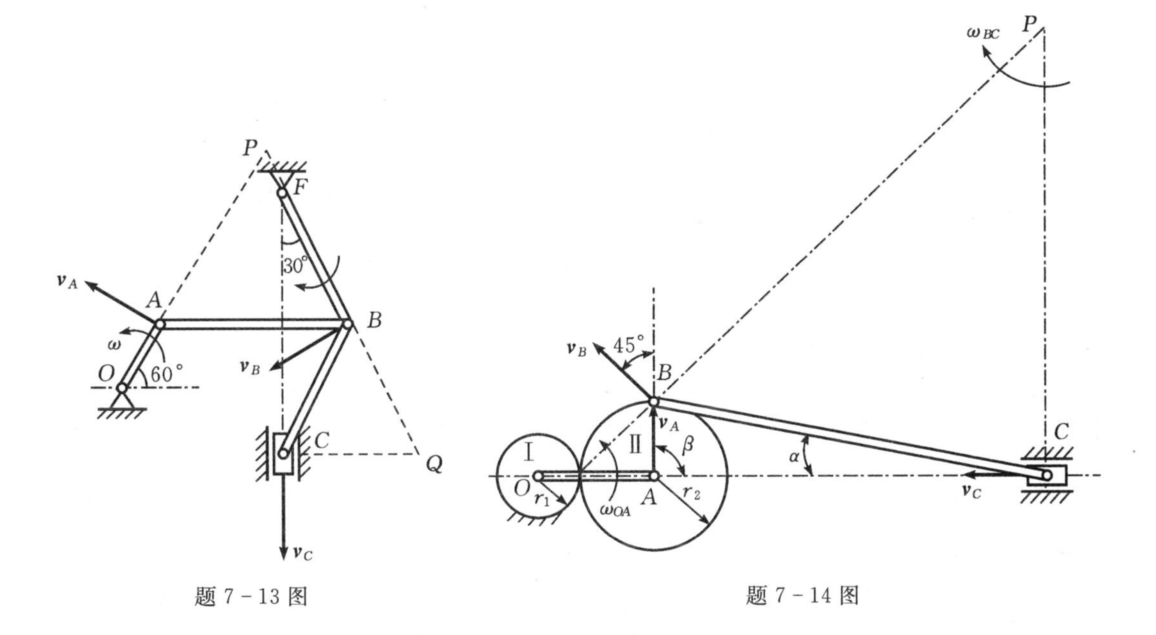

题 7 - 13 图　　题 7 - 14 图

7 - 14 图示往复式连杆机构，由曲柄 OA 带动行星齿轮Ⅱ在固定齿轮Ⅰ上滚动。行星齿轮Ⅱ通过连杆 BC，带动活塞 C 往复运动。已知齿轮节圆半径 $r_1 = 100$ mm，$r_2 = 200$ mm，$BC = 200\sqrt{26}$ mm。在图示位置时，$\beta = 90°$，$\omega_{OA} = 0.5$ rad/s。试求连杆的角速度及 B 点与 C 点的速度。

解 速度分析如图，P 为 BC 杆的速度瞬心

由速度投影定理：$v_A = v_B \cdot \cos45°$

$$v_B = \sqrt{2} \cdot v_A = \sqrt{2}\omega(r_1 + r_2) = \sqrt{2} \times 0.5(0.1 + 0.2)$$

$$= 0.15\sqrt{2} \approx 0.212 \text{ m/s}$$

$$\omega_{BC} = \frac{v_B}{BP} = \frac{v_B}{\sqrt{2}(BC^2 - r_2^2)} = 0.15 \text{ rad/s} \quad (\circlearrowright)$$

$$v_C = \omega_{BC} \cdot PC = 0.15 \times (r_2 + \sqrt{BC^2 - r_2^2}) = 0.18 \text{ m/s}$$

7 - 15 图示机构中，AB 杆一端连滚子 A 以 $v_A = 16$ cm/s 沿水平方向匀速运动，中间活套在可绕 O 轴转动的套管内，结构尺寸如图示。试求 AB 杆的角速度与另一端 B 的速度。

解 速度分析如题 7 - 15 图，P 为 AB 杆的速度瞬心

$$\omega_{AB} = \frac{v_A}{PA} = \frac{v_A}{OA} \cdot \frac{8}{10} = 1.28 \text{ rad/s}$$

$$v_B = \omega_{AB} \cdot PB = \omega_{AB} \cdot PA = v_A = 16 \text{ m/s}$$

方向垂直于 PB 向下。

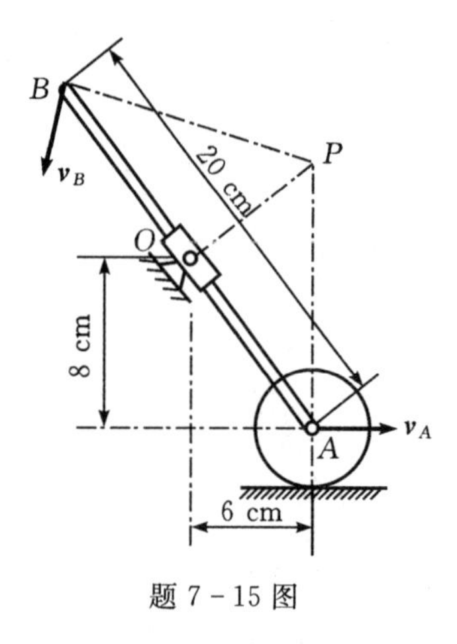

题 7 - 15 图

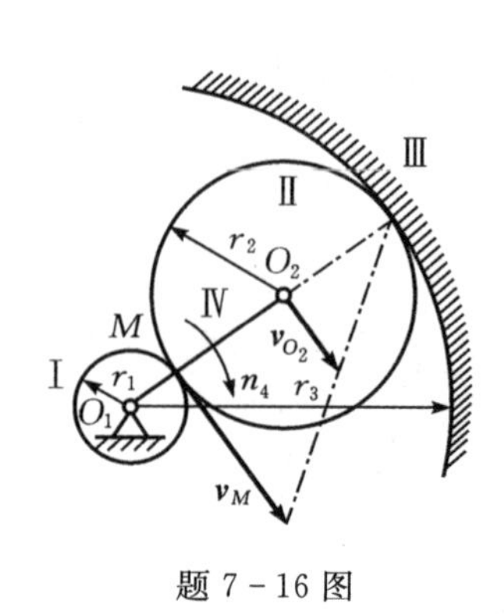

题 7 - 16 图

7 - 16 砂轮高速转动装置如图所示。砂轮装在轮Ⅰ上，可随轮Ⅰ高速转动。已知：杆 O_1O_2 以转速 $n_4=900$ r/min 绕 O_1 轴转动，O_2 处铰接半径为 r_2 的齿轮Ⅱ，当杆 O_1O_2 转动时，轮Ⅱ在半径为 r_3 的固定内齿轮上滚动，并使半径为 r_1 的轮Ⅰ绕 O_1 轴转动，$\frac{r_3}{r_1}=11$。求轮Ⅰ的转速。

解 速度分析如题 7 - 16 图所示。

$$\omega_2=\frac{v_{O2}}{r_2}=\frac{\omega_4(r_1+r_2)}{r_2}$$

$$\omega_1=\frac{v_M}{r_1}=\frac{2v_{O2}}{r_1}=\frac{2\omega_4(r_1+r_2)}{r_1}$$

而 $r_3=r_1+2r_2$

$$\omega_1=\frac{v_M}{r_1}=\frac{\omega_4(r_1+r_3)}{r_1}=12\omega_4$$

$$n_1=12n_4=10800\ \text{r/min}$$

7 - 17 行星机构如图所示，杆 OA 以匀角速度 ω_0 绕 O 轴逆时针转动，借连杆 AB 带动曲柄 O_1B；齿轮Ⅱ与连杆刚连成一体，并与活套在 O_1 轴上的齿轮Ⅰ相啮合。已知：齿轮半径 $r_1=r_2=30\sqrt{3}$ cm，$OA=75$ cm，$AB=150$ cm，$\omega_0=6$ rad/s。求当 $\theta=60°$、$\beta=90°$时，曲柄 O_1B 及齿轮Ⅰ的角速度。

解 机构速度分析如题 7 - 17 图所示，C_V是 AB 杆与轮Ⅱ的速度瞬心

$$\omega_{AB}=\frac{v_A}{C_VA}=\frac{OA\cdot\omega_0}{2\cdot AB}$$

$$v_B=C_VB\cdot\omega_{AB}=\frac{\sqrt{3}}{2}OA\cdot\omega_0$$

$$\omega_{O_1B}=\frac{v_B}{r_1+r_2}=3.75\ \text{rad/s}\quad(\circlearrowright)$$

两轮啮合点 M 的速度

$$v_M=C_VM\cdot\omega_{AB}$$

轮Ⅰ的角速度 $\omega_{\text{I}}=\frac{v_M}{r_1}=6\ \text{rad/s}\quad(\circlearrowright)$

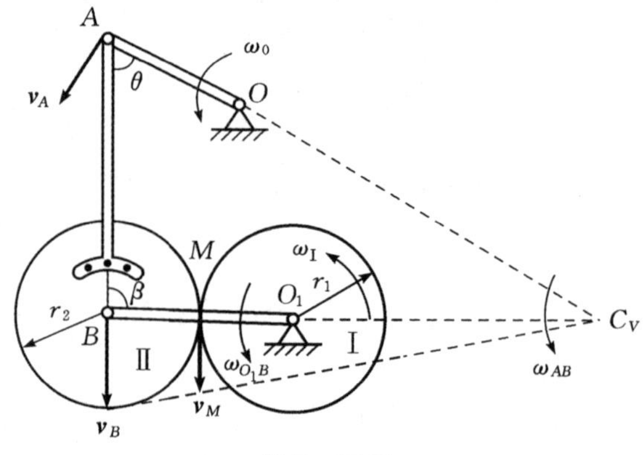

题 7 - 17 图

7-18 如图所示,半径为 R 的绕线轮沿水平面滚动而不滑动,线绕在半径为 r 的圆柱部分上。设某瞬时,线的 B 端以速度 $\boldsymbol{v}$ 与加速度 $\boldsymbol{a}$ 沿水平方向运动,求轮心 O 的速度和加速度。

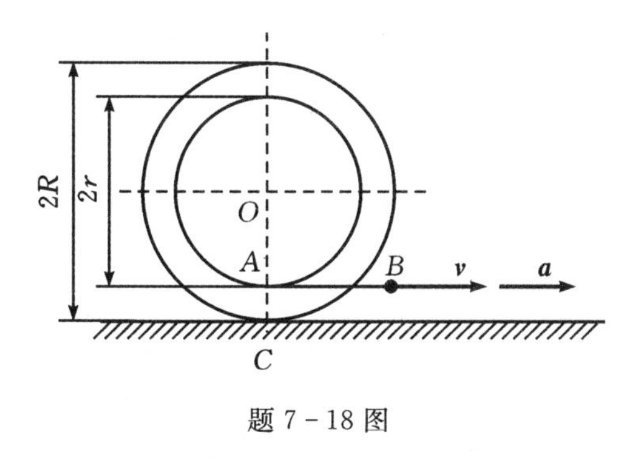

题 7-18 图

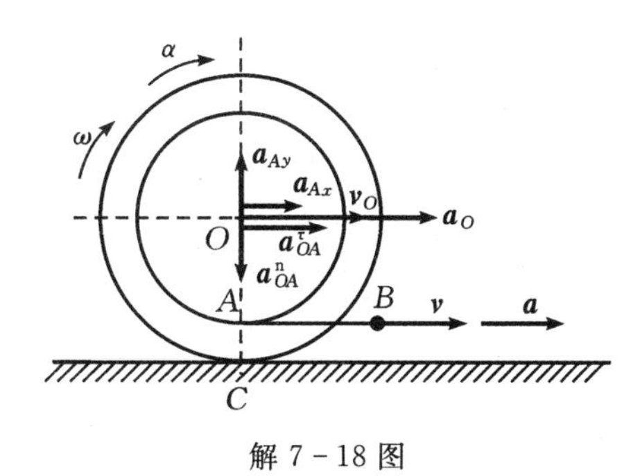

解 7-18 图

解 触地点 C 为轮的速度瞬心

$$\omega=\frac{v_A}{PA}=\frac{v}{R-r}$$

$$\alpha=\frac{\mathrm{d}\omega}{\mathrm{d}t}=\frac{a}{R-r}$$

$$v_O=\omega R=\frac{R}{R-r}v$$

以 A 为基点,研究 O 点

$\boldsymbol{a}_O=\boldsymbol{a}_{Ax}+\boldsymbol{a}_{Ay}+\boldsymbol{a}_{OA}^{n}+\boldsymbol{a}_{OA}^{\tau}$, $\boldsymbol{a}_{Ax}=a$

向水平方向投影得 $a_O=a+a_{OA}^{\tau}$

$$a_O=\frac{R}{R-r}a$$

7-19 四连杆机构 $ABCD$,尺寸及位置如图所示。设 AB 杆以匀角速度 $\omega=1$ rad/s 作顺时针转动。试求 C 点的速度、CD 杆的角速度、C 点的加速度、CD 杆的角加速度(图中长度尺寸以 cm 计)。

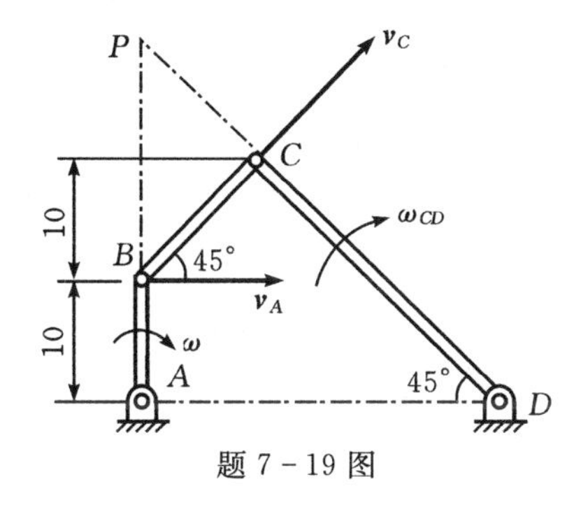

题 7-19 图

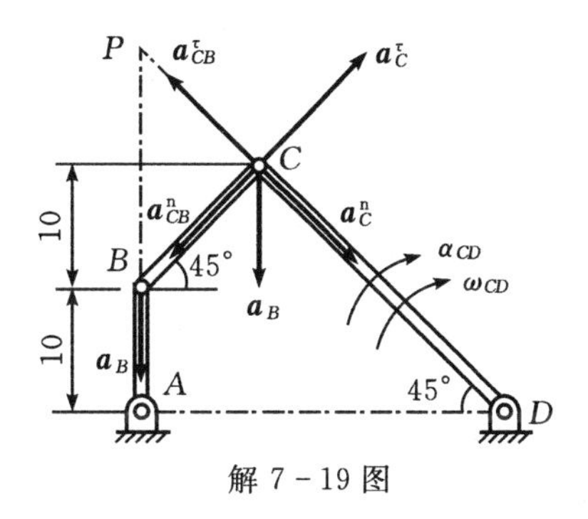

解 7-19 图

解 速度分析如题 7-19 图所示,P 为 BC 杆的速度瞬心

$$\omega_{BC}=\frac{v_A}{PB}=0.5\ \mathrm{rad/s}$$

$$v_C=\omega_{BC}\cdot PC=\omega_{BC}\cdot PB\cos 45°=5\sqrt{2}\ \mathrm{cm/s}$$

$\omega_{CD}=\dfrac{v_C}{CD}=0.25\ \text{rad/s}$

加速度分析如解 7 - 19 图所示。

	$\boldsymbol{a}_C^{\text{n}}$	+	$\boldsymbol{a}_C^{\tau}$	=	$\boldsymbol{a}_B$	+	$\boldsymbol{a}_{CB}^{\text{n}}$	+	$\boldsymbol{a}_{CB}^{\tau}$
方向	√		√		√		√		√
大小	$\omega_{CD}^2\cdot CD$		$\alpha_{CD}\cdot CD(?)$		$\omega^2\cdot AB$		$\omega_{BC}^2\cdot BC$		?

向 BC 轴投影,解得　$\alpha_{CD}=-0.375\ \text{rad/s}^2$(与图示转向相反)

$a_C^{\text{n}}=\omega_{CD}^2\cdot CD=0.25^2\times 20\sqrt{2}=1.25\sqrt{2}\ \text{cm/s}^2$

$a_C^{\tau}=\alpha_{CD}\cdot CD=-0.375\times 20\sqrt{2}=-7.5\sqrt{2}\ \text{cm/s}^2$(与图示方向相反)

$a_C=\sqrt{a_C^{\text{n}2}+a_C^{\tau 2}}=10.75\sqrt{2}\ \text{cm/s}^2$

7 - 20　如图所示,曲柄 OA 长为 20 cm,以匀角速度 $\omega=10$ rad/s 转动,带动长为 100 cm 的连杆 AB,使滑块 B 沿铅垂方向运动。求当曲柄与连杆相互垂直,并与水平线各成角 $\theta=45°$ 与 $\varphi=45°$时,连杆的角速度、角加速度以及滑块 B 的加速度。

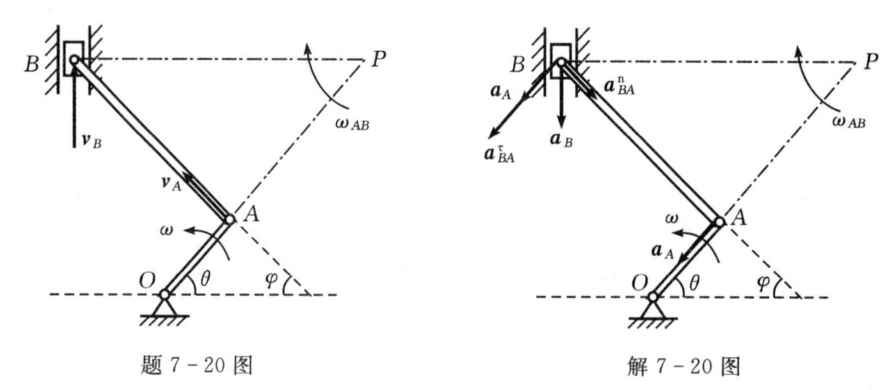

题 7 - 20 图　　　　解 7 - 20 图

解　速度分析如题 7 - 20 图所示;P 是 AB 杆速度瞬心

$\omega_{AB}=\dfrac{v_A}{PA}=\dfrac{\omega\cdot OA}{AB}=\dfrac{10\times 20}{100}=2\ \text{rad/s}$

$v_B=\omega_{AB}\cdot PB=2\times\sqrt{2}\times 100=200\sqrt{2}\ \text{cm/s}$

连杆的角速度转向以及滑块 B 的速度方向如题 7 - 20 图所示,加速度分析如解 7 - 20 图所示。

以 A 为基点,分析 B 点

	$\boldsymbol{a}_B$	=	$\boldsymbol{a}_A$	+	$\boldsymbol{a}_{BA}^{\text{n}}$	+	$\boldsymbol{a}_{BA}^{\tau}$
方向	√		√		√		√
大小	?		$\omega^2\cdot OA$		$\omega_{AB}^2\cdot AB$		$\alpha_{AB}\cdot AB(?)$

向 BA 轴投影,得

$a_B\cos\theta=a_{BA}^{\text{n}}=\omega_{AB}^2\cdot AB$

$a_B=565.6\ \text{cm/s}^2$,铅垂向下

向 AO 轴投影,得

$a_B\sin\theta=a_{BA}^{\tau}+a_A=\alpha_{AB}\cdot AB+\omega^2\cdot OA$

$\alpha_{AB}=-16\ \text{rad/s}^2$,顺时针

7-21　直角尺 BCD 的两端 B、D 分别与直杆 AB、DE 铰接，而 AB、DE 可分别绕 A、E 轴转动。设在图示位置时，AB 杆的角速度为 ω、角加速度为零。求此时 DE 杆的角速度与角加速度。

解　以 B 为基点，D 点的速度与加速度分别如题 7-21 图和解 7-21 图所示。

$v_D = v_B \cdot \cot\alpha$

$\omega_{DE} = \dfrac{v_D}{DE} = \dfrac{\omega l \cdot 2}{l} = 2\omega$　　逆时针

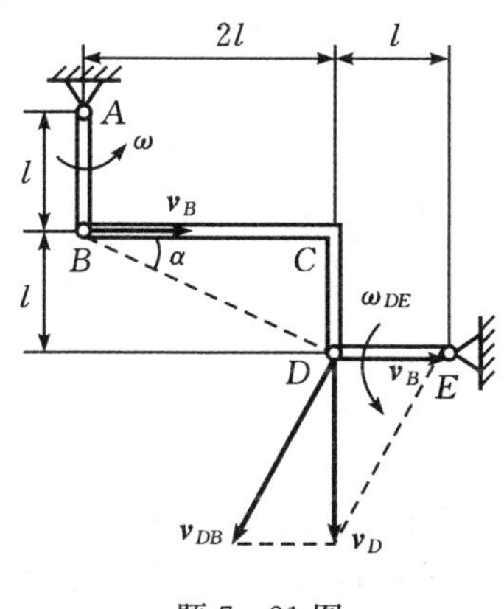

题 7-21 图

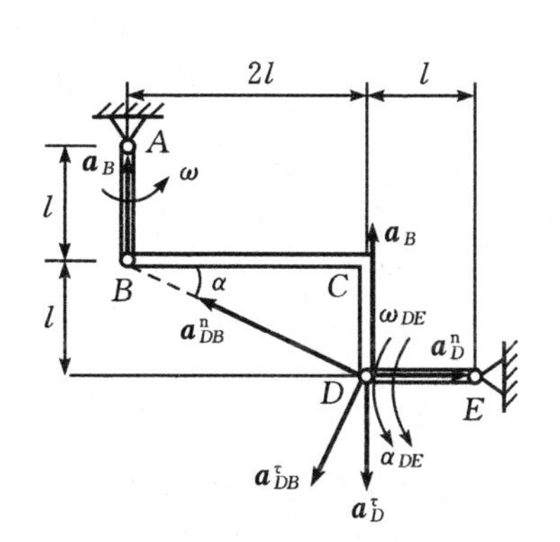

解 7-21 图

$$\omega_{BCD} = \frac{v_{DB}}{DB} = \frac{v_B}{DB \cdot \sin\alpha} = \frac{\omega l}{\sqrt{5}l \cdot \dfrac{l}{\sqrt{5}l}} = \omega$$

	$\boldsymbol{a}_D^n$	+	$\boldsymbol{a}_D^\tau$	=	$\boldsymbol{a}_B$	+	$\boldsymbol{a}_{DB}^n$	+	$\boldsymbol{a}_{DB}^\tau$
方向	√		√		√		√		√
大小	$4\omega^2 l$		$\alpha_{DE} l$(?)		$\omega^2 l$		$\sqrt{5}\omega^2 l$		?

向 AB 轴投影，解得

$\alpha_{DE} = 14\omega^2\ \text{rad/s}^2$，逆时针

7-22　已知：杆 BC 以匀速 $n = 90$ r/min 绕 C 轴逆时针转动。$BC = 38$ cm，$AB = 30$ cm，圆弧杆半径 $R = 40$ cm。试求图示位置时，套筒 A 的加速度。

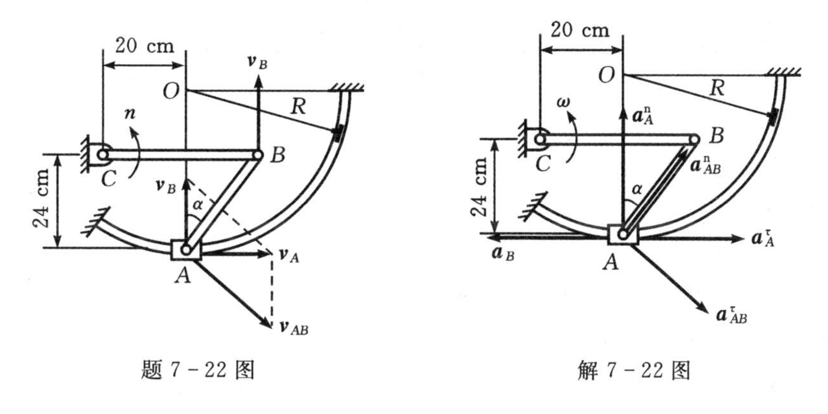

题 7-22 图　　解 7-22 图

解　以 B 为基点，分析 D 点

速度与加速度分析如图所示。

$v_A = v_B \cdot \cot\alpha$

$v_B = \dfrac{2\pi n}{60} \cdot BC$；　　$v_{AB} = \dfrac{v_B}{\sin\alpha}$

$\omega_{AB} = \dfrac{v_{AB}}{AB} = \dfrac{v_B}{AB \cdot \sin\alpha}$

	$\boldsymbol{a}_A^{\mathrm{n}}$	+	$\boldsymbol{a}_A^{\tau}$	=	$\boldsymbol{a}_B$	+	$\boldsymbol{a}_{AB}^{\mathrm{n}}$	+	$\boldsymbol{a}_{AB}^{\tau}$
方向	√		√		√		√		√
大小	$\dfrac{v_A^2}{R}$		?		$\left(\dfrac{2\pi n}{60}\right)^2 \cdot BC$		$\omega_{AB}^2 \cdot AB$		?

$a_A^{\mathrm{n}}\cos\alpha + a_A^{\tau}\sin\alpha = -a_B\sin\alpha + a_{AB}^{\mathrm{n}}$

$\sin\alpha = \dfrac{BC-20}{AB} = \dfrac{3}{5}$　　$\cos\alpha = \dfrac{4}{5}$

解得　$a_A^{\tau} = 88.18\ \mathrm{cm/s^2}$ 而

$a_A^{\mathrm{n}} = \dfrac{v_A^2}{R} = \dfrac{(v_B \cdot \cot\alpha)^2}{R} = \dfrac{(76\pi)^2}{10} = 57.01\ \mathrm{cm/s^2}$

7-23　曲柄连杆机构如图所示，滑块 B 可在圆弧形槽内滑动。在图示瞬时，曲柄 OA 与水平线成 60°角，且与连杆 AB 垂直；连杆与槽在 B 点的法线成 30°角，OA 的角速度为 ω_0，角加速度 α_0，$OA=l$，$AB=2\sqrt{3}l$；圆弧半径 $O_1B=2l$。求此时滑块 B 的切向加速度和法向加速度。

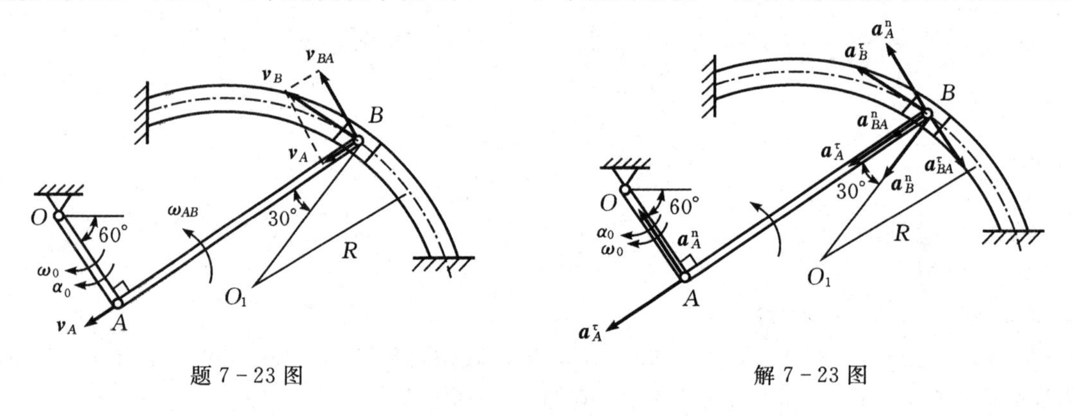

题 7-23 图　　　　解 7-23 图

解　速度分析如题 7-23 图所示；由速度投影定理得

$v_B \cdot \cos 60° = v_A$

$v_B = 2v_A$　$v_{BA} = \sqrt{3}v_A$

$\omega_{AB} = \dfrac{v_{BA}}{AB} = \dfrac{\omega_0}{2}$

以 A 为基点，研究 B 点

	$\boldsymbol{a}_B^{\mathrm{n}}$	+	$\boldsymbol{a}_B^{\tau}$	=	$\boldsymbol{a}_A^{\mathrm{n}}$	+	$\boldsymbol{a}_A^{\tau}$	+	$\boldsymbol{a}_{BA}^{\mathrm{n}}$	+	$\boldsymbol{a}_{BA}^{\tau}$
方向	√		√		√		√		√		√
大小	$\dfrac{v_B^2}{O_1B}$		?		$\omega_0^2 l$		$\alpha_0 l$		$\omega_{AB}^2 \cdot AB$		?

解得　$a_B^{\tau} = 2l\alpha_0 - \sqrt{3}l\omega_0^2$

而 $a_B^n=\dfrac{v_B^2}{O_1B}=2\omega_0^2 l$

7-24　曲柄 OA 以恒定的角速度 $\omega=2$ rad/s 绕轴 O 转动,并借助连杆 AB 驱动半径为 r 的轮子在半径为 R 的圆弧槽中作无滑动的滚动。设 $OA=AB=R=2r=1$ m,求图示瞬时点 B 和点 C 的速度与加速度。

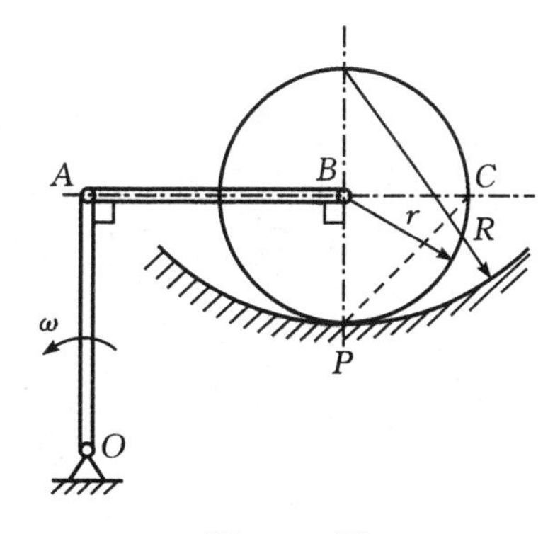

题 7-24 图

解　速度分析如解 7-24 图(a)所示,AB 杆瞬时平动

$$v_B=v_A=R\omega=2\ \text{m/s}$$

$$\omega_B=\frac{v_B}{r}=2\omega=4\ \text{rad/s}$$

$$v_C=\omega_B\cdot PC=2\omega\cdot\sqrt{2}r=2.828\ \text{m/s}$$

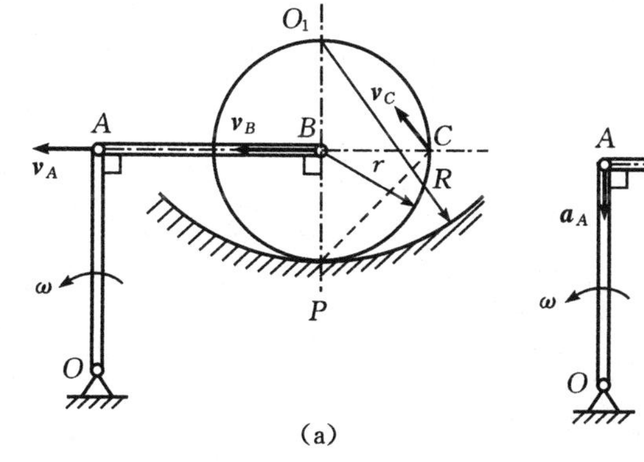

(a)

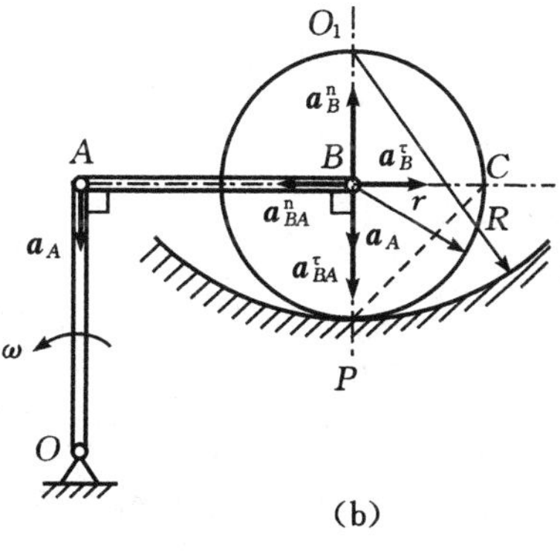

(b)

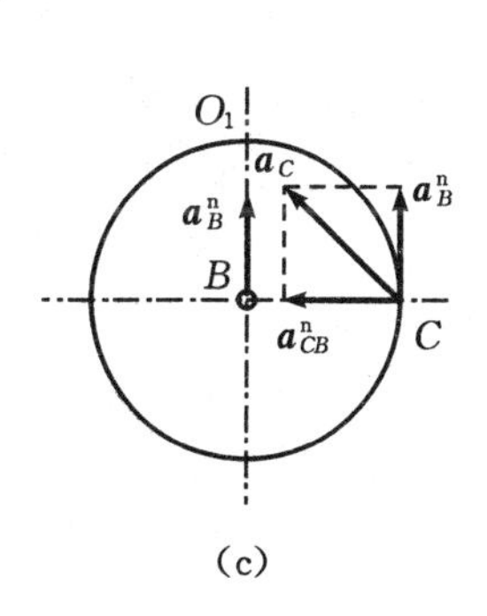

(c)

解 7-24 图

以 A 为基点,B 点加速度分析如解 7-24 图(b)所示。

	$\boldsymbol{a}_B^n$	+	$\boldsymbol{a}_B^\tau$	=	$\boldsymbol{a}_A$	+	$\boldsymbol{a}_{BA}^n$	+	$\boldsymbol{a}_{BA}^\tau$
方向	√		√		√		√		√
大小	$\dfrac{v_B^2}{r}$		?		ω^2R		0		?

向 AB 轴投影,得

$a_B^\tau=0$　　$\alpha_{轮}=0$

$$a_B=a_B^n=\frac{v_B^2}{r}=8\ \text{m/s}$$

以 B 为基点,C 点加速度分析如解 7-24 图(c)所示

	$\boldsymbol{a}_C$	=	$\boldsymbol{a}_B$	+	$\boldsymbol{a}_{CB}^n$
方向	?		√		√
大小	?		a_B^n		$\omega_B^2 r$

故　$a_C=\sqrt{a_B^2+(a_{CB}^n)^2}=11.31\ \text{m/s}^2$(方向如图)

7-25　在图示机构中,曲柄 OA 长为 r,绕 O 轴以匀角速度 ω_0 转动;$AB=6r$,$BC=3\sqrt{3}r$。在图示瞬时,AB 在水平位置,BC 在铅垂位置。试求该瞬时滑块 C 的速度和加速度。

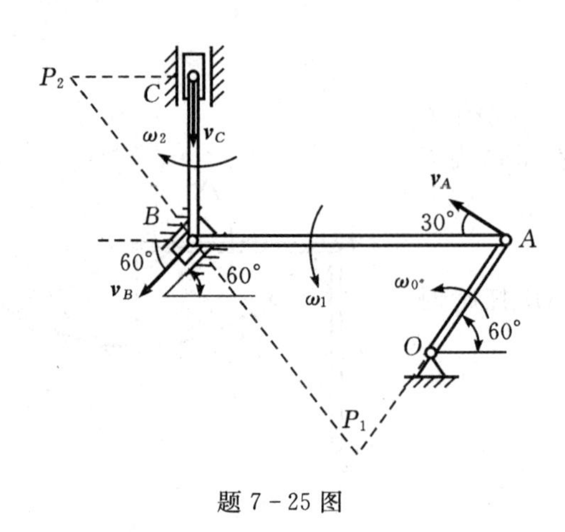

题 7-25 图

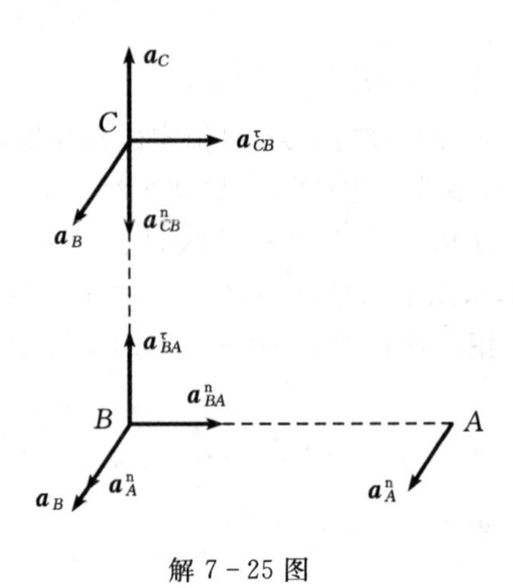

解 7-25 图

解 速度分析如题 7-25 图所示

$v_A\cos30^\circ=v_B\cos60^\circ$

$v_B=\dfrac{v_A\cos30^\circ}{\cos60^\circ}$

$v_C=v_B\cos30^\circ=\dfrac{v_A\cos^2 30^\circ}{\cos60^\circ}=\dfrac{3}{2}\omega_0 r$

$\omega_1=\dfrac{v_A}{P_1A}=\dfrac{\omega_0}{3}\qquad \omega_2=\dfrac{v_C}{P_2C}=\dfrac{\omega_0}{6}$

以 A 为基点，B 点加速度分析如解 7-25 图所示。

$$\boldsymbol{a}_B=\boldsymbol{a}_{BA}^{\mathrm{n}}+\boldsymbol{a}_{BA}^{\tau}+\boldsymbol{a}_A^{\mathrm{n}}$$

上式向 AB 轴上投影，解得 $a_B=-\dfrac{1}{3}\omega_0^2 r$

再选 B 为基点，C 点加速度分析如解 7-25 图所示。

$$\boldsymbol{a}_C=\boldsymbol{a}_B+\boldsymbol{a}_{CB}^{\mathrm{n}}+\boldsymbol{a}_{CB}^{\tau}$$

上式向 BC 轴上投影，解得 $a_C=\dfrac{\sqrt{3}}{12}\omega_0^2 r$

7-26 半径均为 r 的两轮用长为 l 的杆 O_2A 相连如图所示。前轮轮心 O_1 匀速运动，其速度为 $\boldsymbol{v}$，两轮皆作纯滚动。求图示位置时，后轮的角速度与角加速度。

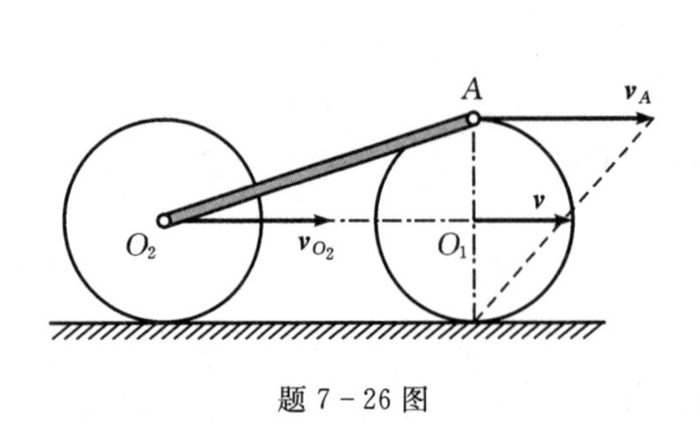

题 7-26 图

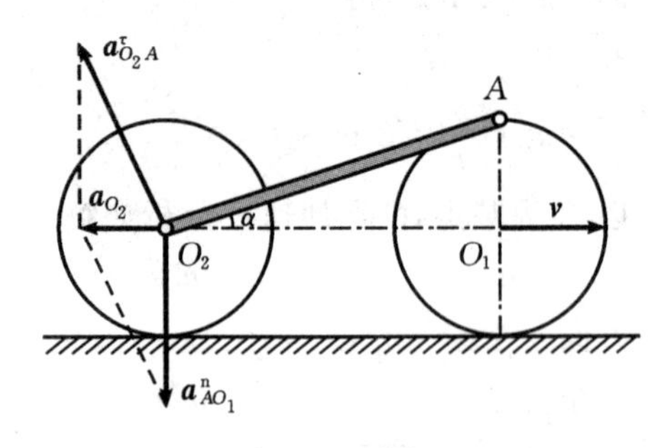

解 7-26 图

解 速度、加速度分析分别如题 7-26 图和解 7-26 图所示，杆 O_2A 瞬时平动

$v_{O_2}=v_A=2v$

$\omega_2=\frac{2v}{R}=2\omega_1$　顺时针

$\boldsymbol{a}_{O_2}=\boldsymbol{a}_{AO_1}^{n}+\boldsymbol{a}_{O_2A}^{\tau}$

$a_{O_2}=a_{AO_1}^{n}\cdot\tan\alpha=\frac{v^2}{r}\times\frac{r}{\sqrt{l^2-r^2}}=\frac{v^2}{\sqrt{l^2-r^2}}$

$\alpha_{AB}=\frac{a_{O_2}}{r}=\frac{v^2}{r\sqrt{l^2-r^2}}$;逆时针方向

7-27　图示机构中,AB 杆长 $l=250$ mm,$r=125$ mm,$R=375$ mm。在图示位置时,已知滑块 A 的速度 $v_A=750$ mm/s,方向向右;加速度 $a_A=750$ mm/s²,方向向左。若轮子只滚不滑,求轮子的角加速度。

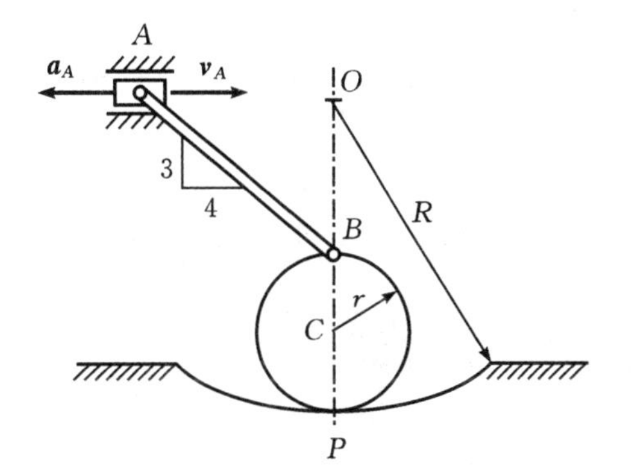

题 7-27 图

解　速度分析如解 7-27 图(a)所示。P 是轮的速度瞬心;AB 杆瞬时平动,$\omega_{AB}=0$

$v_B=v_A=\omega\cdot BP$,　　$v_C=\omega\cdot\frac{BP}{2}=\frac{v_A}{2}$

分别以滑块 A、轮心 C 为基点,B 点加速度分析如解 7-27 图(b)所示。

	$\boldsymbol{a}_A$	+ $\boldsymbol{a}_{BA}^{\tau}$	= $\boldsymbol{a}_C^{\tau}$	+ $\boldsymbol{a}_C^{n}$	+ $\boldsymbol{a}_{BC}^{n}$	+ $\boldsymbol{a}_{BC}^{\tau}$
方向	√	√	√	√	√	√
大小	a_A	?	$\alpha\cdot r$(?)	$\frac{v_C^2}{R-r}$	$\omega^2\cdot r$	$\alpha\cdot r$(?)

上式向 BA 方向投影,解得 $\alpha=4.69$ rad/s²,方向为逆时针。

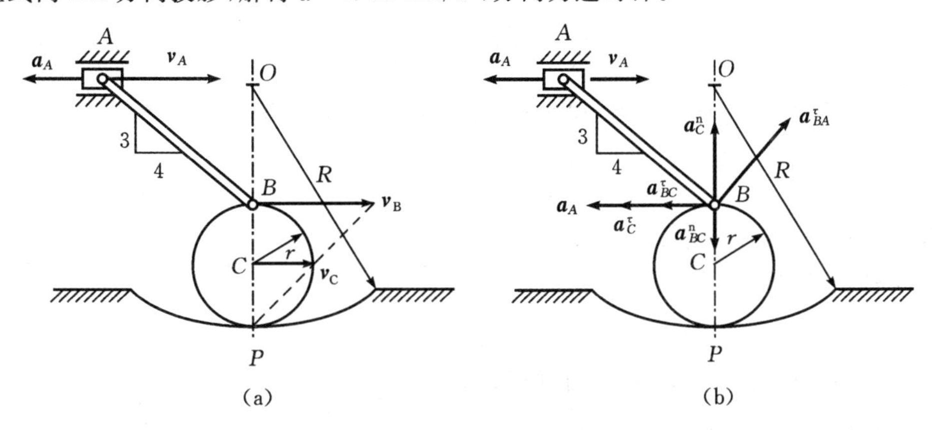

解 7-27 图

7-28　曲柄双滑块机构由曲柄 OA、连杆 AB 及 CD 与两滑块组成,滑块分别沿水平及铅垂方向滑动。已知:曲柄 OA 以匀角速度 $\omega=4$ rad/s 顺时针转动,$OA=r=15$ cm,$AB=l=30$ cm,$AC=l/3$,$DC=2\left(r+\frac{l}{3}\right)$。求当曲柄 OA 在水平位置时:(1)滑块 D 的速度及各连杆的角速度;(2)滑块 D 的加速度及各连杆的角加速度。

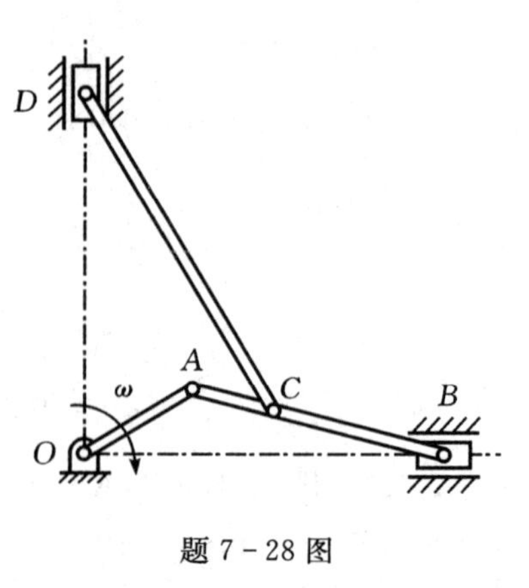

题 7－28 图

解 (1)速度分析如解 7－28 图(a)所示，杆 CD 瞬时平动，$\omega_{CD}=0$

$$\omega_{AB}=\frac{v_A}{AB}=\frac{\omega r}{l}=2\ \text{rad/s}$$

$$v_D=v_C=\omega_{AB}\cdot BC=40\ \text{cm/s}$$

(2)以 A 为基点，分析 B 点，加速度分析如解 7－28 图(b)所示。

	$\boldsymbol{a}_B$	=	$\boldsymbol{a}_A$	+	$\boldsymbol{a}_{BA}^{n}$	+	$\boldsymbol{a}_{BA}^{\tau}$
方向	√		√		√		√
大小	?		$\omega^2\cdot r$		$\omega_{AB}^2\cdot l$		$\alpha_{AB}\cdot l(?)$

向垂直于 BA 轴投影，得 $a_{AB}=0$

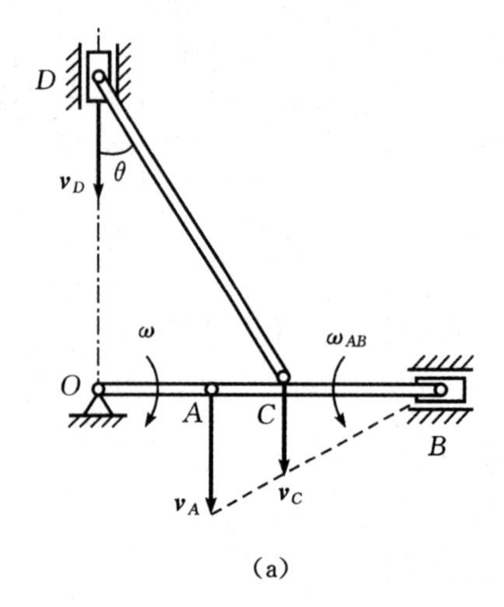

(a)

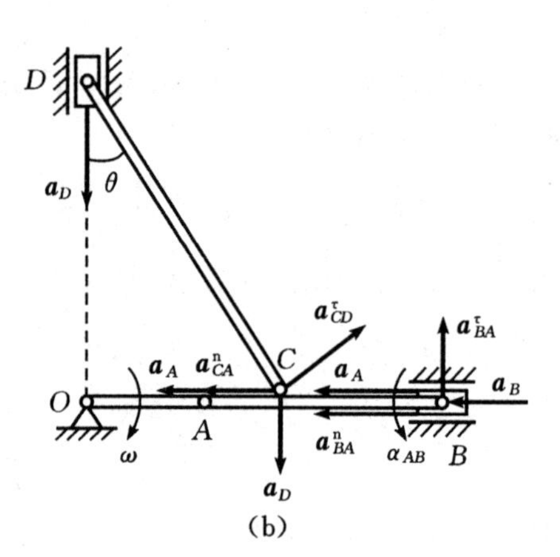

(b)

解 7－28 图

分别以 A、D 为基点，研究 C 点，加速度分析如解 7－28 图(b)所示。

	$\boldsymbol{a}_A$	+	$\boldsymbol{a}_{CA}^{n}$	=	$\boldsymbol{a}_D$	+	$\boldsymbol{a}_{CD}^{\tau}$
方向	√		√		√		√
大小	$\omega^2 r$		$\omega_{AB}^2\cdot CA$		?		$\alpha_{CD}\cdot CD(?)$

向 BA 轴投影，得

$$a_{CA}^{n}+a_A=-a_{CD}^{\tau}\cos\theta$$

$$\alpha_{CD}=-\frac{56}{15}\sqrt{3}\approx-6.47\ \text{rad/s}^2$$；实际顺时针方向。

向铅垂轴投影，得

$$-a_D+a_{CD}^{\tau}\sin\theta=0$$

$$a_D=-\frac{280\sqrt{3}}{3}=-161.65\ \text{cm/s}^2$$（实际方向向上）

7－29 图示机构，套筒 C 可沿杆 AB 滑动，并与 DC 杆在 C 处铰接，DC 杆长为150 cm。已知：滑块 A 以匀速 60 cm/s 向下运动。求在图示位置时，AB 及 DC 两杆的角速度。

解 以 A 为基点，分析 B 点，速度分析如解 7－29 图所示。

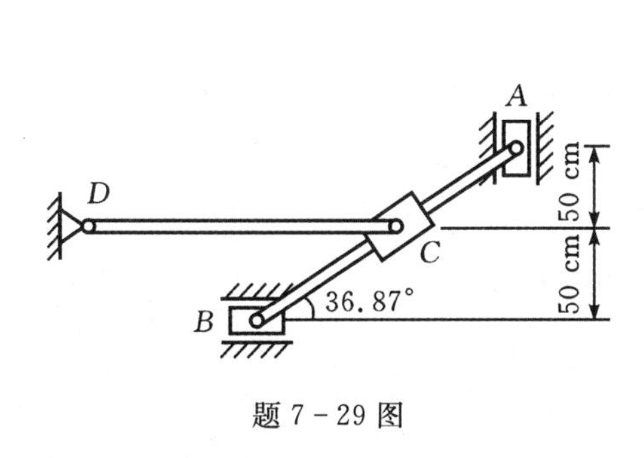

题 7－29 图

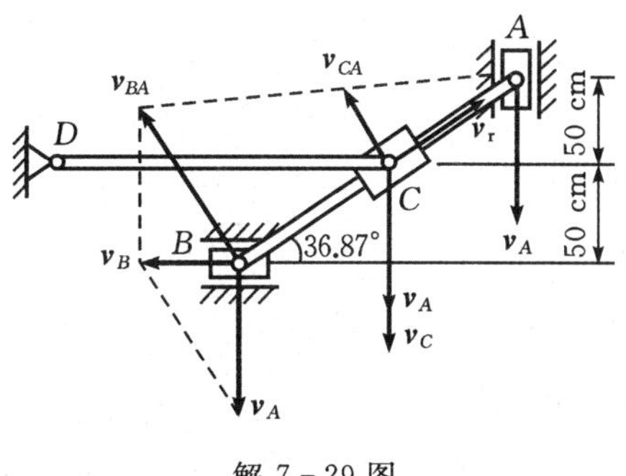

解 7－29 图

由速度合成定理：$v_{BA}=\dfrac{v_A}{\cos 36.87°}=75\ \text{cm/s}$

$\omega_{AB}=\dfrac{v_{BA}}{AB}=0.45\ \text{rad/s}$，顺时针。

以套筒 C 为动点，AB 为动系

	$\boldsymbol{v}_C$	$=$	$\boldsymbol{v}_A$	$+$	$\boldsymbol{v}_{CA}$	$+$	$\boldsymbol{v}_r$
方向	√		√		√		√
大小	$\omega_{CD}\cdot CD(?)$		60		$\dfrac{1}{2}v_{BA}$		?

上式向 $\boldsymbol{v}_{CA}$ 轴投影，得

$$-\omega_{CD}\cdot CD\cos 36.87°=-v_A\cos 36.87°+\frac{1}{2}v_{BA}$$

$\omega_{CD}=0.0875\ \text{rad/s}$，顺时针

7－30　如图所示，绕 A 轴转动的 AB 杆带动圆轮 O 在圆弧轨道上作纯滚动。已知：圆轮半径 $r=10$ cm，圆弧轨道半径 $R=30$ cm。在图示位置时，AB 的角速度 $\omega=5$ rad/s，角加速度 $\alpha=0$，$AO=R-r$。求此时圆轮的速度瞬心 C 点的加速度。

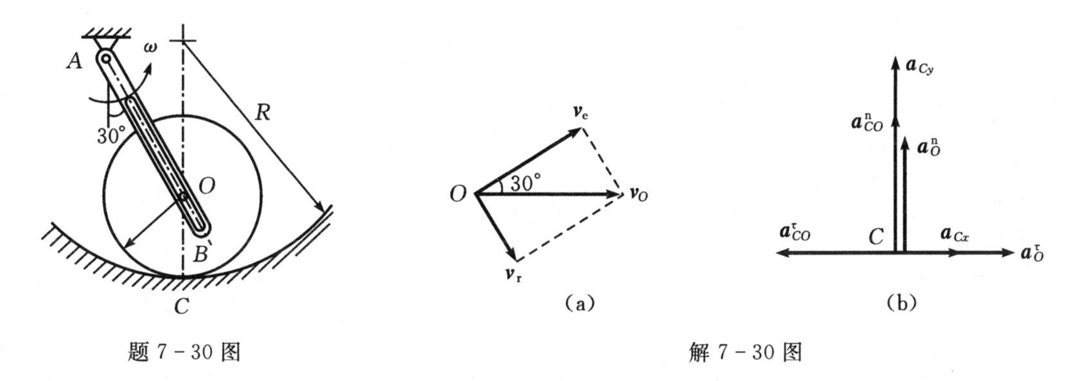

题 7－30 图　　　　解 7－30 图

解　以销钉 O 为动点，AB 为动系，速度分析如解 7－30 图(a)所示。

$$\omega_O=\frac{v_O}{r}=\frac{v_e/\cos 30°}{r}=\frac{\omega(R-r)}{r\cdot\dfrac{\sqrt{3}}{2}}=\frac{20\sqrt{3}}{3}\ \text{rad/s}$$；方向为顺时针。

$a_O^{\mathrm{n}}=\dfrac{v_O^2}{R-r}=\dfrac{2000}{3}\ \mathrm{cm/s^2}$

以 O 为基点，分析 C 点，加速度分析如解 7-30 图(b)所示。

由于圆轮 O 在圆弧轨道上作纯滚动，

$a_{Cx}=0$

$a_{Cy}=a_O^{\mathrm{n}}+a_{CO}^{\mathrm{n}}=\dfrac{2000}{3}+\dfrac{400}{3}\times 10=2000\ \mathrm{cm/s^2}=20\ \mathrm{m/s^2}$

7-31 平面机构如图所示，套筒 D 与杆 CD 垂直刚连。$OA=20$ cm，$OE=35$ cm，$EC=25$ cm，$CD=25$ cm，$AB=50$ cm。在图示位置时，杆 OA 水平，$\omega_1=2$ rad/s，$\alpha_1=8$ rad/s²。试求该瞬时：(1)杆 CD 的角加速度；(2)杆 AB 上点 B 的加速度。

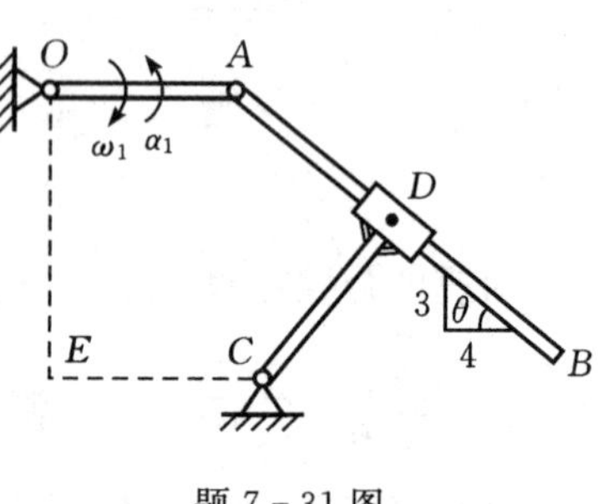

题 7-31 图

解 (1)动点：铰链 A；动系：固结于 CD 杆，速度分析如解7-31图(a)所示。

$$\boldsymbol{v}_{\mathrm{a}}=\boldsymbol{v}_{\mathrm{e}}+\boldsymbol{v}_{\mathrm{r}} \tag{1}$$

$v_{\mathrm{a}}=\omega_1\cdot OA=40\ \mathrm{cm/s}$

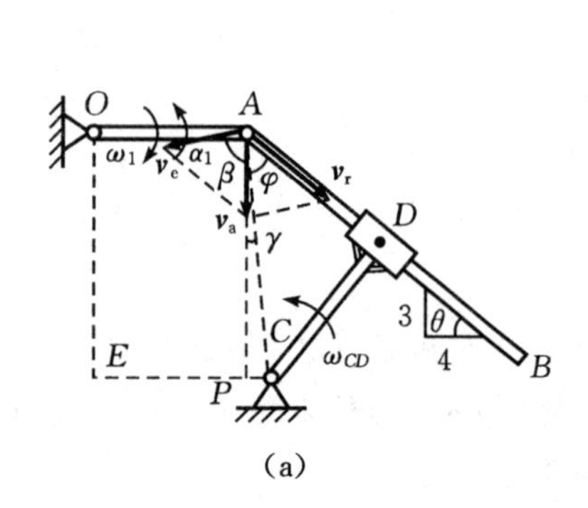

(a)

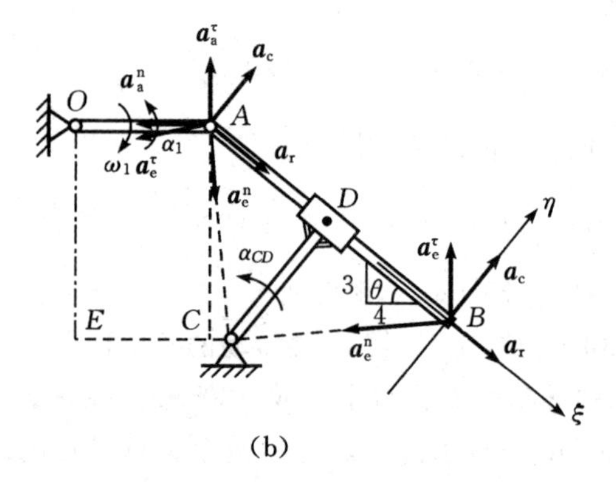

(b)

解 7-31 图

式(1)沿 AC 方向投影

$v_{\mathrm{a}}\cos\gamma=v_{\mathrm{r}}\cos\varphi \qquad v_{\mathrm{e}}\perp AC$

$v_{\mathrm{r}}=56\ \mathrm{cm/s}$

$v_{\mathrm{e}}^2=v_{\mathrm{a}}^2+v_{\mathrm{r}}^2-2v_{\mathrm{r}}\cdot v_{\mathrm{r}}\cos(\gamma+\varphi)$

$v_{\mathrm{e}}=45.25\ \mathrm{cm/s}$

$\omega_{CD}=\dfrac{v_{\mathrm{e}}}{AC}=1.28\ \mathrm{rad/s}$(逆时针)

加速度分析如解 7-31 图(b)所示。

$$\boldsymbol{a}_{\mathrm{a}}^{\mathrm{n}}+\boldsymbol{a}_{\mathrm{a}}^{\tau}=\boldsymbol{a}_{\mathrm{e}}^{\mathrm{n}}+\boldsymbol{a}_{\mathrm{e}}^{\tau}+\boldsymbol{a}_{\mathrm{r}}+\boldsymbol{a}_{\mathrm{c}} \tag{2}$$

式中

$a_{\mathrm{c}}=143.36\ \mathrm{cm/s^2}$

$a_{\mathrm{e}}^{\mathrm{n}}=57.93\ \mathrm{cm/s^2}$

将式(2)向水平、铅直方向投影为

$a_r = -178.56\ \text{cm/s}^2$

$a_e^\tau = 31.66\ \text{cm/s}^2$

$\alpha = \dfrac{a_e^\tau}{CD} = 0.896\ \text{rad/s}^2$　逆时针

(2)动点:B,动系:固结于 CD 杆

	$\boldsymbol{a}_B$	=	$\boldsymbol{a}_a$	=	$\boldsymbol{a}_e^n$	+	$\boldsymbol{a}_e^\tau$	+	$\boldsymbol{a}_r$	+	$\boldsymbol{a}_c$
方向	?				√		√		√		√
大小	?				√		√		√		√

上式分别向 ξ、η 投影,求解得到:

$a_{B\xi} = 124.78\ \text{cm/s}^2$

$a_{B\eta} = -241.9\ \text{cm/s}^2$

$a_B = 272.2\ \text{cm/s}^2$

7－32　如图所示,轮 O 在水平面上滚动而不滑动,轮心以匀速 $v_O = 0.2\ \text{m/s}$ 运动。轮缘上固连销钉 B,此销钉在摇杆 O_1A 的槽内滑动,并带动摇杆绕 O_1 轴转动。已知:轮的半径 $R = 0.5\ \text{m}$,在图示位置时,AO_1 是轮的切线,摇杆与水平面间的夹角为 60°。求摇杆在该瞬时的角速度和角加速度。

解　$\omega_O = \dfrac{v_O}{R}, \alpha_O = \dfrac{a_O}{R} = 0$

以销钉 B 为动点,O_1A 为动系,速度分析如解 7－32 图(a)所示。

$\boldsymbol{v}_a = \boldsymbol{v}_e + \boldsymbol{v}_r$

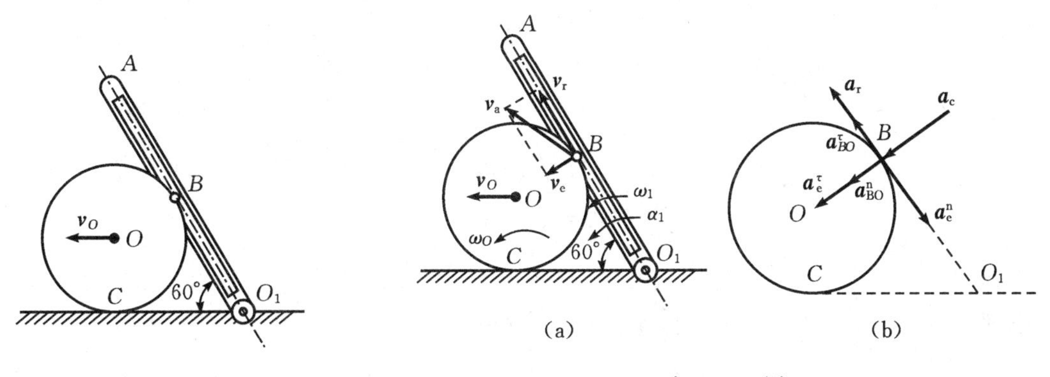

题 7－32 图　　　解 7－32 图

解得　$v_r = \dfrac{3}{2}v_O, v_e = \dfrac{\sqrt{3}}{2}v_O, \omega_{O_1} = \dfrac{v_e}{O_1B} = 0.2\ \text{rad/s}$

再以 O 为基点,结合上述动点、动系,分析 B 点,加速度分析如解 7－32 图(b)所示。

	$\boldsymbol{a}_{BO}^n$	+	$\boldsymbol{a}_{BO}^\tau$	=	$\boldsymbol{a}_e^n$	+	$\boldsymbol{a}_e^\tau$	+	$\boldsymbol{a}_r$	+	$\boldsymbol{a}_c$
方向	√		√		√		√		√		√
大小	$\omega_O^2 \cdot R$		0		$\omega_1^2 \cdot O_1B$		$(\alpha_1 \cdot O_1B)$(?)		?		$2\omega_1 \cdot v_r$

将上式向 BO 方向投影,得

$$a_{BO}^{n}=a_{e}^{\tau}+a_{c}$$

解得　$\alpha_1=0.0462\ \text{rad/s}^2$

7－33　轻型杠杆式推钢机，曲柄 OA 借连杆 AB 带动摇杆 O_1B 绕 O_1 轴摆动，杆 EC 以铰链与滑块 C 相连，滑块 C 可沿杆 O_1B 滑动；摇杆摆动时带动杆 EC 推动钢材，如图所示。已知 $OA=r$，$AB=\sqrt{3}r$，$O_1B=\frac{2}{3}l$，其中 $r=0.2\ \text{m}$，$l=1\ \text{m}$，$\omega_{OA}=\frac{1}{2}\ \text{rad/s}$。在图示位置时，$BC=\frac{4}{3}l$。求：(1)滑块 C 的绝对速度和相对于摇杆 O_1B 的速度；(2)滑块 C 的绝对加速度和相对于摇杆 O_1B 的加速度。

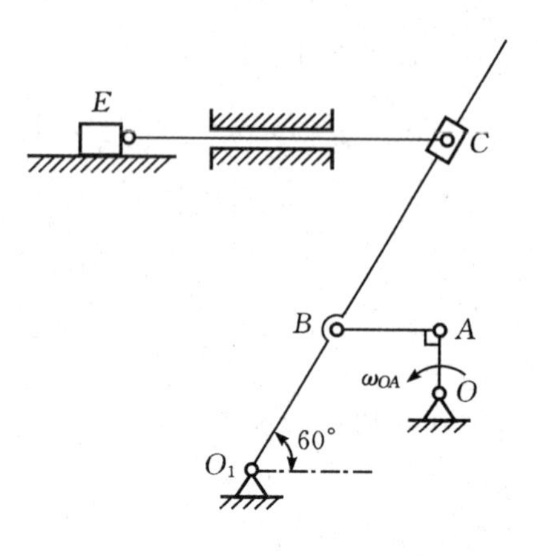

题 7－33 图

解　以 A 为基点，B 点速度分析如解 7－33 图(a)所示。

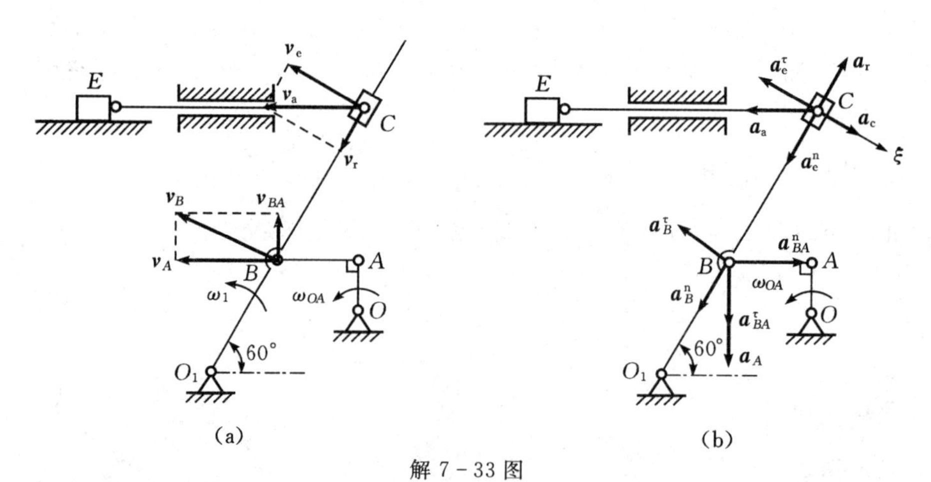

解 7－33 图

$$\boldsymbol{v}_B=\boldsymbol{v}_A+\boldsymbol{v}_{BA}$$

式中　$v_A=\omega_{OA}\cdot r=0.1\ \text{m/s}$

解得　$v_B=\dfrac{0.2}{\sqrt{3}}\ \text{m/s}$　　$\omega_1=\dfrac{v_B}{O_1B}=0.1\sqrt{3}\ \text{rad/s}$

$v_{BA}=\dfrac{0.1}{\sqrt{3}}\ \text{m/s}$　　$\omega_{BA}=\dfrac{v_{BA}}{AB}=\dfrac{1}{6}\ \text{rad/s}$

以 C 为动点，O_1B 为动系，C 点速度分析如解 7－33 图(a)所示。

$$\boldsymbol{v}_a=\boldsymbol{v}_e+\boldsymbol{v}_r$$

式中　$\boldsymbol{v}_e=\omega_1\cdot O_1C=0.2\sqrt{3}\ \text{m/s}$

解得　$v_r=0.2\ \text{m/s}$　　$v_c=v_a=\dfrac{2}{\sqrt{3}}v_e=0.4\ \text{m/s}$

加速度分析如解 7－33 图(b)所示。

	$\boldsymbol{a}_B^{\mathrm{n}}$	+	$\boldsymbol{a}_B^{\tau}$	=	$\boldsymbol{a}_A$	+	$\boldsymbol{a}_{BA}^{\mathrm{n}}$	+	$\boldsymbol{a}_{BA}^{\tau}$(?)
方向	√		√		√		√		√
大小	$\omega_1^2 \cdot O_1B$		?		$\omega_{OA}^2 \cdot r$		$\omega_{BA}^2 \cdot AB$		$\alpha_{BA} \cdot AB$(?)

上式向 BA 轴上投影，得 $a_B^{\tau}=-\dfrac{0.1+0.06\sqrt{3}}{9}$ m/s^2

	$\boldsymbol{a}_{\mathrm{a}}$	=	$\boldsymbol{a}_{\mathrm{e}}^{\mathrm{n}}$	+	$\boldsymbol{a}_{\mathrm{e}}^{\tau}$	+	$\boldsymbol{a}_{\mathrm{r}}$	+	$\boldsymbol{a}_{\mathrm{c}}$
方向	√		√		√		√		√
大小	?		$3a_B^n$		$3a_B^{\tau}$		?		$2\omega_1 v_{\mathrm{r}}$

上式向 ξ 轴投影，解得 $a_{\mathrm{a}}=-0.159$ m/s^2，$a_{\mathrm{r}}=0.139$ m/s^2

7-34 图示平面机构中，杆 AB 以不变的速度 $\boldsymbol{v}$ 沿水平方向运动，套筒 B 与杆 AB 的端点铰接，并套在绕 O 轴转动的杆 OC 上，可沿该杆滑动。已知 AB 和 OE 两平行线间的垂直距离为 b。求在图示位置（$\gamma=60°$，$\beta=30°$，$OD=BD$）时杆 OC 的角速度和角加速度、滑块 E 的速度和加速度。

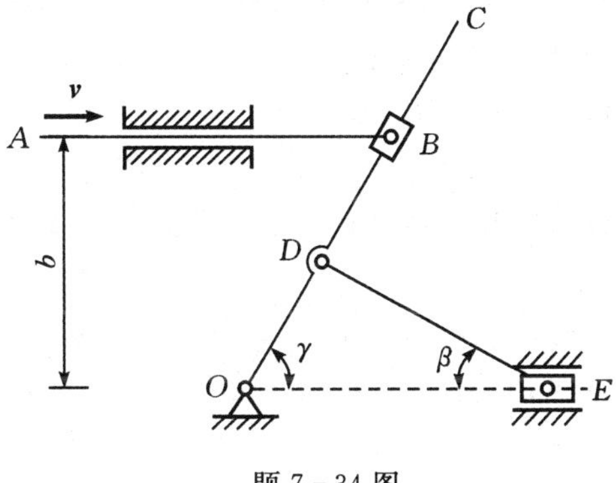

题 7-34 图

解 (1)速度分析如解 7-34 图(a)所示

滑块 B 为动点，OC 为动系

$\boldsymbol{v}_B=\boldsymbol{v}_{\mathrm{e}}+\boldsymbol{v}_{\mathrm{r}}$

$v_{\mathrm{e}}=\dfrac{\sqrt{3}}{2}v_B=\dfrac{\sqrt{3}}{2}v$；$v_{\mathrm{r}}=\dfrac{1}{2}v_B=\dfrac{1}{2}v$

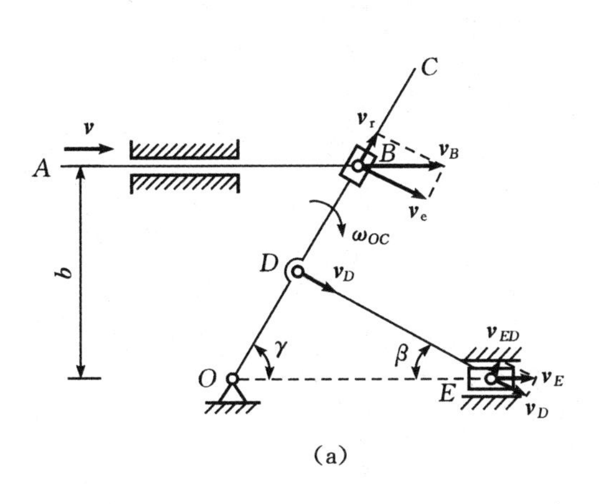

(a)

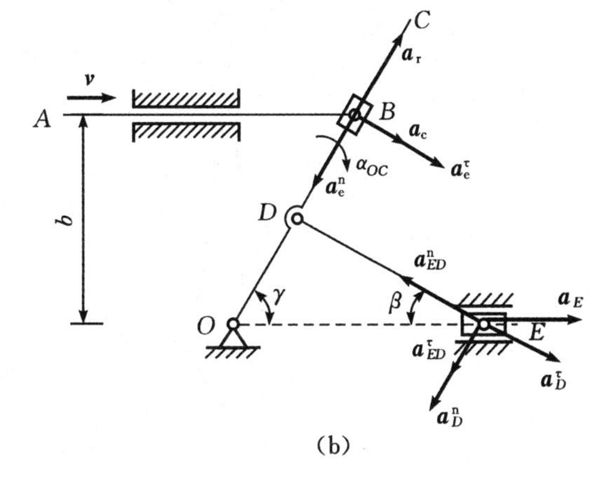

(b)

解 7-34 图

$\omega_{OC}=\dfrac{v_{\mathrm{e}}}{OB}=\dfrac{3v}{4b}$；$v_D=\dfrac{v_{\mathrm{e}}}{2}=\dfrac{\sqrt{3}}{4}v$

(2) $\boldsymbol{v}_E=\boldsymbol{v}_D+\boldsymbol{v}_{ED}$

$v_E=\dfrac{2}{\sqrt{3}}v_D=\dfrac{1}{2}v$；$v_{ED}=\dfrac{1}{4}v$

B 点加速度分析如解 7-34 图(b)所示。

将 $\boldsymbol{a}_B=\boldsymbol{a}_e^n+\boldsymbol{a}_e^\tau+\boldsymbol{a}_r+\boldsymbol{a}_c$ 向 $\boldsymbol{a}_c$ 方向投影，解得 $\alpha_{OC}=-\dfrac{3\sqrt{3}}{8}\dfrac{v^2}{b^2}$

以 D 为基点，分析 E，其加速度如解 7-34 图(b)所示。

$\boldsymbol{a}_E=\boldsymbol{a}_D^n+\boldsymbol{a}_D^\tau+\boldsymbol{a}_{ED}^n+\boldsymbol{a}_{ED}^\tau$

上式向 DE 方向投影，解得 $a_E=-\dfrac{7}{8\sqrt{3}}\dfrac{v^2}{b}$

7-35 图示放大机构中，杆Ⅰ和Ⅱ分别以速度 $\boldsymbol{v}_1$ 和 $\boldsymbol{v}_2$ 沿箭头方向运动，其位置分别以 x 和 y 表示。如果杆Ⅱ与杆Ⅲ平行，其间距离为 a，求杆Ⅲ的速度和滑道Ⅳ的角速度。

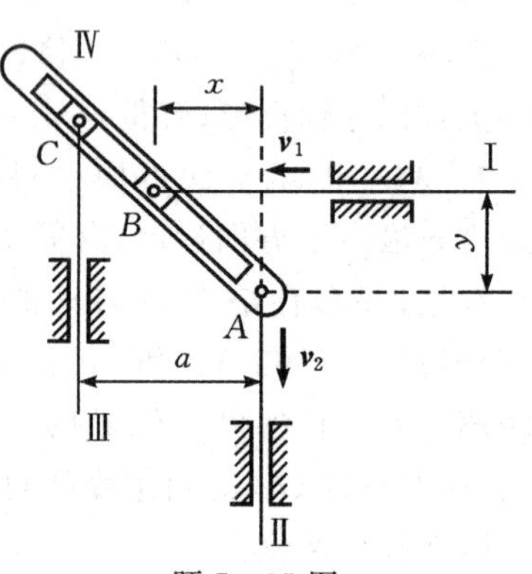

题 7-35 图

解 取滑块 B 为动点，滑道Ⅳ为动系

$$\boldsymbol{v}_B=\boldsymbol{v}_{Be}+\boldsymbol{v}_{Br} \tag{1}$$

设滑道Ⅳ上与 B 重合点 B'

$$\boldsymbol{v}_{B'}=\boldsymbol{v}_{Be},\ \boldsymbol{v}_{B'}=\boldsymbol{v}_A+\boldsymbol{v}_{B'A} \tag{2}$$

综合(1)、(2)式：$\boldsymbol{v}_B=\boldsymbol{v}_A+\boldsymbol{v}_{B'A}+\boldsymbol{v}_{Br}$ 矢量分析如解 7-35图(a)所示。

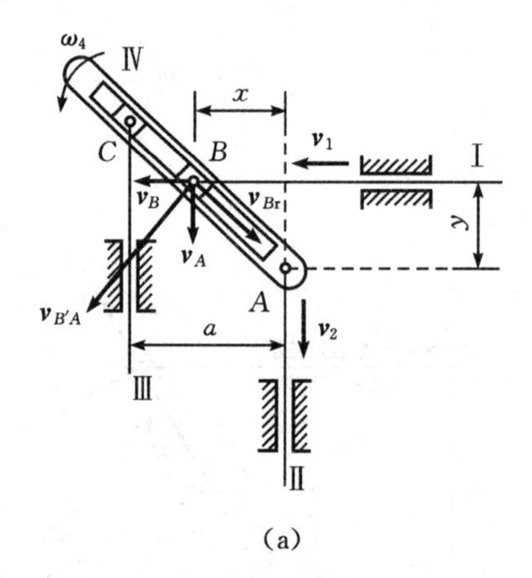

(a)

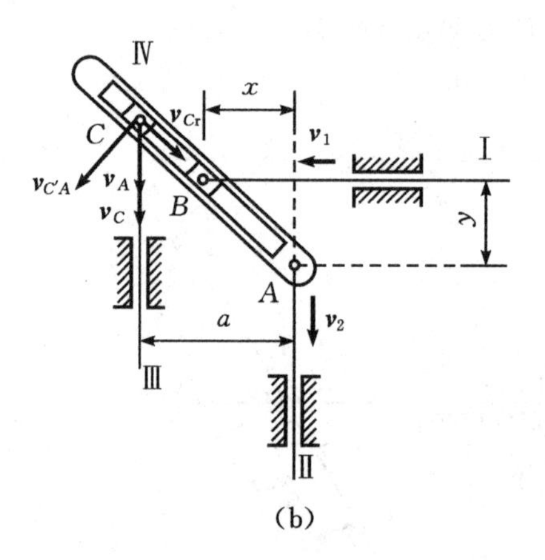

(b)

解 7-35 图

	$\boldsymbol{v}_B$	=	$\boldsymbol{v}_A$	+	$\boldsymbol{v}_{B'A}$	+	$\boldsymbol{v}_{Br}$
方向	√		√		√		√
大小	v_1		v_2		$\omega_4\cdot AB'(?)$		?

解得 $\omega_4=\dfrac{v_{B'A}}{AB'}=\dfrac{v_1y-v_2x}{x^2+y^2}$

再选滑块 C 为动点，滑道Ⅳ为动系，则点 C 的速度为

$$\boldsymbol{v}_C=\boldsymbol{v}_{Ce}+\boldsymbol{v}_{Cr} \tag{3}$$

设滑道Ⅳ上 C 的重合点为 C'，它的速度为

$$\boldsymbol{v}_{C'}=\boldsymbol{v}_{Ce},\qquad \boldsymbol{v}_{C'}=\boldsymbol{v}_A+\boldsymbol{v}_{C'A} \tag{4}$$

综合式(3)、式(4)：$\boldsymbol{v}_C=\boldsymbol{v}_A+\boldsymbol{v}_{C'A}+\boldsymbol{v}_{Cr}$矢量分析如解 7-35 图(b)所示

	$\boldsymbol{v}_C$	= $\boldsymbol{v}_A$	+ $\boldsymbol{v}_{C'A}$	+ $\boldsymbol{v}_{Cr}$
方向	√	√	√	√
大小	v_3(?)	v_2	$\omega_4\cdot AC'$	?

解得　$v_3=v_1\dfrac{ay}{x^2}-v_2\dfrac{a-x}{x}$

7-36　平面机构如图所示。已知：$OA=R$，$L=4R$，$\omega=$常量。在图示位置时，$OA\perp OB$，$\varphi=30°$。试求该瞬时：杆 CD 的角速度和角加速度；杆 DE 上点 E 的速度和加速度。

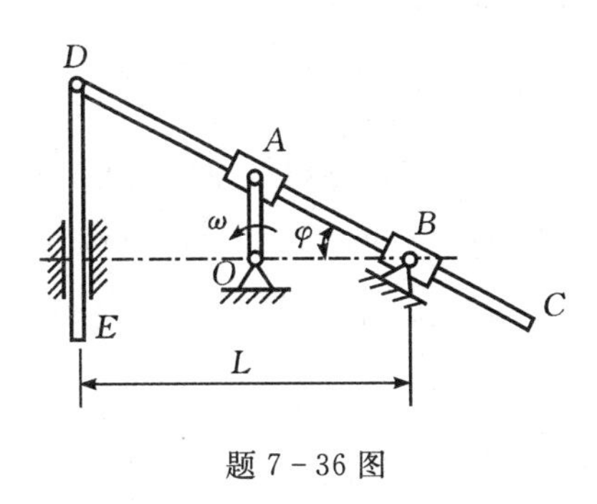

题 7-36 图

解　P 为 CD 杆的速度瞬心，可求得 $DP=5.33R$，$BP=2.67R$，$AP=3.34R$

以滑块 A 为动点，动系固接于 CD 杆；牵连运动为平面运动

由 $\boldsymbol{v}_A=\boldsymbol{v}_e+\boldsymbol{v}_r$ 得

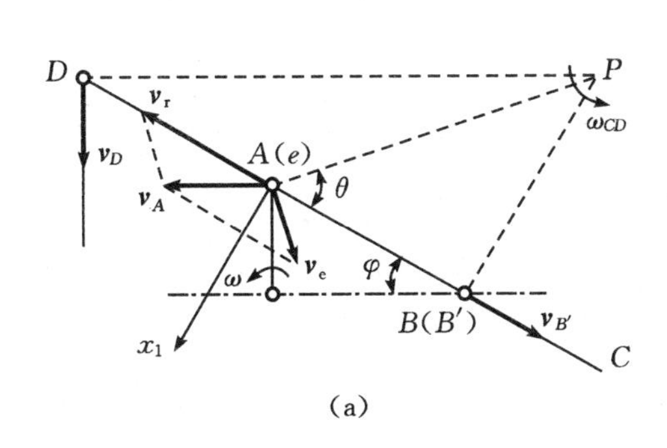

(a)

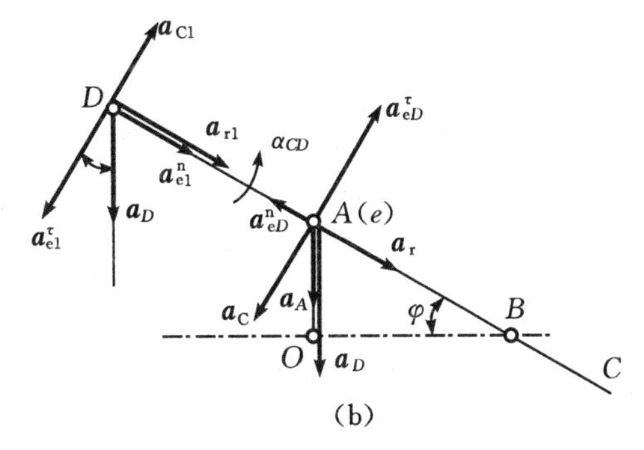

(b)

解 7-36 图

$v_A=R\omega$，$v_e=AP\cdot\omega_{CD}$

Ax_1：$\omega_{CD}=0.25\omega$ rad/s(逆时针)

AD：$v_r=1.534R\omega$

$v_E=v_D=DP\cdot\omega_{CD}=1.33R\omega$

以 D 点为动点，动系固接于套筒 B；牵连运动为定轴转动

$\boldsymbol{a}_D=\boldsymbol{a}^n_{e1}+\boldsymbol{a}^\tau_{e1}+\boldsymbol{a}_{r1}+\boldsymbol{a}_{C1}$

$a^n_{e1}=0.289R\omega^2$，$a_{C1}=0.333R\omega^2$

滑块 A 运动分析同前，有

$\boldsymbol{a}_A=\boldsymbol{a}_e+\boldsymbol{a}_r+\boldsymbol{a}_C$

CD 杆作平面运动，取点 D 为基点

$\boldsymbol{a}_e=\boldsymbol{a}_D+\boldsymbol{a}^n_{eD}+\boldsymbol{a}^\tau_{eD}$

$a_A=R\omega^2$，$a^n_{eD}=0.164R\omega^2$，$a_C=0.767R\omega^2$

则 $\boldsymbol{a}_A=[(\boldsymbol{a}^n_{e1}+\boldsymbol{a}^\tau_{e1}+\boldsymbol{a}_{r1}+\boldsymbol{a}_{C1})+\boldsymbol{a}^n_{eD}+\boldsymbol{a}^\tau_{eD}]+\boldsymbol{a}_r+\boldsymbol{a}_C$

$a^\tau_{e1}=4.62R\alpha_{CD}$，$a^\tau_{eD}=2.62R\alpha_{CD}$，$\alpha_{CD}=0.216R\omega^2$(逆时针)

$a_D = a_E = 0.77R\omega^2$

7－37 行星轮系传动机构如图所示。当系杆Ⅳ以匀角速度 ω_4 绕轴 O_1 转动时，带动行星齿轮Ⅱ沿固定的内齿轮Ⅲ作纯滚动，并使齿轮Ⅰ绕定轴 O_1 转动。各齿轮半径为 r_1、r_2、r_3。试求：(1)齿轮Ⅰ的绝对角速度；(2)齿轮Ⅰ对于系杆Ⅳ的相对角速度。

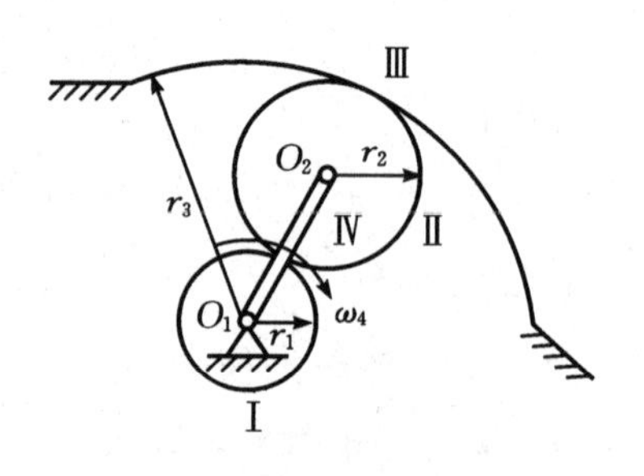

题 7－37 图

解 $\dfrac{(\omega_1 - \omega_H)}{(\omega_3 - \omega_H)} = -\dfrac{r_3}{r_1}$

统一规定以逆时针方向为正，顺时针方向为负

以 $\omega_H = -\omega_4$，$\omega_3 = 0$ 代入，得

$\omega_1 = -\omega_4\left[1 + \left(\dfrac{r_3}{r_1}\right)\right]$(顺时针)

又 $\dfrac{\omega_{14}}{(\omega_3 - \omega_H)} = -\dfrac{r_3}{r_1}$

$\omega_{14} = -r_3\dfrac{\omega_4}{r_1}$(顺时针)

第 8 章　刚体的定点运动和刚体一般运动

8.1　基本知识剖析

1. 基本概念

(1)定点运动的描述、刚体的角速度、角加速度、刚体上点的速度、加速度。

绕定点运动刚体具有三个自由度，任一瞬时，其方位(指向)可用三个欧拉角(进动角 ψ、章动角 θ、自转角 φ)描述，其运动方程为

$$\begin{cases}\psi = f_1(t)\\ \theta = f_2(t)\\ \varphi = f_3(t)\end{cases}$$

任一瞬时，刚体上各点的速度分布就像绕瞬时转轴作定轴转动，瞬时转轴过定点 O，但其方向在空间随时间变化。

定点运动瞬时角速度矢量 $\boldsymbol{\omega}$ 方向沿瞬时转轴，$\boldsymbol{\omega}$ 矢量的大小表示刚体转动的快慢。$\boldsymbol{\omega}$ 矢量对时间的导数 $\boldsymbol{\alpha}=\dfrac{\mathrm{d}\boldsymbol{\omega}}{\mathrm{d}t}$ 为刚体的角加速度，$\boldsymbol{\alpha}$ 的大小、方向与矢量 $\boldsymbol{\omega}$ 的端点在空间移动速度 $\boldsymbol{u}$ (称为 $\boldsymbol{\omega}$ 的矢端速度)相同。

角速度矢量 $\boldsymbol{\omega}$ 与欧拉角之间的关系可描述为：$\boldsymbol{\omega}=\dot{\boldsymbol{\psi}}+\dot{\boldsymbol{\theta}}+\dot{\boldsymbol{\varphi}}$

与刚体固结的坐标系(单位矢量 $\boldsymbol{i}'$、$\boldsymbol{j}'$、$\boldsymbol{k}'$)中，$\omega=\omega_{x'}\boldsymbol{i}'+\omega_{y'}\boldsymbol{j}'+\omega_{z'}\boldsymbol{k}'$

$$\begin{cases}\omega_{x'} = \dot{\psi}\sin\theta\cos\varphi+\dot{\theta}\cos\varphi\\ \omega_{y'} = \dot{\psi}\sin\theta\cos\varphi-\dot{\theta}\sin\varphi\\ \omega_{z'} = \dot{\psi}\cos\theta+\dot{\varphi}\end{cases}$$

角速度与欧拉角之间的解析关系为

$$\begin{cases}\dot{\psi} = (\omega_{x'}\sin\varphi+\omega_{y'}\cos\varphi)/\sin\theta\\ \dot{\theta} = \omega_{x'}\cos\varphi-\omega_{y'}\sin\varphi\\ \dot{\varphi} = \omega_{z'}-(\omega_{x'}\sin\varphi+\omega_{y'}\cos\varphi)\cot\theta\end{cases}$$

刚体上点的速度、加速度：$\boldsymbol{v}=\boldsymbol{\omega}\times\boldsymbol{r}$，$\boldsymbol{a}=\boldsymbol{\alpha}\times\boldsymbol{r}+\boldsymbol{\omega}\times\boldsymbol{v}$

加速度表达式中两项分别表示为 $\boldsymbol{a}_{\mathrm{B}}=\boldsymbol{\alpha}\times\boldsymbol{r}$，$\boldsymbol{a}_{\mathrm{N}}=\boldsymbol{\omega}\times\boldsymbol{v}$，$\boldsymbol{a}_{\mathrm{B}}$ 称为转动加速度，$\boldsymbol{a}_{\mathrm{N}}$ 称为向轴加速度。

(2)绕相交轴转动的合成。

刚体相对某个动参考系以 $\boldsymbol{\omega}_{\mathrm{r}}$ 作定轴转动，同时此动参考系又相对定参考系以 $\boldsymbol{\omega}_{\mathrm{e}}$ 作定轴转动，且两转轴交于一点，这样的刚体运动称为刚体绕相交轴转动。刚体绕相交轴的转动是刚体定点运动的特例。绕相交轴转动的合成运动的绝对角速度为

$$\boldsymbol{\omega}=\boldsymbol{\omega}_e+\boldsymbol{\omega}_r$$

刚体的相对角速度 $\boldsymbol{\omega}_r=\omega_r \cdot \boldsymbol{k}'$，其中 $\boldsymbol{k}'$不是常矢量。刚体的绝对角加速度为

$$\begin{aligned}\boldsymbol{\alpha}&=\frac{\mathrm{d}\boldsymbol{\omega}}{\mathrm{d}t}=\frac{\mathrm{d}\boldsymbol{\omega}_e}{\mathrm{d}t}+\frac{\mathrm{d}\omega_r}{\mathrm{d}t}\boldsymbol{k}'+\omega_r\frac{\mathrm{d}\boldsymbol{k}'}{\mathrm{d}t}=\frac{\mathrm{d}\boldsymbol{\omega}_e}{\mathrm{d}t}+\frac{\mathrm{d}\omega_r}{\mathrm{d}t}\boldsymbol{k}'+\omega_r(\boldsymbol{\omega}_e\times\boldsymbol{k}')\\&=\frac{\mathrm{d}\boldsymbol{\omega}_e}{\mathrm{d}t}+\frac{\mathrm{d}\omega_r}{\mathrm{d}t}\boldsymbol{k}'+\boldsymbol{\omega}_e\times(\omega_r\boldsymbol{k}')=\frac{\mathrm{d}\boldsymbol{\omega}_e}{\mathrm{d}t}+\frac{\mathrm{d}\omega_r}{\mathrm{d}t}\boldsymbol{k}'+\boldsymbol{\omega}_e\times\boldsymbol{\omega}_r\end{aligned}$$

$\boldsymbol{\alpha}_e=\dfrac{\mathrm{d}\boldsymbol{\omega}_e}{\mathrm{d}t}$为动参考系的角加速度，$\boldsymbol{\alpha}_r=\dfrac{\mathrm{d}\omega_r}{\mathrm{d}t}\boldsymbol{k}'$为刚体相对动参考系的角加速度，刚体的角加速度表述：$\boldsymbol{\alpha}=\boldsymbol{\alpha}_e+\boldsymbol{\alpha}_r+\boldsymbol{\omega}_e\times\boldsymbol{\omega}_r$

当牵连运动及相对运动都是等角速转动时，称为刚体规则运动，此时 $\boldsymbol{\alpha}=\boldsymbol{\omega}_e\times\boldsymbol{\omega}_r$。

(3)刚体一般运动的分级及刚体上点的速度、加速度。

自由刚体作一般运动时，在刚体上取一点 O'为基点，建立平动坐标系 $O'\xi\eta\zeta$，将刚体的运动分解为随基点的平动及绕基点的定点运动。平动部分与基点的选择有关，转动部分与基点的选择无关。刚体一般运动的方程为

$$x_{O'}=x_{O'}(t);\quad y_{O'}=y_{O'}(t);\quad z_{O'}=z_{O'}(t)$$
$$\psi=\psi(t);\quad \theta=\theta(t);\quad \varphi=\varphi(t)$$

运用点的合成运动的思想方法，牵连运动为平动，刚体上某点(相对基点的矢径为 $\boldsymbol{r}'$)的速度、加速度为

$$\boldsymbol{v}=\boldsymbol{v}_{O'}+\boldsymbol{v}_r=\boldsymbol{v}_{O'}+\boldsymbol{\omega}\times\boldsymbol{r}'$$
$$\boldsymbol{a}=\boldsymbol{a}_{O'}+\boldsymbol{a}_r=\boldsymbol{a}_{O'}+\boldsymbol{\alpha}\times\boldsymbol{r}'+\boldsymbol{\omega}\times\boldsymbol{v}_r$$

刚体若受到约束，也可选择转动坐标系对刚体的运动进行分解，但需注意相对角速度与前面相对平动系的角速度是不同的。此外，在计算加速度时需考虑科氏加速度。

2. 重点及难点

重点

刚体角速度、角加速度和刚体上点的速度、加速度分析。

难点

加速度物理含义以及加速度的计算；刚体一般运动情况下，牵连运动为转动的加速度合成定理。

8.2 习题类型、解题步骤及解题技巧

1. 习题类型

(1)绕相交轴转动问题的求解。

(2)刚体一般运动。

2. 解题步骤

(1)建立坐标系。

(2)分析角速度、角加速度。

(3)分析速度、加速度。

（4）求解计算。

3. 解题技巧

（1）建立好坐标系，选择恰当的动系，使得相对运动简单、明确，便于分析。

（2）分析速度、加速度之前先进行角速度、角加速度的分析。瞬时转动轴确定后刚体上点的速度计算根据刚体绕瞬时转动轴转动计算。

（3）正确应用计算公式，对于空间复杂问题，可借助矢量运算、投影等方法进行。刚体绕相交轴转动合成中，$\boldsymbol{\alpha}=\boldsymbol{\omega}_e\times\boldsymbol{\omega}_r$ 成立的条件是牵连运动和相对运动为匀速转动，当牵连运动和相对运动为非匀速转动时，$\boldsymbol{\alpha}=\boldsymbol{\alpha}_e+\boldsymbol{\alpha}_r+\boldsymbol{\omega}_e\times\boldsymbol{\omega}_r$。

（4）正确理解公式中各物理量的含义，对于刚体一般运动，速度、加速度合成公式为

$$\boldsymbol{v}=\boldsymbol{v}_{O'}+\boldsymbol{v}_r=\boldsymbol{v}_{O'}+\boldsymbol{\omega}\times\boldsymbol{r}'$$

$$\boldsymbol{a}=\boldsymbol{a}_{O'}+\boldsymbol{a}_r=\boldsymbol{a}_{O'}+\boldsymbol{\alpha}\times\boldsymbol{r}'+\boldsymbol{\omega}\times\boldsymbol{v}_r$$

上面两个公式中的矢径 $\boldsymbol{r}'$ 为相对于基点的位置矢径，$\boldsymbol{v}_r$ 为相对速度，在具体应用时需要加以注意。

8.3　例题精解

例 8-1　图示行星锥齿轮Ⅱ与固定锥齿轮Ⅰ相啮合，两锥齿轮底面半径分别为 R、L，水平轴 OA 以匀角速度 ω_0 绕铅垂轴 z 转动。试求：（1）锥齿轮Ⅱ底面上点 B、C 的速度；（2）锥齿轮Ⅱ底面上点 B、C 的加速度。

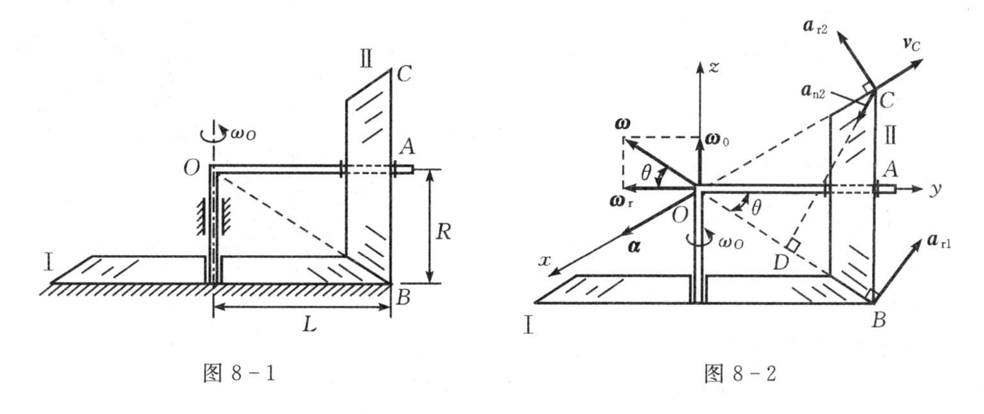

图 8-1　　　　图 8-2

解　（1）速度分析如图 8-2 所示。

OB 为瞬时转动轴，$v_B=0$

$\boldsymbol{\omega}=\boldsymbol{\omega}_0+\boldsymbol{\omega}_r$，$\omega=\dfrac{\omega_0}{\sin\theta}$，（方向为沿 BO）

$\boldsymbol{\alpha}=\dfrac{\mathrm{d}\boldsymbol{\omega}}{\mathrm{d}t}=\boldsymbol{\omega}_0\times\boldsymbol{\omega}_r=\boldsymbol{\omega}_0\times\boldsymbol{\omega}=\dfrac{L\omega_0^2}{R}\boldsymbol{i}$（方向为沿 Ox 轴正向）

$v_C=CD\cdot\omega=2L\omega_0$（方向为沿 Ox 轴负向）

（2）加速度分析如图 8-2 所示。

B 点转动加速度：$\boldsymbol{a}_{r1}=\boldsymbol{\alpha}\times\overrightarrow{OB}$

$a_{r1}=\dfrac{L\omega_0^2\sqrt{R^2+L^2}}{R}$(在铅垂面 Oyz 内，方向垂直于 OB)

B 点向轴加速度：$\boldsymbol{a}_{n1}=\boldsymbol{\omega}\times\boldsymbol{v}_B=0$

C 点转动加速度：$\boldsymbol{a}_{r2}=\boldsymbol{\alpha}\times\overrightarrow{OC}$

$a_{r2}=\dfrac{L\omega_0^2\sqrt{R^2+L^2}}{R}$(在铅垂面 Oyz 内，方向垂直于 OC)

C 点向轴加速度：$\boldsymbol{a}_{n2}=\boldsymbol{\omega}\times\boldsymbol{v}_C$

$a_{n2}=|\boldsymbol{\omega}\times\boldsymbol{v}_C|=\dfrac{2L\omega_0^2\sqrt{(R^2+L^2)}}{R}$(在铅垂面 Oyz 内，沿 CD)

例 8－2 电机转子安装于框架之内，如图 8－3(a)所示。框架绕铅垂轴以等角速度 $\omega_1=\dfrac{\pi}{3}$ rad/s 转动，转子绕其自身中心轴以等角速度 $\omega_2=10\pi$ rad/s 转动，转子半径 $R=6$ cm，中心轴与水平线的夹角 $\theta=30°$，其他尺寸 $d=12$ cm，$l=15$ cm，$h=5$ cm。试求：(1)转子的绝对角速度和绝对角加速度；(2)转子上 C 点的速度和加速度。

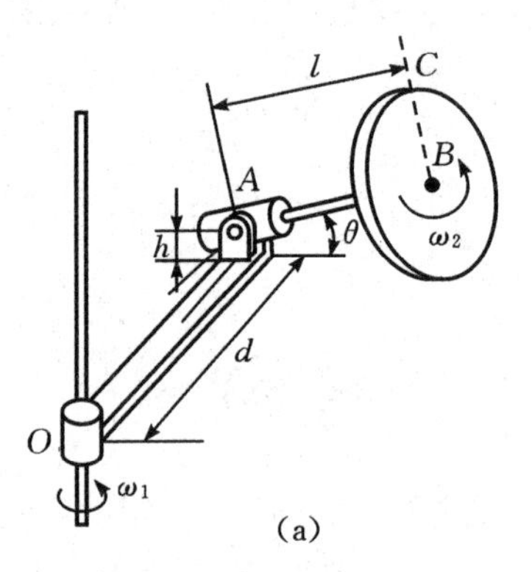

(a)

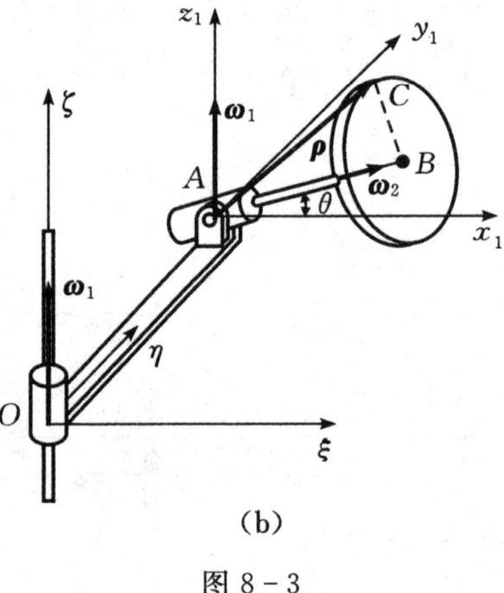

(b)

图 8－3

解 以转子为研究对象，转子作一般刚体运动(绕不相交的两根轴转动)。

(1)以 A 为基点，建立平动坐标系 $Ax_1y_1z_1$，运动过程中 Ay_1 与 OA 不再共线，如图 8－3 所示。

转子的角速度

$\boldsymbol{\omega}=\boldsymbol{\omega}_1+\boldsymbol{\omega}_2=\omega_2\cos\theta\boldsymbol{i}+(\omega_1+\omega_2\sin\theta)\boldsymbol{k}$

角加速度

$\boldsymbol{\alpha}=\dfrac{\mathrm{d}\boldsymbol{\omega}}{\mathrm{d}t}=\boldsymbol{\omega}_1\times\boldsymbol{\omega}_2=\omega_1\omega_2\cos\theta\boldsymbol{j}$

代入具体数据：

$\boldsymbol{\omega}=(27.19\boldsymbol{i}+16.75\boldsymbol{k})$ rad/s

$\boldsymbol{\alpha}=28.46\boldsymbol{j}$ rad/s^2

(2)C 点的速度、加速度

$\boldsymbol{v}_A=-\omega_1 d\boldsymbol{i}=-12.56\boldsymbol{i}$ cm/s

$\boldsymbol{a}_A=-\omega_1^2 d\boldsymbol{j}=-13.14\boldsymbol{j}$ cm/s^2

C 点在平动系下的位置坐标

$\boldsymbol{\rho}=(l\cos\theta-R\sin\theta)\boldsymbol{i}+(l\sin\theta+R\cos\theta)\boldsymbol{k}=(9.99\boldsymbol{i}+12.7\boldsymbol{k})$ cm

根据刚体一般运动的速度、加速度合成公式：

$$\begin{aligned}\boldsymbol{v}_C&=\boldsymbol{v}_A+\boldsymbol{v}_r=\boldsymbol{v}_A+\boldsymbol{\omega}\times\boldsymbol{\rho}\\&=-12.56\boldsymbol{i}+(27.19\boldsymbol{i}+16.75\boldsymbol{k})\times(9.99\boldsymbol{i}+12.7\boldsymbol{k})\\&=(-12.56\boldsymbol{i}-177.98\boldsymbol{j})\ \text{cm/s}\end{aligned}$$

$$\begin{aligned}\boldsymbol{a}_C&=\boldsymbol{a}_A+\boldsymbol{a}_r=\boldsymbol{a}_A+\boldsymbol{\alpha}\times\boldsymbol{\rho}+\boldsymbol{\omega}\times(\boldsymbol{\omega}\times\boldsymbol{\rho})\\&=-13.14\boldsymbol{j}+[28.46\boldsymbol{j}\times(9.99\boldsymbol{i}+12.7\boldsymbol{k})]\end{aligned}$$

$$+(27.19\boldsymbol{i}+16.75\boldsymbol{k})\times[(27.19\boldsymbol{i}+16.75\boldsymbol{k})\times(9.99\boldsymbol{i}+12.7\boldsymbol{k})]$$

$$=(334.6\boldsymbol{i}-13.16\boldsymbol{j}-5128\boldsymbol{k})\ \text{cm/s}^2$$

(3)讨论。

C 点的速度、加速度亦可采用复合运动分析的方法，此种情况下动系与 OA 相固结，牵连运动为定轴转动，牵连角速度为$\boldsymbol{\omega}_1$，相对运动为定轴转动，相对角速度为$\boldsymbol{\omega}_2$，加速度分析除了考虑相对加速度与牵连加速度，还需要考虑科氏加速度。

8.4　题　解

8－1　圆盘以角速度 ω_1 绕水平轴 CD 转动，同时 CD 轴又以角速度 ω_2 绕通过圆盘中心 O 点的铅垂轴 AB 转动。如 $\omega_1=5$ rad/s，$\omega_2=3$ rad/s，求圆盘的瞬时角速度 $\boldsymbol{\omega}$ 和瞬时角加速度 $\boldsymbol{\alpha}$ 的大小和方向。

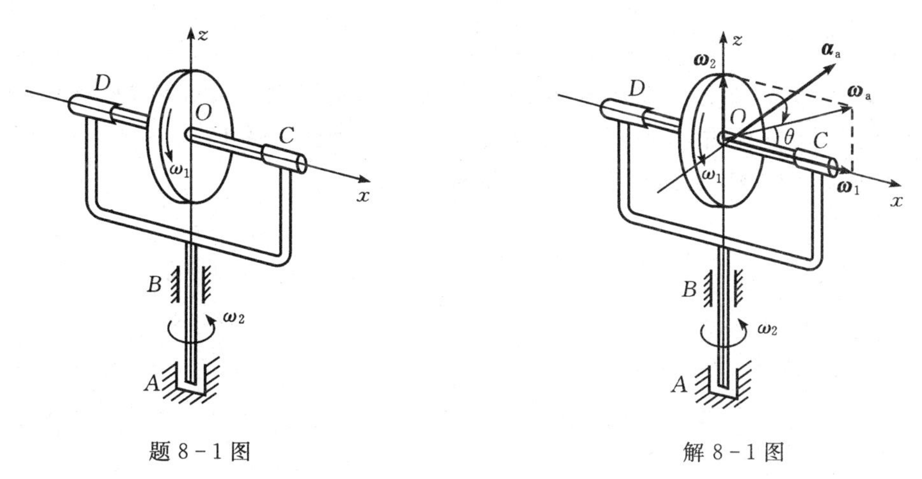

题 8－1 图　　　　解 8－1 图

解　动系固结于 CD 轴，如解 8－1 图所示。

$$\boldsymbol{\omega}_a=\boldsymbol{\omega}_e+\boldsymbol{\omega}_r=\boldsymbol{\omega}_2+\boldsymbol{\omega}_1=3\boldsymbol{k}+5\boldsymbol{i}\ \text{rad/s}$$

$$\omega_a=\sqrt{\omega_1^2+\omega_2^2}=5.83\ \text{rad/s}$$

$$\theta=\arctan\frac{\omega_2}{\omega_1}=30°58'$$

圆盘的角加速度：

$$\boldsymbol{\alpha}_a=\frac{\text{d}\boldsymbol{\omega}_a}{\text{d}t}=\boldsymbol{\omega}_e\times\boldsymbol{\omega}_r=15\boldsymbol{j}\ \text{rad/s}^2$$

8－2　圆锥 A 每分钟在固定圆锥 B 上滚动 120 次。圆锥高为 $OO_1=10$ cm。求：圆锥的瞬时角速度 $\boldsymbol{\omega}$ 和瞬时角加速度 $\boldsymbol{\alpha}$。

解　动系固结于 OO_1 轴，角速度和瞬时角加速度分析如解 8－2 图所示。

$$\omega_e=\frac{2\pi n}{60}=4\pi\ \text{rad/s},$$

$$\omega_a=\frac{\omega_e}{\sin 30°}=8\pi\ \text{rad/s},$$

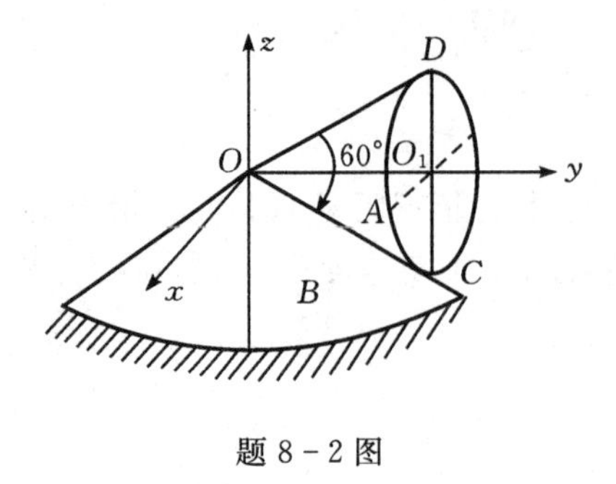

题 8-2 图

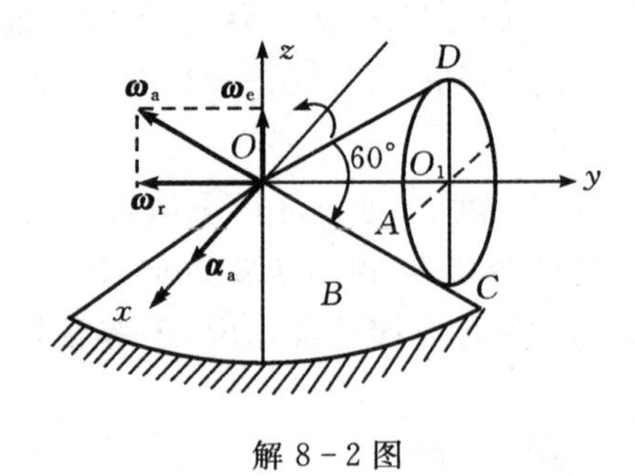

解 8-2 图

$$\omega_r = \frac{\omega_e}{\tan 30^\circ} = 4\sqrt{3}\pi \text{ rad/s}$$

圆锥的角加速度：

$$\boldsymbol{\alpha}_a = \frac{d\boldsymbol{\omega}_a}{dt} = \boldsymbol{\omega}_e \times \boldsymbol{\omega}_r = 16\sqrt{3}\pi^2 \boldsymbol{i} \text{ rad/s}^2$$

8-3 具有固定顶点 O 的圆锥在平面上滚动而不滑动。圆锥高 $OC=18$ cm，顶角 $\angle AOB=90^\circ$。圆锥底面的中心 C 作匀速运动，每过一秒钟回到原处一次。求：(1)直径 AB 上一端点 B 的速度；(2)圆锥的角加速度和 A、B 两点的加速度。

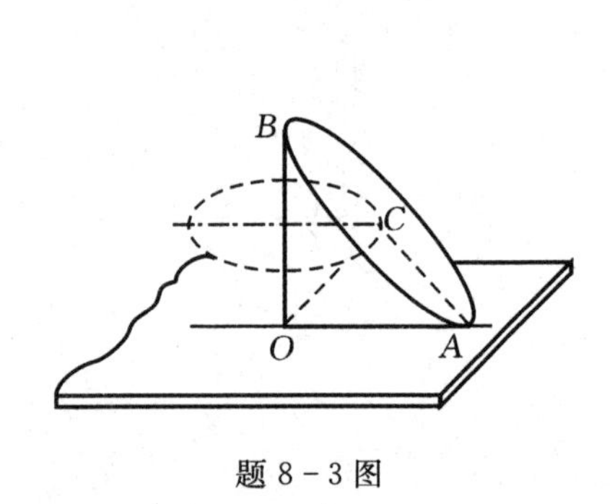

题 8-3 图

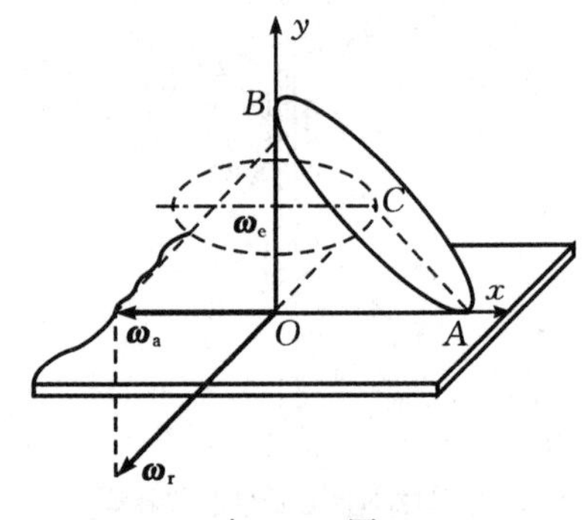

解 8-3 图

解 (1)动系固结于 OC 轴，分析如解 8-3 图所示。

$\omega_e = 2\pi$ rad/s，$\omega_a = \omega_e = 2\pi$ rad/s，$\omega_r = \sqrt{2}\omega_e = 2\sqrt{2}\pi$ rad/s

$v_B = \omega_a \cdot OB = 0.36\sqrt{2}\pi = 1.60$ m/s，方向垂直于 OB

(2)圆锥的角加速度：

$$\boldsymbol{\alpha}_a = \frac{d\boldsymbol{\omega}_a}{dt} = \boldsymbol{\omega}_e \times \boldsymbol{\omega}_r = 4\pi^2 = 39.5 \text{ rad/s}^2$$，方向垂直于 OA 及 OB

加速度：$\boldsymbol{a} = \boldsymbol{\alpha} \times \boldsymbol{r} + \boldsymbol{\omega} \times \boldsymbol{v}$

$\boldsymbol{a}_A = \boldsymbol{\alpha} \times \boldsymbol{r}_A$，$a_A = 0.18\sqrt{2} \times 39.5 = 10$ m/s²，方向与 OB 平行

$\boldsymbol{a}_B = \boldsymbol{\alpha} \times \boldsymbol{r}_B + \boldsymbol{\omega} \times \boldsymbol{v}_B = 39.5\boldsymbol{k} \times 0.18\sqrt{2}\boldsymbol{j} + (-2\pi\boldsymbol{i}) \times (-1.6\boldsymbol{k})$

$a_B = 14.14$ m/s² 在 OAB 平面内，与 OB 成 45°角。

8-4 圆锥滚子在水平圆锥环形支座上滚动而不滑动，滚子底面半径 $R = 10\sqrt{2}$ cm，顶角

$2\alpha=90°$，滚子中心 A 沿其轨迹运动的速度 $v_A=20\ \text{cm/s}$。求圆锥滚子上 C 点和 B 点的速度和加速度。

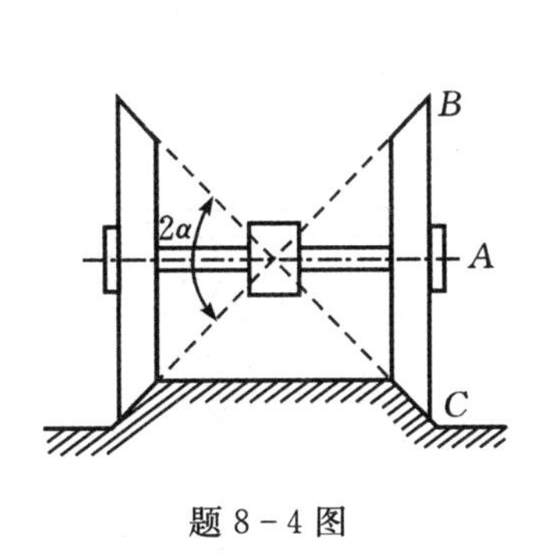

题 8－4 图

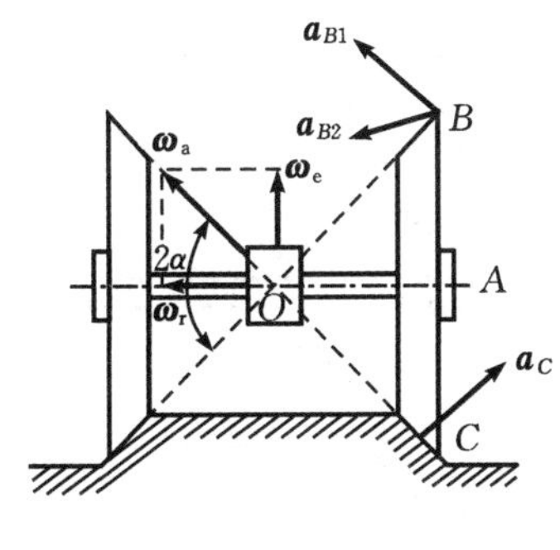

解 8－4 图

解　OC 是滚子的瞬时转轴。由解 8－4 图可知：

$\boldsymbol{\omega}_a=\boldsymbol{\omega}_e+\boldsymbol{\omega}_r$

$\omega_r=\omega_e=\dfrac{v_A}{OA}=0.36\sqrt{2}\pi=\sqrt{2}\ \text{rad/s}$

$\omega_a=\sqrt{2}\omega_e=2\ \text{rad/s}$

$\boldsymbol{\alpha}_a=\dfrac{d\boldsymbol{\omega}_a}{dt}=\boldsymbol{\omega}_e\times\boldsymbol{\omega}_r$ 方向垂直于图面向外，大小为 $\alpha_a=\omega_e^2=2\ \text{rad/s}^2$

C、B 两点速度：

$\boldsymbol{v}_C=\boldsymbol{\omega}_a\times\overrightarrow{OC}=0$

$\boldsymbol{v}_B=\boldsymbol{\omega}_a\times\overrightarrow{OB}$，$v_B=\omega_a\cdot OB=0.4\ \text{m/s}$，方向垂直于图面向内。

C、B 两点加速度：

$\boldsymbol{a}_C=\boldsymbol{\alpha}_a\times\overrightarrow{OC}+\boldsymbol{\omega}_a\times\boldsymbol{v}_C$

$a_C=\alpha_a\cdot OC=0.4\ \text{m/s}^2$，方向如解 8－4 图所示。

$\boldsymbol{a}_B=\boldsymbol{a}_{B1}+\boldsymbol{a}_{B2}$，$\boldsymbol{a}_{B1}=\boldsymbol{\alpha}_a\times\overrightarrow{OB}$，$\boldsymbol{a}_{B2}=\boldsymbol{\omega}_a\times\boldsymbol{v}_B$

$a_{B1}=\alpha_a\cdot OB=0.4\ \text{m/s}^2$，$a_{B2}=\omega_a\cdot v_B=0.8\ \text{m/s}^2$

8－5　差速传动由活动地装在曲柄Ⅳ上的锥齿轮（行星齿轮）Ⅲ所形成，而曲柄可绕固定轴 CD 转动。行星齿轮与锥齿轮Ⅰ、Ⅱ啮合，齿轮Ⅰ、Ⅱ分别以角速度 $\omega_1=5\ \text{rad/s}$ 与 $\omega_2=3\ \text{rad/s}$ 绕同一轴线 CD 转动，且转动方向相同。行星齿轮半径 $r=2\ \text{cm}$，锥齿轮Ⅰ、Ⅱ的半径均为 $R=7\ \text{cm}$。求：A 点的速度、曲柄Ⅳ的角速度 $\boldsymbol{\omega}_4$ 及行星齿轮相对曲柄的角速度 $\boldsymbol{\omega}_{34}$。

解　建立动坐标系 $Oxyz$ 与曲柄Ⅳ相连，动系的牵连角速度 $\omega_e=\omega_4$。相对于动系，各轮定轴转动，轮Ⅰ、Ⅱ的相对角速度分别为

$\omega_{1r}=\omega_1-\omega_4$，$\omega_{2r}=\omega_2-\omega_4$

由于轮Ⅲ的约束，必有 $\omega_{1r}=-\omega_{2r}$

因此有 $\omega_4=\dfrac{\omega_1+\omega_2}{2}$，

轮Ⅰ与轮Ⅲ啮合，故有

$\dfrac{\omega_{3r}}{\omega_{1r}}=-\dfrac{R}{r}$，或 $\omega_{3r}=\dfrac{R}{r}(\omega_4-\omega_1)=\dfrac{R}{2r}(\omega_2-\omega_1)$

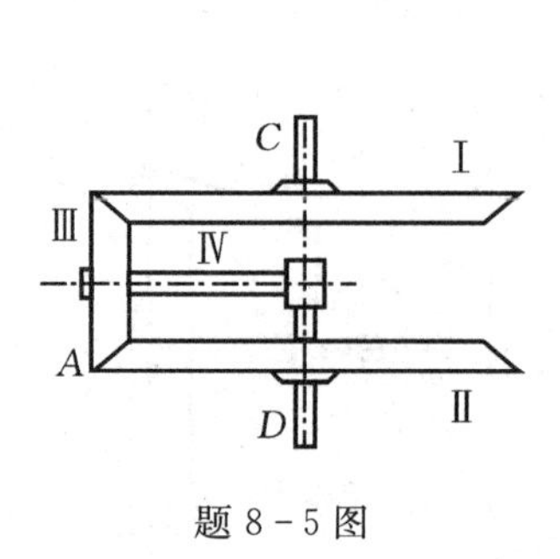

题 8-5 图

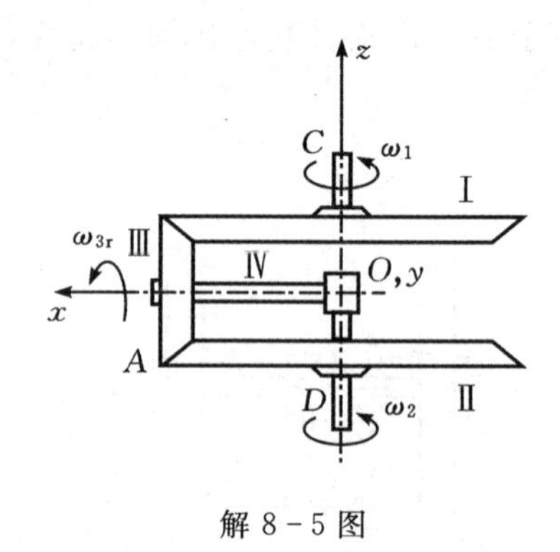

解 8-5 图

用矢量形式表达：

$\boldsymbol{\omega}_4=\dfrac{1}{2}(\omega_1+\omega_2)\boldsymbol{k}$，

$\boldsymbol{\omega}_3=\boldsymbol{\omega}_{3r}+\boldsymbol{\omega}_e=\dfrac{R}{2r}(\omega_2-\omega_1)\boldsymbol{i}+\dfrac{1}{2}(\omega_1+\omega_2)\boldsymbol{k}$

代入具体数据，得到

$\boldsymbol{\omega}_4=4\boldsymbol{k}$，$\boldsymbol{\omega}_{34}=\boldsymbol{\omega}_{3r}=-3.5\boldsymbol{i}$

A 点的速度 $v_A=\omega_2 R=21$ cm/s

8-6 半径 $R=20$ cm 的圆盘绕其对称轴 AB 转动，匀角速度 $\omega_r=10$ rad/s，$AB=100$ cm。在图示位置时，轴 AB 与铅垂线的夹角 $\theta=30°$，轴 AB 绕水平轴 ED 转动的角速度 $\omega_1=5$ rad/s，角加速度 $\alpha_1=20$ rad/s^2，圆盘边缘上点 C 的坐标为(100,0,20)cm。试求该瞬时：(1)圆盘的角速度和角加速度；(2)圆盘边缘上点 C 的速度和加速度。

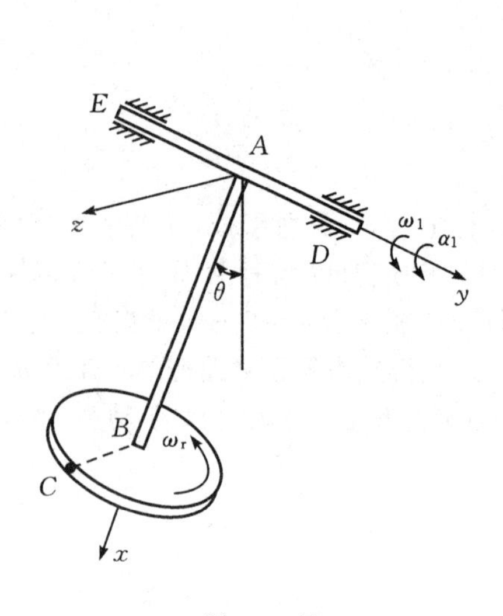

题 8-6 图

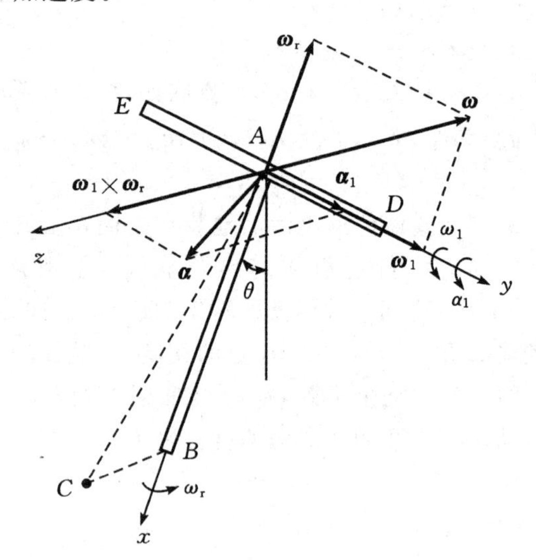

解 8-6 图

解 (1)$\boldsymbol{\omega}=\boldsymbol{\omega}_r+\boldsymbol{\omega}_1=(-10\boldsymbol{i}+5\boldsymbol{j})$ rad/s

所以 $\omega=11.18$ rad/s，方向在 xAy 平面内，如解 8-6 图所示。

$$\boldsymbol{\alpha}=\frac{\mathrm{d}\boldsymbol{\omega}}{\mathrm{d}t}=\frac{\mathrm{d}\boldsymbol{\omega}_1}{\mathrm{d}t}+\frac{\mathrm{d}\boldsymbol{\omega}_r}{\mathrm{d}t}$$
$$=\boldsymbol{\alpha}_1+\boldsymbol{\omega}_1\times\boldsymbol{\omega}_r$$
$$=(20\boldsymbol{j}+50\boldsymbol{k})\ \mathrm{rad/s^2}$$

所以 $\alpha=53.9\ \mathrm{rad/s^2}$,方向在 yAz 平面内。

(2) $\boldsymbol{v}_C=\boldsymbol{\omega}\times\overrightarrow{AC}=(100\boldsymbol{i}+200\boldsymbol{j}-500\boldsymbol{k})\ \mathrm{m/s}$

C 点的转动加速度

$\boldsymbol{a}_\tau=\boldsymbol{\alpha}\times\overrightarrow{AC}=(400\boldsymbol{i}+5000\boldsymbol{j}-2000\boldsymbol{k})\ \mathrm{cm/s^2}$

C 点的向轴加速度

$\boldsymbol{a}_n=\boldsymbol{\omega}\times\boldsymbol{v}_C=(-2500\boldsymbol{i}-5000\boldsymbol{j}-2500\boldsymbol{k})\ \mathrm{cm/s^2}$

所以$\boldsymbol{a}_C=(-2100\boldsymbol{j}-4500\boldsymbol{k})\ \mathrm{cm/s^2}$

第 9 章　质点运动微分方程

质点是最简单的力学模型，以此模型为对象在数学模型、方程求解以及解的性质研究方面进行深入的探讨，所用方法和结论可供其他力学模型借鉴。另外，牛顿定律只适用于惯性系，当需要研究质点在非惯性系中的运动时，只要附加牵连惯性力和科氏惯性力，即可建立质点的运动微分方程，从而研究非惯性系下质点的运动。

9.1　基本知识剖析

1. 基本概念(质点运动微分方程)

矢量形式　$m\dfrac{d^2\boldsymbol{r}}{dt^2}=\boldsymbol{F}$　角坐标形式　$\begin{cases} m\dfrac{d^2x}{dt^2}=F_x \\ m\dfrac{d^2y}{dt^2}=F_y \\ m\dfrac{d^2z}{dt^2}=F_z \end{cases}$　自然轴形式　$\begin{cases} m\dfrac{dv_\tau}{dt}=F_\tau \\ m\dfrac{v^2}{\rho}=F_n \\ F_b=0 \end{cases}$

2. 重点及难点

重点

(1)物体的受力与运动分析。

(2)建立物体的运动微分方程。

难点

动力学第二类问题：根据受力与运动特点、运动的初始条件求解物体的运动方程。

9.2　习题类型、解题步骤及解题技巧

1. 习题类型

(1)质点动力学两类问题：第一类问题是已知运动，求力；第二类问题是已知力，求运动。

(2)混合型问题，如上述两种问题的混合。

2. 解题步骤

(1)明确研究对象并进行受力分析，画出受力图。

(2)进行运动分析，并画出相应的运动学量，如速度、加速度、角速度、角加速度等。

(3)选择适当形式的运动微分方程求解。

3. 解题技巧

质点动力学第一类问题：已知运动，求力，是微分问题，较为容易。质点动力学第二类问

题：已知力，求运动，是积分问题，如何求解微分方程是解决问题的关键；为此要特别注意物体的受力与运动特点、运动的初始条件等，还要熟悉常见微分方程的通解形式。

9.3　例题精解

例 9-1　单摆 M 的摆锤重 $\boldsymbol{W}$，绳长 l，悬于固定点 O，绳的质量不计。设开始时绳与铅垂线成偏角 $\varphi_0 \leqslant \pi/2$，并被无初速释放，求绳中拉力的最大值。

分析　这是一个动力学混合型问题。摆锤 M 沿已知圆弧运动，用自然形式的质点运动微分方程求解较方便。

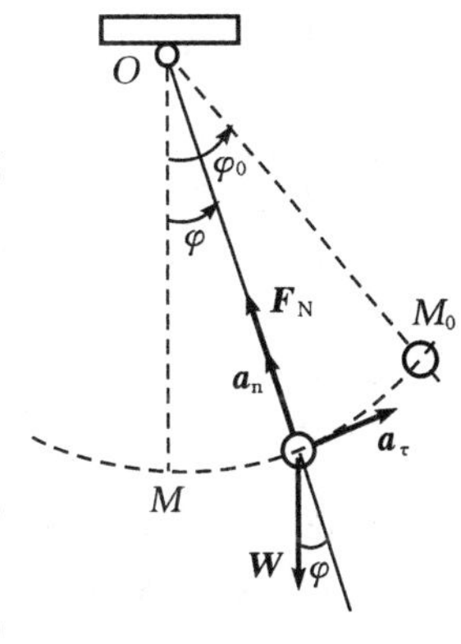

图 9-1

解　以摆锤 M 为研究对象，选择如图 9-1 所示自然轴系；任意瞬时，质点的加速度在切向和法向的投影为

$$a_\tau = l\frac{d^2\varphi}{dt^2} = l\ddot{\varphi}, a_n = l\left(\frac{d\varphi}{dt}\right)^2 = l\dot{\varphi}^2$$

写出质点的自然形式的运动微分方程为

$$ma_\tau = \frac{W}{g}l\ddot{\varphi} = -W\sin\varphi \tag{1}$$

$$ma_n = \frac{W}{g}l\dot{\varphi}^2 = F_N - W\cos\varphi \tag{2}$$

考虑到

$$\ddot{\varphi} = \frac{d\dot{\varphi}}{dt} = \frac{d\dot{\varphi}}{d\varphi}\frac{d\varphi}{dt} = \dot{\varphi}\frac{d\dot{\varphi}}{d\varphi} = \frac{1}{2}\frac{d(\dot{\varphi}^2)}{d\varphi} \tag{3}$$

则式(1)化成

$$\frac{1}{2}\frac{d(\dot{\varphi}^2)}{d\varphi} = -\frac{g}{l}\sin\varphi$$

对上式采用定积分，把初条件作为积分下限，有

$$\int_0^{\dot{\varphi}} d(\dot{\varphi}^2) = \int_{\varphi_0}^{\varphi}\left(-\frac{2g}{l}\sin\varphi\right)d\varphi$$

从而得

$$\dot{\varphi}^2 = \frac{2g}{l}(\cos\varphi - \cos\varphi_0) \tag{4}$$

把式(4)代入式(2)，得绳拉力为

$$F_N = W(3\cos\varphi - 2\cos\varphi_0)$$

显然，当摆球 M 到达最低位置 $\varphi=0$ 时，有最大值。故 $F_{Nmax} = W(3-2\cos\varphi_0)$

例 9-2　粉碎机滚筒半径为 R，绕通过中心的水平轴匀速转动，筒内铁球由筒壁上的凸棱带着上升。为了使铁球获得粉碎矿石的能量，铁球应在 $\theta=\theta_0$ 时（见图 9-2）才掉下来。求滚筒的转速 n。

分析　视铁球为质点。铁球脱离前与滚筒接触点运动相同，当铁球到达某一高度时，会脱离筒壁而沿抛物线下落。

解　研究铁球，铁球在上升过程中，受到重力 $m\boldsymbol{g}$、筒壁的法向反力 $\boldsymbol{F}_N$ 和切向反力 $\boldsymbol{F}$ 的

作用。

由 $\boldsymbol{F}=m\boldsymbol{a}$ 列出质点的运动微分方程在主法线上的投影式

$$m\frac{v^2}{R}=F_{\mathrm{N}}+mg\cos\theta$$

铁球在未离开筒壁前的速度等于筒壁上与其重合点的速度，即

$$v=R\omega=\frac{\pi n}{30}R$$

$$n=\frac{30}{\pi R}\left[\frac{R}{m}(F_{\mathrm{N}}+mg\cos\theta)\right]^{\frac{1}{2}}$$

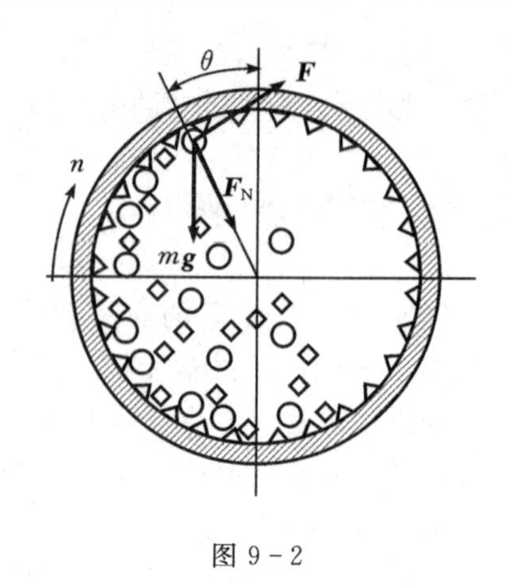

图 9-2

当 $\theta=\theta_0$ 时，铁球将落下，这时 $F_{\mathrm{N}}=0$，于是得滚筒转速为

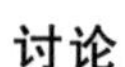

$$n=9.549\sqrt{\frac{g}{R}\cos\theta_0}$$

讨论

(1)显然，θ_0 越小，要求 n 越大。

(2)当 $\theta_0=0$ 时，$n=9.549\sqrt{\frac{g}{R}}$，铁球就会紧贴筒壁转过最高点而不脱离筒壁落下，起不到粉碎矿石的作用。

例 9-3 弹簧-质量系统，物块的质量为 m，弹簧原长 l_0，刚度系数为 k，物块在平衡位置的初始速度为 $\boldsymbol{v}_0$，如图 9-3(a)所示。求物块的运动方程。

分析 以物块为研究对象。这是已知力(弹簧力)求运动规律的问题，故为第二类动力学问题。

解 以弹簧在静载 $m\boldsymbol{g}$ 作用下变形后的平衡位置(称为静平衡位置)为原点建立 Ox 坐标系，将物块置于任意位置 $x>0$ 处，其受力如图 9-3(b)所示。

由 $\boldsymbol{F}=m\boldsymbol{a}$ 列出物块的运动微分方程

$$m\ddot{x}=-k(x+\delta_{\mathrm{st}})+mg$$

因为 $k\delta_{\mathrm{st}}=mg$

所以上式为 $\ddot{x}+\omega_0^2x=0$，$\omega_0^2=\dfrac{k}{m}$

求解可得 $x=A\sin(\omega_0t+\varphi)$

注意到 $t=0$，$x=0$，$\dot{x}=v_0$

故可得物块的运动方程 $x=v_0\sqrt{\dfrac{m}{k}}\cdot\sin\sqrt{\dfrac{k}{m}}\,t$

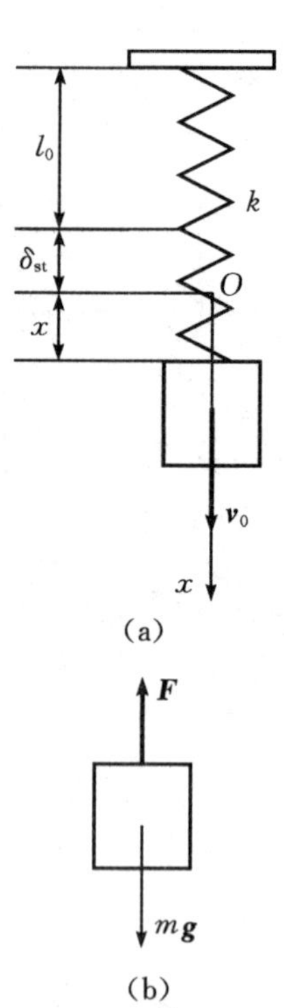

图 9-3

讨论

若以弹簧原长处的位置为原点建立 Ox 坐标系，对运动规律有无影响？

9.4　题　解

9-1　一质量为 3 kg 的小球连于绳的一端，可以在铅垂面内摆动，绳长 $l=0.8$ m，已知当 $\theta=60°$时，绳内张力为 25 N，求此瞬时小球的速度和加速度。

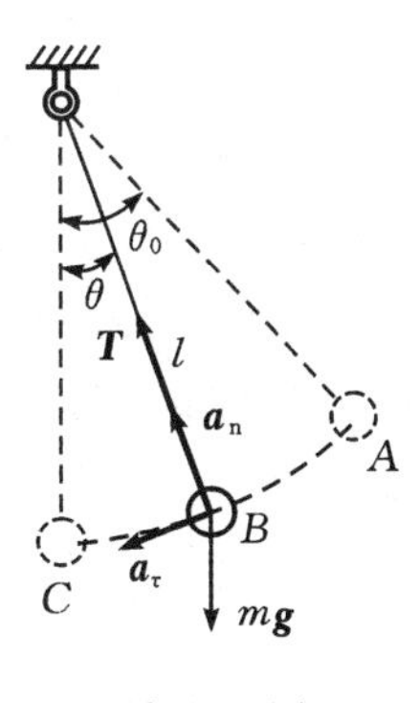

题 9-1 图

解　研究小球，受力如题 9-1 图所示。

$$\begin{cases} ma_{\mathrm{n}}=T-mg\cos30° \\ ma_{\tau}=mg\sin30° \end{cases}$$

解得 $a_{\mathrm{n}}=3.43\ \mathrm{m/s^2}$，$a_{\tau}=8.45\ \mathrm{m/s^2}$

而 $a_{\mathrm{n}}=\dfrac{v^2}{l}$　　解得 $v=1.65$ m/s

9-2　两根钢丝 AC 和 BC 的一端固定于铅垂轴线 AB 上，另一端均连于 5 kg 的小球 C。小球以匀速 3.6 m/s 在水平面内绕 AB 作圆周运动，求每根钢丝的张力。

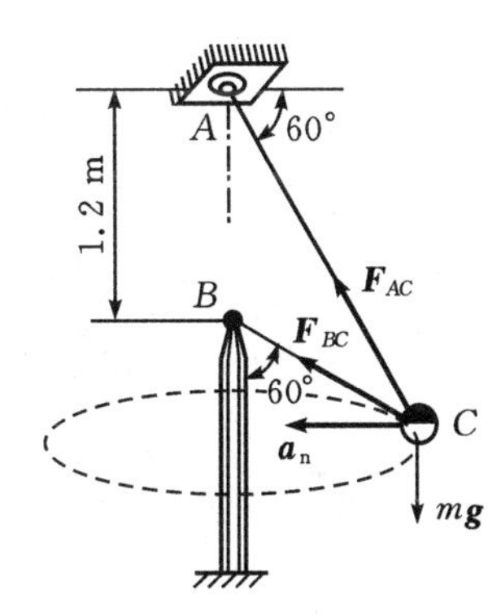

题 9-2 图

解　研究小球，受力如题 9-2 图所示。

由几何关系知 $BC=1.2$ m

小球的运动半径 $R=BC\sin60°=1.2\times\dfrac{\sqrt{3}}{2}=0.6\sqrt{3}$ m

$$\begin{cases} F_{AC}\cos30°+F_{BC}\cos60°=mg \\ F_{AC}\cos60°+F_{BC}\cos30°=ma_{\mathrm{n}} \end{cases}$$

而 $a_{\mathrm{n}}=\dfrac{v^2}{R}$

解得　$F_{AC}=13\sqrt{3}$ N，$F_{BC}=59$ N

9-3　汽车质量为 m，以匀速度 v 驶过桥，桥面 ACB 呈抛物线形，其尺寸如题 9-3 图所示，求汽车过 C 点时对桥的压力。（提示：抛物线在 C 点的曲率半径 $\rho_C=\dfrac{l^2}{8h}$）

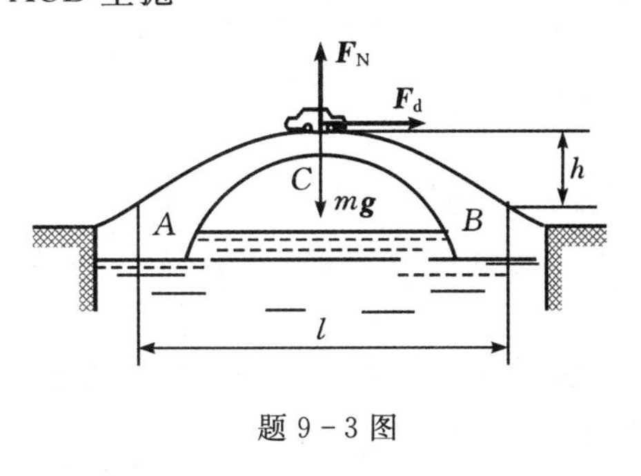

题 9-3 图

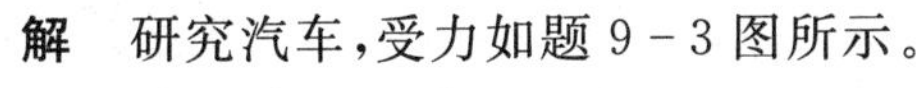

解　研究汽车，受力如题 9-3 图所示。

$$a_{\mathrm{n}}=\frac{v^2}{\rho_C}=\frac{v^2}{\dfrac{l^2}{8h}}=\frac{8hv^2}{l^2}$$

$$mg-F_{\mathrm{N}}=ma_{\mathrm{n}}$$

$$F_{\mathrm{N}}=mg-ma_{\mathrm{n}}=m\left(g-\frac{8hv^2}{l^2}\right)$$

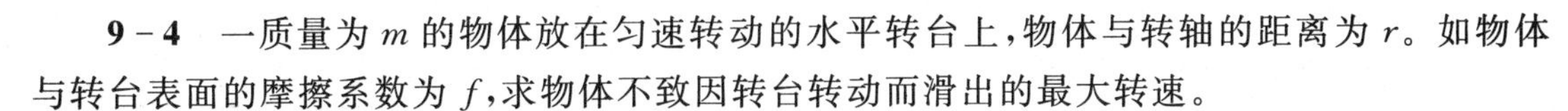

9-4　一质量为 m 的物体放在匀速转动的水平转台上，物体与转轴的距离为 r。如物体与转台表面的摩擦系数为 f，求物体不致因转台转动而滑出的最大转速。

解　研究物块，受力如题 9-4 图所示。

$F_{\mathrm{N}}=mg$

$ma_n = F_d = fF_N = fmg; a_n = \left(\frac{\pi n}{30}\right)^2 r$

$m\left(\frac{\pi n}{30}\right)^2 r = fmg$

$n = \frac{30}{\pi}\sqrt{\frac{fg}{r}}$

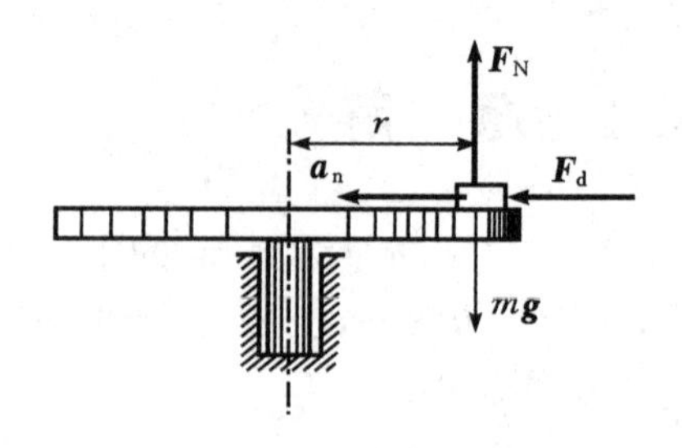

题 9-4 图

9-5 质量为 300 kg 的导弹从时速为 1200 km/h 的飞机上发射，此瞬时飞机高度为300 m；设发射后的导弹由自身发动机获得一不变的水平推力 600 N，并保持对称轴水平方位，求：(1)落地前导弹飞过的水平距离；(2)落地瞬时导弹的速度($g=10\ \text{m/s}^2$)。

解 研究导弹，受力如题 9-5 图所示，建立图示坐标系。

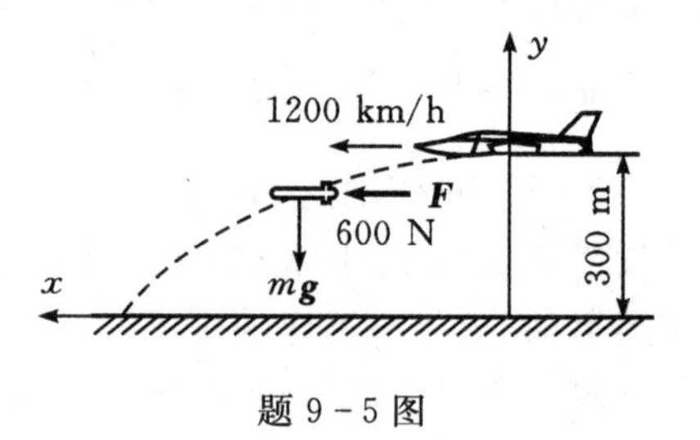

题 9-5 图

$$\begin{cases} m\ddot{x} = F & v_x = \dfrac{F}{m}t + C_1 \\ m\ddot{y} = -mg & v_y = -gt + C_2 \end{cases}$$

$t=0$ 时 $\quad v_x = 1200\ \text{km/h} = \frac{1000}{3}\ \text{m/s}, v_y = 0$

$$\begin{cases} v_x = 2t + \dfrac{1000}{3} \\ v_y = -gt \end{cases} \Rightarrow \begin{cases} x = t^2 + \dfrac{1000}{3}t + C_3 \\ y = -\dfrac{1}{2}gt^2 + C_4 \end{cases}$$

$t=0$ 时，$x=0, y=300$ 　　解得 $\begin{cases} x = t^2 + \dfrac{1000}{3}t \\ y = -\dfrac{1}{2}gt^2 + 300 \end{cases}$

$y=0$ 时，$t=\sqrt{60}$ s，则 $x=2.64$ km

$$\begin{cases} v_x = 317.81\ \text{m/s} \\ v_y = -77.46\ \text{m/s} \end{cases}$$

$v = \sqrt{v_x^2 + v_y^2} = 327.1$ m/s

9-6 物体自高度 h 处以速度 $\boldsymbol{v}_0$ 水平抛出。空气阻力可视为与速度的一次方成正比，即 $F_R = kmv$，其中 m 为物体的质量，v 为物体的速度，k 为比例系数，方向与速度 $\boldsymbol{v}$ 相反。求物体的运动方程和轨迹。

解 视该物体为质点，受力如题 9-6 图所示。其中

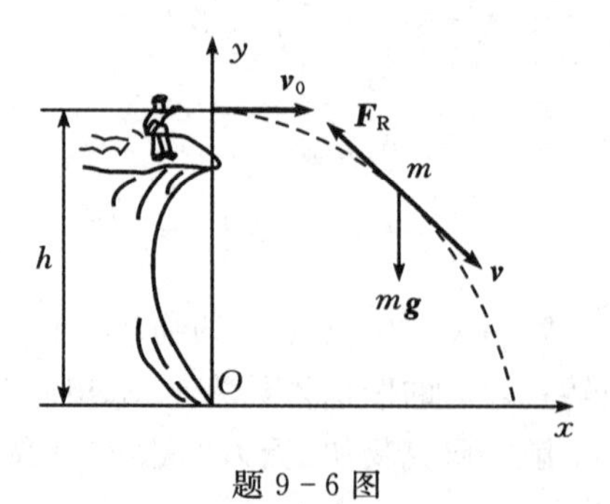

题 9-6 图

$\boldsymbol{F}_R = -km\boldsymbol{v} = -km(\dot{x}\boldsymbol{i} + \dot{y}\boldsymbol{j})$

故 $\begin{cases} m\ddot{x} = -km\dot{x} \\ m\ddot{y} = -km\dot{y} - mg \end{cases}$

即 $\ddot{x} + k\dot{x} = 0, \ddot{y} + k\dot{y} = -g$

初始条件 $t=0$ 时 $\begin{cases} x=0 \\ y=h \end{cases}$ 　　$\begin{cases} \dot{x} = v_0 \\ \dot{y} = 0 \end{cases}$

解得
$$\begin{cases} x=\dfrac{v_0}{k}(1-e^{-kt}) \\ y=h-\dfrac{g}{k}t+\dfrac{g}{k^2}(1-e^{-kt}) \end{cases}$$

消 t 得轨迹方程 $y=h-\dfrac{g}{k^2}\ln\dfrac{v_0}{v_0-kx}+\dfrac{gx}{kv_0}$

9-7　质量为 m 的质点带有电荷 e，以初速度 $\boldsymbol{v}_0$ 进入电场强度按照 $E=A\cos kt$（A、k 为已知常数）变化的均匀电场中，初速度方向与电场强度方向垂直，如题 9-7 图所示。质点在电场中受力 $\boldsymbol{F}=-e\boldsymbol{E}$ 的作用。设电场强度不受电荷 e 的影响，并不计质点重力，求质点的运动轨迹。

解　质点受力是时间的函数。取平面坐标系 xOy，坐标原点为初始位置。因力和初速度在 xOy 面内，故质点必在 xOy 平面内运动。

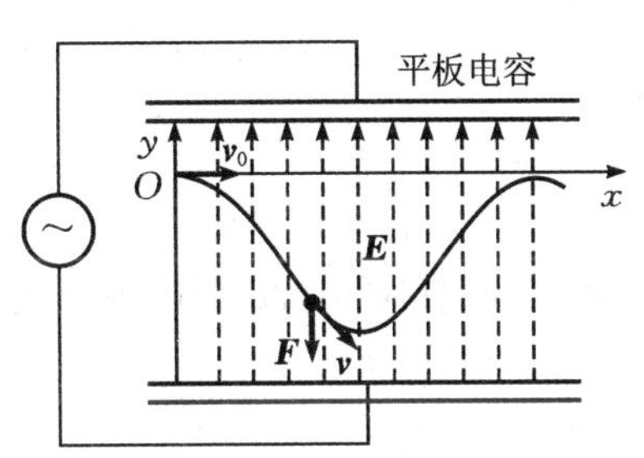

题 9-7 图

$F_x=0, F_y=-eA\cos kt$

质点运动微分方程为

$$m\frac{d^2x}{dt^2}=0 \tag{a}$$

$$\frac{d^2y}{dt^2}=-eA\cos kt \tag{b}$$

积分式(a)，并根据初始条件确定积分常数，得

$$\frac{dx}{dt}=v_0$$

再积分一次，使用定积分，按初始条件确定积分上、下限：$t=0, x=0$

$$\int_0^x dx=\int_0^t v_0\,dt$$

得

$$x=v_0t \tag{c}$$

积分式(b)

$$\int_0^{\frac{dy}{dt}} d\left(\frac{dy}{dt}\right)=-\int_0^t \frac{eA\cos kt}{m}dt$$

得
$$\frac{dy}{dt}=-\frac{eA}{mk}\sin kt$$

再积分一次
$$\int_0^y dy=-\frac{eA}{mk}\int_0^t \sin kt\,dt$$

得

$$y=\frac{eA}{mk^2}(\cos kt-1) \tag{d}$$

由式(c)、(d)消去时间 t，得轨迹方程为

$$y=\frac{eA}{mk^2}\left(\cos\frac{kx}{v_0}-1\right)$$

9-8　物块 A、B 质量分别为 $m_A=20$ kg，$m_B=40$ kg，两物块用弹簧连接，如题 9-8 图所示。已知物块 A 沿铅垂方向的运动规律为 $y=\sin(8\pi t)$，其中 y 以 cm 计，t 以 s 计。试求支承

面 CD 的压力，并求它的最大值与最小值(弹簧质量略去不计)。

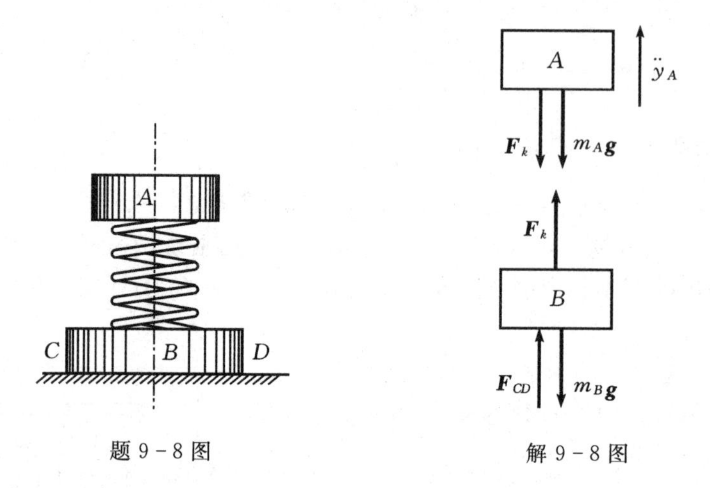

题 9-8 图　　解 9-8 图

解　分别以物块 A 和 B 为研究对象，进行受力分析(解 9-8 图)并列写其运动微分方程为

$$m\ddot{y}_A=-m_A g-F_k$$

$$m\ddot{y}_B=F_k-m_B g+F_{CD}$$

$$F_{CD}=m\ddot{y}_B-F_k+m_B g$$

$$=m\ddot{y}_B+m\ddot{y}_A+m_A g+m_B g$$

代入已知运动规律，求解得

$$F_{CD\max}=714\ \text{N},F_{CD\min}=462\ \text{N}$$

9-9　题 9-9 图所示为桥式起重机，其上小车吊一质量为 m 的重物，沿横向作匀速平动，速度为 v_0。由于突然急刹车，重物因惯性绕悬挂点 O 向前作圆周运动。设绳长为 l，试求钢丝绳的最大拉力。

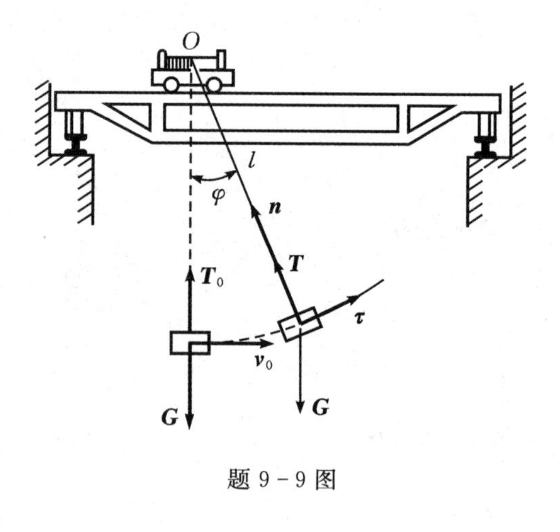

题 9-9 图

解　取重物为研究对象，分析受力。

匀速直线运动阶段：$T_0=mg$

刹车后：重物绕 O 点摆动，在自然坐标系下建立质点运动微分方程为

$$m\frac{\mathrm{d}v_\tau}{\mathrm{d}t}=-mg\sin\varphi$$

$$m\frac{v^2}{l}=T-mg\cos\varphi$$

初始位置，重物有速度最大值 v_0，此时

$$\varphi=0,T_{\max}=mg+m\frac{v_0^2}{l}$$

9-10　质量 $m=2.5$ kg 的包裹放在传送带上，如题 9-10 图所示，若包裹与传送带之间的摩擦系数 $f_s=0.3$。传送带由静止开始，在 $t=2$ s 内速度增加到 $v=0.75$ m/s。为使包裹不致在倾斜的传送带表面向下滑动，求传送带倾角 θ 的最大值。传送带以等速度 $v=0.75$ m/s

运动后，包裹在什么位置，即 φ 角为多少时开始脱离传送带滑出（设 $r=350$ mm）？

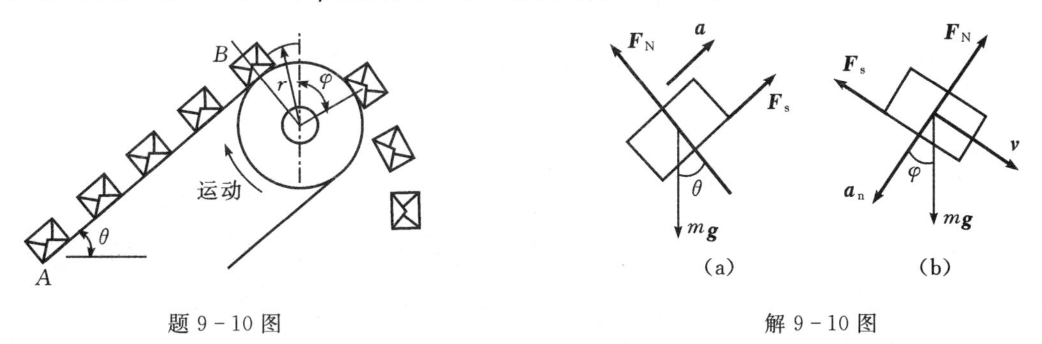

题 9-10 图　　解 9-10 图

解　(1)以包裹为研究对象，受力如解 9-10 图(a)所示。假设启动阶段匀加速，则

$a=\dfrac{v}{t}=0.375\ \mathrm{m/s^2}$

包裹的运动方程为：$F_s-mg\sin\theta=ma$

其中 $F_s=mgf_s\cos\theta$

求得传送带的最大倾角 $\theta=14.6°$

(2)包裹脱离传送带时受力如解 9-10 图(b)所示。

$F_s=f_sF_N=mg\sin\varphi$

$F_N-mg\cos\varphi=-ma_n$

其中　$a_n=\dfrac{v^2}{\rho}=\dfrac{0.75^2}{0.35}=1.607\ \mathrm{m/s^2}$

求得　$\varphi=14°$

9-11　为了使列车对铁路路轨压力垂直于路基，在铁路弯曲部分，外轨要比内轨高，如题 9-11 图所示。试就如下数据求外轨高于内轨的高度 h。路轨曲率半径 $R=400$ m，列车速度为 60 km/h，铁轨间的距离 $b=1.435$ m。若轨道间距不变，内外轨道高度差不变，在此路段设计高铁轨道，按 360 km/h 设计，轨道曲率半径应为多大？

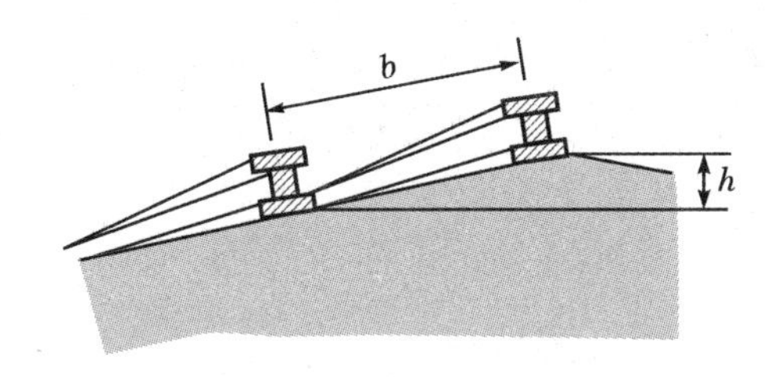

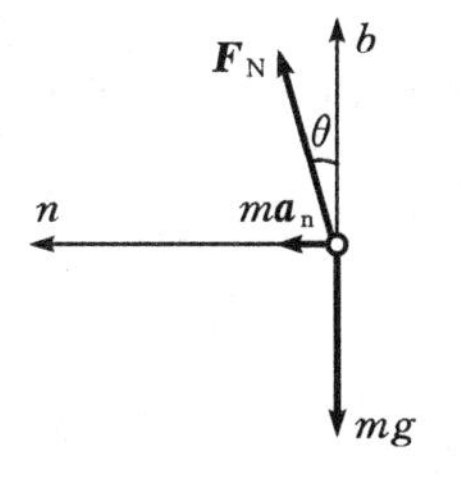

题 9-11 图　　解 9-11 图

解　取列车为研究对象，受力分析如解 9-11 图所示。

列写运动微分方程为

$F_N\sin\theta=ma_n$

$F_N\cos\theta-mg=0$

$a_n=\dfrac{v^2}{\rho}$，$\tan\theta=\dfrac{h}{\sqrt{b^2-h^2}}$

$$h=\frac{v^2 b}{\sqrt{(g\rho)^2+v^4}}=102\ \text{mm}$$

若设计高铁轨道，由上述所列方程可得曲率半径为

$$\rho=\frac{v^2}{g\tan\theta}=\frac{\left(\frac{360\times 10^3}{3600}\right)^2}{9.8\times\frac{0.102}{\sqrt{1.435^2-0.102^2}}}\approx 14319\ \text{m}$$

9-12 如题 9-12 图所示，阴极射线示波器中的电子通过带电平板 A、B 之间的空间时，受到平板电场力的作用，力的大小为 $F=\frac{eV}{d}$，方向垂直于平板，指向正极平板一方。式中 V 是带电平板间的电位差，e 是电子的电荷，d 为平板间的距离。设电子质量为 m，电子自阴极射出通过阳极的速度为 u，不考虑万有引力的影响，试推导电子射到荧光屏的点 M 偏离中心 O 的距离 δ 与 V、u 的关系。

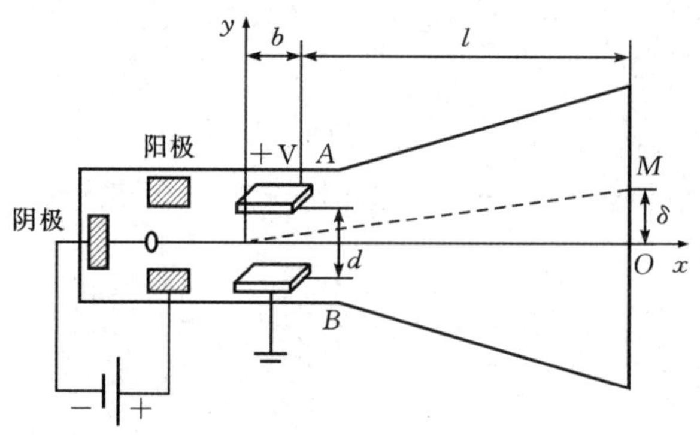

题 9-12 图

解 以电子为研究对象，建立直角坐标系 xOy，初始位置(出阳极处)为坐标原点。

(1)第一阶段，从进入带电平板到离开带电平板：

$m\ddot{x}=0,m\ddot{y}=F$

初始条件：$x_0=0,y_0=0,\dot{x}_0=u,\dot{y}_0=0$

积分，得

$$x=ut,x_1=b,t_1=\frac{b}{u},\dot{x}_1=u$$

$$y=\frac{1}{2}\frac{F}{m}t^2,y_1=\frac{1}{2}\frac{F}{m}\left(\frac{b}{u}\right)^2,\dot{y}_1=\frac{F}{m}\frac{b}{u}$$

(2)第二阶段，从离开带电平板到到达荧光屏：

$m\ddot{x}=0,m\ddot{y}=0$

对应的初始条件：$\dot{x}=\dot{x}_1=u,\dot{y}=\dot{y}_1=\frac{F}{m}\frac{b}{u}$

积分，得 $\quad x_2=ut_2,y_2=\dot{y}_2t_2\quad t_2=\frac{l}{u}$

求解，得 $\quad \delta=y_1+y_2\quad \delta=\frac{Fb^2}{2mu^2}(1+2\frac{l}{b})$

9-13　如题 9-13 图所示，一离心式分离机，圆筒形鼓室半径为 R，高为 H，以匀角速度 ω 绕铅垂轴 Oy 转动。试求：(1)鼓室旋转时，在 xOy 平面内液面所形成的曲线形状；(2)当鼓室无盖时，为使被分离的液体不致溢出，注入液体的最大高度 h。

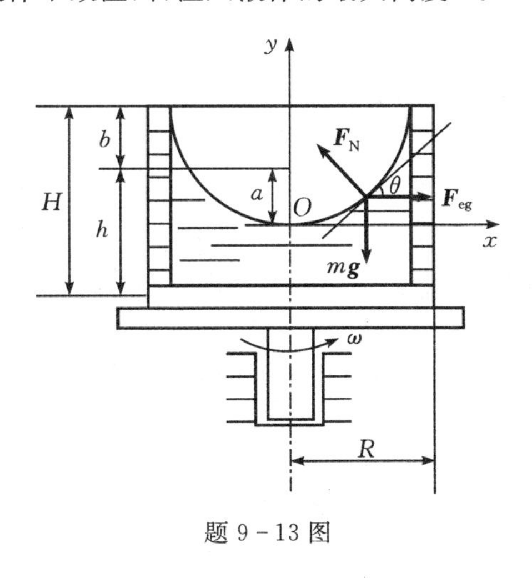

题 9-13 图

解　(1)取液面上小液滴为研究对象，进行受力分析，设其质量为 m，相对静止时，有

$$\boldsymbol{F}_N+\boldsymbol{F}_{eg}+m\boldsymbol{g}=0$$

在 x、y 轴上投影，有　$\begin{cases}-F_N\sin\theta+F_{eg}=0\\F_N\cos\theta-mg=0\end{cases}$

其中 $F_{eg}=mx\omega^2$，消去 F_N，得　$\tan\theta=\dfrac{\omega^2}{g}x$

由　$\dfrac{dy}{dx}=\tan\theta=\dfrac{\omega^2}{g}x$，积分得 $y=\dfrac{\omega^2x^2}{2g}$(抛物线)

(2)若注入液体的最大高度为 h，a、b 分别对应坐标原点到最高液面的距离及液面到鼓室顶边的距离，则

$$h=H-b,a+b=y(R)=\frac{\omega^2R^2}{2g}$$

根据体积相等，$\pi R^2a=\displaystyle\int_0^R 2\pi xy\,dx=\int_0^R 2\pi x\frac{\omega^2x^2}{2g}dx$

求解，得

$a=\dfrac{\omega^2R^2}{4g},b=\dfrac{\omega^2R^2}{4g},h=H-\dfrac{\omega^2R^2}{4g}$

9-14　车厢以匀加速度 $\boldsymbol{a}$ 水平运行，在其顶部挂一质量为 m、摆长为 l 的单摆，如题 9-14图所示。求单摆相对车厢静止时的角度 θ 及绳的张力 $\boldsymbol{F}$ 和微小振动周期 T。

解　以 M 为研究对象，受力分析如解 9-14 图所示，$\boldsymbol{F}_Q$为牵连惯性力。动坐标系固连于车厢，由相对静止，列方程：

$F_N\sin\theta-F_Q=0$

$F_N\cos\theta-G=0$

所以有　$\tan\theta=\dfrac{F_Q}{G}=\dfrac{a}{g},F_N=\dfrac{ma}{\sin\theta}=m\sqrt{g^2+a^2}$

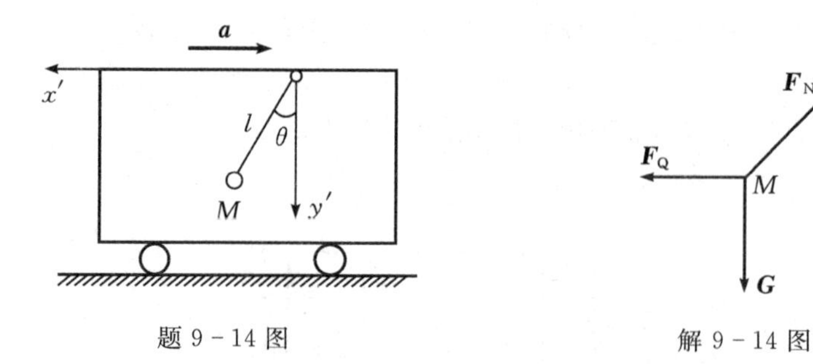

题 9 - 14 图　　解 9 - 14 图

由平衡位置拉离微小角放手，在任意位置 φ，列写运动微分方程为

$$ml\ddot{\varphi}=-G\sin(\theta+\varphi)+F_Q\cos(\theta+\varphi)=0$$

因 φ 为微小角度，任意位置 $\cos\varphi\approx 1$，$\sin\varphi\approx\varphi$，故有

$$\cos\varphi=\frac{g}{\sqrt{g^2+a^2}},\sin\varphi=\frac{a}{\sqrt{g^2+a^2}}$$

将上述关系代入运动微分方程，化简得

$$\ddot{\varphi}+\frac{\sqrt{g^2+a^2}}{l}\varphi=0$$

由此，摆在平衡位置微幅振动的周期为

$$T=\frac{2\pi\sqrt{l}}{\sqrt[4]{g^2+a^2}}$$

第10章　质点系动量定理与动量矩定理

动量定理与动量矩定理，是用矢量力学方法研究质点系动力学问题的重要工具。在研究、解决流体动力学和质量流的动力学中，发挥了其无可替代的作用，此外，还将为解决工程中的碰撞问题提供最基本的理论工具。由其导出的质心运动定理和转动定理，将成为研究解决刚体动力学的重要工具。

10.1　基本知识剖析

1. 基本概念

(1)质点的动量定理。

微分形式：质点的动量对时间的导数等于作用于质点的力

$$\frac{\mathrm{d}}{\mathrm{d}t}(m\boldsymbol{v})=\boldsymbol{F}$$

积分形式(冲量定理)：

$$m\boldsymbol{v}_2-m\boldsymbol{v}_1=\int_{t_1}^{t_2}\boldsymbol{F}\mathrm{d}t=\boldsymbol{I}$$

(2)质点的动量矩定理。

质点对固定点 O 的动量矩定理：

$$\frac{\mathrm{d}}{\mathrm{d}t}\boldsymbol{M}_O(m\boldsymbol{v})=\boldsymbol{M}_O(\boldsymbol{F})$$

即质点动量矩对时间的导数等于作用力对该点的矩。

质点对固定轴的动量矩定理：

$$\frac{\mathrm{d}}{\mathrm{d}t}M_x(m\boldsymbol{v})=M_x(\boldsymbol{F})$$

$$\frac{\mathrm{d}}{\mathrm{d}t}M_y(m\boldsymbol{v})=M_y(\boldsymbol{F})$$

$$\frac{\mathrm{d}}{\mathrm{d}t}M_z(m\boldsymbol{v})=M_z(\boldsymbol{F})$$

(3)质点系动量定理。

质点系的动量：$\boldsymbol{p}=\sum_{i}^{n}m_i\boldsymbol{v}_i$

刚体的动量：$\boldsymbol{p}=\frac{\mathrm{d}}{\mathrm{d}t}\sum_{i=1}^{n}m_i\boldsymbol{r}_i=\frac{\mathrm{d}}{\mathrm{d}t}(m\boldsymbol{r}_C)=m\boldsymbol{v}_C$

刚体系统的动量：$\boldsymbol{p}=\sum_{i=1}^{N}m_i\boldsymbol{v}_{Ci}$

质点系动量定理：

①微分形式：

$$\frac{\mathrm{d}\boldsymbol{p}}{\mathrm{d}t}=\sum_{i=1}^{n}\boldsymbol{F}_i^{(\mathrm{e})}$$

②积分形式：

$$\boldsymbol{p}_2-\boldsymbol{p}_1=\int_{t_1}^{t_2}\sum_{i=1}^{n}\boldsymbol{F}_i^{(\mathrm{e})}\mathrm{d}t=\sum_{i=1}^{n}\int_{t_1}^{t_2}\boldsymbol{F}_i^{(\mathrm{e})}\mathrm{d}t=\sum_{i=1}^{n}\boldsymbol{I}_i^{(\mathrm{e})}$$

动量定理在直角坐标轴上的投影式分别为

$$\frac{\mathrm{d}p_x}{\mathrm{d}t}=\sum_{i=1}^{n}F_{ix}^{(\mathrm{e})},\quad \frac{\mathrm{d}p_y}{\mathrm{d}t}=\sum_{i=1}^{n}F_{iy}^{(\mathrm{e})},\quad \frac{\mathrm{d}p_z}{\mathrm{d}t}=\sum_{i=1}^{n}F_{iz}^{(\mathrm{e})}$$

$$p_{2x}-p_{1x}=\sum_{i=1}^{n}I_{ix}^{(\mathrm{e})},\quad p_{2y}-p_{1y}=\sum_{i=1}^{n}I_{iy}^{(\mathrm{e})},\quad p_{2z}-p_{1z}=\sum_{i=1}^{n}I_{iz}^{(\mathrm{e})}$$

质点系的动量守恒：当外力系的主矢量恒等于零时，$\boldsymbol{p}_2-\boldsymbol{p}_1=$恒矢量；当主矢量在某轴的投影恒等于零时，质点系的动量在该坐标轴上的投影保持不变，$p_{2x}-p_{1x}=$恒量。

流体受到的附加动约束力：$\boldsymbol{F}''_{\mathrm{N}}=q_V\rho(\boldsymbol{v}_b-\boldsymbol{v}_a)$

质心运动定理： $m\boldsymbol{a}_C=\sum_{i=1}^{n}\boldsymbol{F}_i^{(\mathrm{e})}$

在直角坐标轴上的投影式为

$$ma_{Cx}=\sum_{i=1}^{n}F_{ix}^{(\mathrm{e})}\qquad ma_{Cy}=\sum_{i=1}^{n}F_{iy}^{(\mathrm{e})}\qquad ma_{Cz}=\sum_{i=1}^{n}F_{iz}^{(\mathrm{e})}$$

在自然坐标轴上的投影式为

$$m\frac{\mathrm{d}v_C}{\mathrm{d}t}=\sum_{i=1}^{n}F_{i\tau}^{(\mathrm{e})}\qquad m\frac{v_C^2}{\rho}=\sum_{i=1}^{n}F_{i\mathrm{n}}^{(\mathrm{e})}\qquad \sum_{i=1}^{n}F_{i\mathrm{b}}^{(\mathrm{e})}=0$$

(4)质点系动量矩定理。

质点系对点 O 的动量矩：$\boldsymbol{L}_O=\sum_{i=1}^{n}\boldsymbol{M}_O(m_i\boldsymbol{v}_i)=\sum_{i=1}^{n}(\boldsymbol{r}_i\times m_i\boldsymbol{v}_i)$

质点系对 z 轴的动量矩：$L_z=\sum_{i=1}^{n}M_z(m_i\boldsymbol{v}_i)$（当 O 为 z 轴上一点时，有$[\boldsymbol{L}_O]_z=L_z$）

刚体对 z 轴的转动惯量：$J_z=\sum_{i=1}^{n}m_ir_i^2$

质点系动量矩定理：质点系对某定点 O 的动量矩对时间的导数等于质点系所受外力对同一点之矩的矢量和

$$\frac{\mathrm{d}\boldsymbol{L}_O}{\mathrm{d}t}=\sum_{i=1}^{n}\boldsymbol{M}_O(\boldsymbol{F}_i^{(\mathrm{e})})$$

应用时，常取其投影式，若 x、y、z 为过固定点 O 的坐标轴，有

$$\frac{\mathrm{d}L_x}{\mathrm{d}t}=\sum_{i=1}^{n}M_x(\boldsymbol{F}_i^{(\mathrm{e})}),\frac{\mathrm{d}L_y}{\mathrm{d}t}=\sum_{i=1}^{n}M_y(\boldsymbol{F}_i^{(\mathrm{e})}),\frac{\mathrm{d}L_z}{\mathrm{d}t}=\sum_{i=1}^{n}M_z(\boldsymbol{F}_i^{(\mathrm{e})})$$

必须强调：上述动量矩定理的表达形式只适用于对固定点或固定轴。对于运动的点或轴，其动量矩定理的表达形式需另作研究，一般较为复杂。

刚体定轴转动的运动微分方程式为

$$J_z\ddot{\varphi}=M_z$$

(5)质点系相对质心的动量矩定理(见图 10－1)。

①质点系对质心的动量矩为

$$\boldsymbol{L}_C = \sum_{i=1}^{n} (\boldsymbol{r}_i' \times m_i \boldsymbol{v}_i)$$

质点系对固定点 O 的动量矩与相对质心的动量矩的关系为

$$\boldsymbol{L}_O = \boldsymbol{r}_C \times \sum_{i=1}^{n} m_i \boldsymbol{v}_C + \boldsymbol{L}_C$$

②质点系对质心的动量矩定理为

$$\frac{\mathrm{d}\boldsymbol{L}_C}{\mathrm{d}t} = \boldsymbol{M}_C$$

即质点系相对于质心的动量矩对时间的导数,等于作用于质点系的外力对质心的主矩。

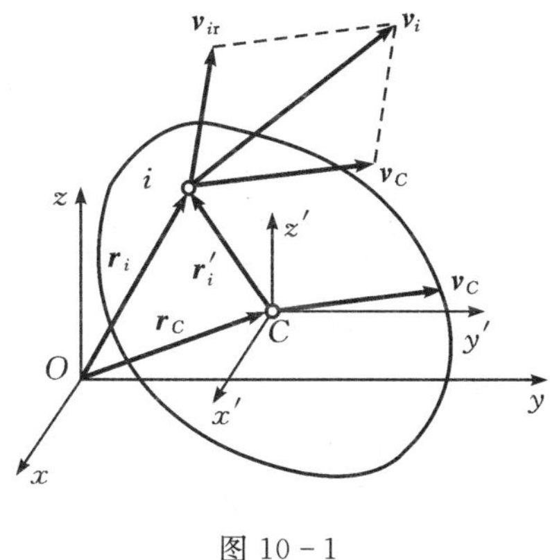

图 10－1

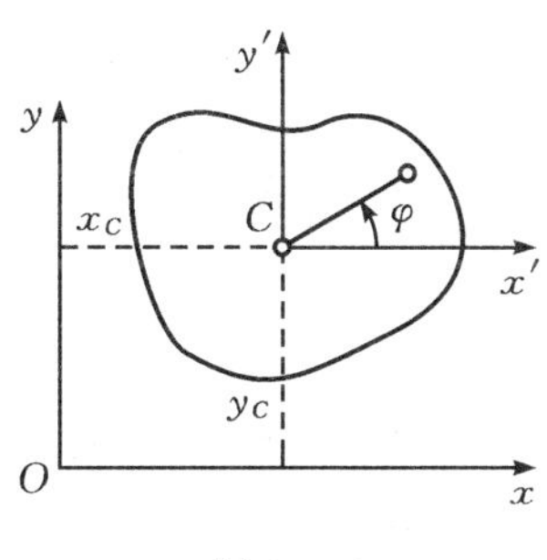

图 10－2

(6)刚体平面运动微分方程(见图 10－2)。

$$m\ddot{x}_C = \sum_{i=1}^{n} F_{ix}^{(e)} \qquad m\ddot{y}_C = \sum_{i=1}^{n} F_{iy}^{(e)} \qquad J_C\ddot{\varphi} = \sum_{n=1}^{n} M_C(\boldsymbol{F}_i^{(e)})$$

2. 重点及难点

重点

(1)质点系动量、动量矩(对固定点、固定轴、质心点、质心轴)的计算及其定理的综合应用。

(2)刚体平面运动微分方程求解动力学问题。

难点

(1)对复杂质点系动量、动量矩的计算。

(2)对复杂质点系(包括刚体系)进行受力和运动分析。

(3)质点系动量、动量矩定理的综合应用。

(4)刚体平面运动微分方程的应用中运动学补充方程的建立。

10.2　习题类型、解题步骤及解题技巧

1. 习题类型

(1)质点系动量、动量矩的计算。

(2)应用动量、动量矩定理求解动力学两类问题。

(3)应用刚体平面运动微分方程求解动力学两类问题或混合型问题。

2. 解题步骤

(1)选取适当的研究对象,并画出受力图;

(2)分析研究对象的运动情况及运动关系,计算其任意瞬时或始、末的动量(动量矩);

(3)列出动量定理或动量矩定理,求解未知量。

3. 解题技巧

(1)明确研究对象(整体或个体),并熟练计算其动量、冲量、动量矩、力矩等基本量。

(2)动量定理解决的是质点系(或刚体)随质心平动时受力和运动的关系;动量矩定理解决的是质点系(或刚体)绕定点(或定轴)转动时受力和运动的关系;由受力和运动特征决定用何定理。

(3)由动量定理或动量矩定理求解未知量。由刚体或刚体系的受力和运动的关系,列出适当的静力学或运动学补充方程。

10.3　例题精解

例 10-1　如图 10-3(a)所示,画椭圆的机构由均质的曲柄 OA、规尺 BD 以及滑块 B 和 D 组成,曲柄与规尺的中点 A 铰接。已知规尺长 $2l$,质量是 $2m_1$;两滑块的质量都是 m_2;曲柄长 l,质量是 m_1,并以角速度 ω 绕定轴 O 转动。试求当曲柄 OA 与水平方向成角 φ 时整个机构的动量。

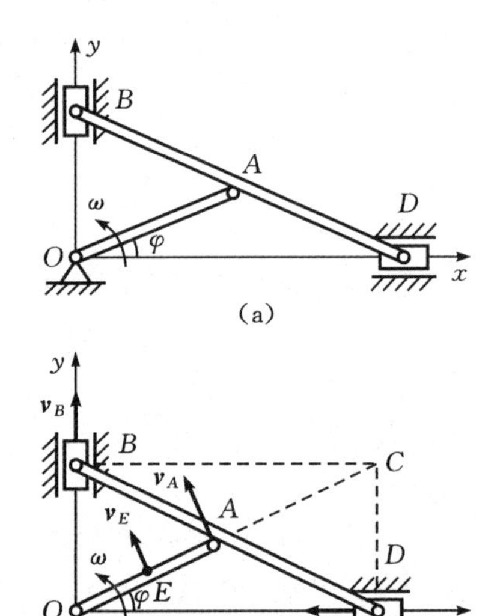

图 10-3

分析　整个机构的动量等于曲柄 OA、规尺 BD、滑块 B 和 D 的动量的矢量和。

解法一(见图 10-3 图(b))

$\boldsymbol{p}=\boldsymbol{p}_{OA}+\boldsymbol{p}_{BD}+\boldsymbol{p}_B+\boldsymbol{p}_D$

系统的动量在 x、y 轴上的投影分别为

$$
\begin{aligned}
p_x &= -m_1 v_E\sin\varphi-(2m_1)v_A\sin\varphi-m_2 v_D\\
&= -m_1\ \frac{l}{2}\omega\sin\varphi-(2m_1)l\omega\sin\varphi-m_2 2l\omega\sin\varphi\\
&= -(\frac{5}{2}m_1+2m_2)l\omega\sin\varphi
\end{aligned}
$$

$$
\begin{aligned}
p_y &= m_1 v_E\cos\varphi+(2m_1)v_A\cos\varphi+m_2 v_B\\
&= m_1\ \frac{l}{2}\omega\cos\varphi+(2m_1)l\omega\cos\varphi+m_2 2l\omega\cos\varphi\\
&= (\frac{5}{2}m_1+2m_2)l\omega\cos\varphi
\end{aligned}
$$

所以,系统的动量大小为

$$p=\sqrt{p_x^2+p_y^2}=\frac{1}{2}(5m_1+4m_2)l\omega$$

方向余弦为

$$\cos(\boldsymbol{p},x)=\frac{p_x}{p},\cos(\boldsymbol{p},y)=\frac{p_y}{p}$$

解法二

规尺 BD 和两个滑块可视为一个刚体，其公共质心为点 A，整个机构的动量等于此刚体加曲柄 OA 的动量的矢量和。具体求解过程见本章题解 10－2。

例 10－2　已知均质鼓轮 O 的质量为 m_1，重物 B、C 的质量分别为 m_2 与 m_3，斜面光滑，倾角为 θ，重物 B 的加速度为 $\boldsymbol{a}$，求轴系 O 处的约束力。

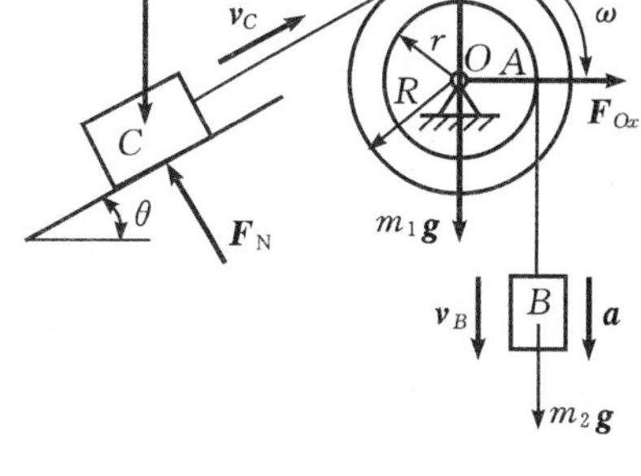

图 10－4

分析　系统由运动各异的三物体组成，取该系统为研究对象，应用动量定理建立系统质心的运动量和所受外力间的关系。

解　整体受力与运动分析如图 10－4 所示。

由动量定理

$$\frac{\mathrm{d}P_x}{\mathrm{d}t}=\sum F_x;\frac{\mathrm{d}P_y}{\mathrm{d}t}=\sum F_y$$

得

$$\frac{\mathrm{d}}{\mathrm{d}t}(m_3v_C\cos\theta)=F_{Ox}-F_N\sin\theta$$

$$\frac{\mathrm{d}}{\mathrm{d}t}(m_3v_C\sin\theta-m_2v_B)=F_{Oy}-(m_1+m_2+m_3)g+F_N\cos\theta$$

式中　$v_C=\dfrac{R}{r}v_B$，　$F_N=m_3g\cos\theta$

可解出　$F_{Ox}=m_3\dfrac{R}{r}a\cos\theta+m_3g\sin\theta\cos\theta$

$$F_{Oy}=(m_1+m_2+m_3)g-m_3g\cos^2\theta+m_3\frac{R}{r}a\sin\theta-m_2a$$

例 10－3　如图 10－5 所示，单摆 B 的支点固定在一可沿光滑的水平直线轨道平移的滑块 A 上，设 A、B 的质量分别为 m_A、m_B，运动开始时，$x=x_0$，$\dot{x}=0$，$\varphi=\varphi_0$，$\dot{\varphi}=0$。试求单摆 B 的轨迹方程。

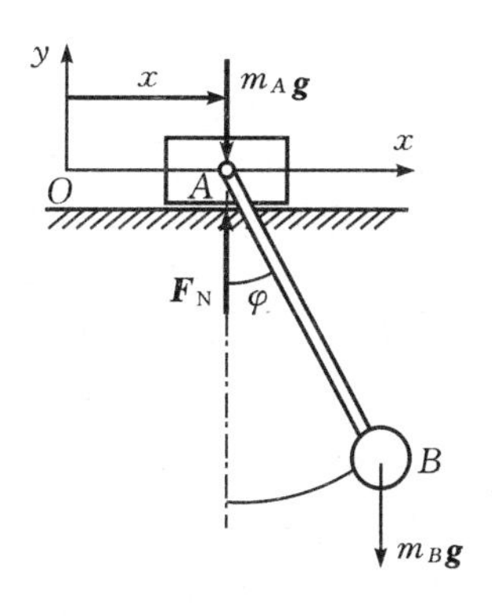

图 10－5

分析　系统由于 $\sum F_x=0$，且初始静止，系统沿 x 轴方向质心坐标守恒。

解　以系统为对象，其运动可用滑块 A 的坐标 x 和单摆摆动的角度 φ 两个广义坐标确定。

由于 $\sum F_x=0$，且初始静止，系统沿 x 轴方向质心坐标守恒

$$x_C=\frac{m_Ax+m_B(x+l\sin\varphi)}{m_A+m_B}=\frac{m_Ax_0+m_B(x_0+l\sin\varphi_0)}{m_A+m_B}=x_{C_0}$$

$$x=x_{C_0}-\frac{m_B}{m_A+m_B}l\sin\varphi$$

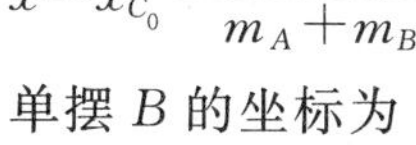

单摆 B 的坐标为

$x_B=x+l\sin\varphi=x_{C_0}+\frac{m_A}{m_A+m_B}l\sin\varphi, y_B=-l\cos\varphi$

消去 φ，即得到单摆 B 的轨迹方程为

$(1+\frac{m_B}{m_A})^2(x_B-x_{C_0})^2+y_B^2=l^2$

这是以 $x=x_{C_0}$，$y=0$ 为中心的椭圆方程，因此悬挂在滑块上的单摆也称为椭圆摆。

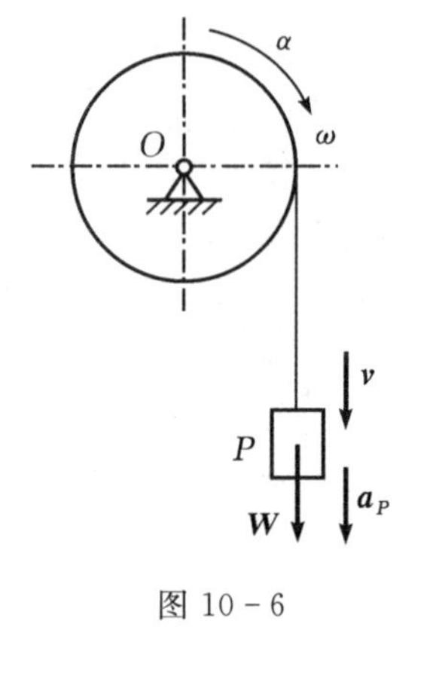

图 10-6

例 10-4　如图 10-6 所示，均质圆轮半径为 R，质量为 m。圆轮在重物 P 带动下绕固定轴 O 转动，已知重物重量为 W，求重物下落的加速度。

分析　这是一单自由度系统的运动，若对定轴 O 应用动量矩定理，就可以避开 O 处的未知约束反力。

解　取系统为研究对象，设圆轮的角速度和角加速度分别为 ω 和 α，重物的加速度为 a_P

圆轮对轴 O 的动量矩　　$L_{O1}=J_O\omega=\frac{1}{2}mR^2\omega$　（方向为顺时针）

重物对轴 O 的动量矩　　$L_{O2}=mvR=\frac{W}{g}vR$　（方向为顺时针）

系统对轴 O 的总动量矩　　$L_O=L_{O1}+L_{O2}=\frac{1}{2}mR^2\omega+\frac{W}{g}vR$　（方向为顺时针）

应用动量矩定理　$\frac{\mathrm{d}L_O}{\mathrm{d}t}=M_O$，有

$$\frac{\mathrm{d}}{\mathrm{d}t}(\frac{1}{2}mR^2\omega+\frac{W}{g}vR)=WR$$

得

$$\frac{1}{2}mR^2\alpha+\frac{W}{g}a_PR=WR$$

其中 $a_P=R\alpha$

所以求得重物下落的加速度大小　$a_P=\frac{2gW}{mg+2W}$

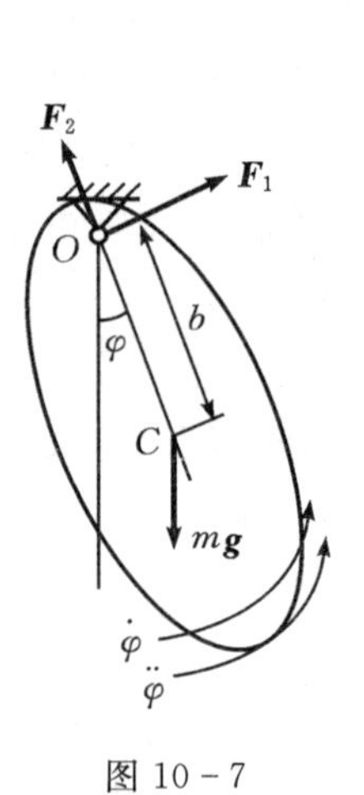

图 10-7

例 10-5　复摆由可绕水平轴转动的刚体构成。已知复摆的质量是 m，重心 C 到转轴 O 的距离 $OC=b$，复摆对转轴 O 的转动惯量是 J_O，设摆动开始时 OC 与铅直线的偏角是 φ_0，且复摆的初角速度为零，试求复摆的微幅摆动规律。轴承摩擦和空气阻力不计。

分析　这是一在重力矩作用下的转动系统，定轴转动微分方程建立了转动系统所受外力矩与转动运动量之间的关系。

解　研究复摆，受力如图 10-7 所示，为便于计算，把轴承反力沿质心轨迹的切线和法线方向分解成两个分力 F_1 和 F_2。

根据刚体绕定轴转动的微分方程

$$J_z\ddot{\varphi}=M_z$$

有　　$J_O\frac{\mathrm{d}^2\varphi}{\mathrm{d}t^2}=-mgb\sin\varphi$

重力 mg 对轴 O 产生恢复力矩，从而

$$\frac{\mathrm{d}^2\varphi}{\mathrm{d}t^2}+\frac{mgb}{J_O}\sin\varphi=0$$

当复摆作微幅摆动时，令 $\sin\varphi\approx\varphi$，可得复摆微幅摆动的微分方程为

$$\ddot{\varphi}+\frac{mgb}{J_O}\varphi=0$$

这是简谐运动的标准微分方程。可见复摆的微幅摆动也是简谐运动。

考虑到复摆运动的初条件：当 $t=0$ 时，$\varphi=\varphi_0,\dot{\varphi}=0$

则复摆运动规律可写成

$$\varphi=\varphi_0\cos\left(\sqrt{\frac{mgb}{J_O}}t\right)$$

摆动的频率 ω_0 和周期 T 分别是

$$\omega_0=\sqrt{\frac{mgb}{J_O}},T=\frac{2\pi}{\omega_0}=2\pi\sqrt{\frac{J_O}{mgb}}$$

工程上常利用上式测定形状不规则刚体的转动惯量。为此，把刚体作成复摆并用试验测出它的摆动频率 ω_0 和周期 T，求得转动惯量为

$$J_O=\frac{mgbT^2}{4\pi^2}$$

例 10-6　长度为 l、质量为 m_1 的均质杆 OA 与半径为 R、质量为 m_2 的均质圆盘 B 在 A 处铰接，铰链 O、A 均光滑。初始时，杆 OA 有偏角 θ_0，轮 B 有角速度 ω_0（逆时针方向）。求系统在重力作用下的运动。

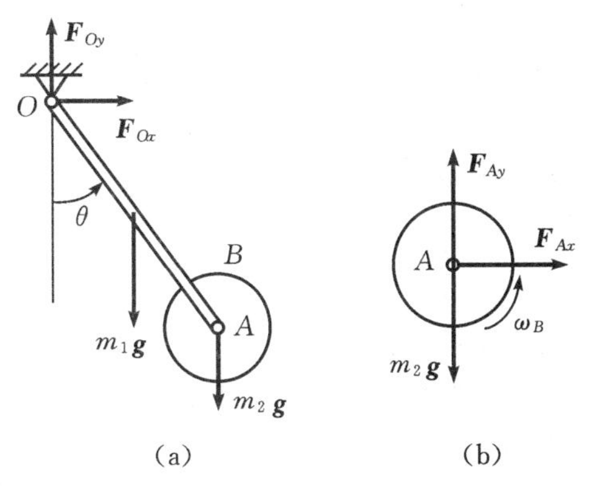

图 10-8

分析　整个机构的运动是绕 O 轴的定轴转动；从运动形式上判断尝试应用动量矩定理可解。

解　(1)考虑圆盘 B，受力如图 10-8(b)所示，根据对质心的动量矩定理

$$J_B\dot{\omega}_B=0;\omega_B=\omega_0$$

(2)考虑杆轮系统，受力如图 10-8(a)所示，应用对固定点 O 的动量矩定理，计算轮 B 动量矩时使用式

$$\boldsymbol{L}_O=\boldsymbol{L}_C+\boldsymbol{r}_C\times\boldsymbol{p}$$

得

$$\frac{\mathrm{d}}{\mathrm{d}t}[J_{OA}\dot{\theta}+(J_B\omega_B+m_2l\dot{\theta}\cdot l]=-m_1g\frac{l}{2}\sin\theta-m_2gl\sin\theta$$

$$\left(\frac{1}{3}m_1+m_2\right)l\ddot{\theta}+\left(\frac{1}{2}m_1+m_2\right)g\sin\theta=0$$

微幅振动时的运动规律为

$$\ddot{\theta}+\frac{(3m_1+6m_2)g}{(2m_1+6m_2)l}\theta=0$$

$$\theta=\theta_0\cos\omega_0t$$

$$\omega_0=\sqrt{\frac{3m_1+6m_2}{2m_1+6m_2}\cdot\frac{g}{l}}$$

讨论

此题所述系统的运动特性：圆盘的转动不影响系统的摆动，而系统的摆动也不影响圆盘的转动。

例 10－7　半径为 r、质量为 m 的均质圆柱体，在半径为 R 的刚性圆槽内作纯滚动。在初始位置 $\varphi=\varphi_0$，由静止向下滚动。试求：(1)圆柱体的运动微分方程；(2)圆槽对圆柱体的约束力；(3)微振动周期与运动规律。

分析　考虑圆盘作刚体平面运动，用平面运动微分方程求解；圆盘为纯滚动；圆盘中心 C 作圆周运动，可以列运动学补充方程。

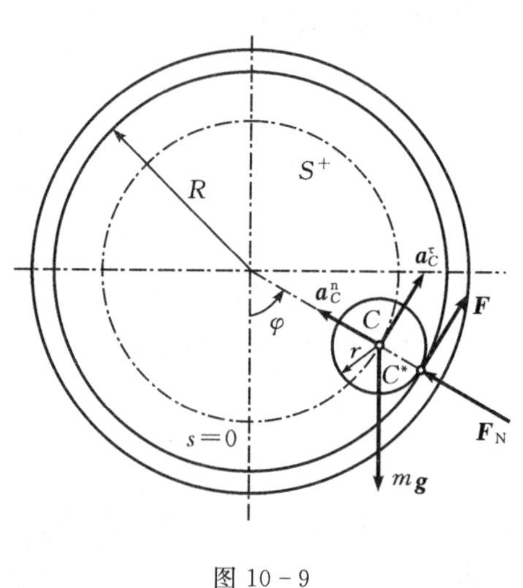

图 10－9

解　圆柱体受力分析如图 10－9 所示。

取弧坐标 s 与圆柱体质心轨迹重合。

(1)圆柱体的运动微分方程

$$ma_C^{\tau}=m(R-r)\ddot{\varphi}=F-mg\sin\varphi$$

$$ma_C^{n}=m(R-r)\dot{\varphi}^2=F_N-mg\cos\varphi$$

$$J_C\alpha=-Fr$$

C^* 为速度瞬心，由运动学知识得

$$v_C=(R-r)\dot{\varphi}=r\omega,\dot{\omega}=\alpha=\frac{(R-r)}{r}\ddot{\varphi}$$

联立求解得　$$-\frac{1}{2}m(R-r)\ddot{\varphi}=F$$

则　$$\frac{3}{2}(R-r)\ddot{\varphi}+g\sin\varphi=0$$

这是角度 φ 大小都适用的圆柱体非线性运动微分方程。

(2)圆槽对圆柱体的约束力

由第二个运动微分方程

$$ma_C^{n}=m(R-r)\dot{\varphi}^2=F_N-mg\cos\varphi$$

可知圆槽对圆柱体的约束力为

法向力　$$F_N=mg\cos\varphi+m(R-r)\dot{\varphi}^2$$

摩擦力　$$F=-\frac{1}{2}m(R-r)\ddot{\varphi}$$

(3)微振动的周期与运动规律

$$\frac{3}{2}(R-r)\ddot{\varphi}+g\sin\varphi=0$$

当 $\varphi\to 0$ 时，$\sin\varphi\approx\varphi$

$$\ddot{\varphi}+\frac{2g}{3(R-r)}\varphi=0$$

$$\omega_0=\sqrt{\frac{2g}{3(R-r)}},\quad T=2\pi\sqrt{\frac{3(R-r)}{2g}}$$

线性微分方程的一般解为　$\varphi=A\sin(\omega_0 t+\theta)$

求导得　$\dot{\varphi}=A\omega_0\cos(\omega_0 t+\theta)$；$A$ 和 θ 为待定常数，由运动的初始条件确定。

初始条件　$t=0$，$\varphi=\varphi_0$，$\dot{\varphi}_0=0$；代入上式得　$\varphi_0=A\sin\theta$，$0=A\omega_0\cos\theta$

解得　$A=\varphi_0$，　$\theta=\frac{\pi}{2}$　$\varphi=\varphi_0\cos\left(\sqrt{\frac{2g}{3(R-r)}}t\right)$

例 10-8　均质杆 AB 长为 l，重量为 G，在 A 和 D 处用销钉连在圆盘上，如图 10-10(a) 所示。设圆盘在铅垂面内以匀角速度 ω 顺时针转动，当杆 AB 位于水平位置瞬时，销钉 D 突然被抽掉，因而 AB 杆可绕 A 点自由转动。试求销钉 D 突然被抽掉瞬时，杆 AB 的角加速度和销钉 A 处的反力。

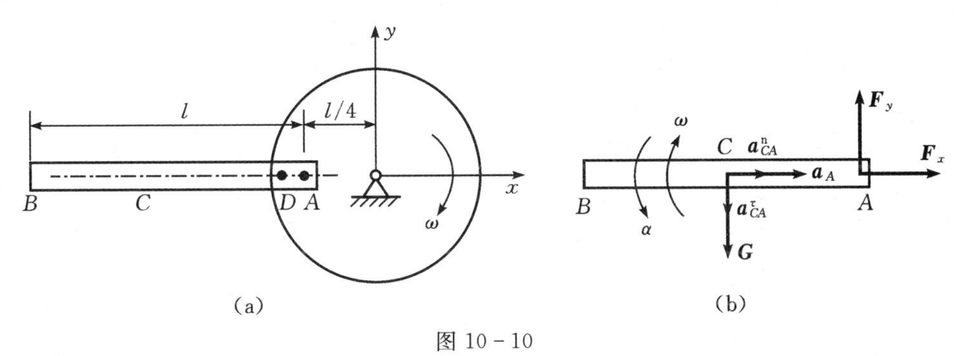

图 10-10

分析　销钉 D 突然被抽掉瞬时，杆 AB 作平面运动，可以尝试用平面运动微分方程求解。

解　杆 AB 的受力和运动分析如图 10-10(b)所示，列出平面运动微分方程为

$$\frac{G}{g}a_{Cx}=F_x$$

$$\frac{G}{g}a_{Cy}=F_y-G$$

$$J_C\alpha=\frac{l}{2}F_y$$

补充方程，取 A 为基点，质心 C 的加速度为

$a_{Cx}=a_A+a_{CA}^{n}=\frac{3}{4}l\omega^2$　　$a_{Cy}=a_{CA}^{\tau}=-\frac{l}{2}\alpha$

求解得到：　$F_x=\frac{3G}{4g}l\omega^2$　　$F_y=\frac{G}{4}$　　$\alpha=\frac{3G}{2l}$

10.4　题　解

10-1　图示各均质物体的质量均为 m，试求各物体的动量。

解　(a) $p=mv_C=\frac{1}{2}m\omega l$，方向同 $\boldsymbol{v}_C$

(b) $p=mv_C=\frac{1}{6}m\omega l$，方向同 $\boldsymbol{v}_C$

(c) $p=mv_C=\frac{1}{2}m\omega l=\frac{1}{2}ml\frac{v}{l\frac{\sqrt{3}}{3}}=\frac{\sqrt{3}}{3}mv$，方向同 $\boldsymbol{v}_C$

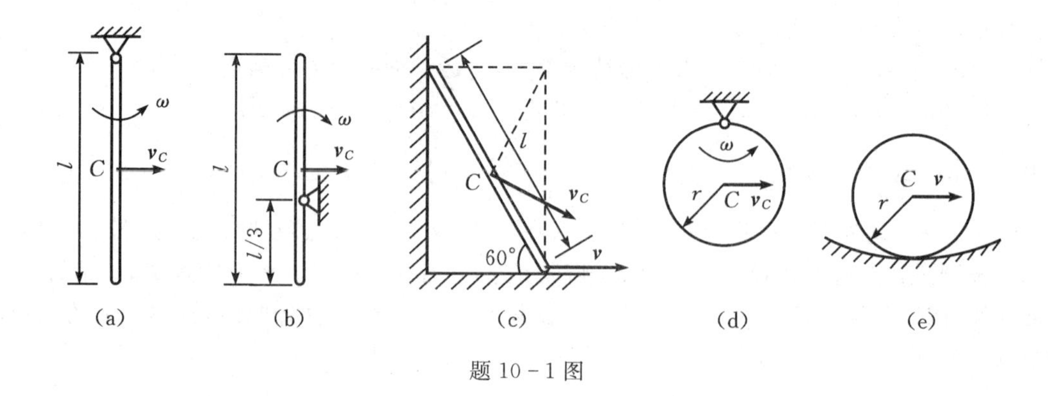

题 10－1 图

(d) $p=mv_C=m\omega r$，方向同 $\boldsymbol{v}_C$

(e) $p=mv_C=mv$，方向同 $\boldsymbol{v}$

10－2 椭圆规由均质的曲柄 OC，规尺 AB 以及滑块 A、B 组成。已知 $OC=AC=CB=R$，OC 质量为 m_1，AB 质量为 $2m_1$，两滑块的质量均为 m_2。曲柄 OC 以角速度 ω 转动。求当曲柄与水平方向成 φ 角时整个机构的动量。

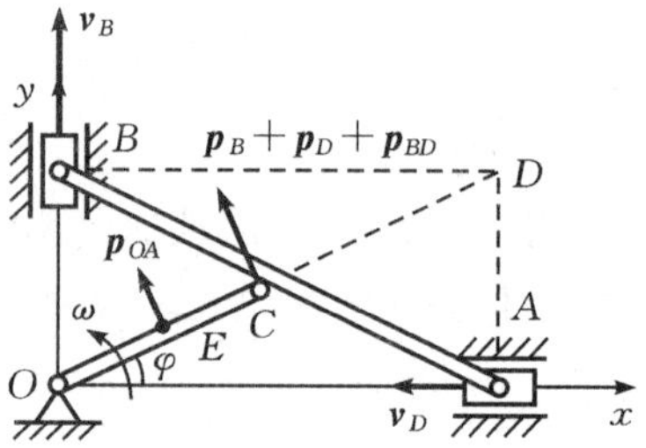

解 规尺 AB 和两个滑块可视为一个刚体，其公共质心在点 C，整个机构的动量等于此刚体加曲柄 OC 的动量的矢量和。

$$\boldsymbol{p}=\boldsymbol{p}_{OC}+\boldsymbol{p}_{BA}+\boldsymbol{p}_B+\boldsymbol{p}_A$$

其中曲柄 OC 的动量 $\boldsymbol{p}_{OC}=m_1\boldsymbol{v}_E$，大小是

$$p_{OC}=m_1v_E=m_1R\omega/2$$

其方向垂直于 OC 并顺着 ω 的转向(见题 10－2 图)。

题 10－2 图

因为规尺和两个滑块(可视为一个刚体)的公共质心在点 C，它们的动量表示成

$$\boldsymbol{p}'=\boldsymbol{p}_{BA}+\boldsymbol{p}_B+\boldsymbol{p}_A=2(m_1+m_2)\boldsymbol{v}_C$$

由于动量 $\boldsymbol{p}_{OC}$ 的方向与 $\boldsymbol{v}_C$ 的方向一致，所以整个椭圆机构的动量方向与 $\boldsymbol{v}_C$ 相同，大小为

$$p=p_{OC}+p'=\frac{1}{2}m_1R\omega+2(m_1+m_2)R\omega=\frac{1}{2}(5m_1+4m_2)R\omega$$

10－3 平面机构如图所示。已知：均质圆盘半径 $R=20$ cm，质量为 m_1，在水平面上作纯滚动。在图示瞬时，$v_C=20$ cm/s，$\varphi=60°$，且杆 AB 与圆盘相切。AB 杆质量忽略不计，滑块的质量为 m_2。求此瞬时整个机构的动量。

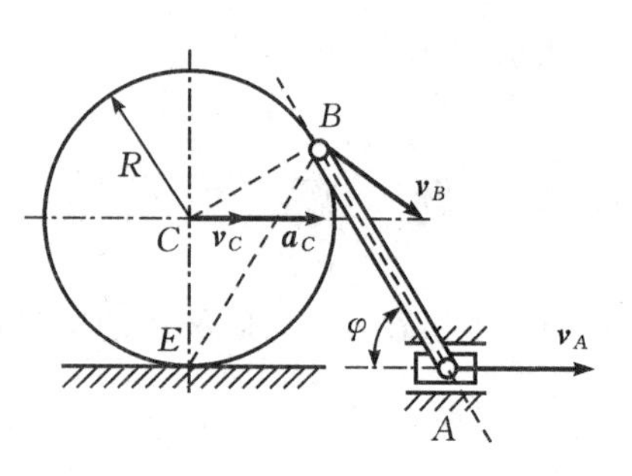

题 10－3 图

解 $\omega=\dfrac{v_C}{R}=1$ rad/s　$BE=\sqrt{3}R=0.2\sqrt{3}$ m

$v_B=\omega\cdot BE=0.2\sqrt{3}$ m/s

$v_B\cos 30°=v_A\cos 60°$

$v_A=\sqrt{3}v_B=0.6$ m/s

系统动量 $p=m_1v_C+m_2v_A=0.2m_1+0.6m_2$(水平向右)

10-4　如图所示，体重分别为 500 N、600 N 和 800 N 的甲、乙、丙杂技演员爬绳，甲、乙分别以 $1.5\ \mathrm{m/s^2}$ 和 $1\ \mathrm{m/s^2}$ 的加速度向上运动，丙以 $2\ \mathrm{m/s^2}$ 的加速度向下运动。求绳索 O 端的拉力（$g=10\ \mathrm{m/s^2}$）。

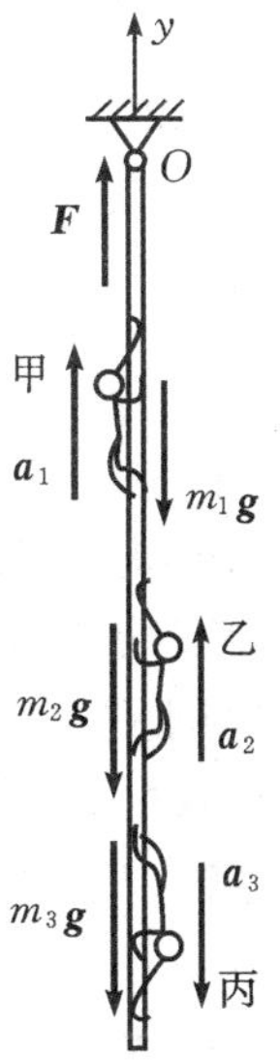

解　研究系统，受力如图

$$\frac{\mathrm{d}\boldsymbol{p}}{\mathrm{d}t}=\sum \boldsymbol{F}_i$$

$$\frac{\mathrm{d}p_y}{\mathrm{d}t}=\sum F_y$$

$$\sum m_i \cdot a_{iy}=\sum F_y$$

$$(m_1a_1+m_2a_2-m_3a_3)=F-m_1g-m_2g-m_3g$$

$$\begin{aligned}F&=m_1g+m_2g+m_3g+m_1a_1+m_2a_2-m_3a_3\\&=50\times1.5+60\times1.0-80\times2+500+600+800\\&=1875\ \mathrm{N}\end{aligned}$$

题 10-4 图

10-5　如图所示的椭圆摆由质量为 m_1 的滑块 A 和质量为 m_2 的单摆 B 组成，滑块可沿水平面滑动，杆的长度为 l，杆的质量及所有摩擦均略去不计。系统由初始摆角 φ_0 位置静止释放后，杆相对滑块以 $\varphi=\varphi_0\cos\omega t$ 规律摆动（ω 为已知常数），求物块 A 的最大速度。

解　研究系统，以 A 初始位置为原点，建立图示坐标系

$$x_B=x_A+l\sin\varphi$$

$$\begin{aligned}\dot{x}_B&=\dot{x}_A+l\cos\varphi\cdot\dot{\varphi}\\&=\dot{x}_A+l\cos\varphi(-\varphi_0\sin\omega t\cdot\omega)\\&=\dot{x}_A-l\omega\varphi_0\cos\varphi\sin\omega t\end{aligned}$$

因为 $\sum F_x=0$，且系统初始静止，

所以 $m_1\dot{x}_A+m_2\dot{x}_B=0$

$$m_1\dot{x}_A+m_2[\dot{x}_A-l\omega\varphi_0\cos(\varphi_0\cos\omega t)\sin\omega t]=0$$

当 $\sin\omega t=1$ 有　$v_{A\max}=\dfrac{m_2l\omega\varphi_0}{m_1+m_2}$

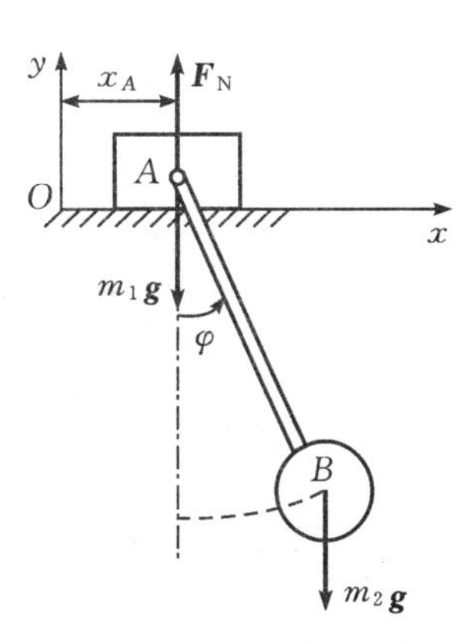

题 10-5 图

10-6　图示胶带输送机沿水平方向运煤量恒为 20 kg/s，胶带速度恒为 1.5 m/s。求胶带作用于煤炭上的水平总推力。

解　研究胶带上的煤体

$$\boldsymbol{F}''=q_m\rho(\boldsymbol{v}_b-\boldsymbol{v}_a)$$

$$F''_x=20\times(1.5-0)=30\ \mathrm{N}$$

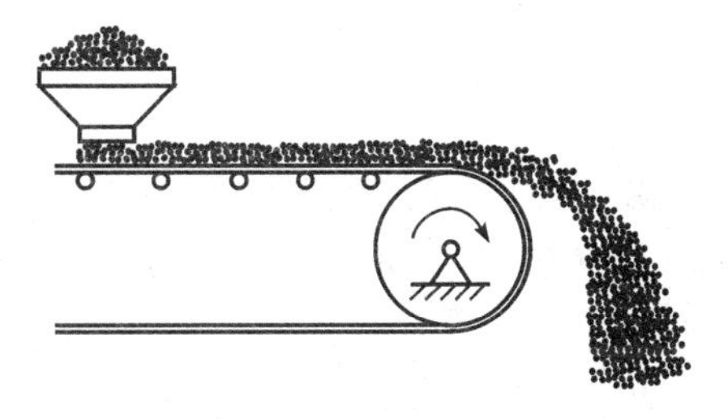
题 10-6 图

10-7　图示管道有一个缩小弯头，其进口直径 $d_1=450\ \mathrm{mm}$，出口直径 $d_2=250\ \mathrm{mm}$，水的流量 $q_V=0.28\ \mathrm{m^3/s}$，水的密度 $\rho=1000\ \mathrm{kg/m^3}$，试求弯头的附加动反力。

解　$\boldsymbol{F}=q_V\rho(\boldsymbol{v}_b-\boldsymbol{v}_a)$

由连续流条件可得

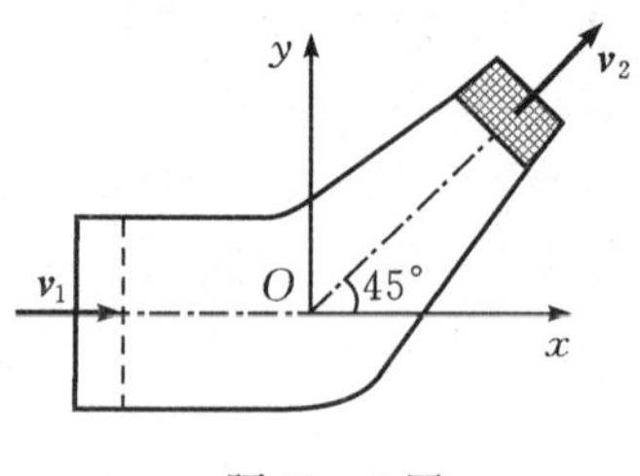

题 10-7 图

$s_1v_1=s_2v_2=q_V$

$v_1=\frac{q_V}{s_1}$

$v_2=\frac{q_V}{s_2}$

$F_x=q_V\rho(v_2\cos 45°-v_1)=650\ \text{N}$

$F_y=q_V\rho(v_2\sin 45°-0)=1150\ \text{N}$

10-8 如图所示，已知水的流量为 q_V，密度为 ρ_V，水冲击叶片的速度为 v_1，方向水平向左，流出叶片的速度为 v_2，方向与水平成 θ 角。求水柱对涡轮固定叶片动压力的水平分量(各量单位均为国际标准单位)。

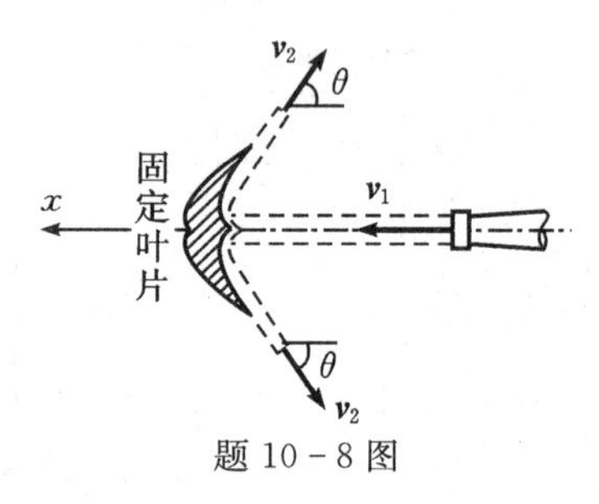

题 10-8 图

解 $\boldsymbol{F}=q_V\rho_V(\boldsymbol{v}_1-\boldsymbol{v}_2)$

$F=F_x=q_V\rho_V(v_1+v_2\cos\theta)$

10-9 图示立式内燃机的气缸、机架、轴承的质量共为 10×10^3 kg，活塞质量为 980 kg，活塞的重心在销钉 B 处，活塞的冲程为 60 cm，曲柄的转速为 300 r/min。曲柄长度 r 与连杆长度 l 的长度比为 1∶6。略去曲柄和连杆的质量，求机器运转时基础上受力的最大值和最小值。

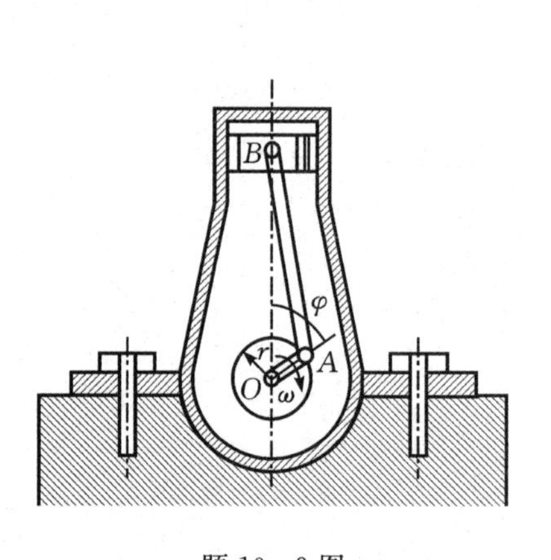

题 10-9 图

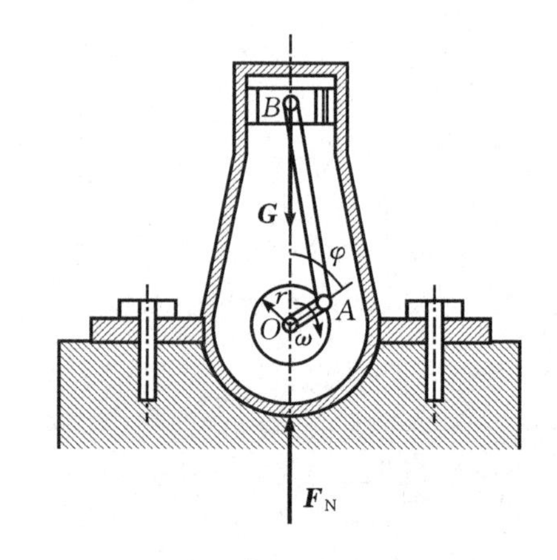

解 10-9 图

解 取整个系统为研究对象，系统运转时铅垂方向受到的外力有重力 $\boldsymbol{G}$ 和基础反力 $\boldsymbol{F}_N$。以 O 为原点，铅垂向上为 y 轴(见解 10-9 图)，设$\angle OBA=\beta$，根据动量定理有

$$\frac{\mathrm{d}p_y}{\mathrm{d}t}=\sum F_y=F_N-G$$

$$y_B=r\cos\varphi+l\cos\beta=r\cos\varphi+l\sqrt{1-\left(\frac{r}{l}\right)^2\sin^2\varphi}$$

展开根号，略去高次项，对上式求导得

活塞的速度：$v_B=\frac{\mathrm{d}y_B}{\mathrm{d}t}=-r\omega(\sin\varphi+\frac{r}{2l}\sin2\varphi)$

动量：$p_y = mv_B = -mr\omega(\sin\varphi + \frac{r}{2l}\sin 2\varphi)$

代入动量定理，求得：$F_N = G - mr\omega^2(\cos\varphi + \frac{r}{l}\cos 2\varphi)$

$\varphi = 0$ 时，$F_{Nmin} = G - mr\omega^2(1 + \frac{r}{l})$

$\varphi = \pi$ 时，$F_{Nmax} = G + mr\omega^2(1 - \frac{r}{l})$

将已知参数代入：$G = 98$ kN，$\omega = 10\pi$ rad/s，$m = 980$ kg，$r = 0.3$ m，$r : l = 1 : 6$

求得　$F_{Nmax} = 339.8$ kN，$F_{Nmin} = -240.5$ kN

由牛顿第三定律可知，机器运转时基础上受力的最大值为 339.8 kN，最小值为 240.5 kN。

10-10　图示为铺设铁轨用的移动式起重机，质量为 M_2，可沿轨道无摩擦地移动。起重臂上有小车，质量为 M_1，可沿起重臂作相对运动。若小车相对于臂按 $x' = a\cos(kt)$ 作往复运动，臂上 O 点与起重机质心 C_2 的水平距离为 b。开始时，起重机静止，试求起重机的运动规律。若起重机轮子被卡住，试求轮子轴承上受到的最大水平压力。

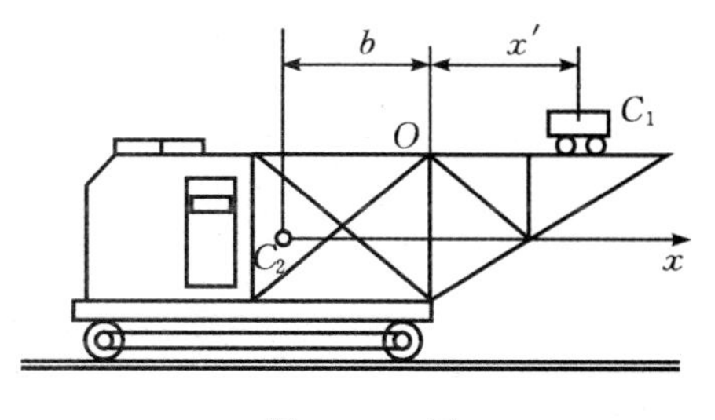

题 10-10 图

解　视系统为研究对象，以初始时刻 C_2 所在位置为坐标原点建立坐标系，因为水平方向受力为零，所以水平方向质心位置守恒。

$$x_{C_0} = \frac{M_1(b+a)}{M_1+M_2}$$

$$x_C = \frac{M_1(b+x+x') + M_2 x}{M_1+M_2}$$

根据 $x_{C_0} = x_C$，得起重机的运动规律：

$$x = \frac{M_1 a}{M_1+M_2} - \frac{M_1 a\cos(kt)}{M_1+M_2}$$

设起重机轮子被卡住，则轮子轴承上受到的水平压力 $\boldsymbol{F}_x$ 为

$$\sum F_x = \sum M_i a_{ix} = M_1 \frac{d^2 x'}{dt^2}$$

$$F_{xmax} = M_1 ak^2$$

10-11　如图所示，两个形状相似的直角三角块 A、B 各参数分别为：水平边长 a 和 b，质量 $m_A = 3m$，$m_B = m$，斜边倾角为 θ。所有接触面光滑，系统初始静止。求 B 落到地面时 A 移动的距离。

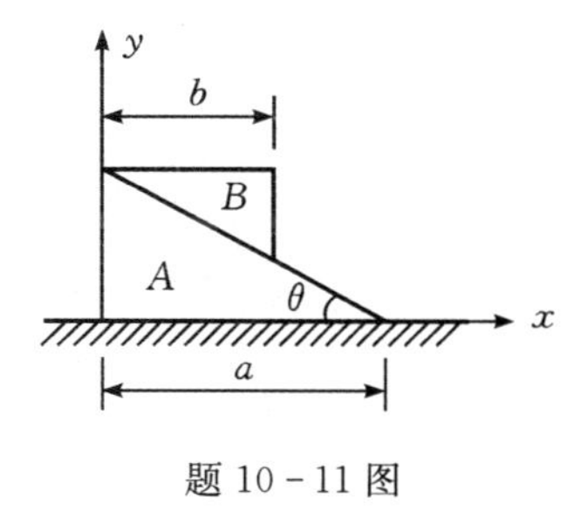

题 10-11 图

解　已知 $\sum F_x = 0$ 且系统初始静止，系统 x 方向质心守恒。

设 A 沿 x 方向移动了 Δx

$$x_{C_1}=\frac{m_A x_1+m_B x_2}{m_A+m_B}$$

$$x_{C_2}=\frac{m_A(x_1+\Delta x_1)+m_B(x_2+\Delta x_2+a-b)}{m_A+m_B}$$

由 $x_{C_1}=x_{C_2}$

得
$$\Delta x=-\frac{1}{4}(a-b)$$

10-12 图示凸轮机构中，凸轮以等角速度 ω 绕轴 O 转动。质量为 m_1 的顶杆借助于右端的弹簧拉力而压在凸轮上，当凸轮转动时，顶杆作往复运动。设凸轮为一均质圆盘，质量为 m_2，半径为 r，偏心距为 e。求在任一瞬时基座螺钉的总附加动反力。

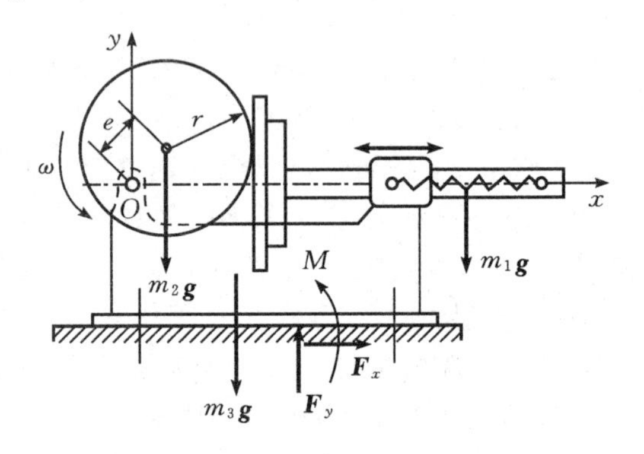

题 10-12 图

解 研究系统，受力如图所示，建立 Oxy 坐标系。

设机座质量为 m_3，质心坐标为 (x_3,y_3)，则

$$\frac{\mathrm{d}^2}{\mathrm{d}t^2}(m_1x_1+m_2x_2+m_3x_3)=F_x$$

$$\frac{\mathrm{d}^2}{\mathrm{d}t^2}(m_1y_1+m_2y_2+m_3x_3)=F_y-(m_1+m_2+m_3)g$$

其中，$x_1=e\cos\omega t+r+c$，$y_1=0$

$x_2=e\cos\omega t$，$y_2=e\sin\omega t$

$F_x=F_{x动}$，$F_y=F_{y静}+F_{y动}$，

得 $F_{x动}=F_x=-(m_1+m_2)e\omega^2\cos\omega t$，$F_{y动}=-m_2e\omega^2\sin\omega t$

10-13 链条长 l，每单位长度的质量为 ρ，堆放在地面，如图所示。在链条的一端作用一力 $\boldsymbol{F}$，使它以不变的速度上升。假设堆积在地面的链条对提起部分没有作用力。求力 $\boldsymbol{F}$ 的表达式 $F(t)$ 和地面反力 $\boldsymbol{F}_{\mathrm{N}}$ 的表达式 $F_{\mathrm{N}}(t)$。

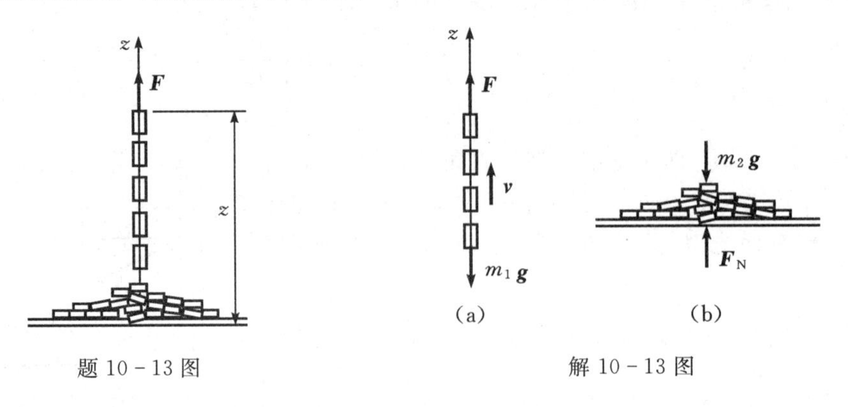

题 10-13 图　　解 10-13 图

解 (1)提起部分链条受力如解 10-13 图(a)所示，视其为变质量质点，由

$$m\frac{\mathrm{d}\boldsymbol{v}}{\mathrm{d}t}=\boldsymbol{F}^{\mathrm{e}}+\boldsymbol{F}_{\mathrm{T}}$$

得

$$m_1\frac{\mathrm{d}v}{\mathrm{d}t}=F-m_1g+\frac{\mathrm{d}m_1}{\mathrm{d}t}v_{\mathrm{r}z}$$

式中

$$\frac{\mathrm{d}v}{\mathrm{d}t}=0, m_1=\rho z=\rho vt, v_{\mathrm{r}x}=-v$$

解得 $F=\rho v^2+\rho vgt$

(2)剩余部分受力如解 10－13 图(b)所示，由

$$m\frac{\mathrm{d}\boldsymbol{v}}{\mathrm{d}t}=\boldsymbol{F}^{\mathrm{e}}+\frac{\mathrm{d}m}{\mathrm{d}t}\boldsymbol{v}_{\mathrm{r}}, \frac{\mathrm{d}v}{\mathrm{d}t}=0, v_{\mathrm{r}z}=0, m_2g=F_{\mathrm{N}}, m_2=(l-vt)\rho$$

求得 $F_{\mathrm{N}}=m_2g=(l-vt)\rho g$

10－14　如图所示，已知沿水平方向运动的气垫船初始质量为 m_0，以速率 c 均匀喷出气体，相对喷射速度 v_{r} 为常量，阻力为 $\boldsymbol{F}_{\mathrm{R}}=-f\boldsymbol{v}$，初始时船静止。求气垫船的速度随时间的变化规律。

解　将气垫船看作一变质量质点

由 $m\frac{\mathrm{d}\boldsymbol{v}}{\mathrm{d}t}=\boldsymbol{F}^{\mathrm{e}}+\boldsymbol{F}_{\mathrm{T}}$，

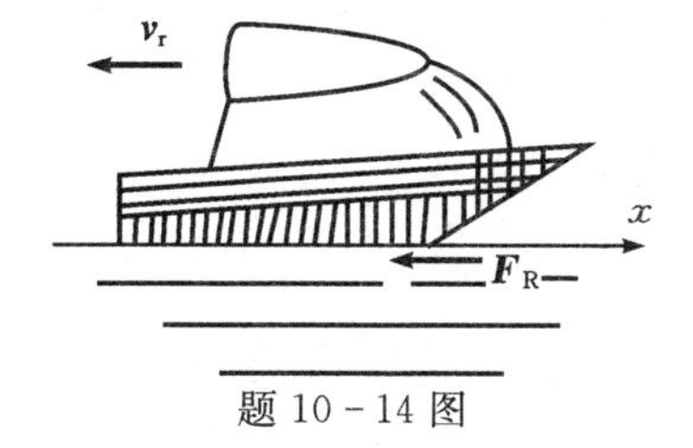

题 10－14 图

在 x 轴上投影：$m\frac{\mathrm{d}v}{\mathrm{d}t}=-F_{\mathrm{R}}+F_{\mathrm{T}}$

$m=m_0-ct, F_{\mathrm{R}}=fv, F_{\mathrm{T}}=cv_{\mathrm{r}}$

分离变量积分：$\int_0^v\frac{\mathrm{d}v}{cv_{\mathrm{r}}-fv}=\int_0^v\frac{\mathrm{d}t}{m_0-ct}$

求解得到：$v=\frac{cv_{\mathrm{r}}}{f}[1-(\frac{m_0-ct}{m_0})^{\frac{f}{c}}]$

10－15　图示均质圆盘质量为 m，半径为 r，不计质量的细杆长 l 绕轴 O 转动，角速度为 ω。求下列三种情况下圆盘对固定轴 O 的动量矩：

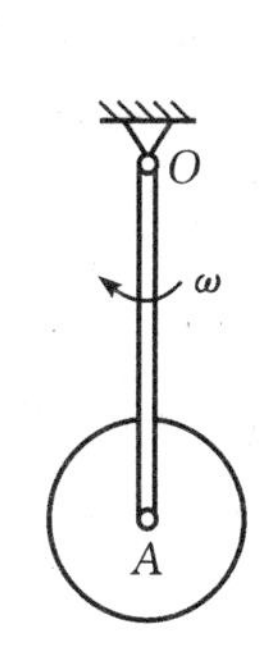

题 10－15 图

(1)圆盘与杆固结为一体；

(2)圆盘绕 A 转动，相对于杆的角速度大小为 ω，转向为逆时针；

(3)圆盘绕 A 转动，相对于杆的角速度大小为 ω，转向为顺时针。

解　(1)$L_O=\left(\frac{1}{2}mr^2+ml^2\right)\omega$

(2)圆盘作平面运动其绝对角速度和盘心 A 的速度

$\omega_{\mathrm{a}}=\omega_0-\omega_{\mathrm{r}}=0\quad v_A=\omega l$

$L_O=\frac{1}{2}mr^2\omega_{\mathrm{a}}+mv_Al=m\omega l^2$

(3)$\omega_{\mathrm{a}}=\omega+\omega_{\mathrm{r}}=2\omega$

$L_O=\frac{1}{2}mr^2\omega_{\mathrm{a}}+mv_Al=m(l^2+r^2)\omega$

10－16　图示带孔均质圆盘，材料密度为 $\rho=7.8\times10^3\ \mathrm{kg/m^3}$，圆盘半径为 600 mm，圆盘

的厚度为 30 mm，其余尺寸如图示（单位为 mm）。求圆盘对过 O 点且垂直于盘面的转轴的转动惯量。

解 $m_1=\pi r^2 h\rho=3.14\times 0.6^2\times 0.03\times 7.8\times 10^3=264.5\ \text{kg}$

$m_2=\pi r_2^2 h\rho=3.14\times 0.15^2\times 0.03\times 7.8\times 10^3=16.5\ \text{kg}$

$$J=\frac{1}{2}m_1 r^2-\left(\frac{1}{2}m_2 r_2^2+m_2\times 0.4^2\right)=47.61-(0.186+2.64)=44.78\ \text{kg}\cdot\text{m}^2$$

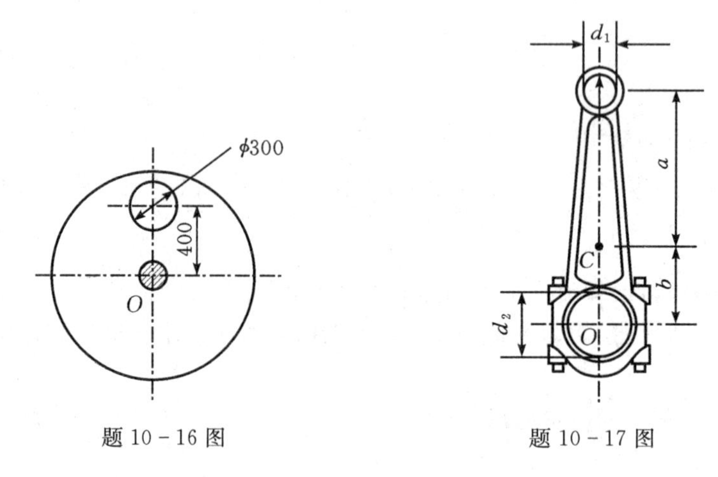

题 10-16 图　　　　题 10-17 图

10-17 图示连杆的质量为 m，质心在 C 点。若 $AC=a$，$BC=b$，连杆对 B 轴的转动惯量为 J_B。求连杆对 A 轴的转动惯量。

解 由平行轴定理得

$$J_A=J_C+ma^2$$

$$J_B=J_C+mb^2$$

解得

$$J_A=J_B+m(a^2-b^2)$$

10-18 两种直角弯头水管道的进、出口速度 $v_1=v_2=10\ \text{m/s}$，方向分别如题 10-18 图(a)、(b)所示。流量 $q_V=2\ \text{m}^3/\text{s}$，$l=1\ \text{m}$，试分别求题 10-18 图(a)、(b)管段 O 处固定端约束的附加动反力（g 取 $10\ \text{m/s}^2$）。

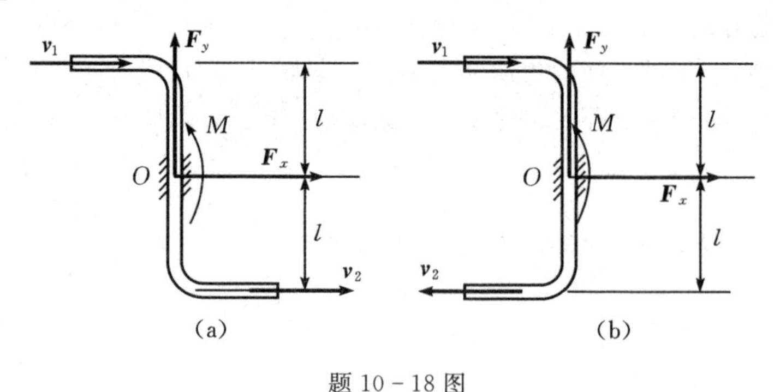

题 10-18 图

解 $\boldsymbol{F}=q_V\rho(\boldsymbol{v}_2-\boldsymbol{v}_1)$　$M=q_V\rho(v_2 r_2\cos\theta_2-v_1 r_1\cos\theta_1)$

(a) $F_x=q_V\rho(v_2-v_1)=0$　$F_y=q_V\rho(0-0)=0$

$M=q_V\rho(v_2 l+v_1 l)=2\times 980\times(10\times 1+10\times 1)=392\ \text{kN}\cdot\text{m}$

(b)$F_x = q_V\rho(-v_2 - v_1) = -2\times 980\times(-10-10) = -392\ \text{kN}$

$F_y = q_V\rho(0-0) = 0 \qquad M = q_V\rho(v_2 l - v_1 l) = 0$

10-19　图示飞轮在力偶矩 $M=M_0\cos\omega t$ 的作用下绕铅直轴转动，沿飞轮的轮幅有两个质量皆为 m 的物块各作周期性运动，初瞬时两物块离轴 O 的距离 $r=r_0$。为使飞轮以匀角速度 ω 转动，求 r 应满足的条件。

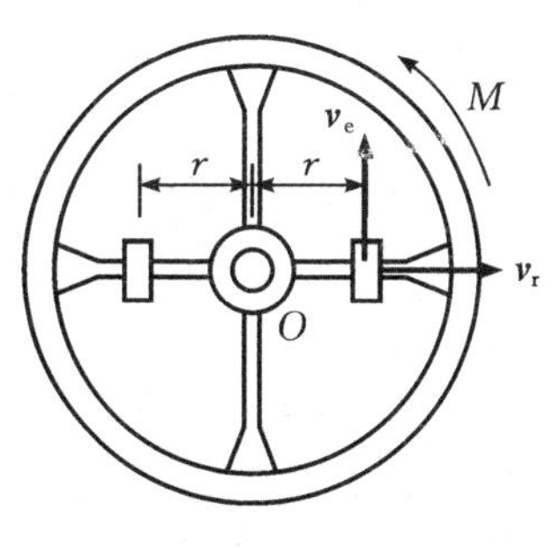

题 10-19 图

解　取整体为研究对象，设轮的转动惯量为 J，有

$$\frac{\mathrm{d}}{\mathrm{d}t}(J\omega + 2mv_e r) = M_0\cos\omega t$$

式中 $v_e=\omega r$，可得

$$(J+2mr^2)\alpha + 4mr\dot{r}\omega = M_0\cos\omega t$$

令 $\alpha=0$，积分解得　$r=\sqrt{r_0^2+\dfrac{M_0}{2m\omega^2}\sin\omega t}$

10-20　图示离心式压缩机的转速 $n=8600$ r/min，体积流量 $q_V=370\ \text{m}^3/\text{min}$，第一级叶轮气道进口直径为 $D_1=0.355$ m，出口直径为 $D_2=0.6$ m。气流进口绝对速度 $v_1=109$ m/s，与切线成角 $\theta_1=90°$；气流出口绝对速度 $v_2=183$ m/s，与切线成角 $\theta_1=21°30'$。设空气密度 $\rho=1.16\ \text{kg/m}^3$，试求这一级叶轮所需的驱动转矩。

解　设叶轮所受转矩 M_z，如图所示，选轴为矩心，则

$M_z = q_V\rho(v_2r_2\cos\theta_2 - v_1r_1\cos\theta_1) = 365.4\ \text{N}\cdot\text{m}$

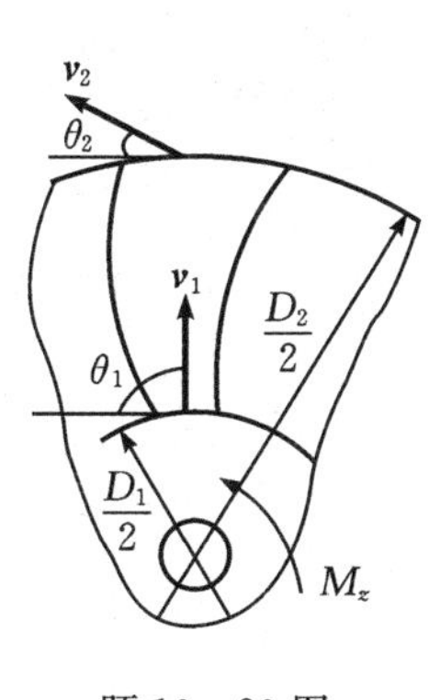

题 10-20 图

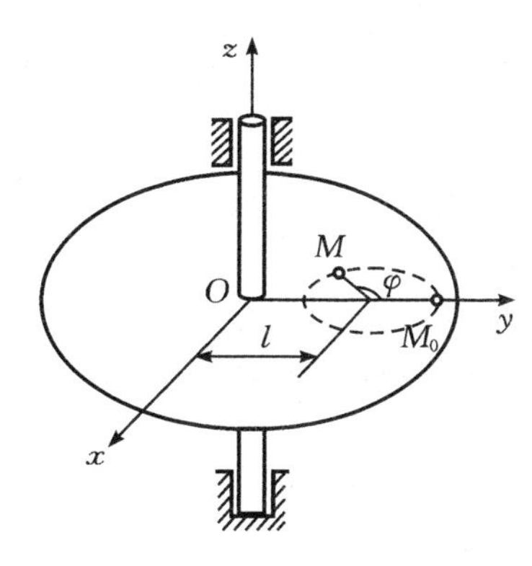

题 10-21 图

10-21　图示水平圆板可绕 z 轴转动，圆板对 z 轴的转动惯量为 J_z。在圆板上有一质点 M 作圆周运动。已知质点 M 的质量为 m，其速度大小为常量 v_0，圆周运动的半径为 r，圆心到轴心的距离为 l。质点在圆板上的位置由 φ 角确定，如图所示。运动开始时质点在距离 z 轴最远处，此时圆盘的角速度为零。忽略转轴处的摩擦和空气阻力，求圆板的角速度 ω 与角 φ 的关系。

解　由于 $\sum M_z(\boldsymbol{F})=0$，因此系统动量矩守恒。

$$L_{z2} = L_{z1} = \text{常量}$$

质点位于 M_0 点时：$L_{z1}=mv_0(l+r)$

质点在任意位置时：

$L_{z2}=J\omega+M_z(m\boldsymbol{v}_e+m\boldsymbol{v}_r)=J\omega+m\omega\cdot OM^2+mv_0(l\cos\varphi+r)$

$OM^2=(l+r\cos\varphi)^2+(r\sin\varphi)^2$

解得：$\omega=\dfrac{ml(1-\cos\varphi)v_0}{J+m(l^2+r^2+2rl\cos\varphi)}$

10-22 图示直升机机身的重心在 C 点，z 轴铅直，机身对 z 轴的转动惯量 $J=15680\ \text{kg}\cdot\text{m}^2$。主旋翼水平，主叶桨对 z 轴的转动惯量 $J'=980\ \text{kg}\cdot\text{m}^2$。已知尾桨的旋转平面铅直且与 z 轴共面，$l=5.5\ \text{m}$。求：(1)主旋翼相对机身转速由 200 r/min(此时机身无旋转)增至 250 r/min 时，机身的转速；(2)如上述加速过程需要耗时 5 s，若要使机身保持不转动，可通过尾桨实现，尾桨需在尾部施加多大的力？

解 (1)根据动量矩守恒，主旋翼转速增减前后系统动量矩守恒。$L_{z2}=L_{z1}=$常量

$L_{z1}=J'\omega_1=980\times\dfrac{2\pi\times200}{60}=20514.67\ \text{kg}\cdot\text{m}^2\cdot\text{s}^{-1}$

$L_{z2}=J'(\omega_2+\omega)+J\omega=980\times\dfrac{2\pi\times250}{60}+(15680+980)\times\dfrac{2\pi\times n}{60}$

求解得：$n=2.94$ r/mim

(2)$\alpha=(\dfrac{2\pi\times250}{60}-\dfrac{2\pi\times200}{60})/5=1.05\ \text{rad/s}^2$

$J'\alpha=Fl$

求解得 $F=187.7$ N

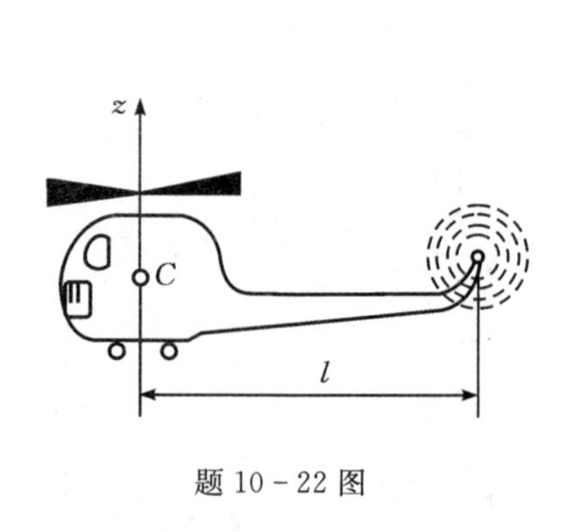

题 10-22 图

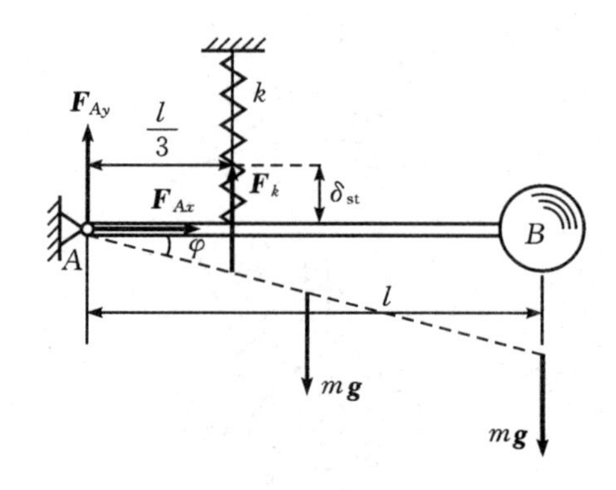

题 10-23 图

10-23 图示均质杆 AB 的质量为 m，长度为 l；杆的 B 端固连大小不计、质量为 m 的小球，D 点连接刚度系数为 k 的弹簧，使杆在水平位置保持平衡。系统初始静止，求给小球 B 以铅直向下的微小初位移 δ_0 后，杆 AB 的运动规律和周期。

解 整体作定轴转动，有

$$\left(\frac{1}{3}ml^2+ml^2\right)\ddot{\varphi}=mg\frac{l}{2}\cos\varphi+mgl\cos\varphi-F_k\frac{l}{3}\cos\varphi$$

微幅摆动时，$\cos\varphi\approx1$，$F_k=k\left(\dfrac{1}{3}l\varphi+\delta_{st}\right)$

$$\left(\frac{1}{3}ml^2+ml^2\right)\ddot{\varphi}=mg\frac{l}{2}+mgl-\frac{l}{3}k\left(\frac{1}{3}l\varphi+\delta_{st}\right)=0$$

$$\ddot{\varphi}+\frac{k}{12m}\varphi=0$$

$$\varphi=\varphi_0\sin(\omega_n t+\theta)$$

$$\omega_n=\sqrt{\frac{k}{12m}}$$

$t=0$ 时，有 $\varphi_0=\dfrac{\delta_0}{l}$，$\theta=\dfrac{\pi}{2}$

杆 AB 的运动规律　$\varphi=\dfrac{\delta_0}{l}\cos\sqrt{\dfrac{k}{12m}}\,t$

10-24　图示起重机装置由半径为 R，重量为 P 的均质鼓轮 C 及长度 $l=4R$，重量 $P_1=P$ 的均质梁 AB 组成，鼓轮安装在梁的中部，其上作用的驱动力矩为 M，被提升的重物 D 重 $W=\dfrac{1}{4}P$，求物体 D 上升的加速度及支座 A、B 的约束反力。

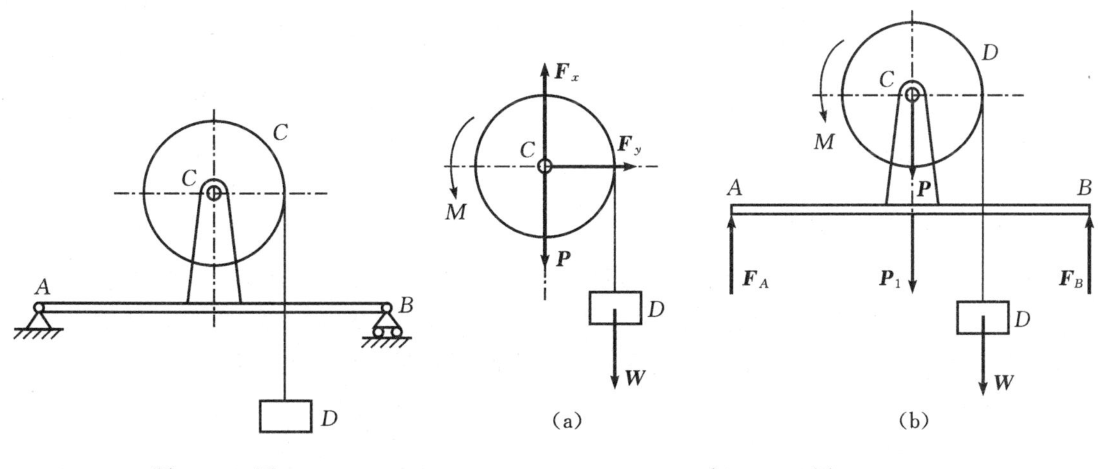

题 10-24 图　　解 10-24 图

解　(1)求加速度 a。

考虑鼓轮 C 及重物 D 所组成的系统，受力如解 10-24 图(a)所示。

对固定点 O 应用动量矩定理得

$$\frac{\mathrm{d}}{\mathrm{d}t}\left[\left(J_C+\frac{W}{g}R^2\right)\omega\right]=M-WR$$

其中　$J_D=\dfrac{1}{2}\dfrac{P}{g}R^2$

解得角加速度

$$\alpha=\frac{4M/R-P}{P}\cdot\frac{g}{R}$$

重物 E 上升的加速度　$a=\alpha R=\dfrac{4M/R-P}{3P}g$

(2)考虑整个系统，如解 10-24 图(b)所示，对点 B 应用动量矩定理得

$$\frac{\mathrm{d}}{\mathrm{d}t}\left[J_C\omega-\frac{W}{g}R\omega\left(\frac{l}{2}-R\right)\right]=M+(P_1+P)\frac{l}{2}+W\left(\frac{l}{2}-R\right)-F_A l$$

解得　$F_A=\frac{13}{12}P+\frac{M}{6R}$

对整个系统应用动量定理得

$$\frac{W}{g}a=F_{NA}+F_{NB}-P_1-P-W$$

$$F_B=F_A=\frac{13}{12}P+\frac{M}{6R}$$

10-25　在质量为 m 的均质圆柱体的中部绕以细绳，绳的一端固定，圆柱体由静止释放。求圆柱体质心 O 下降距离 h 时的速度与绳子的拉力。

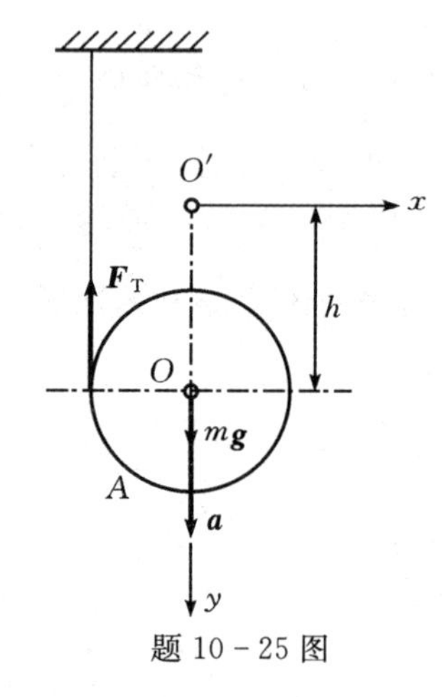

题 10-25 图

解　圆柱受力及运动分析如图所示。其运动微分方程为

$$ma_x=0$$

$$ma_y=mg-F_T$$

$$\frac{1}{2}mR^2\alpha=F_TR$$

$$\alpha R=a_y$$

解得　$a_y=\frac{2}{3}g, F_T=\frac{1}{3}mg$

$$v=\sqrt{2a_yh}=\frac{2}{3}\sqrt{3gh}$$

10-26　质量为 m、半径为 r 的均质圆柱体置于水平面上，质心速度为 $\boldsymbol{v}_0$，方向水平向右，同时有图示方向的转动，其初角速度为 ω_0，且 $r\omega_0<v_0$。若圆柱体与水平面间的动摩擦系数为 f，问经过多少时间，圆柱体才能只滚不滑地向前运动，此时质心的速度为多少？

题 10-26 图　　　　解 10-26 图

解　圆柱体受力及运动分析如图，其运动微分方程

$$ma_C=-F$$

$$0=F_N-mg$$

$$\frac{1}{2}mr^2\alpha=Fr$$

初始时，$r\omega_0<v_0$，圆柱体、地间有相对滑动

则　　$F=fF_N=fmg$

$$a_C=-fg;\alpha=\frac{2fg}{r}$$

积分：$v=v_0-fgt$；$\omega=\omega_0+\frac{2fg}{r}t$

当圆柱体纯滚动时，有

$\omega r=v_0$，即 $r\omega_0+2fgt=v_0-fgt$

$t=\frac{v_0-r\omega_0}{3fg}$，此时由 $v=v_0-fgt$；得 t 时 $v_t=\frac{2v_0+r\omega_0}{3}$

***10－27**　均质杆 AB 质量为 m，长度为 l，置于铅垂平面内，A 端放在光滑的水平地板上，B 端靠在光滑的铅垂壁面上，并与水平面成 φ_0 角，杆由此位置无初速倒下，求：(1)任意瞬时杆的角速度与角加速度；(2)当杆脱离墙面时杆与水平面的夹角。

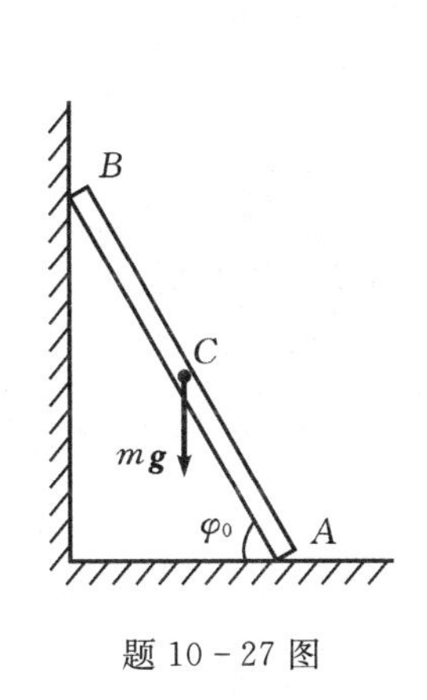

题 10－27 图

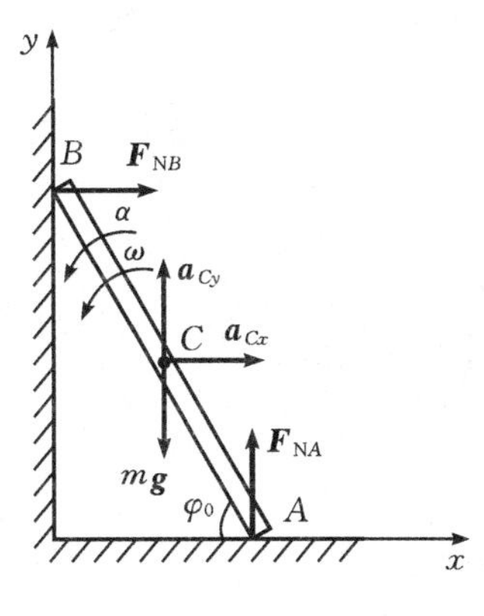

解 10－27 图

解　当 AB 杆与水平成任意角 φ 时，受力及运动分析如图

$$ma_{Cx}=F_{NB} \tag{1}$$

$$ma_{Cy}=F_{NA}-mg \tag{2}$$

$$\frac{1}{12}ml^2\alpha=F_{NA}\frac{l}{2}\cos\varphi-F_{NB}\frac{l}{2}\sin\varphi \tag{3}$$

$$x_C=\frac{l}{2}\cos\varphi$$

$$y_C=\frac{l}{2}\sin\varphi$$

而

$$\dot{\varphi}=-\omega$$

$$\alpha=\frac{d\omega}{d\varphi}\frac{d\varphi}{dt}=-\omega\frac{d\omega}{d\varphi}$$

得

$$a_{Cx}=\frac{l}{2}(\alpha\sin\varphi-\omega^2\cos\varphi) \tag{4}$$

$$a_{Cy}=-\frac{l}{2}(\alpha\cos\varphi-\omega^2\sin\varphi) \tag{5}$$

联立解得 $\alpha=\frac{3g}{2l}\cos\varphi$，积分得 $\omega=\sqrt{\frac{3g}{l}(\sin\varphi_0-\sin\varphi)}$

$$F_{NB}=ma_{Cx}=\frac{3}{2}mg\cos\varphi\left(\frac{3}{2}\sin\varphi-\sin\varphi_0\right)$$

AB 脱离此墙时 $F_{NB}=0$，得

$$\varphi=\arcsin\left(\frac{2}{3}\sin\varphi_0\right)$$

***10－28** 均质杆 AB 重 100 N，长 1 m，B 端搁在水平地面上，A 端用细绳悬挂，如图所示。设杆与地面间的摩擦系数为 0.3，问剪断细绳的瞬间 B 端是否滑动？并求此时杆的角加速度及地面对杆的作用力。假定动摩擦系数等于静摩擦系数。

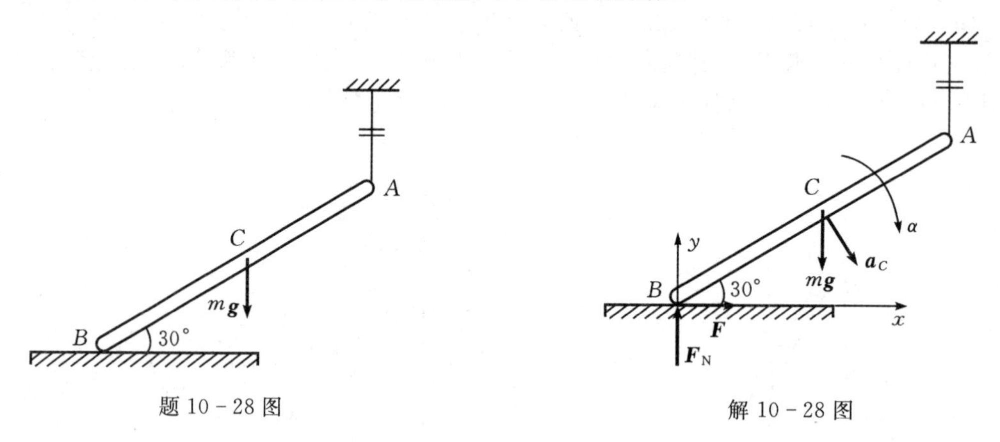

题 10－28 图　　解 10－28 图

解 若 B 端不滑动

$$J_B\alpha=mg\,\frac{l}{2}\cos30°,\alpha=12.73\ \text{rad/s}^2,a_C=\alpha\,\frac{l}{2}=6.365\ \text{m/s}^2$$

$$F=ma_{Cx}=ma_C\sin30°=\frac{100}{9.8}\times\frac{1}{2}\times\frac{3}{4}\times9.8\sqrt{3}\times\frac{1}{2}=32.476\ \text{N}$$

$$F_N-mg=ma_{Cy}=-ma_C\cos30°,F_N=43.75\ \text{N}$$

$$F=32.475>F_{fmax}=0.3\times43.75=13.125\ \text{N}$$

B 端必滑动，$F=fF_N$

$$y_C=\frac{l}{2}\sin\theta,\ddot{y}=-\frac{l}{2}\sin\theta\cdot\dot{\theta}+\frac{l}{2}\cos\theta\cdot\ddot{\theta}$$

$$\alpha=-\ddot{\theta}$$

$$J_C\alpha=F_N\cdot\frac{l}{2}\cos\theta-fF_N\,\frac{l}{2}\sin\theta$$

$$m\ddot{y}=F_N-mg$$

当 $\theta=30°$解得

$$\alpha=14.7\ \text{rad/s}^2,\quad F_N=35\ \text{N},F=10.5\ \text{N}$$

10－29 均质圆柱体的质量均为 m，半径为 r，放在倾角为 60°的斜面上。用细绳缠绕在圆柱体上，其一端固定于点 A 上，且与点 A 相连部分平行于斜面，设圆柱体与斜面间的摩擦系数 $f=\frac{1}{3}$，求轮沿斜面运动时轮心具有的加速度。

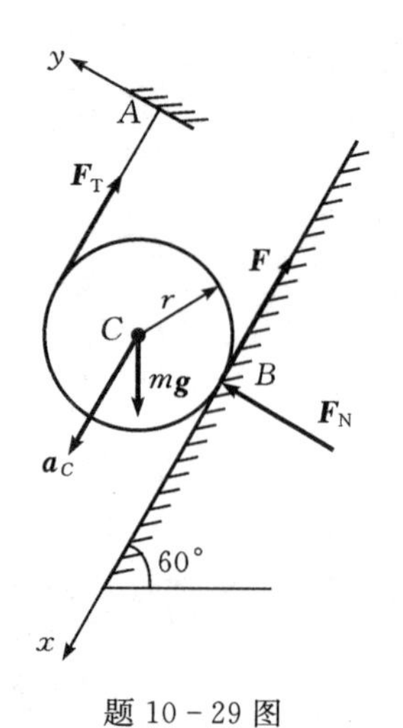

题 10－29 图

解 圆柱受力及运动分析如图所示

$$ma_C=mg\sin60°-F-F_T$$

$0=F_N-mg\cos60°$

$\frac{1}{2}mr^2\alpha=(F_T-F)r$

式中　$F=fF_N, a_C=\alpha\cdot r$

解得　　$a_C=0.356g$

10－30　机构由质量为 m 的均质滑块和长为 l、质量为 m 的均质杆组成，滑块与墙面之间用弹性系数为 k 的弹簧连接，滑块在质心 C_1 处以光滑铰链与杆连接，如图所示。滑块在光滑的水平面内滑动，杆在铅垂面内摆动，试建立系统的动力学方程。

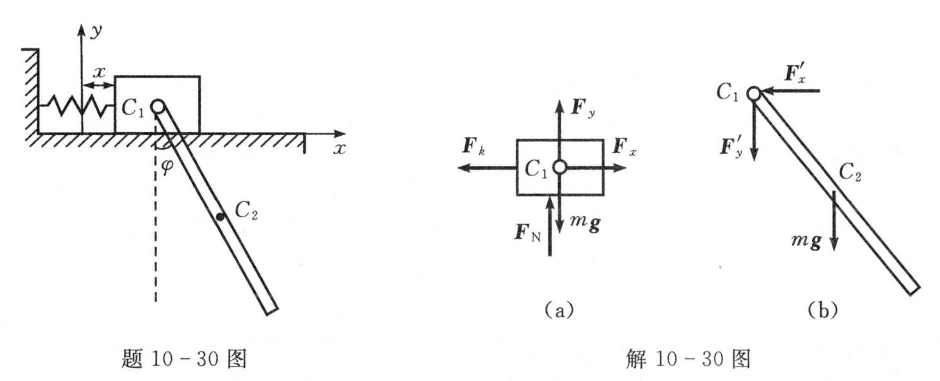

题 10－30 图　　　解 10－30 图

解　以弹簧原长处为坐标原点，建立图示坐标系

研究滑块，受力如解 10－30 图(a)所示

$m\ddot{x}=F_x-F_k=F_x-kx$

$F_y+F_N=mg$

研究杆，受力如解 10－30 图(b)所示

$x_{C_2}=x+\frac{l}{2}\sin\varphi \quad \ddot{x}_{C_2}=\ddot{x}+\frac{l}{2}\cos\varphi\cdot\ddot{\varphi}-\frac{l}{2}\sin\varphi\cdot\dot{\varphi}^2$

$y_{C_2}=-\frac{l}{2}\cos\varphi \quad \ddot{y}_{C_2}=\frac{l}{2}\cos\varphi\cdot\dot{\varphi}^2+\frac{l}{2}\sin\varphi\cdot\ddot{\varphi}$

$m\ddot{x}_{C2}=-F'_x$

$m\ddot{y}_{C2}=-mg-F'_y$

$\frac{1}{12}ml^2\cdot\ddot{\varphi}=F'_x\cdot\frac{l}{2}\cos\varphi+F'_y\frac{l}{2}\sin\varphi$

联立解得

$4m\ddot{x}+ml\ddot{\varphi}\cos\varphi-ml\cdot\dot{\varphi}^2\sin\varphi+2kx=0$

$2l\ddot{\varphi}+3\ddot{x}\cos\varphi+3g\sin\varphi=0$

10－31　平板质量为 m_1，受水平力 $\boldsymbol{F}$ 的作用而沿水平面运动，板与水平面间的动摩擦系数为 f，质量为 m_2 的均质圆柱在平板上作纯滚动，求平板的加速度。

解　圆柱与板受力及运动分析如解 10－31 图(a)、(b)所示。

对板有 $F-F_1-F'_2=m_1a$

对圆柱有 $F_2=F'_2$

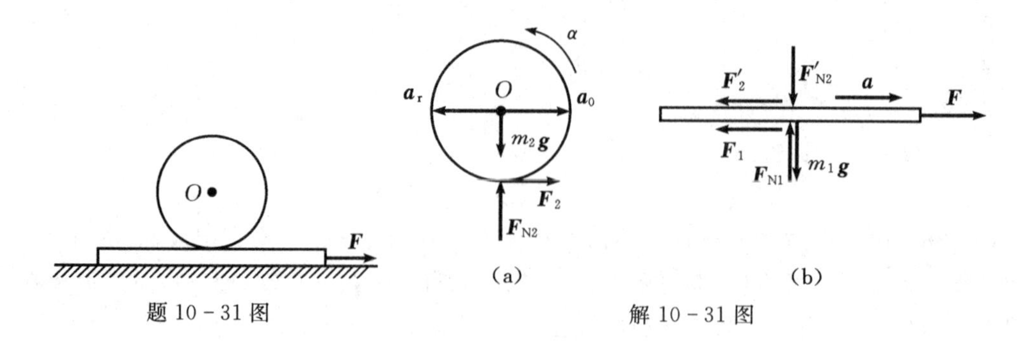

(a) (b)

题 10－31 图 解 10－31 图

$$F_2=m_2a_O$$

$$F_2R=\frac{1}{2}m_2R^2\alpha$$

$$a_O=a-\alpha R$$

而 $F_1=fF_{N1}=f(m_1+m_2)g$

解得 $a=\dfrac{F-f(m_1+m_2)g}{m_1+\dfrac{m_2}{3}}$

10－32 如图所示，质量为 m_1 的三角块 A 可在光滑的水平面上滑动，质量为 m_2 的均质圆轮 B 沿三角块 A 的斜面向下作纯滚动，设三角块 A 的斜面倾角为 θ，求三角块 A 的加速度。

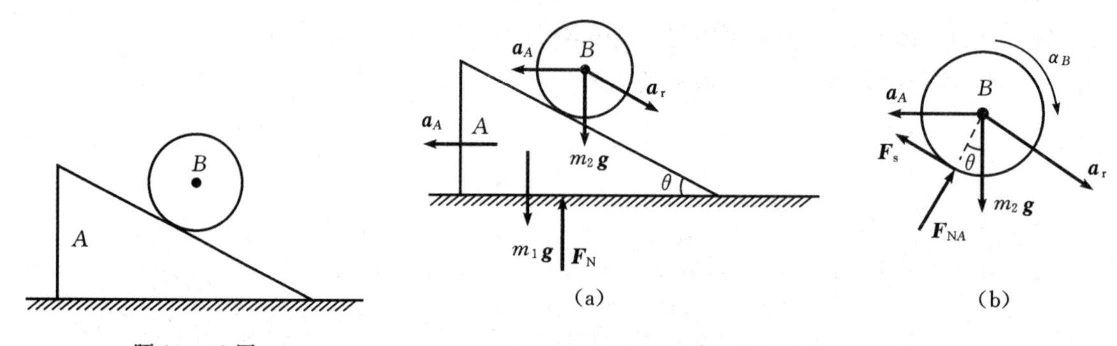

(a) (b)

题 10－32 图 解 10－32 图

解 系统及圆轮受力及运动分析如解 10－32 图(a)、(b)所示。

对系统：由 $\sum m_i a_{ix}=\sum F_{ix}$

得 $-m_1a_A+m_2(a_r\cos\theta-a_A)=0$

对圆轮：$m_2(a_r-a_A\cos\theta)=-F_s+m_2g\sin\theta$

$$\frac{1}{2}m_2r^2\,\frac{a_r}{r}=F_s\cdot r$$

解得 $a_A=\dfrac{m_2g\sin2\theta}{3m_1+m_2+2m_2\sin^2\theta}$

10－33 质量为 m 的均质杆 O_1A，其一端以光滑铰链支座 O_1 连接于机架，另一端通过光滑铰链 A 与质量为 $2m$ 的均质杆 AB 连接，AB 的另一端用细绳 O_2B 悬挂于机架，如图所示。已知 $O_1A=l$，$AB=2l$，且 O_1A 杆处于铅垂，AB 杆处于水平。试求剪断 O_2B 的瞬时两杆所具有的角加速度。

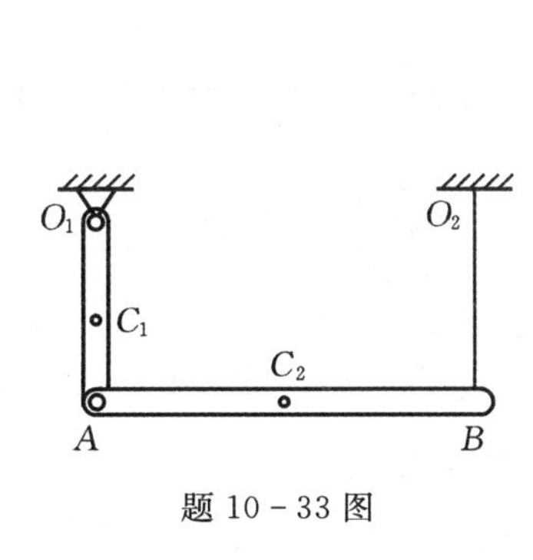

题 10 - 33 图

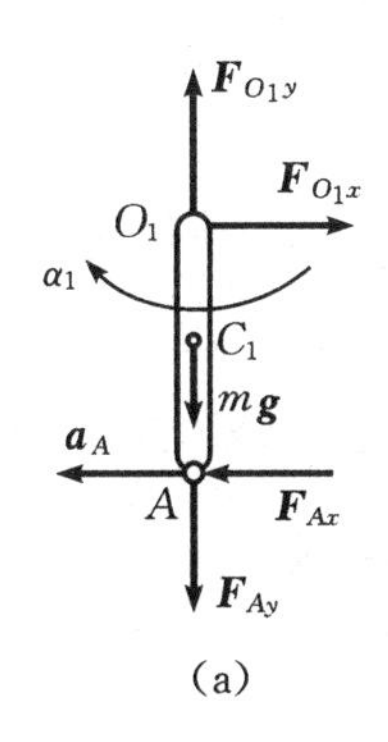

(a)

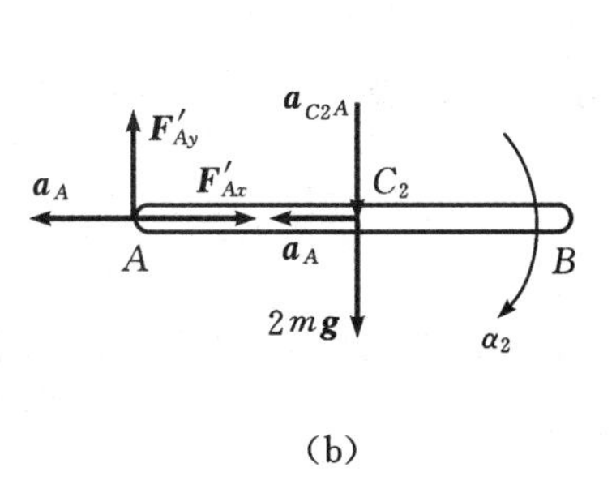

(b)

解 10 - 33 图

解 O_1A 及 AB 受力及运动分析分别如解 10 - 33 图(a)、(b)所示

对 O_1A：
$$\frac{1}{3}ml^2\alpha_1=F_{Ax}l$$

对 AB：
$$2m(\alpha_1\cdot l)=-F'_{Ax}$$
$$2m(\alpha_2\cdot l)=2mg-F'_{Ay}$$
$$\frac{1}{12}(2m)(2l)^2\alpha_2=F'_{Ay}\cdot l$$

解得
$$\alpha_1=0,\alpha_2=\frac{3g}{4l}$$

10 - 34 均质圆柱体 A 和 B 的质量均为 m，半径均为 r。用细绳缠在绕固定轴 O 转动的圆柱 A 上，绳的另一端绕在圆柱 B 上，如图所示。直线段细绳处于铅垂，所有摩擦不计。求圆柱 B 下落时轮心具有的加速度。

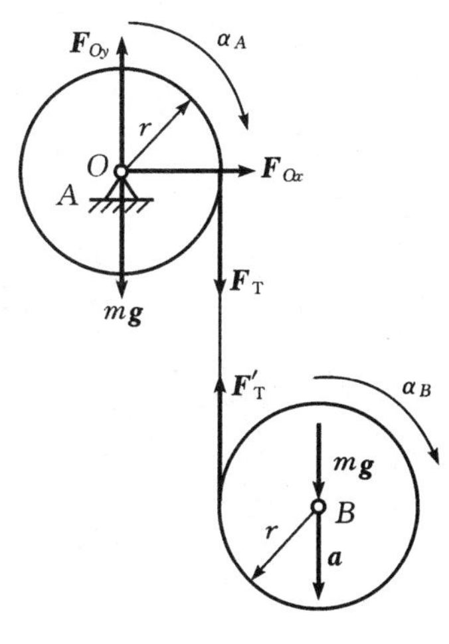

题 10 - 34 图

解 两轮的受力与运动分析如图所示

对 A 轮，有 $\frac{1}{2}mr^2\alpha_A=F_Tr$

对 B 轮，有

$ma=mg-F'_T$

$\frac{1}{2}mr^2\alpha_B=F'_Tr$

以轮心 B 为动点，绳为动系

则 $a=\alpha_Ar+\alpha_Br$

解得 $a=\frac{4}{5}g$

第 11 章　刚体定点运动及一般运动力学描述

由于第 11 章非基本要求的内容，为各相关专业选学，因此本章习题答案从略。

第 12 章　动能定理

动能定理从功能角度研究动力学问题，它与质心运动定理、动量矩定理统称为动力学普遍定理，是解决动力学问题最常用的工具。

12.1　基本知识剖析

1. 基本概念

(1)力的功。

力的元功　设质点 M 在变力 $\boldsymbol{F}$ 的作用下沿曲线运动，力 $\boldsymbol{F}$ 在元位移 $\mathrm{d}\boldsymbol{r}$ 上的元功

$$\delta W = \boldsymbol{F} \cdot \mathrm{d}\boldsymbol{r} = F_\tau \cdot \mathrm{d}s$$

或
$$\mathrm{d}W = \boldsymbol{F} \cdot \mathrm{d}\boldsymbol{r} = F_x \cdot \mathrm{d}x + F_y \cdot \mathrm{d}y + F_z \cdot \mathrm{d}z$$

变力 F 在曲线路程 M_1M_2 上的功

$$W = \int_{M_1M_2} (\boldsymbol{F} \cdot \mathrm{d}\boldsymbol{r}) \quad \text{或}\ W = \int_{M_1M_2} (F_x \cdot \mathrm{d}x + F_y \cdot \mathrm{d}y + F_z \cdot \mathrm{d}z)$$

(2)几种常见力的功。

重力功：

$$W = \int_{M_1M_2} -G \cdot \mathrm{d}z = G(z_1 - z_2)$$

质点系由位置Ⅰ运动到位置Ⅱ过程中重力所作的功

$$W = \sum G_i(z_1 - z_2) = \sum G_i z_1 - \sum G_i z_2 = (\sum G_i)(z_{C_1} - z_{C_2})$$

式中：$\sum G_i$ 为整个质点系的重量，z_{C_1} 和 z_{C_2} 分别为质点系在位置Ⅰ、Ⅱ时的质心坐标。

弹性力的功：

$$W = \int_{M_1M_2} -k(r - l_0)\boldsymbol{r}_0 \cdot \mathrm{d}\boldsymbol{r} = \frac{1}{2}k[(r_1 - l_0)^2 - (r_2 - l_0)^2] = \frac{1}{2}k(\delta_1^2 - \delta_2^2)$$

作用在定轴转动刚体上的力及力偶的功

当刚体转过有限转角 φ 时，力系所作的功为　$W = \int_0^\varphi M_z(F) \cdot \mathrm{d}\varphi$

刚体内力功、理想约束的约束力功、纯滚动时摩擦力的功均为零。

(3)动能。

动能
- 质点系的动能 $T=\sum\frac{1}{2}m_iv_i^2=\frac{1}{2}\sum m_iv_i^2$
- 平动刚体的动能 $T=\frac{1}{2}\sum m_iv_C^2=\frac{v_C^2}{2}\sum m_i=\frac{1}{2}Mv_C^2$
- 定轴转动刚体的动能 $T=\frac{1}{2}J_z\omega^2$
- 平面运动刚体的动能 $T=\frac{1}{2}mv_C^2+\frac{1}{2}J_C\omega^2$

(4)质点系动能定理。

微分形式 $\mathrm{d}T=\sum W_i$ 质点系动能的微分等于作用于质点系各力的元功的代数和。

积分形式 $T_2-T_1=\sum W_{12}$ 质点系的动能在某一路程中的改变量，等于作用于质点系的各力在该路程中的功的代数和。

2. 重点及难点

重点

(1)力的功及复杂质点系动能的计算。

(2)动力学普遍定理的综合应用。

难点

(1)变力功的计算。

(2)平面运动刚体及复杂质点系动能的计算。

(3)动力学普遍定理的综合应用。

12.2 习题类型、解题步骤及解题技巧

1. 习题类型

(1)力的功或质点系动能的计算。

(2)应用动能定理求解动力学两类问题。

(3)动力学普遍定理的综合应用。

2. 解题步骤

(1)选取研究对象，画出受力图，计算功。

(2)分析运动情况及运动关系，计算动能。

(3)运用动能定理求未知量。

3. 解题技巧

(1)明确研究对象(整体或个体)，分析已知条件和未知量间的关系(受力和运动有何特征)，决定用何种形式的动能定理。

(2)对于单自由度系统，若已知主动力求运动规律，可首选动能定理。

12.3　例题精解

例 12－1　在图 12－1(a)所示平面系统中,已知:斜面倾角为 θ,物块 A 的质量为 m_1,可沿光滑水平面运动;滑轮 B 和滚子 C 均为均质圆盘,质量均为 m,半径均为 R,滚子 C 在斜面上作纯滚动,水平弹簧的刚度系数为 k,绳的两直线段分别与斜面及水平面平行,绳与滑轮间无相对滑动,不计绳重及轴承 O 处的摩擦。初始弹簧无变形且系统静止,当轮心 C 沿斜面下降距离为 s 时,试求:(1)轮心 C 的加速度;(2)BC 段和 AB 段绳子的拉力(可用 a_C 表示)。

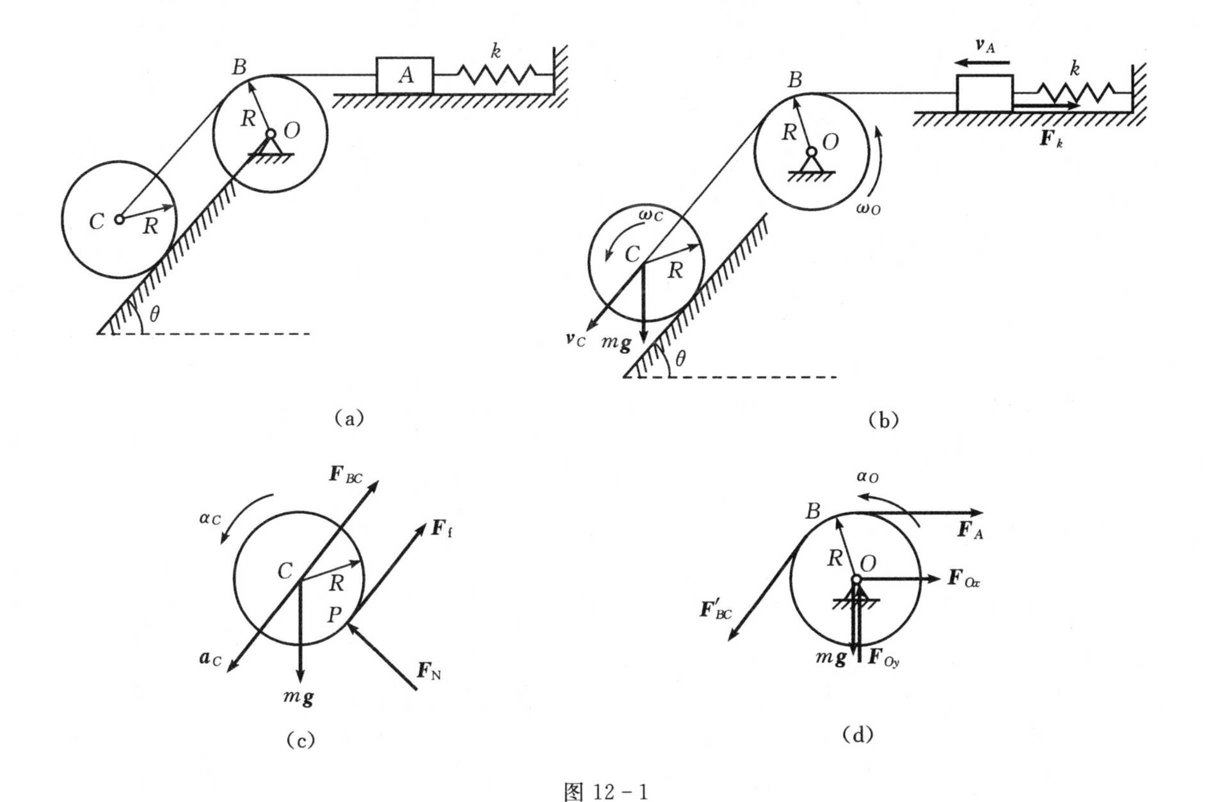

图 12－1

分析　问题(1):这是一个单自由度已知主动力,求运动量的问题,且约束反力不做功,可以首选动能定理。

问题(2):已知运动量,求力的问题,可以选动量定理或动量矩定理。

解　(1)研究系统,受理想约束。受力及运动分析如图 12－1(b)所示。当轮心 C 沿斜面下降距离为 s 时,轮心 C 的速度 v_C

$$\omega_O=\frac{v_A}{R}$$

$$\omega_C=\frac{v_C}{R}=\omega_O$$

$$v_C=v_A$$

$$T_0=0$$

$$T=\frac{1}{2}J_C\omega_C^2+\frac{1}{2}mv_C^2+\frac{1}{2}J_O\omega_O^2+\frac{1}{2}m_1v_A^2$$

$$=\frac{1}{2}(\frac{1}{2}mR^2)\omega_C^2+\frac{1}{2}mv_C^2+\frac{1}{2}(\frac{1}{2}mR^2)\omega_C^2+\frac{1}{2}m_1v_C^2$$

$$=(m+\frac{1}{2}m_1)v_C^2$$

$$W=mg\sin\theta s-\frac{1}{2}ks^2=mg\sin\theta s-\frac{1}{2}ks^2$$

由动能定理 $T-T_0=W$ 求导，且 $v_C=\frac{\mathrm{d}s}{\mathrm{d}t}, a_C=\frac{\mathrm{d}v_C}{\mathrm{d}t}$

可求得 $a_C=\frac{mg\sin\theta-ks}{2m+m_1}$

(2)研究轮 C，受力及运动分析如图 12-1(c)所示。

因 CP 距离恒定，由动量矩定理

$$J_P\alpha_C=\sum M_P(\boldsymbol{F})$$

$$\frac{3}{2}mR^2\frac{a_C}{R}=mg\sin\theta\cdot R-F_{BC}\cdot R$$

$$F_{BC}=mg\sin\theta-\frac{3}{2}ma_C$$

研究轮 O，受力及运动分析如图 12-1(d)所示。

由动量矩定理

$$J_O\alpha_O=\sum M_O(\boldsymbol{F})$$

$$\frac{1}{2}mR^2\frac{a_C}{R}J_O\alpha_O=F'_{BC}R-F_AR$$

$$F_A=mg\sin\theta-2ma_C$$

讨论

这是动力学普遍定理应用的典型问题，解题中动能定理、动量定理、动量矩定理要联合应用，平动、转动、平面运动的动能计算，常见力的功的计算等知识点均有体现。

例 12-2 均质细直杆 AB 长为 l，质量为 m_1，B 端靠在光滑的铅垂墙面上，A 端通过圆柱铰与均质圆柱体中心连接，如图 12-2(a)所示。设圆柱体质量为 m_2，半径为 R，在水平面上自静止开始作无滑动滚动，求初瞬时 A 点的加速度。

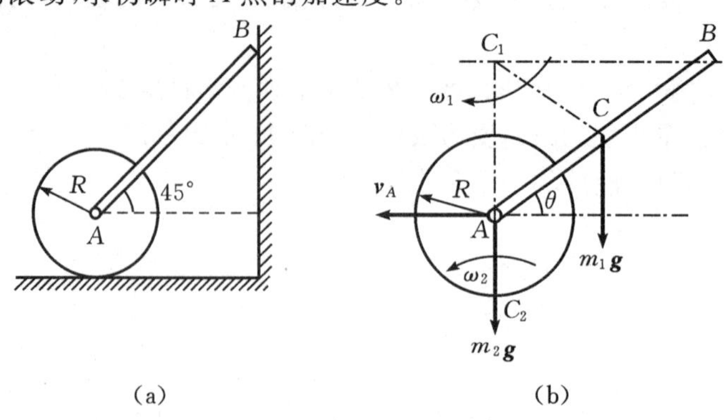

图 12-2

分析　这是理想约束单自由度求运动量的问题,且无明显始末状态,可考虑用微分形式的动能定理。

解　将系统置于一般位置,系统受理想约束,仅重力做功,如图 12-2(b)所示。C_1、C_2 分别为 AB 杆和圆柱体的速度瞬心。

重力功为

$$W=m_1 g h_C=m_1 g\,\frac{l}{2}(\sin 45^\circ-\sin\theta)$$

系统的动能为

$$T=\frac{1}{2}J_{C_1}\omega_1^2+\frac{1}{2}J_{C_2}\omega_2^2$$

运动学关系

$$v_A=R\omega_1=l\sin\theta\omega_1\ \text{或}\ \omega_1=\frac{v_A}{l\sin\theta},\omega_2=\frac{v_A}{R}$$

代入得

$$T=\frac{1}{2}\left[\frac{1}{12}m_1 l^2+m_1\left(\frac{l}{2}\right)^2\right]\left(\frac{v_A}{l\sin\theta}\right)^2+\frac{1}{2}\left(\frac{1}{2}m_2R^2+m_2R^2\right)\left(\frac{v_A}{R}\right)^2=\frac{1}{12}\left(\frac{2m_1}{\sin^2\theta}+9m_2\right)v_A^2$$

表达式中既包含运动参数 v_A,又含位置参数 θ,代入$\frac{\mathrm{d}T}{\mathrm{d}t}=\frac{\mathrm{d}W}{\mathrm{d}t}$得

$$\frac{1}{6}\left(\frac{2m_1}{\sin^2\theta}+9m_2\right)v_A\frac{\mathrm{d}v_A}{\mathrm{d}t}-\frac{m_1\cos\theta}{3\sin^3\theta}v_A^2\frac{\mathrm{d}\theta}{\mathrm{d}t}=-\frac{1}{2}m_1 g l\cos\theta\frac{\mathrm{d}\theta}{\mathrm{d}t}\tag{1}$$

注意 A 点作直线运动及 θ 与 ω_1 正向相反,$\frac{\mathrm{d}v_A}{\mathrm{d}t}=a_A$,$\frac{\mathrm{d}\theta}{\mathrm{d}t}=-\omega_1=-\frac{v_A}{l\sin\theta}$,代入式(1),两边约去 v_A 后得到

$$\frac{1}{6}\left(\frac{2m_1}{\sin^2\theta}+9m_2\right)a_A=\frac{m_1 g\cos\theta}{2\sin\theta}-\frac{m_1\cos\theta}{3l\sin^4\theta}v_A^2\tag{2}$$

初瞬时,$v_A=0$,$\theta=45^\circ$,代入上式,得该瞬时 A 点的加速度

$$a_A=\frac{3m_1 g}{4m_1+9m_2}$$

若要求在其他位置时的 a_A,需先用动能定理的有限形式求得该位置时的速度 v_A,再代入式(2)得 a_A,显然计算相当麻烦。

12.4　题　解

12-1　图示弹簧原长 $l_0=10$ cm,刚度系数 $k=4.9$ kN/m,一端固定在半径 $R=10$ cm 的圆周上的 O 点,另一端可以在此圆周上移动。如果弹簧的另一端从 B 点移至 A 点,再从 A 点移至 D 点,问两次移动过程中,弹簧力所做功各为多少?图中 OA、BD 为圆的直径,且$OA\perp BD$。

解　弹簧一端从 B 点移至 A 点过程中,弹簧力所做功

$$W_{BA}=\frac{k}{2}(\delta_1^2-\delta_2^2)=\frac{k}{2}[(\sqrt{2}R-l_0)^2-(2R-l_0)^2]=-20.3\ \mathrm{N\cdot m}$$

弹簧一端从 A 点移至 D 点过程中,弹簧力所做功

$$W_{AD}=\frac{k}{2}(\delta_1^2-\delta_2^2)=\frac{k}{2}[(2R-l_0)^2-(\sqrt{2}R-l_0)^2]=20.3\ \text{N}\cdot\text{m}$$

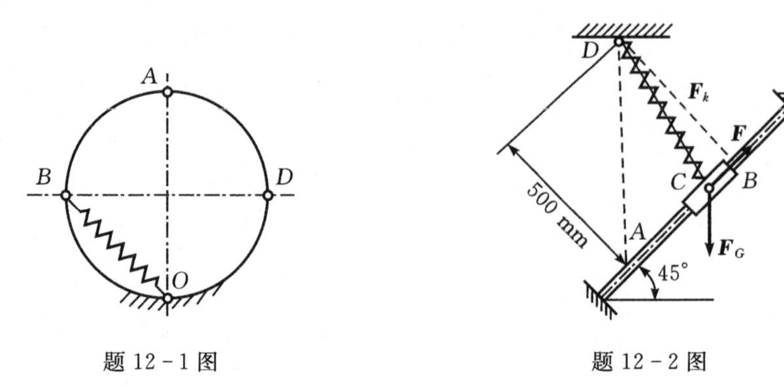

题 12-1 图　　　　题 12-2 图

12-2　图示系统在同一铅垂面内。套筒的质量 $m=1$ kg,可在光滑的固定斜杆上滑动,套筒上连接一刚度系数 $k=200$ N/m 的弹簧,其另一端固定于 D 点,原长 $l=0.4$ m。已知 DA 沿铅垂方向,DB 垂直于斜杆。套筒受一沿斜杆向上的常力 $F=100$ N 作用,使套筒由 A 点移动到 B 点,试求在此运动过程中,其上各力所做功的总和。

解　$\sum W=W_F+W_G+W_k$

$$=Fl_{AB}-mgl_{AB}\sin 45°+\frac{1}{2}k(\delta_1^2-\delta_2^2)$$

$$=100\times 0.5-1\times 9.8\times 0.5\times\frac{\sqrt{2}}{2}+\frac{1}{2}\times 200\times\left[(0.5\sqrt{2}-0.4)^2-(0.5-0.4)^2\right]$$

$$=55\ \text{N}\cdot\text{m}$$

12-3　均质杆 AB 的质量为 M,长为 l,放在铅垂平面内,一端靠着墙壁,另一端 B 沿水平地面滑动。已知当 $\varphi=30°$时,B 端的速度为$\boldsymbol{v}_B$,如图所示,求该瞬时杆 AB 的动能。

解　P 为 AB 杆的速度瞬心

$$\omega=\frac{v_B}{PB}=\frac{v_B}{l\cos\varphi}$$

杆 AB 的动能

$$T=\frac{1}{2}J_P\omega^2=\frac{1}{2}\times\frac{1}{3}Ml^2\left(\frac{v_B}{l\cos\varphi}\right)^2=\frac{2}{9}Mv_B^2$$

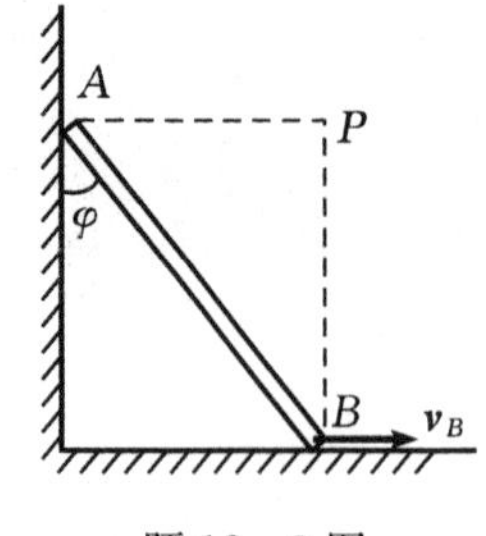

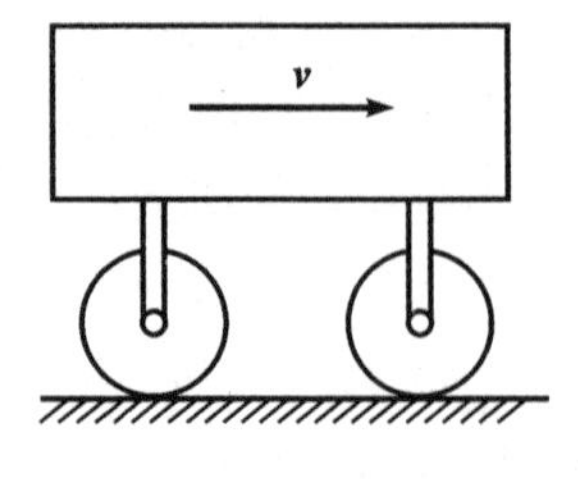

题 12-3 图　　　　题 12-4 图

12-4　车身的质量为 M_1,支承在两对相同的车轮上,每对车轮的质量为 M_2,并可视为半

径为 r 的均质圆盘，已知车身的速度为 $\boldsymbol{v}$，车轮沿水平面滚而不滑，求整个车子的动能。

解　$T=T_c+T_r$

$$=\frac{1}{2}(M_1+2M_2)v^2+2\times\frac{1}{2}J\omega^2$$

$$=\frac{1}{2}(M_1+2M_2)v^2+\frac{1}{2}M_2r^2\cdot\left(\frac{v}{r}\right)^2$$

$$=\frac{1}{2}(M_1+3M_2)v^2$$

12-5　长为 l、重为 $\boldsymbol{P}$ 的均质杆 OA，以球铰链铰接于 O 点，并以等角速度 ω 绕铅垂轴 Oz 转动，如图所示。如杆与铅垂线的夹角为 θ，求杆的动能。

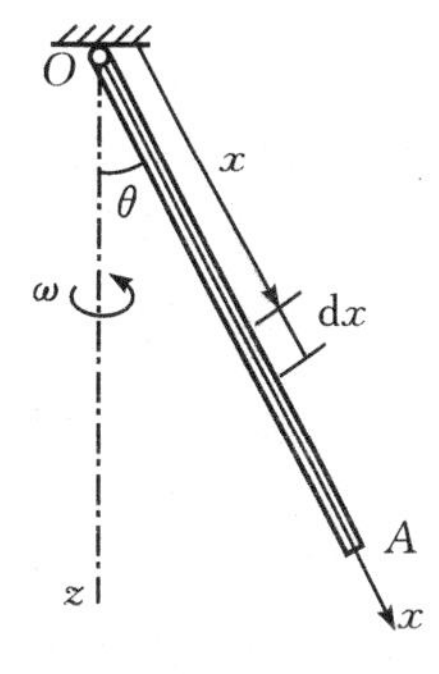

题 12-5 图

解　在距 O 点 x 处取长为 $\mathrm{d}x$ 微段，其质量为 $\frac{P}{gl}\mathrm{d}x$，速度为 $x\sin\theta\cdot\omega$，其动能

$$\mathrm{d}T=\frac{1}{2}\left(\frac{P}{gl}\cdot\mathrm{d}x\right)(x\sin\theta\cdot\omega)^2=\frac{P}{2gl}\omega^2\sin^2\theta\cdot x^2\mathrm{d}x$$

杆 OA 的动能

$$T=\int_0^l\mathrm{d}T=\int_0^l\frac{P}{2gl}\omega^2\sin^2\theta\cdot x^2\mathrm{d}x=\frac{P}{6g}\omega^2l^2\sin^2\theta$$

12-6　半径为 r 的均质圆柱重为 $\boldsymbol{G}$，在半径为 R 的固定圆柱形凹面上作纯滚动，如图所示。试求圆柱的动能(表示为参数 φ 的函数)。

解　圆轮的角速度 ω 与 φ 角的关系为 $\omega=\frac{R-r}{r}\dot{\varphi}$

所以圆轮的动能

$$T=\frac{1}{2}J_P\omega^2=\frac{1}{2}\cdot\left(\frac{3}{2}\frac{G}{g}r^2\right)\omega^2=\frac{3G}{4g}(R-r)^2\dot{\varphi}^2$$

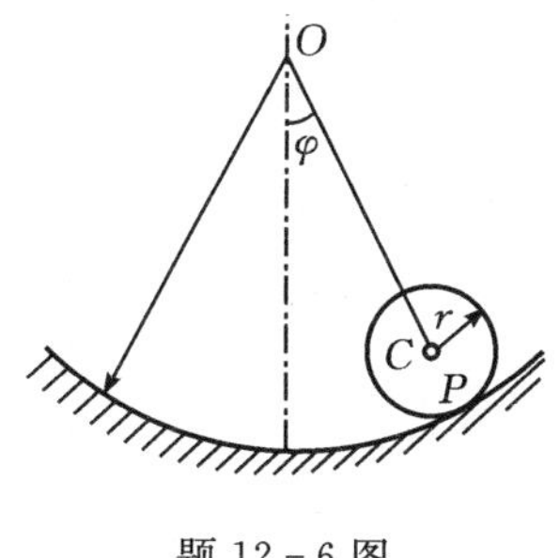

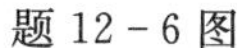
题 12-6 图

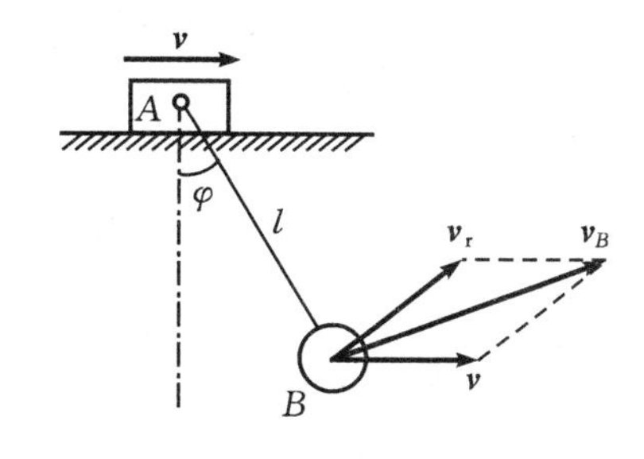

题 12-7 图

12-7　滑块 A 的质量为 m_1，以速度 $v=at$ 沿水平面向右作直线运动。滑块上悬挂一单摆，其质量为 m_2，摆长为 l，以 $\varphi=\varphi_0\sin bt$ 作相对摆动(以上两式中 a、b、φ_0 均为常量)。试计算系统在瞬时 t 的动能。

解　取 B 为动点，滑块 A 为动系

则 $\boldsymbol{v}_B=\boldsymbol{v}_e+\boldsymbol{v}_r=\boldsymbol{v}+\boldsymbol{v}_r$

其中　$v_r=l\cdot\dot{\varphi}=bl\varphi_0\cos bt$

于是 $v_B^2=(v+v_r\cos\varphi)^2+(v_r\sin\varphi)^2$

$$=a^2t^2+l^2b^2\varphi_0^2\cos^2 bt+2abtl\varphi_0\cos bt\cdot\cos\varphi$$

系统动能

$$T-\frac{1}{2}m_1v^2+\frac{1}{2}m_2v_B^2=\frac{1}{2}m_1(at)^2+\frac{1}{2}m_2(a^2t^2+l^2b^2\varphi_0^2\cos^2 bt+2abtl\varphi_0\cos bt\cos\varphi)$$

$$=\frac{1}{2}(m_1+m_2)a^2t^2+\frac{1}{2}m_2l^2b^2\varphi_0^2\cos^2 bt+m_2abl\varphi_0\cos bt\cos(\varphi_0\sin bt)t$$

12-8 链条全长为 l,重为 **G**,放在光滑水平桌面上,其中长为 d 的一段下垂在桌沿外面,如图所示。若将链条由静止开始释放,试求整个链条离开桌沿时的速度(假设链条滑落过程中不会发生跳跃现象)。

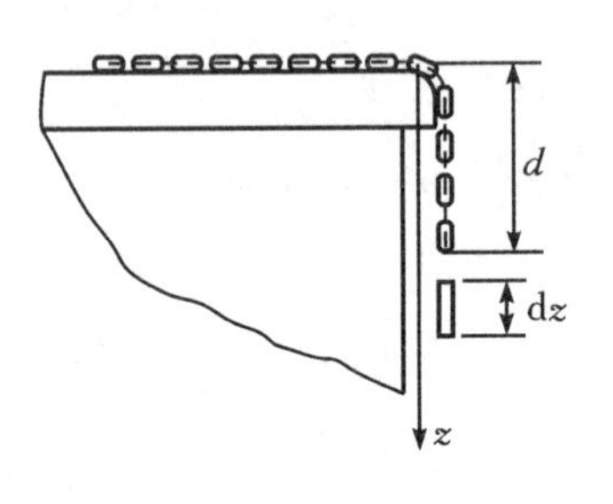

题 12-8 图

解 链条初始时刻动能为 $T_1=0$

链条离开桌子时的动能为 $T_2=\frac{1}{2}mv^2$

运动过程中只有重力做功,取 dz 段微元体,其重量为 $\frac{mg}{l}\mathrm{d}z$,此微元体由桌面至 z 处做功为 $\mathrm{d}W=\frac{mg}{l}\mathrm{d}z\cdot z$

重力功:$W=\int_d^l\frac{mg}{l}z\cdot\mathrm{d}z=\frac{mg}{2l}(l^2-\alpha^2)$

由动能定理 $T_2-T_1=W$,解得

$$v=\sqrt{\frac{g}{l}(l^2-\alpha^2)}$$

(也可直接计算质心位置坐标,利用质心位置在 z 轴上的位移直接计算重力功。)

12-9 链条全长 $l=100$ cm,单位长重 $p=200$ N/m,对称地悬挂在半径 $R=10$ cm,重 $G=10$ N的均质滑轮上,因受微小扰动,链条自静止开始从一边下落,设链条与滑轮间无相对滑动,求链条离开滑轮时的速度(假设链条滑落过程中不会发生跳跃现象)。

解 取系统为研究对象,初始时链条位置如图所示。

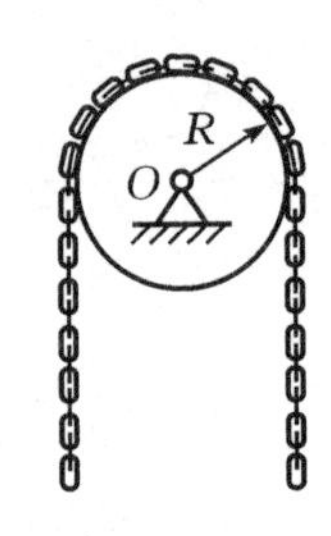

题 12-9 图

链条可分为三部分:

(1)绕在滑轮上的部分的重量 $G_1=\pi Rp$,质心坐标 $y_1=\frac{2R}{\pi}$

这段链条的重力功 $W_1=\pi R\mathrm{p}[\frac{1}{2}(\pi R+\frac{l-\pi R}{2})+\frac{2R}{\pi}]$

(2)悬在滑轮两侧的部分的重量 $G_2=G_3=\frac{l-\pi R}{2}p$

它们的重力功 $W_{23}=\frac{l-\pi R}{2}p(\pi R+\frac{l-\pi R}{2})$

整个过程中的总功 $W=W_1+W_{23}\approx8.04$ J

$T_1=0$;$T_2=\frac{1}{2}\times\frac{Gr^2}{2g}(\frac{v}{R})^2+\frac{lp}{2g}v^2$

由 $T_2-T_1=W$

求得 $v=2.51$ m/s

12-10　图示系统在同一铅垂面内。质量 $m=5$ kg 的小球固连在 AB 杆的 B 端，杆的 C 点处连接着一弹簧，刚度系数 $k=800$ N/m，弹簧的另一端固定于 D 点。A、D 在同一条铅垂线上。若不考虑 AB 杆的质量，当摆杆自水平静止位置无初速地释放，此时弹簧恰好没有变形，试求当 AB 杆摆到下方铅垂位置时，小球 B 的速度。

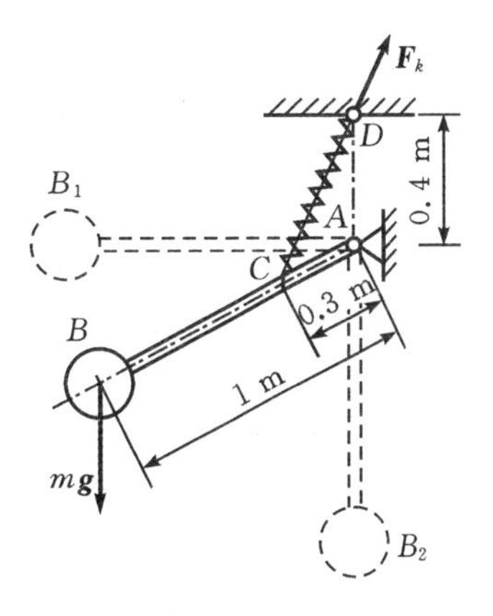

题 12-10 图

解　取系统为研究对象

整个过程中的总功　$W=mgl-\dfrac{k}{2}(\delta_1^2-\delta_2^2)$

其中　$\delta_1=0$；$\delta_2=0.7-l_0=0.7-\sqrt{0.3^2+0.4^2}=0.2$ m

$T_1=0$；$T_2=\dfrac{1}{2}mv_B^2$

由　$T_2-T_1=W$　有　$\dfrac{1}{2}mv_B^2=mgl-\dfrac{k}{2}(\delta_1^2-\delta_2^2)$

求得　$v_B\approx 3.64$ m/s

12-11　轴Ⅰ和轴Ⅱ连同其上的转动部件，对各自轴的转动惯量分别为 $J_1=5\ \text{kg}\cdot\text{m}^2$，$J_2=4\ \text{kg}\cdot\text{m}^2$，齿轮的传动比 $i=n_1/n_2=3/2$。作用在主动轴Ⅰ上的转矩 $M=50$ N·m，它使系统由静止开始转动。问轴Ⅱ经过多少转后，才能获得 $n_2=120$ r/min 的转速。

解　取系统为研究对象，运动过程中仅有 M 做功。

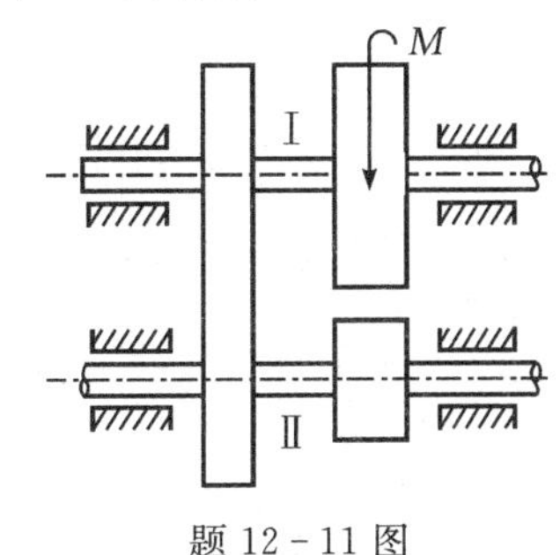

题 12-11 图

设当 $n_2=120$ r/min 时，轴Ⅰ、轴Ⅱ的总转数分别为 N_1 和 N_2，则转矩 M 的功为

$W_{12}=M\cdot 2\pi N_1$

而　$T_1=0$；$T_2=\dfrac{1}{2}J_1\omega_1^2+\dfrac{1}{2}J_2\omega_2^2$

式中　$\omega_2=\dfrac{\pi n_2}{30}$，$\omega_1=i\omega_2$；

由 $T_2-T_1=W_{12}$ 得

$$\frac{1}{2}J_1\omega_1^2+\frac{1}{2}J_2\omega_2^2=2\pi MN_1$$

$$N_1=\frac{J_1\omega_1^2+J_2\omega_2^2}{4\pi M}=\frac{(J_1i^2+J_2)}{4\pi M}\omega_2^2=\frac{J_1i^2+J_2}{4\pi M}\left(\frac{\pi n_2}{30}\right)^2=\frac{5\times 1.5^2+4}{4\pi\times 50}\left(\frac{120\pi}{30}\right)^2=3.83(\text{转})$$

$$N_2=\frac{N_1}{i}=\frac{3.83}{1.5}=2.56(\text{转})$$

12-12　一不变的转矩 M 作用在缆车的鼓轮上，使轮转动，如题 12-12 图所示。轮的半径为 r，质量为 m_1，缠绕在鼓轮上的绳子另一端系着一个质量为 m_2 的重物，使其沿倾角为 θ 的倾面上升，重物与斜面间的滑动摩擦系数为 f，绳子质量不计，鼓轮可视为均质圆柱，轮与物块间的绳索与斜面平行。在开始时，此系统静止，求鼓轮转过 φ 角时的角速度和角加速度。

解　取鼓轮、绳索和物体 A 组成的系统为研究对象。初动能 $T_1=0$。

鼓轮转过 φ 角时角速度 ω，物体 A 的速度 $v=\omega r$ 从而有

$$T_2=\frac{1}{2}J_O\omega^2+\frac{1}{2}m_2v^2=\frac{1}{2}\left(\frac{m_1}{2}r^2\right)\omega^2+\frac{1}{2}m_2v^2=\frac{\omega^2r^2}{4g}(m_1+2m_2)$$

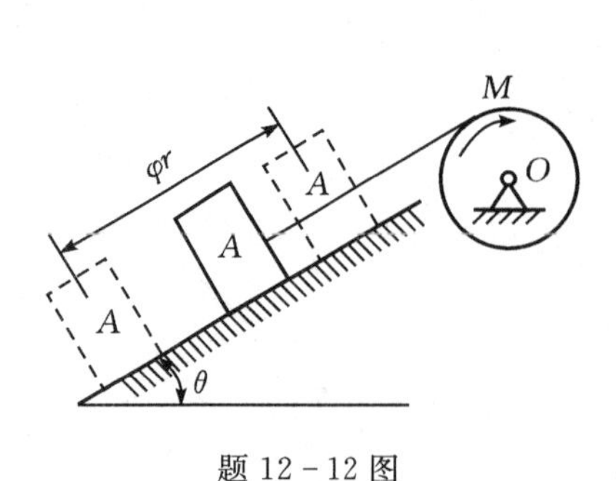

题 12-12 图

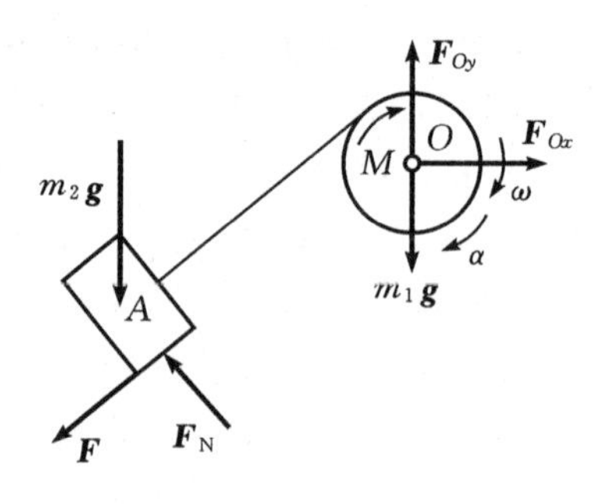

解 12-12 图

作用在系统上的力的总功为

$$\sum W = M\varphi - m_2 g\sin\theta \cdot \varphi r - F \cdot \varphi r = (M - m_2 g\sin\theta \cdot r - f m_2 g\cos\theta \cdot r)\varphi$$

根据 $T_2 - T_1 = \sum W$，有

$$\frac{\omega^2 r^2}{4g}(m_1 + 2m_2) - 0 = (M - m_2 g\sin\theta \cdot r - f m_2 g\cos\theta \cdot r)\varphi \tag{1}$$

由此求出鼓轮转过 φ 角时角速度

$$\omega = \frac{2}{r}\sqrt{\frac{M - m_2 gr(\sin\theta + f\cos\theta)}{m_1 + 2m_2}\varphi}$$

根号内必须为正值，故当满足 $M \geqslant m_2 gr(\sin\theta + f\cos\theta)$ 时，缆车才能开始工作。

把式(1)中的 φ 看作变值，并求两端对时间 t 的导数，有

$$\frac{\omega}{2g} \cdot \frac{\mathrm{d}\omega}{\mathrm{d}t}(m_1 + 2m_2) = (M - m_2 g\sin\theta \cdot r - f m_2 g\cos\theta \cdot r)\frac{\mathrm{d}\varphi}{\mathrm{d}t}$$

考虑到在直线运动中 $\mathrm{d}\omega/\mathrm{d}t = \alpha$，$\mathrm{d}\varphi/\mathrm{d}t = \omega$，故鼓轮转过 φ 角时的角加速度

$$\alpha = \frac{2[M - m_2 gr(\sin\theta + f\cos\theta)]}{(m_1 + 2m_2)r^2}$$

12-13　椭圆规位于水平面内，由曲柄 OC 带动规尺 AB 运动，如图所示。曲柄和规尺都是均质直杆，重量分别为 $\boldsymbol{P}$ 和 $2\boldsymbol{P}$，且 $OC = AC = BC = l$，滑块 A 和 B 重量均为 $\boldsymbol{G}$。如作用在曲柄上的转矩为 M，设 $\varphi = 0$ 时系统静止，忽略摩擦，求曲柄转过 φ 角时它的角速度和角加速度。

解　研究系统，曲柄转过 φ 角，$W_{12} = M\varphi$

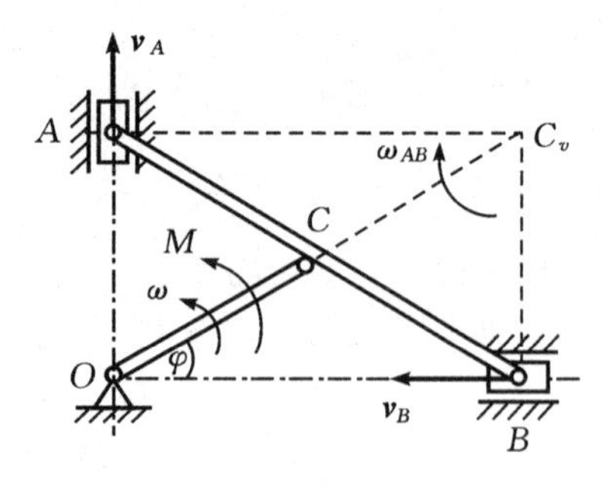

题 12-13 图

系统各构件的动能：

$$T_{OC} = \frac{1}{2}J_{OC}\omega^2 = \frac{1}{2} \cdot \frac{1}{3}\frac{P}{g}l^2\omega^2 = \frac{P}{6g}l^2\omega^2$$

$$T_{AB} = \frac{1}{2} \cdot \frac{2P}{g}v_C^2 + \frac{1}{2}\left[\frac{1}{12} \cdot \frac{2P}{g} \cdot (2l)^2\right]\omega_{AB}{}^2$$

$$= \frac{P}{g}l^2\omega^2 + \frac{P}{3g}l^2\omega^2 = \frac{4P}{3g}l^2\omega^2$$

$$T_A = \frac{1}{2}\frac{G}{g}v_A^2 = \frac{G}{2g}(2l\omega\cos\varphi)^2 = \frac{2G}{g}l^2\omega^2\cos^2\varphi$$

$$T_B = \frac{1}{2}\frac{G}{g}v_B^2 = \frac{G}{2g}(2l\omega\sin\varphi)^2 = \frac{2G}{g}l^2\omega^2\sin^2\varphi$$

$T_2=T_{OC}+T_{AB}+T_A+T_B=\frac{4G+3P}{2g}l^2\omega^2$；$T_1=0$

由 $T_2-T_1=W_{12}$，有 $\frac{4G+3P}{2g}l^2\omega^2=M\varphi$　(1)

$\omega=\frac{1}{l}\sqrt{\frac{2gM\varphi}{3P+4G}}$

对式(1)求导，且 $\frac{d\varphi}{dt}=\omega$，$\frac{d\omega}{dt}=\alpha$ 有 $\alpha=\frac{Mg}{(3P+4G)l^2}$

12-14　在图示机构的铰链 B 处，作用一铅垂向下的力 $P=60$ N，它使杆 AB、BC 张开而圆柱 C 向右作纯滚动。此两杆的长度均为 $l=1$ m，质量均为 $m=2$ kg。圆柱的半径 $R=250$ mm，质量 $M=4$ kg，在两杆的中点 D、E 处连接一根弹簧，其刚度系数 $k=50$ N/m，原长 $l_0=1$ m，若将系统在 $\theta=60°$时由静止释放，试求运动到 $\theta=0°$时杆 AB 的角速度。

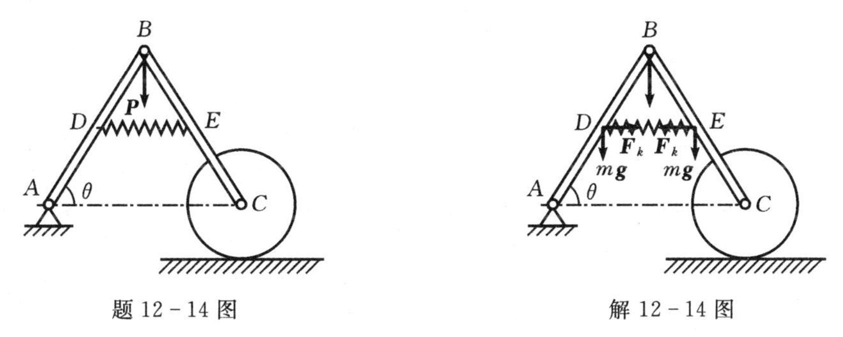

题12-14图　　解12-14图

解　研究系统，当系统从 $\theta=60°$到 $\theta=0°$的过程中

$T_1=0$

$$T_2=T_{AB}+T_{BC}+T_C=\frac{1}{2}\left(\frac{1}{3}ml^2\right)\omega_{AB}^2+\frac{1}{2}\left(\frac{1}{3}ml^2\right)\omega_{BC}^2+\frac{1}{2}\left(\frac{1}{2}MR^2\right)\omega_C^2=\frac{1}{3}ml^2\omega_{AB}^2$$

$$W_{12}=W_P+W_G+W_k=pl\sin 60°+2mg\ \frac{l}{2}\sin\theta+\frac{1}{2}k(\delta_1^2-\delta_2^2)=(P+mg)l\sin 60°+\frac{1}{2}k(\delta_1^2-\delta_2^2)$$

式中　$\delta_1=l_1-l_0=0.5-1=-0.5$ m；$\delta_2=l_2-l_0=1-1=0$

由　$T_2-T_1=W_{12}$

有　$\frac{1}{3}ml^2\omega_{AB}^2=(P+mg)l\sin 60°+\frac{1}{2}k(\delta_1^2-\delta_2^2)$

$\omega=10.62$ rad/s

12-15　图示三棱柱 A 沿三棱柱 B 的光滑斜面滑动，A 和 B 重量分别为 $\boldsymbol{P}$ 和 $\boldsymbol{G}$，三棱柱 B 的斜面与光滑水平面成 θ 角。若将系统由静止开始释放，求运动时三棱柱 B 的加速度。

解　初瞬时系统的动量：$P_x=0$

在运动的过程中　$\sum F_x=0$

系统在 x 方向动量守恒

$$P_x = m_A(v_r\cos\theta - v_B) - m_B v_B = 0$$

B 物体的速度为 $v_B = \dfrac{m_A}{m_A + m_B} v_r \cos\theta$

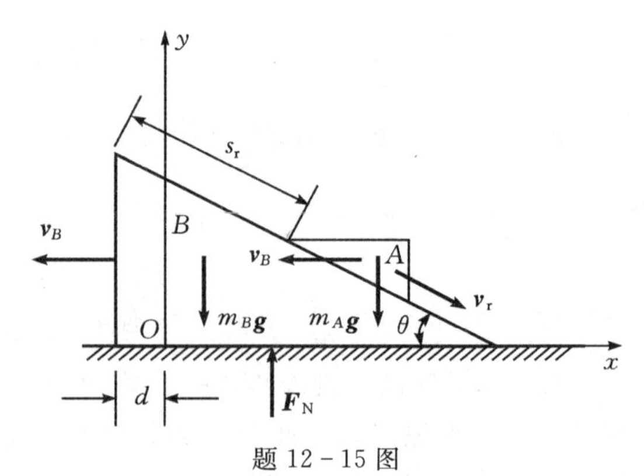

题 12-15 图

$$W = m_A g \cdot s_r \sin\theta$$

$$T_0 = 0$$

$$T = \frac{1}{2} m_A (v_{Ax}^2 + v_{Ay}^2) + \frac{1}{2} m_B v_B^2$$

$$= \frac{1}{2} m_A (v_r^2 + v_B^2 - 2 v_r v_B \cos\theta) + \frac{1}{2} m_B v_B^2$$

代入动能定理 $T - T_0 = W$

得 $\dfrac{1}{2} m_A (v_r^2 + v_B^2 - 2 v_r v_B \cos\theta) + \dfrac{1}{2} m_B v_B^2 - 0 = m_A g \cdot s_r \sin\theta$

注意到 $\dot{s}_r = v_r \quad v_B = \dfrac{m_A}{m_A + m_B} v_r \cos\theta$

两边求导并消去 v_B 得 $a_B = \dfrac{m_A g \sin 2\theta}{2(m_A \sin^2\theta + m_B)} = \dfrac{P \sin 2\theta}{2(P \sin^2\theta + G)} g$

12-16 A 物重为 $\boldsymbol{P}_1$，沿三棱柱 D 的斜面下降，同时借绕过滑轮 C 的绳使重 $\boldsymbol{P}_2$ 的物体 B 上升，如图所示。斜面倾角为 θ，滑轮和绳的质量以及摩擦均略去不计，求三棱柱 D 作用于地板小凸台 E 处的水平压力。

解 研究系统，受力和运动分析如图所示。系统在运动中，仅有 $\boldsymbol{P}_1$、$\boldsymbol{P}_2$ 做功，其元功之和为

$$\delta W = P_1 \sin\alpha \cdot \mathrm{d}s - P_2 \mathrm{d}s = (P_1 \sin\alpha - P_2) v_A \mathrm{d}t$$

系统的动能

$$T = T_A + T_B = \frac{1}{2} \frac{P_1}{g} v_A^2 + \frac{1}{2} \frac{P_2}{g} v_B^2 = \frac{P_1 + P_2}{2g} v_A^2$$

$$\mathrm{d}T = \frac{P_1 + P_2}{g} v_A a_A \mathrm{d}t$$

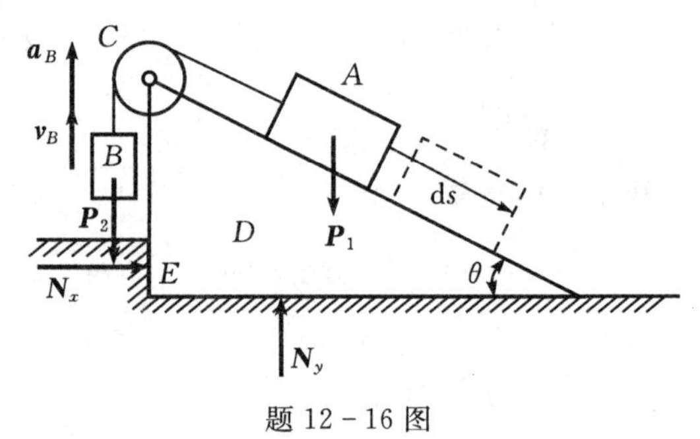

题 12-16 图

由 $\mathrm{d}T = \delta W$ 有

$$\frac{P_1 + P_2}{g} v_A a_A \mathrm{d}t = (P_1 \sin\alpha - P_2) v_A \mathrm{d}t$$

$$a_A = \frac{P_1 \sin\alpha - P_2}{P_1 + P_2} g$$

由质心运动定理有 $\sum m_i a_{ix} = \sum F_{ix}$

得 $\dfrac{P_1}{g} a_A \cos\alpha = N_x$

$$N_x = \frac{P_1}{g} \cos\alpha \, \frac{P_1 \sin\alpha - P_2}{P_1 + P_2} g = \frac{P_1 \sin\alpha - P_2}{P_1 + P_2} P_1 \cos\alpha$$

12-17 半径均为 R，重为 $\boldsymbol{G}$ 的均质圆柱形滚子 A，沿倾角为 θ 的斜面向下作纯滚动，如图所示。滚子借一跨过滑轮 B 的绳索提升一重为 $\boldsymbol{P}$ 的物块 D。滑轮 B 与滚子 A 分别为半径相等、重量相等的均质圆盘。若不计轴承 O 处的摩擦，求滚子 A 重心的加速度和系在滚子上绳索的张力。

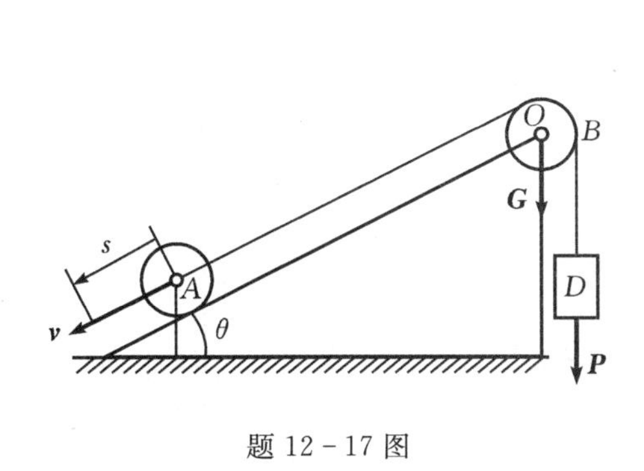

题 12-17 图

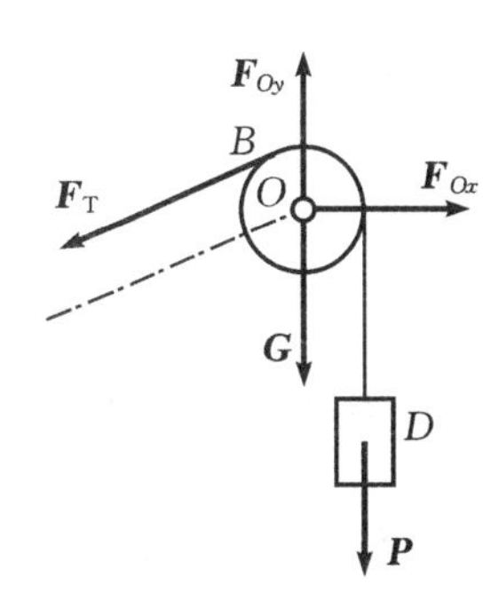

解 12-17 图

解　(1)设滚子 A 沿斜面向下滚动距离 s，滚子 A 质心的速度为 $\boldsymbol{v}$，对系统整体应用动能定理，有

$$T_1=0$$

$$T_2=\frac{1}{2}m_Dv_D^2+\frac{1}{2}J_O\omega_B^2+\frac{1}{2}m_Av^2+\frac{1}{2}J_A\omega_A^2$$

$$\sum W=W_{PD}+W_{GA}$$

代入动能定理得

$$\frac{1}{2}\frac{P}{g}v_D^2+\frac{1}{2}(\frac{1}{2}\frac{G}{g}r^2)\omega_B^2+\frac{1}{2}\frac{G}{g}v^2+\frac{1}{2}(\frac{1}{2}\frac{G}{g}r^2)\omega_A^2-0=-Ps+Gs\sin\theta$$

将所有运动量都表示成 s 的函数，有 $v_D=v=\dot{s}$，$\omega_A=\omega_B=\frac{v}{r}=\frac{\dot{s}}{r}$

整理得　$$(\frac{P}{2g}+\frac{G}{g})v^2=(G\sin\theta-P)s$$

等式两边对时间求一阶导数，得到 $2(\frac{P}{2g}+\frac{G}{g})va=(G\sin\theta-P)v$

解得　$a=\frac{G\sin\theta-P}{2G+P}g$，方向沿斜面向下

(2)确定圆轮 A 和 B 之间绳索的拉力。

解除圆轮 B 轴承处的约束，将 AB 段绳索截开，对圆轮 B、绳索和物块 D 组成的局部系统应用动量矩定理有

$$\frac{\mathrm{d}}{\mathrm{d}t}(\frac{1}{2}\frac{G}{g}r^2\omega_B+\frac{P}{g}v_Dr)=(F_T-P)r$$

$$\frac{1}{2}\frac{G}{g}r^2\alpha_B+\frac{P}{g}a_Dr=(F_T-P)r$$

根据运动学关系　$a=a_D=r\alpha_B$

解得　$$F_T=\frac{3P+(2P+G)\sin\theta}{4G+2P}G$$

12-18　图示均质杆长 30 cm，重 98 N，可绕其端点 O 且垂直于图面的水平轴转动，其另一端 A 与一弹簧相连接。弹簧的刚度系数为 4.9 N/cm，原长为 20 cm。开始时杆置于水平位置，然后将其无初速释放。由于弹簧的作用，杆即绕 O 轴转动，已知 $OO_1=40$ cm，求当杆转至图示铅垂位置时杆的角速度、角加速度和 O 处的反力。

解 研究 OA 杆

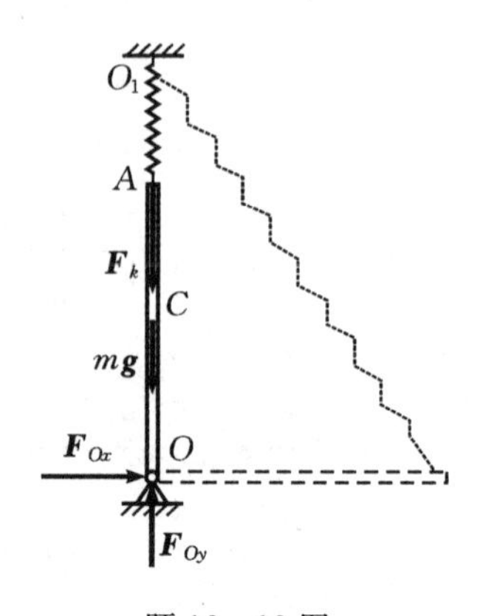

题 12-18 图

初动能 $T_1=0$,末动能 $T_2=\frac{1}{2}J_O\omega^2=\frac{1}{2}\cdot\frac{1}{3}ml^2\omega^2$

$$W_{12}=W_G+W_k=-\frac{1}{2}mgl+\frac{1}{2}k(\delta_1^2-\delta_2^2)$$

$$=-\frac{1}{2}mgl+\frac{1}{2}k[(50-20)^2-(10-20)^2]$$

由 $T_2-T_1=W_{12}$ 有 $\frac{1}{6}ml^2\omega^2=-\frac{1}{2}mgl+\frac{1}{2}k(30^2-10^2)$

解得 $\omega=5.72$ rad/s

OA 杆在末状态时受力如图,为 $F_k=k\delta$

由定轴转动微分方程 $M_O(\boldsymbol{F})=J_O\alpha$

由于 $M_O(\boldsymbol{F})=0$;所以 $\alpha=0$

$$a_{Cx}=\alpha\cdot\frac{l}{2}=0$$

$$a_{Cy}=\omega^2\cdot\frac{l}{2}$$

由质心运动定理,有

$$F_{Ox}=ma_{Cx}=0$$

$$F_{Oy}-F_k-mg=-ma_{Cy}$$

$$F_{Oy}=-ma_{Cy}+mg+F_k=98\ \text{N}$$

12-19 如图所示,长 $l=4R$、质量为 m 的均质杆 AB,其 AD(1/4 总长)部分置于光滑的台棱上,其 B 端用绳 BE 悬吊于水平位置。在杆 AB 的中点上置一质量也为 m、半径为 R 的均质圆盘 O。圆盘 O 可在 AB 上作纯滚动,今突然剪断绳 BE,试求该瞬时杆 AB、圆盘 O 的角加速度。

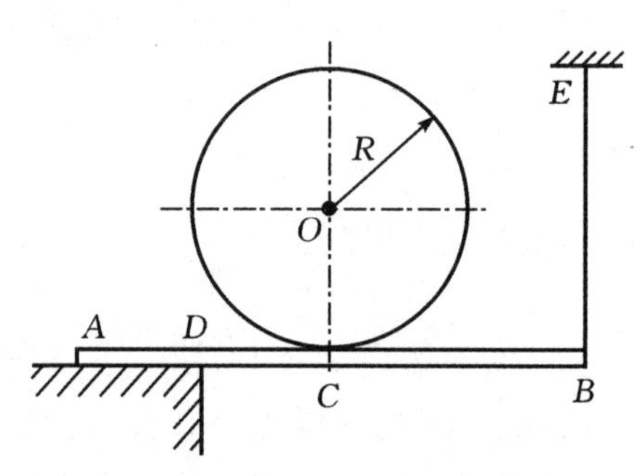

题 12-19 图

解 运动关系分析:AB 杆和轮 O 均作平面运动。绳子剪断瞬时,两物体的角速度均为零。

AB 杆(图 a):$\boldsymbol{a}_C=\boldsymbol{a}_D+\boldsymbol{a}_{CD}^{\tau}$,$\boldsymbol{a}_{CD}^{\tau}=R\alpha_2$

轮相对于杆作纯滚动,取轮上 C' 点为动点,杆为动系(图(b))

$\boldsymbol{a}_{C'}=\boldsymbol{a}_{\mathrm{e}}+\boldsymbol{a}_{\mathrm{r}}+\boldsymbol{a}_{\mathrm{k}}=\boldsymbol{a}_D+\boldsymbol{a}_{CD}^{\tau}+\boldsymbol{a}_{\mathrm{r}}^{\tau}+\boldsymbol{a}_{\mathrm{r}}^{\mathrm{n}}+\boldsymbol{a}_{\mathrm{k}}$

由轮子在杆上纯滚动,知:$a_{\mathrm{r}}^{\tau}=0$

由绳子剪断瞬时,C' 点的相对速度为零,知:$a_{\mathrm{r}}^{\mathrm{n}}=\frac{v_{\mathrm{r}}^2}{r}=0$

绳子剪断瞬时 AB 杆角速度为零,故科氏加速度 $a_{\mathrm{k}}=0$

综上:$\boldsymbol{a}_{C'}=\boldsymbol{a}_C=\boldsymbol{a}_D+\boldsymbol{a}_{CD}^{\tau}$

轮 O(图 a):$\boldsymbol{a}_O=\boldsymbol{a}_C+\boldsymbol{a}_{OC}^{\tau}$,$a_{OC}^{\tau}=R\alpha_1$

列写动力学方程如下

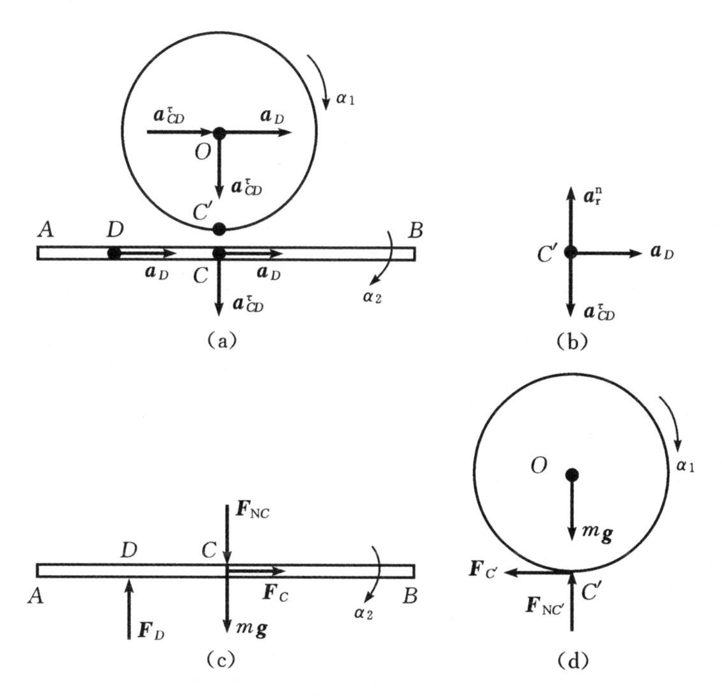

解 12－19 图

杆 AB(图(a)、(c)):$\begin{cases} ma_D = F_C \\ ma_{CD}^{\tau} = mg + F_{NC} - F_D \\ \dfrac{1}{12}ml^2\alpha_2 = F_D R \end{cases}$

轮 O(图(a)、(d)):$\begin{cases} m(a_D + a_{OC}^{\tau}) = -F_C \\ ma_{CD}^{\tau} = mg - F_{NC} \\ \dfrac{1}{2}mR^2\alpha_1 = F_C R \end{cases}$

联立解得:$\alpha_1 = 0 \quad \alpha_2 = \dfrac{3g}{5R}$

第 13 章　达朗贝尔原理

达朗贝尔原理是借助惯性力，通过静力平衡方法解决动力学问题。

13.1　基本知识剖析

1. 基本概念

（1）质点的达朗贝尔原理：在质点运动的任一瞬时，质点的惯性力与作用在质点的主动力和约束反力组成平衡力系

$$\boldsymbol{F} + \boldsymbol{F}_{\mathrm{N}} + \boldsymbol{F}_{\mathrm{I}} = 0$$

称 $\boldsymbol{F}_{\mathrm{I}} = -m\boldsymbol{a}$ 为质点的惯性力。

（2）质点系的达朗贝尔原理：在任一瞬时，作用于质点系中任一质点上的主动力、约束力和该质点的惯性力组成一个平衡力系，即

$$\boldsymbol{F}_i + \boldsymbol{F}_{\mathrm{N}i} + \boldsymbol{F}_{\mathrm{I}i} = 0 \qquad i = 1, 2, \cdots, n$$

刚体的达朗贝尔原理：任一瞬时，刚体的惯性力系与作用在刚体上的外力组成平衡力系。

（3）刚体惯性力系的简化。

平动刚体：惯性力系简化为一个过质心 C 的合力 $\boldsymbol{F}_{\mathrm{I}} = -M\boldsymbol{a}_C$

定轴转动刚体：转轴垂直质量对称面的转动刚体，惯性力系向转轴与对称平面的交点 O 简化，得到两个惯性分力 $\boldsymbol{F}_{\mathrm{I}}^{\mathrm{n}}$、$\boldsymbol{F}_{\mathrm{I}}^{\tau}$ 和一个惯性力矩 $M_{\mathrm{I}O}$。其中

$$\boldsymbol{F}_{\mathrm{I}R}^{\tau} = -M\boldsymbol{a}_C^{\tau} \quad \boldsymbol{F}_{\mathrm{I}R}^{\mathrm{n}} = -M\boldsymbol{a}_C^{\mathrm{n}}$$

$$M_{\mathrm{I}O} = -J_O\alpha$$

平面运动刚体：质量对称面与运动平面平行的刚体，其惯性力系向质心 C 简化，得到两个惯性分力 $\boldsymbol{F}_{\mathrm{I}C}^{\tau}$、$\boldsymbol{F}_{\mathrm{I}C}^{\mathrm{n}}$和一个惯性力偶 $M_{\mathrm{I}C}$

$$\boldsymbol{F}_{\mathrm{I}C}^{\tau} = -M\boldsymbol{a}_{\mathrm{I}C}^{\tau} \quad \boldsymbol{F}_{\mathrm{I}C}^{\mathrm{n}} = -M\boldsymbol{a}_{\mathrm{I}C}^{\mathrm{n}}$$

$$M_{\mathrm{I}C} = -J_C\alpha$$

（4）刚体转子的静平衡与动平衡。

若转子转轴过质心，且转子除重力外，没有其他主动力的作用，则转子可以在任意位置静止不动，这种现象称为**静平衡**。

当刚体绕任何一个中心惯性主轴作匀速转动时，其惯性力系自成平衡，这种现象称为**动平衡**。这时轴承上不产生附加动压力。

2. 重点及难点

重点

（1）对惯性力的概念有清晰的理解。

（2）熟练掌握质点系惯性力系简化的方法，能正确地计算平移、定轴转动和平面运动刚体

的惯性力系主矢和主矩。

(3)能熟练地应用达朗贝尔原理求解动力学问题及求解定轴转动刚体对轴承的附加动约束力。

难点

合理进行刚体惯性力系的简化。

13.2　习题类型、解题步骤及解题技巧

1. 习题类型

(1)平动刚体动力学问题。

(2)定轴转动刚体动力学问题。

(3)平面运动刚体动力学问题。

(4)综合的刚体动力学问题。

2. 解题步骤

(1)适当选取研究对象,并画出受力图。

(2)对研究对象作运动分析,并合理施加惯性力系。

(3)根据达朗贝尔原理建立平衡方程,求出待求量。

3. 解题技巧

合理进行惯性力系的简化,把动力学问题在形式上转化为静力学的平衡问题。

13.3　例题精解

例 13-1　如图 13-1(a)所示,均质正方形板 $ABDE$,边长 $b=0.5$ m,质量 $m=30$ kg,对质心的转动惯量为 $J_C=\frac{1}{6}mb^2$,于 A 点用光滑铰链悬挂起来。自 AB 边水平时由静止释放,用

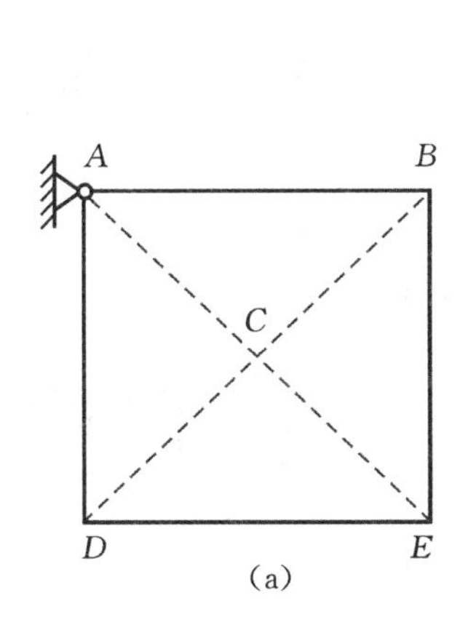

(a)

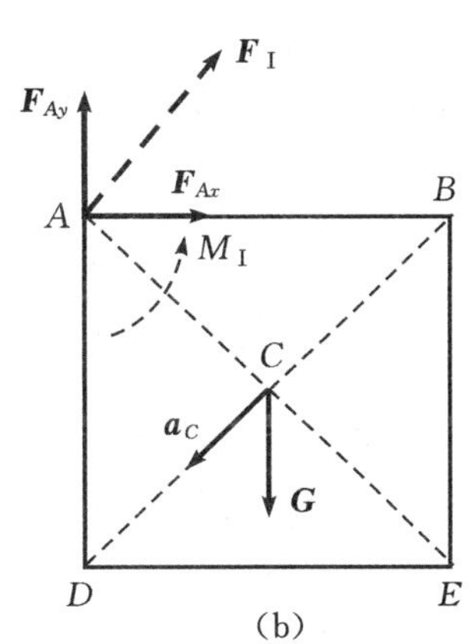

(b)

图 13-1

达朗贝尔原理求释放瞬时:(1)惯性力系向 A 点简化的结果;(2)板绕 A 轴转动的角加速度;(3)求轴 A 处的约束反力。

分析 板 $ABDE$ 作定轴转动,惯性力向转轴点简化后是平面一般力系的平衡问题,含三个未知量,可以直接求解。

解 释放瞬间,板 $\omega=0$

$$a_C^{\tau}=\frac{\sqrt{2}}{2}b\alpha$$

取转轴 A 为简化中心,则惯性力系的简化结果为

$$F_I=ma_C=\frac{\sqrt{2}}{2}mb\alpha$$

$$M_I=J_A\alpha=\frac{2}{3}mb^2\alpha$$ 方向、转向如图 13-1(b)所示。

研究正方形板,受力如图 13-1(b)所示。

$$\sum F_x=0 \qquad F_{Ax}+F_I\cos 45^\circ=0$$

$$\sum F_y=0 \qquad F_{Ay}+F_I\sin 45^\circ-mg=0$$

$$\sum M_A=0 \qquad M_I-\frac{b}{2}mg=0$$

$$\frac{2}{3}mb^2\alpha=\frac{b}{2}mg$$

得 $\alpha=\dfrac{3g}{4b}=15\ \text{rad/s}^2 \quad F_{Ax}=-\dfrac{3}{8}mg=150\ \text{N} \quad F_{Ay}=\dfrac{5}{8}mg=250\ \text{N}$

讨论

刚体突然解除约束,由于在解除约束的瞬时系统的运动速度及 $\boldsymbol{a}_C^{n}$ 等于零,使惯性力系分量减少,可方便求得此瞬时的未知力和加速度。

例 13-2 长度为$\sqrt{2}R$、质量为 m 的均质杆 AB,在半径为 R 的光滑圆弧形轨道内运动。令杆自图 13-2(a)所示的 A_0B_0 位置无初速滑下,试求当杆滑至水平位置 AB 时,两端点 A 和 B 所受到的约束反力。

分析 杆 AB 作平面运动,正确施加惯性力后,未知量个数是 4,因此可以用动能定理解出运动特征量。

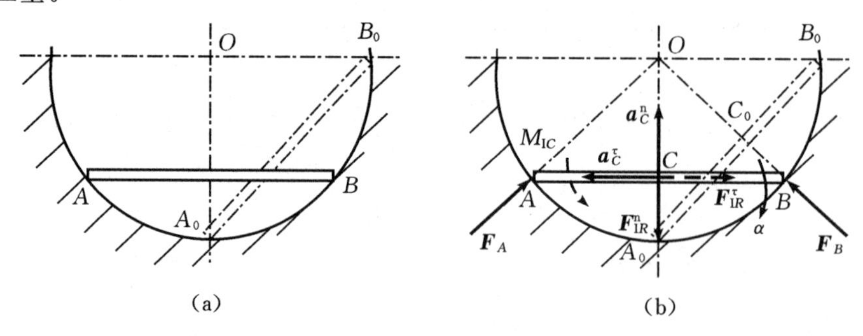

图 13-2

解　$T_0=0$　$T=\frac{1}{2}J_O\omega^2=\frac{1}{3}mR^2\omega^2=\frac{1}{2}(J_C+m\cdot\overline{OC}^2)\omega^2$

$W=\frac{\sqrt{2}-1}{2}mgR$

代入动能定理 $T-T_0=W$

$\frac{1}{3}mR^2\omega^2=mg\frac{\sqrt{2}-1}{2}R$

得　$\omega^2=\frac{3}{2}(\sqrt{2}-1)g/R$

加惯性力，AB 受力如图 13－2(b)所示

$F_{IR}^{n}=ma_C^{n}=mR\omega^2$

$\sum M_O(\boldsymbol{F})=0$　　$M_{IC}+F_{IR}^{\tau}\times\overline{OC}=0$

可得　$\alpha=0$　　则　　$F_{IR}^{\tau}=0$

$\sum F_x=0$　　$F_A=F_B$

$\sum F_y=0$　　$(F_A+F_B)\sin 45°-mg-F_{IR}^{n}=0$

$F_A=F_B=\frac{5\sqrt{2}-3}{4}mg$

讨论

(1)杆 AB 的运动能看作是定轴转动吗？如看作定轴转动，将惯性力系向 O 点简化，试求解之。

(2)受理想约束的单自由度系统，先由动能定理求系统运动，再用达朗贝尔原理求未知力。

例 13－3　如图 13－3(a)所示系统，已知两均质圆轮的质量均为 m、半径均为 r，轮 C 在水平面上作纯滚动，轮 O 上作用一矩为 M 的主动力偶。请用动静法求轮心 C 的加速度。

分析　这是平面机构的运动问题，正确施加惯性力后，系统、组合体及各个物体处于平衡，物体系平衡的解题技巧就可以应用。

解　假设轮心 C 的加速度为 a，轮 C 的角加速度即为 $\alpha=\frac{a}{r}$，虚加上惯性力系的主矢和主矩，在形式上构成平衡力系，如图 13－3(b)所示。其中 $F_{IR}=ma$，$M_{IC}=\frac{1}{2}mra$，$M_{IO}=\frac{1}{2}mra$

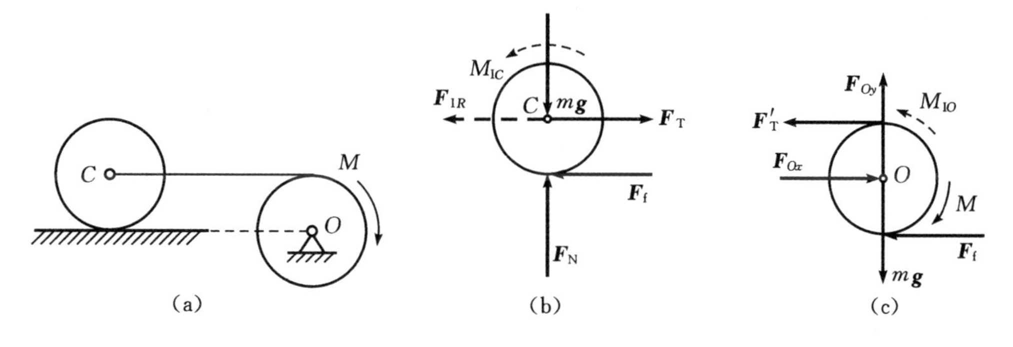

图 13－3

$$\sum F_x = 0,\quad F_{\mathrm{T}} - F_{\mathrm{IR}} - F_{\mathrm{f}} = 0$$

$$\sum M_C(\boldsymbol{F}) = 0,\quad M_{\mathrm{IC}} - F_{\mathrm{f}} r = 0$$

研究轮 O,虚加上惯性力系的主矩,在形式上构成平衡力系,受力如图 13-3(c)所示。其中,$M_{\mathrm{IO}}=\dfrac{1}{2}mra$,$F_{\mathrm{T}}=F'_{\mathrm{T}}$

$$\sum M_O(\boldsymbol{F}) = 0,\quad M_{\mathrm{IO}} + F'_{\mathrm{T}} r - M = 0$$

解得 $a=\dfrac{M}{2mr}$

讨论

同质心运动定理和动量矩定理相比,应用达朗贝尔原理既可列投影方程,又可列矩方程,且矩心的位置不受限制。

13.4 题 解

13-1 图示物块 M 的大小可略去不计,其质量 $m=25$ kg,物块放在水平圆盘上,到圆盘的铅垂轴线 Oz 的距离 $r=1$ m。圆盘由静止开始以匀角加速度 $\alpha=1$ rad/s^2 绕 Oz 轴转动,物块与圆盘间的静滑动摩擦系数 $f_{\mathrm{s}}=0.5$。当圆盘的角速度值增大到 ω_1 时,物块与圆盘间开始出现滑动,求 ω_1 的值;并求当圆盘的角速度由零增加到 $\omega_1/2$ 时,物块与盘面间摩擦力的大小。

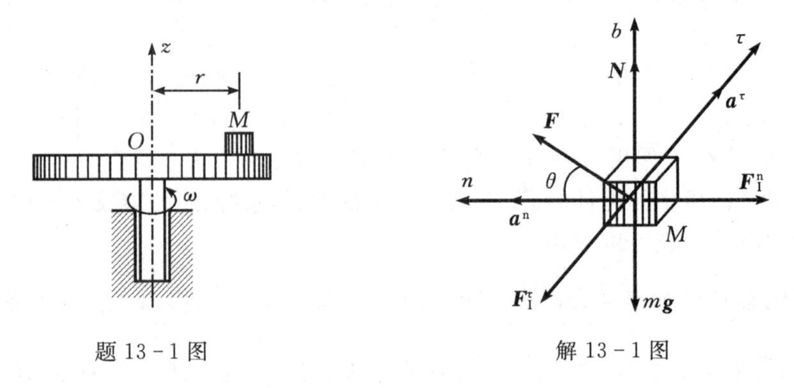

题 13-1 图　　解 13-1 图

解 研究物块 M,受力如解 13-1 图所示。

$a_\tau=\alpha r \qquad a_{\mathrm{n}}=\omega^2 r$

$F_{\mathrm{I}}^{\tau}=m\alpha r \qquad F_{\mathrm{I}}^{\mathrm{n}}=m\omega^2 r$

由达朗贝尔原理,有

$$\sum F_\tau = 0 \qquad -F_{\mathrm{I}}^{\tau} + F\sin\theta = 0 \tag{1}$$

$$\sum F_{\mathrm{n}} = 0 \qquad -F_{\mathrm{I}}^{\mathrm{n}} + F\cos\theta = 0 \tag{2}$$

$$\sum F_{\mathrm{b}} = 0 \qquad N - mg = 0 \tag{3}$$

当 $\omega=\omega_1$ 时,

$$F=F_{\max}=f_{\mathrm{s}}N=f_{\mathrm{s}}mg \tag{4}$$

联立解得 $\omega_1=2.19$ rad/s

当 $\omega=\omega_1/2$ 时

$F_{\mathrm{I}}^{\tau}=m\alpha r=2.5\ \mathrm{N}$；$F_{\mathrm{I}}^{\mathrm{n}}=m\omega^2 r=3\ \mathrm{N}$

则　$F=\sqrt{(F_{\mathrm{I}}^{\tau})^2+(F_{\mathrm{I}}^{\mathrm{n}})^2}=3.91\ \mathrm{N}$

13-2　图示由相互铰接的水平臂连成的传送带，将圆柱形零件由一个高度传送到另一个高度。设零件与臂之间的滑动摩擦系数 $f_s=0.2$，$\theta=30^\circ$。求：(1)降落加速度 $\boldsymbol{a}$ 多大时，零件不致在水平臂上滑动；(2)比值 h/d 等于多少时，零件在滑动之前先倾倒。

题 13-2 图

解　(1)先考虑滑动问题

取一个圆柱零件研究，加惯性力，受力如解图 13-2 图(a)所示。

列方程：$\sum F_x=0, F_{\mathrm{I}}\sin30^\circ-F=0$

$$\sum F_y=0, F_{\mathrm{N}}-mg+F_{\mathrm{I}}\cos30^\circ=0$$

在临界状态有　$F=f_sF_{\mathrm{N}}$　　$F_{\mathrm{I}}=ma$

解得　$a=\dfrac{mgf_s}{m(\sin30^\circ+f_s\cos30^\circ)}=2.91\ \mathrm{m/s^2}$

$a\leqslant2.91\ \mathrm{m/s^2}$ 时满足要求。

(2)再考虑倾倒问题。

临界情况下，在零件与水平臂支承面接触处，只在 A 点受力，其他点不受力，此时受力如解图 13-2 图(b)所示。

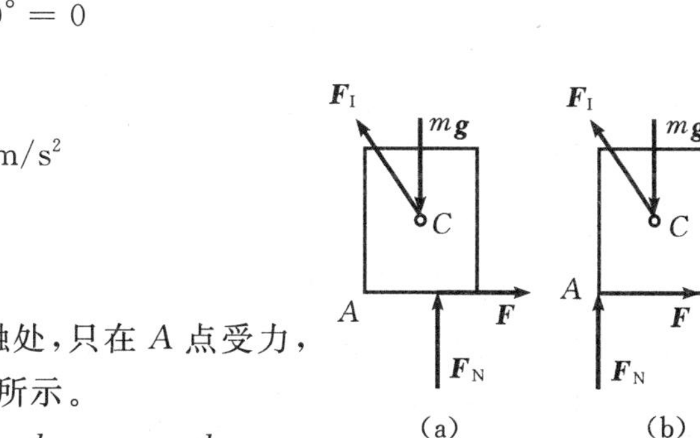

解 13-2 图

$$\sum M_A(\boldsymbol{F})=0, ma\sin30^\circ\times\frac{h}{2}+ma\cos30^\circ\times\frac{d}{2}-mg\times\frac{d}{2}=0$$

$h/d=5$　　比值 $h/d\geqslant5$ 时，零件在滑动之前先倾倒。

13-3　筛板作水平往复运动，如图所示，筛孔的半径为 r。为了使半径为 R 的圆球形物料不致堵塞筛孔而能滚出筛孔，筛板的加速度 $\boldsymbol{a}$ 至少应为多大？

解　研究球形物料，受力如图

$\boldsymbol{F}_{\mathrm{I}}=m\boldsymbol{a}$

要使物料不堵塞筛孔，应有

$N_B=0$，且 $\sum M_A(\boldsymbol{F})\geqslant0$，即

$$ma\sqrt{R^2-r^2}-mgr\geqslant0$$

$$a\geqslant\frac{gr}{\sqrt{R^2-r^2}}$$

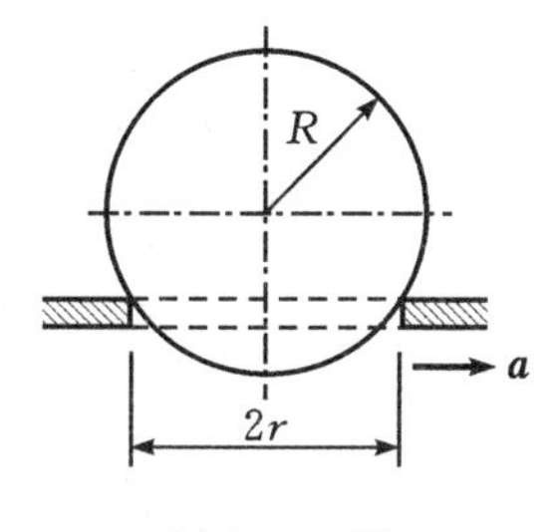

题 13-3 图

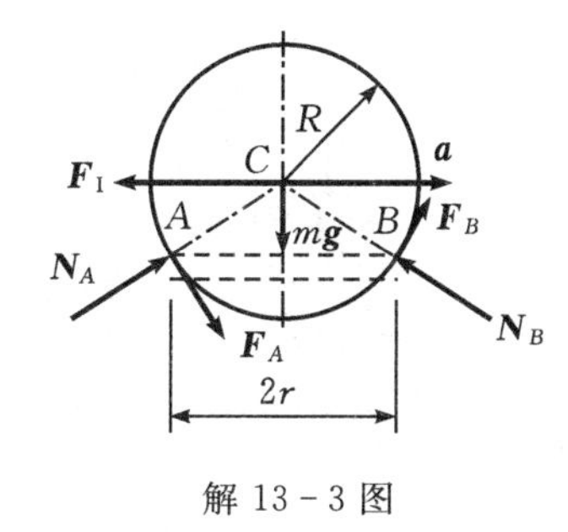

解 13-3 图

13-4　图示调速器由两个质量均为 m_1 的均质圆盘构成，圆盘偏心地悬挂于距转轴为 d 的两边。调速器以匀角速度 ω 绕铅垂轴转动，圆盘中心到悬挂点的距离为 l。调速器的外壳质量为 m_2，并放在两个圆盘上而与调速装置相连。若不计摩擦，试求角速度 ω 与圆盘偏离铅垂线的角 φ 之间的关系。

解　取左侧圆盘研究，受力如解 13-4 图所示。

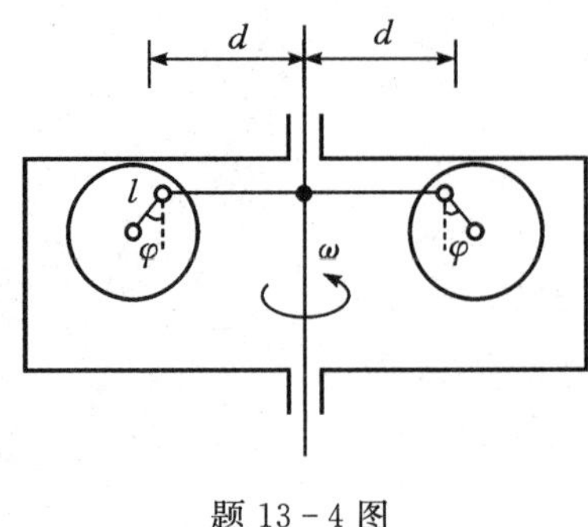

题 13-4 图

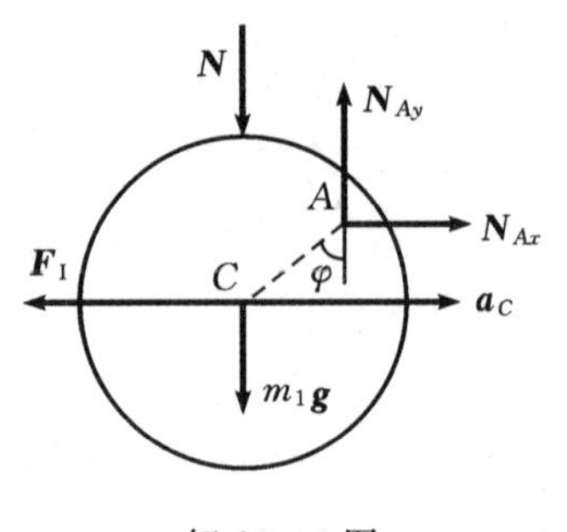

解 13-4 图

$a_C=(d+l\sin\varphi)\omega^2$

$F_I=ma_C=m(d+l\sin\varphi)\omega^2$

由达朗贝尔原理有

$\sum M_A(\boldsymbol{F})=0;(N+m_1g)l\sin\varphi-F_Il\cos\varphi=0$

其中 $N=\dfrac{1}{2}m_2g$，于是可求得 ω 与 φ 间的关系为

$$\omega^2=\frac{2m_1+m_2}{2m_1(d+l\sin\varphi)}g\tan\varphi$$

13-5 图示为一转速计（测量角速度的仪表）的简化图。不计半径的小球 A 的质量为 m，固连在杆 AB 的 A 端；杆 AB 长为 l，在 B 点与杆 BC 铰接，并随 BC 转动，在此杆上与 B 点相距为 l_1 的一点 E 连有一弹簧 DE，其自然长度为 l_0，刚度系数为 k；杆 AB 对 BC 轴的偏角为 θ，弹簧在水平面内。试求在下述两种情况下，稳态运动的角速度：(1)杆 AB 的质量不计；(2)均质杆 AB 的质量为 M。

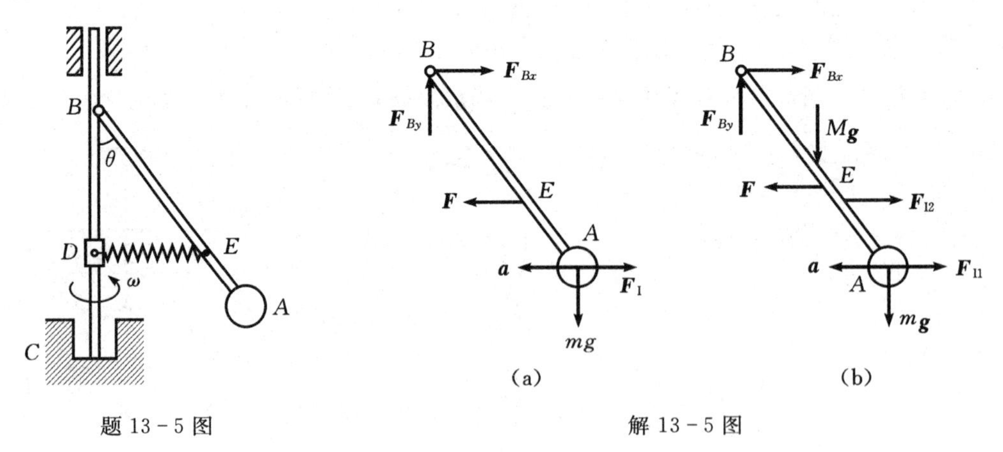

题 13-5 图　　解 13-5 图

解　(1)研究 AB 杆和球组成的系统，受力如解 13-5 图(a)所示。

$F=k(l_1\sin\alpha-l_0)$，$a=a_n=l\sin\alpha\cdot\omega^2$，$F_I=ma=m\omega^2l\sin\alpha$

由达朗贝尔原理有

$\sum M_B(\boldsymbol{F})=0,-mgl\sin\alpha-Fl_1\cos\alpha+F_I\,l\cos\alpha=0$

$$\omega=\sqrt{\frac{2mgl\sin\alpha+kl_1\sin2\alpha-2kl_0\cos\alpha}{ml^2\sin2\alpha}}$$

(2)AB 受力如解 13－5 图(b)所示。

$F_{I1}=ma=m\omega^2 l\sin\alpha$，$F_{I2}=ma_k=\frac{1}{2}Ml\sin\alpha\omega^2$ 作用于距 B 点 $\frac{2}{3}l$ 处

由达朗贝尔原理有

$$\sum M_B(\boldsymbol{F})=0,\ -mgl\sin\alpha-\frac{1}{2}Mgl\sin\alpha-Fl\cos\alpha+F_{I1}l\cos\alpha+F_{I2}\cdot\frac{2}{3}l\cos\alpha=0$$

$$\omega=\sqrt{\frac{3(3m+M)gl\sin\alpha+kl_1^2\sin2\alpha-2kl_0\cos\alpha}{(3m+M)l^2\sin2\alpha}}$$

13－6　两均质直杆，长各为 a 和 b，互成直角地固结在一起，其顶点 O 则与铅垂轴用铰链相连，此轴以匀角速度 ω 转动，如图所示。求长为 a 的杆与铅垂线的偏角 φ 和 ω 之间的关系。

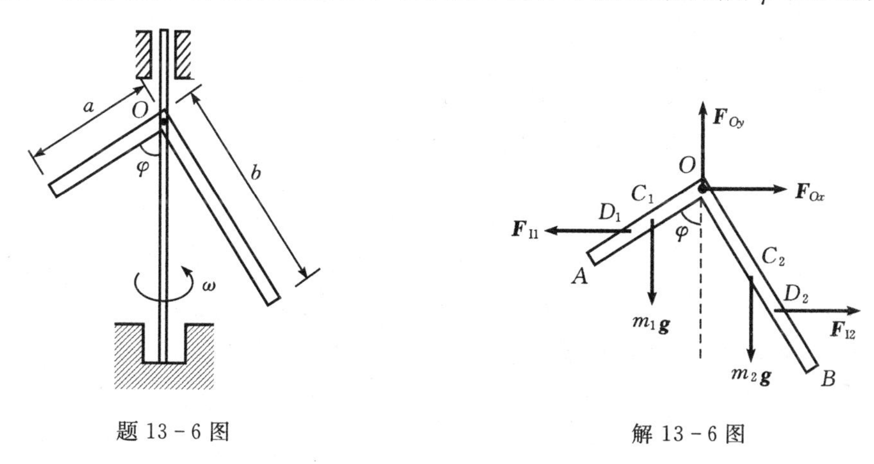

题 13－6 图　　　　解 13－6 图

解　取折杆为研究对象，受力如解 13－6 图所示。

$$a_{C1}=\frac{a}{2}\omega^2\sin\varphi\qquad a_{C2}=\frac{b}{2}\omega^2\cos\varphi$$

$F_{I1}=m_1a_{C1}=\frac{1}{2}m_1\omega^2a\sin\varphi$，作用于 D_1，$OD_1=\frac{2}{3}a$

$F_{I2}=m_2a_{C2}=\frac{1}{2}m_2\omega^2b\cos\varphi$，作用于 D_2，$OD_2=\frac{2}{3}b$

由达朗贝尔原理，有

$$\sum M_O(\boldsymbol{F})=0,\quad m_1g\,\frac{a}{2}\sin\varphi+F_{I2}\frac{2}{3}b\sin\varphi-m_2g\,\frac{b}{2}\cos\varphi-F_{I1}\frac{2}{3}a\cos\varphi=0$$

由于 OA、OB 为均质杆，有 $\frac{m_1}{m_2}=\frac{a}{b}$，于是

$$\omega^2=\frac{3g(b^2\cos\varphi-a^2\sin\varphi)}{(b^3-a^3)\sin^2 2\varphi}$$

13－7　质量各为 3 kg 的均质杆 AB 和 BC 焊成一刚体 ABC，由金属线 AE 和杆 AD 与 BE 支持于图示位置。若不计曲柄 AD 和 BE 的质量，试求割断线 AE 的瞬时杆 AD 和 BE 的内力。

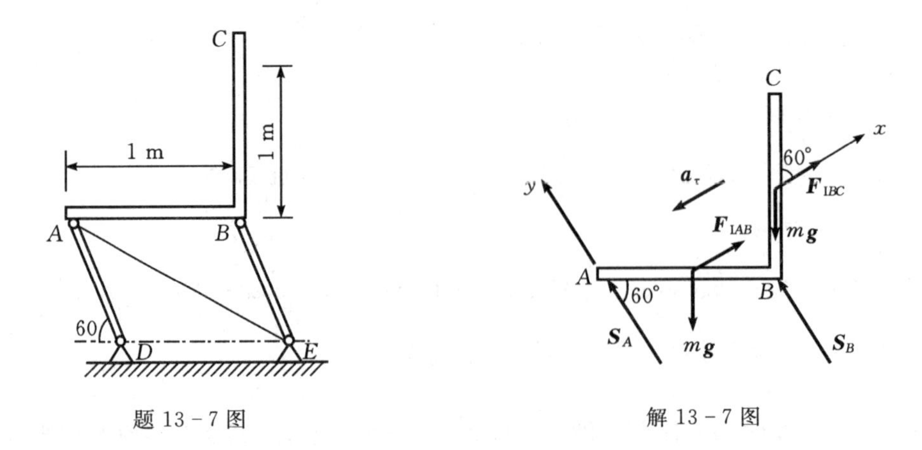

题 13-7 图　　解 13-7 图

解　研究刚体 ABC,受力如图,刚体作平动,初瞬时 $\omega=0, a_n=0, F_{IAB}=ma_\tau, F_{IBC}=ma_\tau$

由达朗贝尔原理

$$\sum F_x=0 \quad F_{IAB}+F_{IBC}-mg\cos60°-mg\cos60°=0$$

$$\sum F_y=0 \quad S_A+S_B-mg\sin60°-mg\sin60°=0$$

$$\sum M_B(\boldsymbol{F})=0 \quad S_A\sin60°\cdot l+F_{IAB}\cos60°\cdot\frac{l}{2}-mg\frac{l}{2}+F_{IBC}\sin60°\cdot\frac{l}{2}=0$$

解得 $a_\tau=g\cos60°$　$S_A=5.38$ N　$S_B=45.5$ N

13-8　正方形均质板重 400 N,由三根绳拉住,如图所示。板的边长 $b=100$ mm。求当绳 FG 被剪断的瞬间,AD 和 BE 两绳的张力。

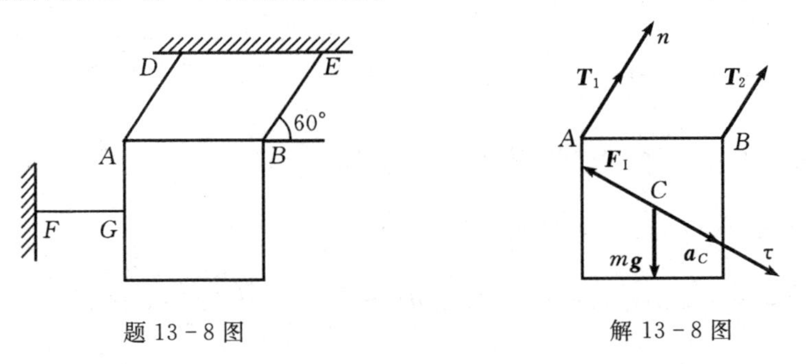

题 13-8 图　　解 13-8 图

解　研究板,受力如解 13-8 图所示,$F_I=ma_C$

由达朗贝尔原理

$$\sum F_\tau=0, mg\cos60°-F_I=0$$

$$\sum F_n=0, T_1+T_2-mg\sin60°=0$$

$$\sum M_A(\boldsymbol{F})=0, T_2b\sin60°-F_I\frac{b}{2}\cos30°+F_I\frac{b}{2}\sin30°-mg\frac{b}{2}=0$$

解得 $T_1=73.2$ N　　$T_2=273$ N

13-9　嵌入墙内的悬臂梁 AB 的端点 B 装有质量为 m_B、半径为 R 的均质鼓轮,如图所示。主动力偶的矩为 M,作用于鼓轮提升质量为 m_C 的物体。设$AB=l$,梁和绳子的质量都略去不计。求 A 处的约束反力。

解　研究鼓轮及物体 C，受力如解 13－9 图(a)所示。

设物体 C 上升加速度为 a，则鼓轮角加速度为 $\alpha=a/r$，所以惯性力分别为

$$F_{\mathrm{I}}=m_C a=m_C r\alpha \qquad M_{\mathrm{I}}=\frac{1}{2}m_B r^2\alpha$$

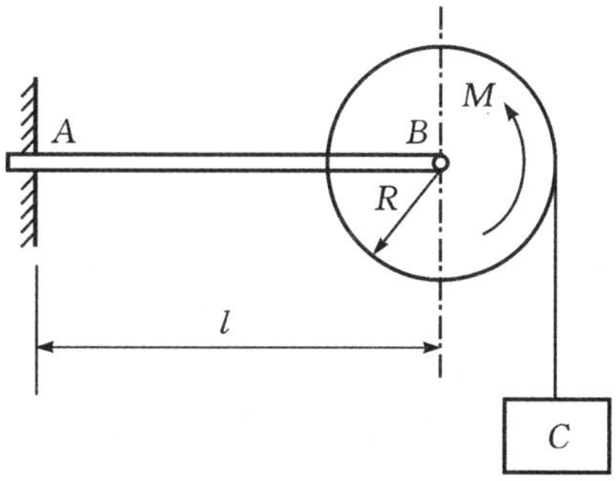

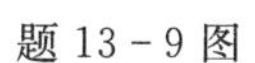

题 13－9 图

根据达朗贝尔原理

$$\sum M_B(\boldsymbol{F})=0 \quad -(F_{\mathrm{I}}+m_C g)r+M-M_{\mathrm{I}}=0$$

解得 $\alpha=\dfrac{2(M-m_C gr)}{(m_B+2m_C)r^2}$

研究整体，受力如解 13－9 图(b)所示。

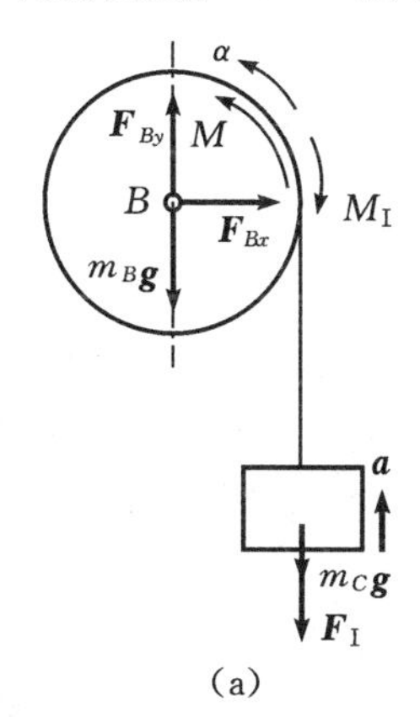

(a)

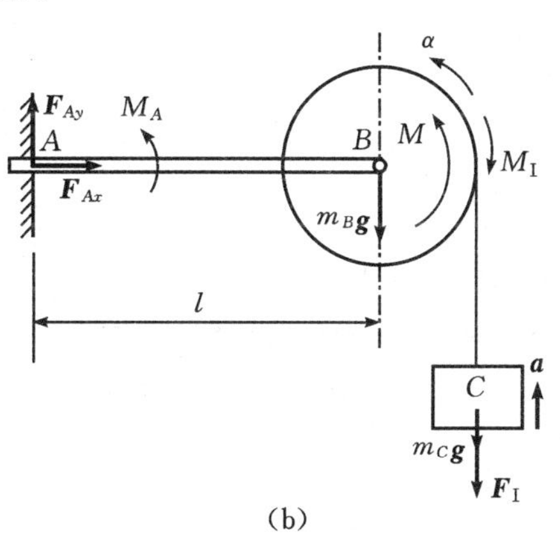

(b)

解 13－9 图

$$\sum F_x=0 \quad F_{Ax}=0$$

$$\sum F_y=0 \quad F_{Ay}-m_B g-F_{\mathrm{I}}-m_C g=0$$

解得

$$F_{Ay}=(m_B+m_C)g+\frac{2m_C(M-m_C gr)}{(m_B+2m_C)r}$$

$$\sum M_A(\boldsymbol{F})=0, M_A-m_B gl-(F_{\mathrm{I}}+m_C g)(l+r)+M-M_{\mathrm{I}}=0$$

解得

$$M_A=(m_B+m_C)gl+\frac{2m_C(M-m_C gr)}{(m_B+2m_C)r}l$$

13－10　两物块 M_1 与 M_2 的质量分别为 m_1 和 m_2，用跨过定滑轮 B 的细绳连接，如图所示。已知$AC=l_1$，$AB=l_2$，$\angle ACD=\theta$，若杆 AB 水平，不计各杆、滑轮和细绳质量及各铰链处的摩擦，试求 CD 杆的内力。

解　研究 M_1、M_2 及轮 B，受力如解 13－10 图(a)所示；其中　$F_{\mathrm{I1}}=m_1 a$　　$F_{\mathrm{I2}}=m_2 a$

由达朗贝尔原理

$$\sum M_B(\boldsymbol{F})=0, (F_{\mathrm{I1}}+m_1 g)r-(m_2 g-F_{\mathrm{I2}})r=0$$

$$a=\frac{m_1-m_2}{m_1+m_2}g$$

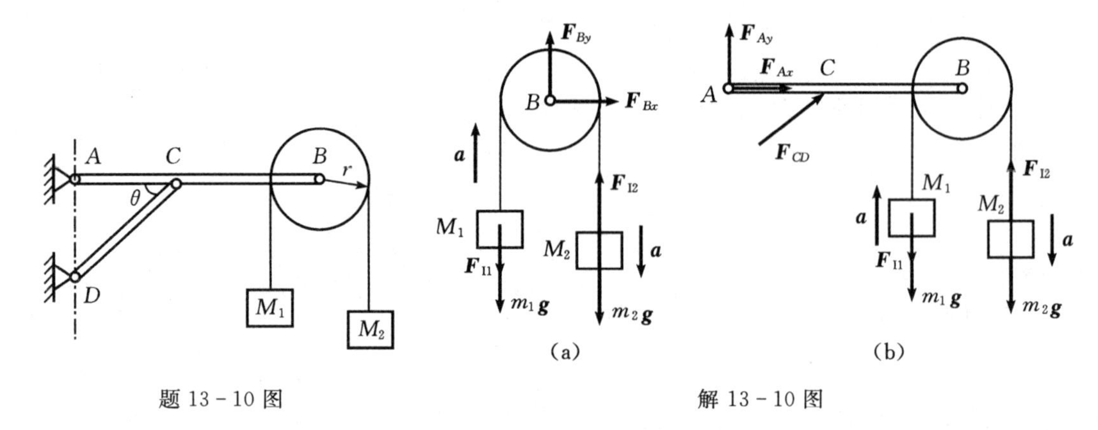

题 13-10 图　　　　解 13-10 图

再研究整体，受力如解 13-10 图(b)所示。

$\sum M_A(\boldsymbol{F})=0, F_{CD}l_1\sin\alpha-(m_1g+F_{I1})(l_2-r)+(F_{I2}-m_2g)(l_2+r)=0$

$F_{CD}=\dfrac{4m_1m_2gl_2}{(m_1+m_2)l_1\sin\alpha}$

13-11　图示打桩机支架重 $G=20$ kg，重心在 C 点。已知 $a=4$ m，$b=1$ m，$h=10$ m，锤 E 的质量为 $m=700$ kg，绞车鼓轮的质量 $m_1=500$ kg，半径 $r=0.28$ m，对鼓轮转轴的回转半径 $\rho=0.2$ m，钢索与水平面夹角 $\theta=60°$，鼓轮上作用着转矩 $M=2$ kN·m。若不计滑轮的大小和质量，求支座 A 和 B 的反力。

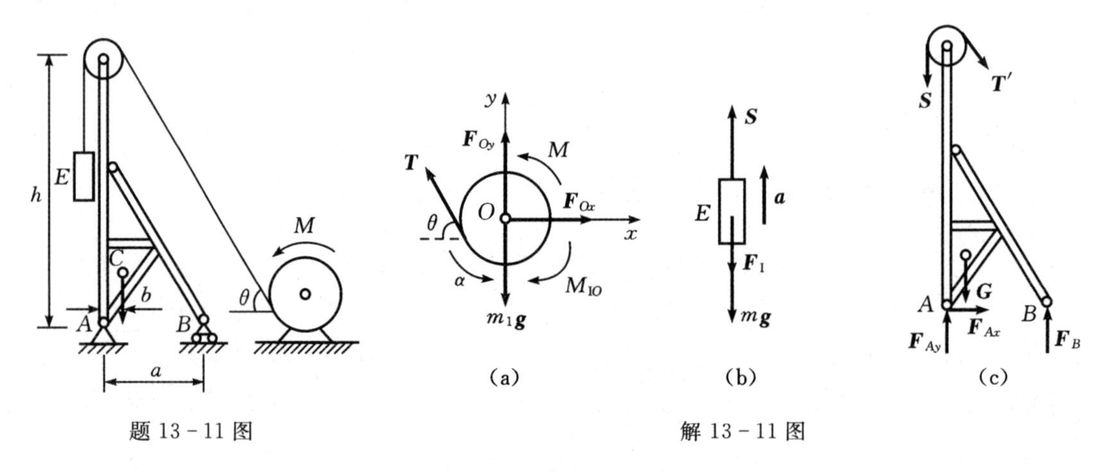

题 13-11 图　　　　解 13-11 图

解　研究鼓轮，受力如解 13-11 图(a)所示，$M_{IO}=J_O\alpha=m_1\rho^2\alpha$

由达朗贝尔原理，有 $\sum M_O(F)=0, M-M_{IO}-Tr=0$　　(1)

研究锤 E，受力如解 13-11 图(b)所示，$F_I=ma=m\alpha\cdot r$

由达朗贝尔原理，有 $\sum F_y=0,\quad S-mg-F_I=0$　　(2)

解得 $T=S=\dfrac{m(Mr+m_1g)\rho^2}{m_1\rho^2+mr^2}$

再研究支架和滑轮，受力如解 13-11 图(c)所示，由达朗贝尔原理，有

$$\sum M_A(\boldsymbol{F}) = 0,\qquad F_B a - Qb - Th\cos\theta = 0$$

$$\sum F_x = 0,\qquad F_{Ax} + T\cos\theta = 0$$

$$\sum F_y = 0,\qquad F_{Ay} + F_B - G - S - T\sin\theta = 0$$

解得　$F_{Ax} = -3.53\ \mathrm{kN}, F_{Ay} = 19.4\ \mathrm{kN}, F_B = 13.8\ \mathrm{kN}$

13-12　如图所示，均质杆 AB 长为 l，质量为 m，被两根铅垂细绳悬挂在水平位置。现将绳 O_2B 烧断，求 O_2B 刚被烧断时，杆的角加速度和其质心的加速度。

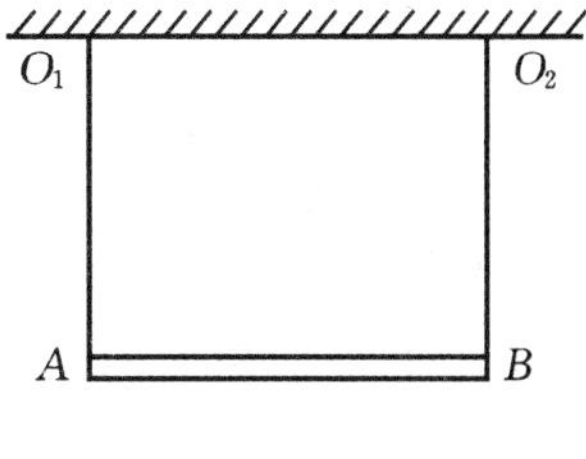

题 13-12 图

解　研究 AB 杆，受力如解 13-12 图所示。

以 A 为基点，有

$$\boldsymbol{a}_C = \boldsymbol{a}_A^{\tau} + \boldsymbol{a}_{CA}^{\tau}$$

$$F_{I1} = ma_A^{\tau}, F_{I2} = ma_{CA}^{\tau} = m\alpha\,\frac{l}{2}; M_{IC} = J_C\alpha = \frac{1}{12}ml^2\alpha$$

由达朗贝尔原理，有

$$\sum F_x = 0, F_{I1} = 0$$

$$\sum M_A(\boldsymbol{F}) = 0, M_{IC} + (F_{I2} - mg)\frac{l}{2} = 0$$

解得

$$\alpha = \frac{3g}{2l},$$

$$a_C = a_{CA}^{\tau} = \frac{l}{2}\alpha = \frac{3}{4}g$$

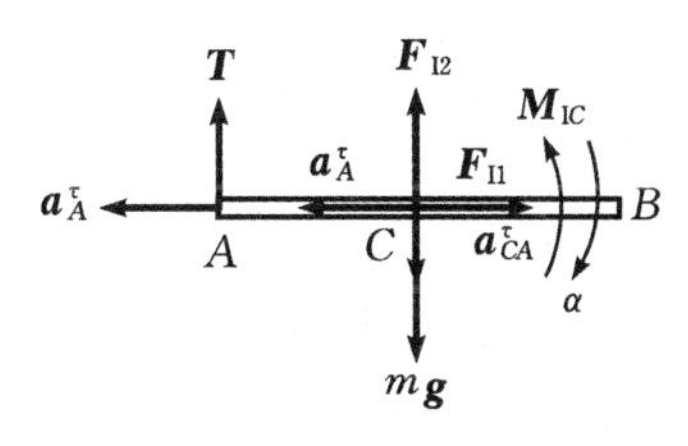

解 13-12 图

13-13　图示轮的质量 $m=2\ \mathrm{kg}$，半径 $R=150\ \mathrm{mm}$，质心 C 离几何中心 O 的距离 $e=50\ \mathrm{mm}$，轮对质心轴的回转半径 $\rho=75\ \mathrm{mm}$。当轮沿水平直线轨道纯滚动时，它的角速度是变化的。在图示 C、O 位于同一高度时，轮的角速度 $\omega=12\ \mathrm{rad/s}$，求此瞬时轮的角加速度。

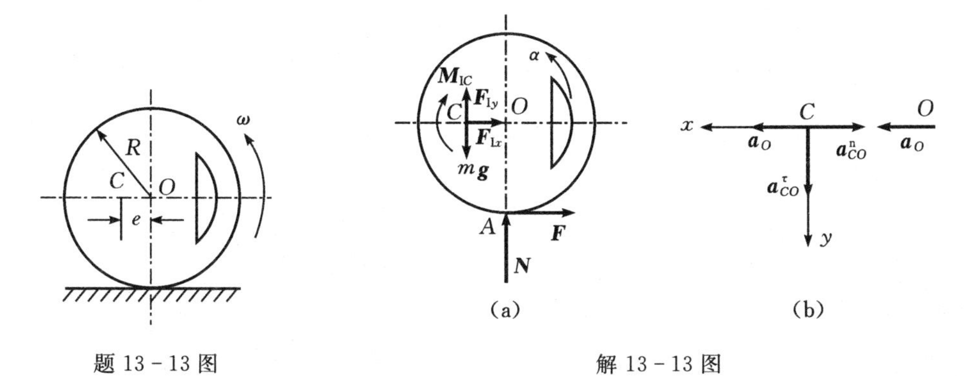

题 13-13 图　　解 13-13 图

解　研究轮，受力如解 13-13 图(a)所示。以 O 为基点，C 点加速度分析如解 13-13 图(b)所示。

$$\boldsymbol{a}_C = \boldsymbol{a}_O + \boldsymbol{a}_{CO}^{n} + \boldsymbol{a}_{CO}^{\tau}$$

其中 $a_O = \alpha R, a_{CO}^{n} = \omega^2 e, a_{CO}^{\tau} = \alpha e$

则

$$F_{\mathrm{I}x}=ma_{Cx}=m(\alpha R-\omega^2 e)$$
$$F_{\mathrm{I}y}=ma_{Cy}=m\alpha e$$
$$M_{\mathrm{I}C}=m\rho^2\alpha$$

由达朗贝尔原理，有

$$\sum M_A(\boldsymbol{F})=0,\ -M_{\mathrm{I}C}-F_{\mathrm{I}y}e-F_{\mathrm{I}x}R+mge=0$$

$$\alpha=\frac{(g+\omega^2 R)e}{\rho^2+e^2+R^2}=51.3\ \mathrm{rad/s^2}$$

***13-14**　均质细杆 AB 的质量 $m=45.4$ kg，A 端搁在光滑水平面上，B 端用不计质量的软绳 DB 固定，如图所示。若杆长 $AB=l=3.05$ m，绳长 $h=1.22$ m；当绳子铅直时，杆与水平面的倾角 $\theta=30°$，点 A 以匀速 $v_A=2.44$ m/s 向左运动。求在该瞬时：(1)杆的角加速度；(2)在 A 端作用的水平力 F 的大小；(3)细绳的张力。

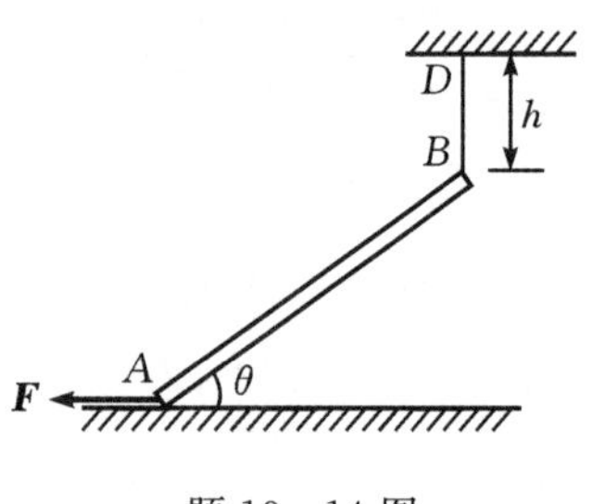

题 13-14 图

解　研究 AB 杆，受力分析如解 13-14 图所示（AB 瞬时平动）。

以 A 为基点，分析 B 点加速度

$\boldsymbol{a}_B^{\tau}+\boldsymbol{a}_B^{n}=\boldsymbol{a}_{BA}^{\tau}$，$a_B^{n}=a_{BA}^{\tau}\cos\theta$

$a_B^{n}=\dfrac{v_B^2}{h}$，$a_{BA}^{\tau}=\alpha l$；$\alpha=\dfrac{v_A^2}{hl\cos\theta}=1.85\ \mathrm{rad/s^2}$

再以 A 为基点，分析 C 点加速度

$\boldsymbol{a}_C=\boldsymbol{a}_{CA}^{\tau}$　$a_C=a_{CA}^{\tau}=\alpha\dfrac{l}{2}$

则 $F_{\mathrm{I}}=ma_C=\dfrac{1}{2}ml\alpha$，$M_{\mathrm{I}C}=J_C\alpha=\dfrac{1}{12}ml^2\alpha$

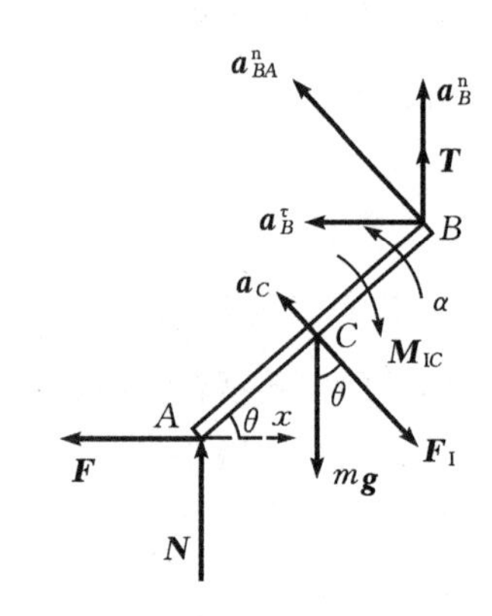

解 13-14 图

由达朗贝尔原理，有

$$\sum F_x=0,\ F-F_{\mathrm{I}}\sin\theta=0$$

$$\sum M_A(\boldsymbol{F})=0,\ -M_{\mathrm{I}C}-\frac{1}{2}mgl\cos\theta-\frac{l}{2}F_{\mathrm{I}}+Tl\cos\theta=0$$

解得　$F=63.6$ N，$T=321$ N

***13-15**　杆 AB 和 BC 的单位长度的质量为 m，连接如图所示。圆盘在铅垂平面内绕 O 轴以匀角速度 ω 转动。若 $AB=2BC=2OA=2r$，不计摩擦，在图示位置时，O、A、B 三点在同一条水平直线上。求此瞬时作用在 AB 杆上 A 点和 B 点的力。

解　AB 杆作平面运动 $a_A=\omega^2 r$，$v_A=\omega r$；B 点为速度瞬心；$v_B=0$；则 a_B 水平，$\omega_{AB}=\dfrac{v_A}{AB}=\dfrac{\omega r}{2r}=\dfrac{\omega}{2}$，$AB$ 杆运动分析如解 13-15 图(a)所示。

以 A 为基点，分析 B 点，加速度分析如解 13-15 图(b)所示。

由 $\boldsymbol{a}_B=\boldsymbol{a}_A+\boldsymbol{a}_{BA}^{n}+\boldsymbol{a}_{BA}^{\tau}$

可得 $\alpha_{AB}=0, a_B=a_A+a_{BA}^{n}=\frac{3}{2}\omega^2 r$

AB 中点 D，以 A 为基点，D 点加速度分析如解 13－15 图(c)所示。

$\boldsymbol{a}_D=\boldsymbol{a}_A+\boldsymbol{a}_{DA}^{n}$

有 $a_D=a_A+a_{DA}^{n}=\omega^2 r+\frac{1}{4}\omega^2 r=\frac{5}{4}\omega^2 r$

研究杆 AB，受力如解 13－15 图(d)所示。

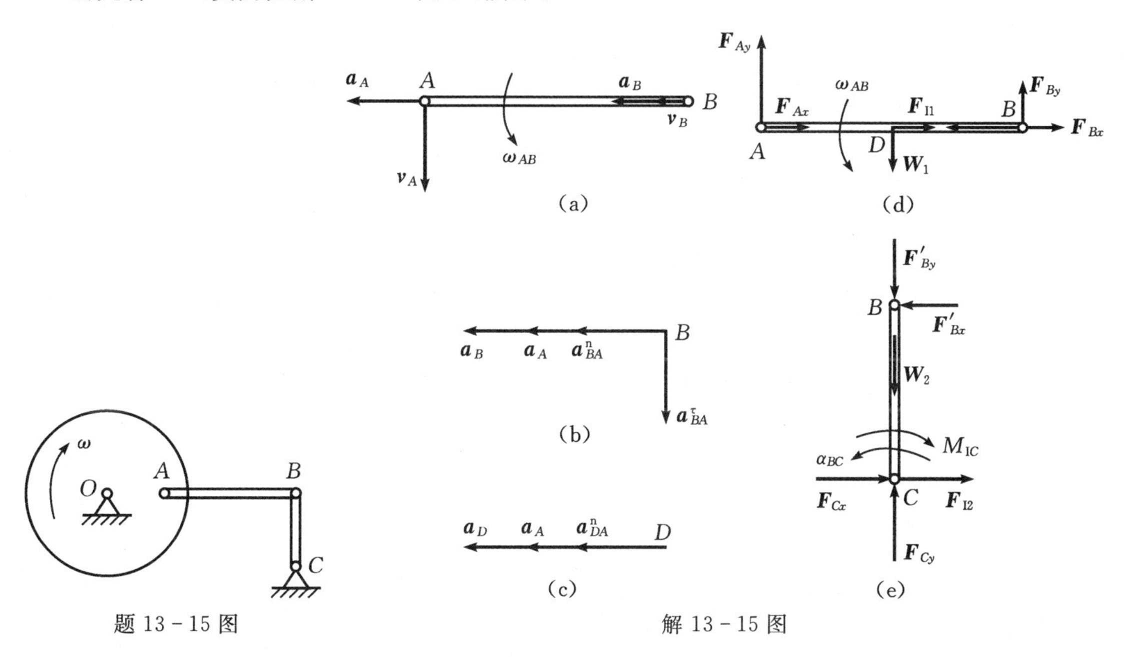

题 13－15 图　　解 13－15 图

则 $F_{I1}=ma_D=2mr\cdot\frac{5}{4}\omega^2 r=\frac{5}{2}m\omega^2 r^2$

由达朗贝尔原理

$$\sum M_A(\boldsymbol{F})=0,\quad F_{By}\cdot 2r-W_1 r=0 \tag{1}$$

$$F_{By}=\frac{1}{2}W_1=mgr$$

$$\sum M_B(\boldsymbol{F})=0,\quad -F_{Ay}\cdot 2r+W_1 r=0 \tag{2}$$

$$F_{Ay}=\frac{1}{2}W_1=mgr$$

$$\sum F_x=0,\quad F_{Ax}+F_{Bx}+F_{I1}=0 \tag{3}$$

再研究杆 BC，它作定轴转动，a_B 沿水平方向

则 $\alpha_{BC}=\frac{a_B}{BC}=\frac{3}{2}\omega^2, \omega_{BC}=\frac{v_B}{BC}=0$

加惯性力系后，BC 杆受力如解 13－15 图(e)所示。

$M_{IC}=J_C\alpha_{BC}=\frac{1}{3}mr\cdot r^2\cdot\frac{3}{2}\omega^2=\frac{1}{2}m\omega^2 r^3$

由达朗贝尔原理得

$$\sum M_C(\boldsymbol{F})=0,-M_{\mathrm{IC}}+F'_{Bx}r=0 \tag{4}$$

$$F'_{Bx}=F_{Bx}=\frac{1}{2}m\omega^2r^2$$

将 F_{Bx} 代入式(3)，有 $F_{Ax}=-3m\omega^2r^2$

13-16　图示小车加速度 $\boldsymbol{a}$ 的值超过一定数值时，加速度控制器中 OB 杆的接头 B 便和框架 E 脱开，切断控制电路，使车速降低。调节螺丝 D，改变弹簧压力，能改变所限制的加速度值。已知均质杆 OB 的质量为 0.5 kg，弹簧压缩量为 0.5 cm，O 端铰接。若要使小车的加速度 $a=10\ \mathrm{m/s^2}$ 时接触点 B 刚好断开，求弹簧应有的刚度系数。

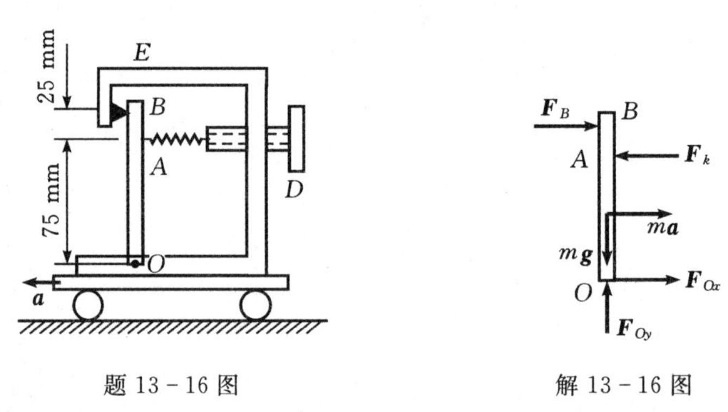

题 13-16 图　　　　解 13-16 图

解　研究 OA 杆，受力如解 13-16 图所示。接触点断开之前，OA 杆平动。根据达朗贝尔原理列方程：

$$\sum M_O(\boldsymbol{F})=0\quad F_B\cdot OB-F_k\cdot AB+ma\cdot\frac{OB}{2}=0$$

弹性力：$F_k=0.5k$

恰好断开时，$F_B=0$，代入方程并求解，得

$k=6.67\ \mathrm{N/cm}$

13-17　当发射卫星实现星箭分离时，打开卫星整流罩的一种方案如图所示。先由释放机构将整流罩缓慢送到图示 OC 位置，然后令火箭加速，加速度为 $\boldsymbol{a}$，从而使整流罩向外转。当其质心 C 转到位置 C' 时，O 处铰链会自动脱开，使整流罩离开火箭。设整流罩质量为 m，对 O 轴的转动惯量为 J_O，质心到轴 O 的距离 $OC=r$。用达朗贝尔原理求整流罩脱落时的角速度。

解　整流罩打开过程中作平面运动。选 O 为基点，质心加速度

$$\boldsymbol{a}_C=\boldsymbol{a}_O+\boldsymbol{a}_{CO}^{\tau}+\boldsymbol{a}_{CO}^{\mathrm{n}}$$

整流罩转动的角加速度为 α，惯性力系向质心简化，结果如图

$$M_{\mathrm{IC}}=J_C\alpha=(J_O-mr^2)\alpha$$

$$F_{\mathrm{I1}}=ma_O=ma$$

$$F_{\mathrm{I2}}^{\tau}=ma_{CO}^{\tau}=mr\alpha$$

$$F_{\mathrm{I2}}^{\mathrm{n}}=ma_{CO}^{\mathrm{n}}=m\omega^2r$$

根据达朗贝尔原理

$$\sum M_O(\boldsymbol{F})=0\quad M_{\mathrm{IC}}+F_{\mathrm{I2}}^{\tau}r-F_{\mathrm{I1}}r\sin\theta=0$$

解出：$\alpha=\dfrac{mar}{J_O}\sin\theta$，　$\int_0^{\omega}\omega\mathrm{d}\omega=\int_0^{\frac{\pi}{2}}\dfrac{mar}{J_O}\sin\theta\mathrm{d}\theta$，　$\omega=\sqrt{\dfrac{2mar}{J_O}}$

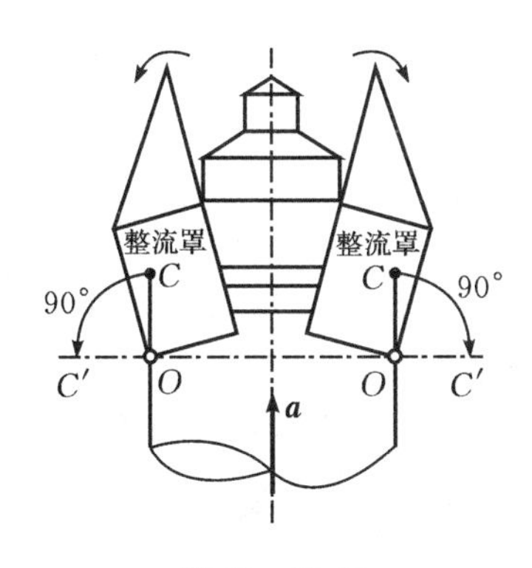

题 13－17 图

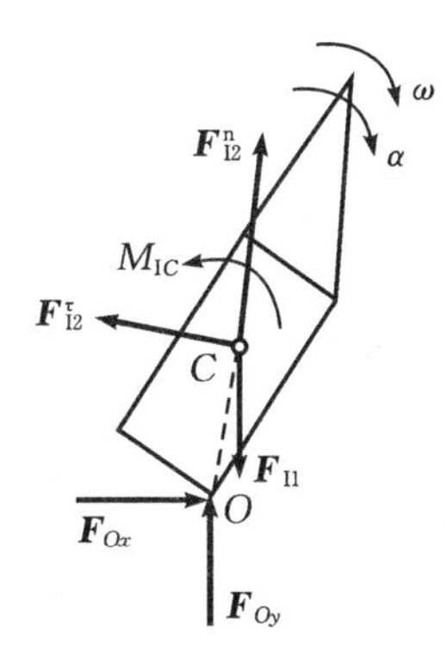

解 13－17 图

13－18　图示惯性离合器内有四块重块。当主动轮达到一定转速时，重块克服弹簧拉力而“飞出”，紧压从动轮轮缘内侧。主动轮上的扇形板推动重块，借助摩擦带动从动轮。已知主动轮转速 $n=960$ r/min，每一重块质量为 2 kg，从动轮内缘直径 $D=440$ mm，重块“飞出”时其质心到转轴的距离 $r_C=190$ mm，重块与从动轮轮缘间的静摩擦系数 $f_s=0.3$，每根弹簧在重块“飞出”时的拉力 $F=960$ N。不考虑重力，试计算离合器可能传递的最大转矩。

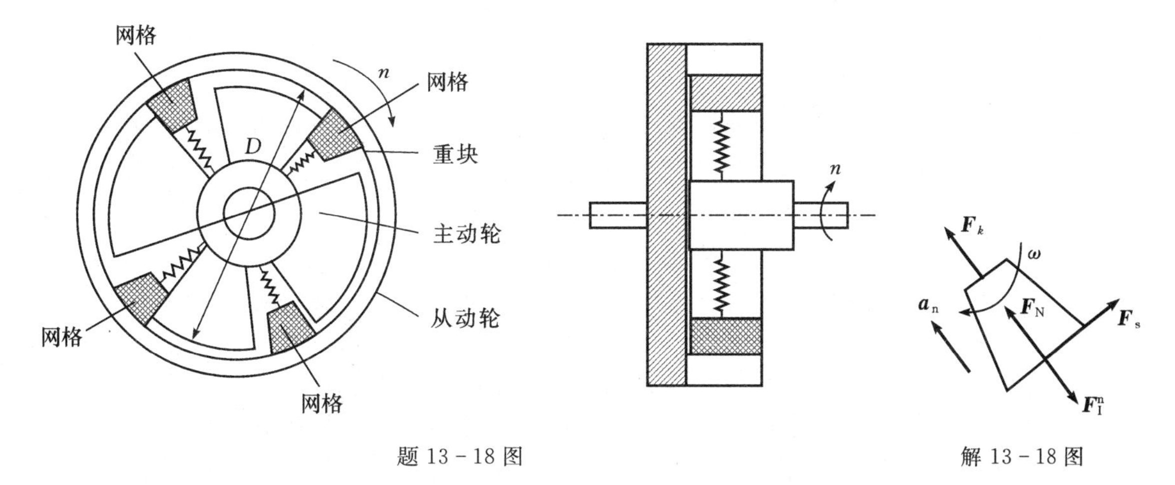

题 13－18 图　　解 13－18 图

解　以重块为研究对象，受力分析如解 13－18 图所示。

$$\omega=\frac{2\pi n}{60}=100.5\ \mathrm{rad/s},\quad F_k=F=960\ \mathrm{N}$$

$$F_{\mathrm{I}}^{\mathrm{n}}=ma_{\mathrm{n}}=m\omega^2 r=2\times100.5^2\times0.19=3838.1\ \mathrm{N}$$

根据达朗贝尔原理，

$$\sum F_{\mathrm{n}}=0\quad F_k+F_{\mathrm{N}}-F_{\mathrm{I}}^{\mathrm{n}}=0$$

求解，得　$F_{\mathrm{N}}=2878.1$ N

重块压紧后能传递的力矩

$M=4F_{\mathrm{N}}f_sR=4\times2878.1\times0.3\times0.22=759.4\ \mathrm{N\cdot m}$

13－19 图示均质等厚度三角形板，已知$\angle AOB=\theta$，单位面积的质量为ρ。求对x轴和y轴的惯性积。

解 根据定义

$$J_{xy}=\iint xy\rho\mathrm{d}x\mathrm{d}y=\rho\int_0^b y\left(\int_{x_D}^{x_E}x\,\mathrm{d}x\right)\mathrm{d}y$$

AO、AB的直线方程：

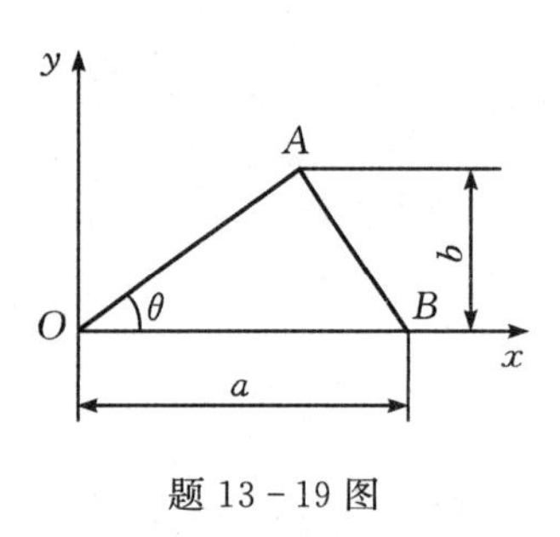

题 13－19 图

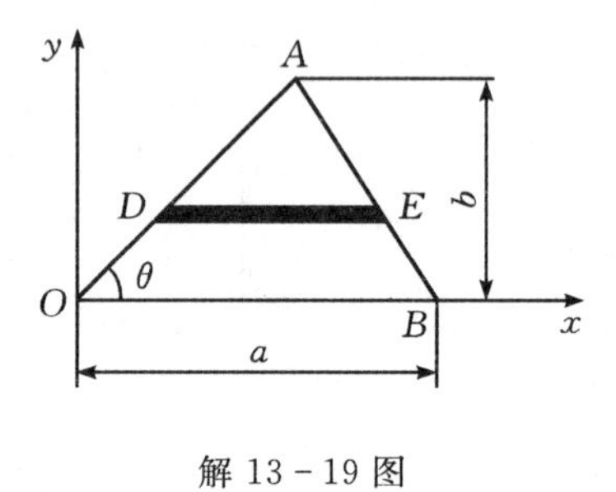

解 13－19 图

$$x_D=y\cot\theta, x_E=a-\frac{a-x_A}{b}y,$$

其中$x_A=b\cot\theta$。

积分后，得

$$J_{xy}=\frac{\rho a^2b^2}{24}\left(1+\frac{2b}{a\tan\theta}\right)$$

*__13－20__ 如图所示，均质圆盘以等角速度ω绕通过盘心的铅垂轴转动，盘面与转轴成θ角。A、B轴承到盘心的距离分别为a和b，圆盘半径为R，质量为m。求轴承A、B处的动约束力。

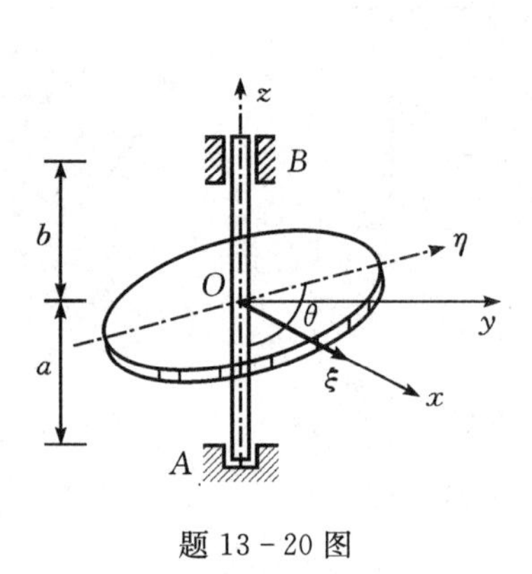

题 13－20 图

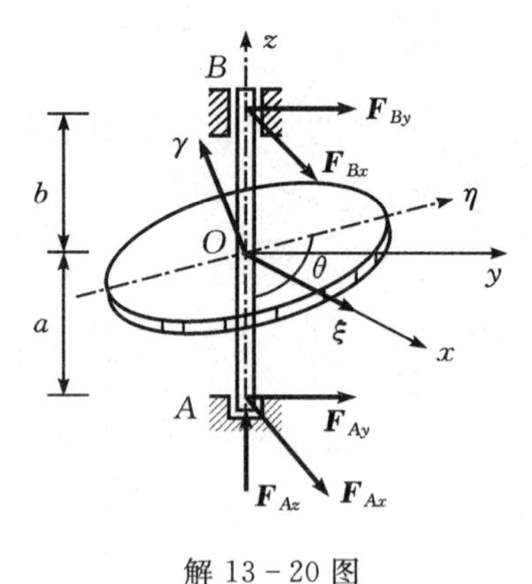

解 13－20 图

解 建立随体坐标系$O\xi\eta\gamma$。在$Oxyz$坐标系中，圆盘的惯性积为

$$J_{xz}=\sum m_ix_iz_i=0;$$

$$\begin{aligned}J_{yz}&=\sum m_iy_iz_i\\&=\sum m_i(\eta\cos\varphi-\gamma\sin\varphi)\times(\eta\sin\varphi+\gamma\cos\varphi)\end{aligned}$$

$$= J_{\xi}\cos\varphi\sin\varphi = -\frac{m}{8}R^2\sin 2\theta$$

转子的惯性力矩为

$$M_{Ix} = -J_{yz}\omega^2 = \frac{m}{8}R^2\omega^2\sin 2\theta$$

$$M_{Iy} = J_{xz}\omega^2 = 0$$

根据达朗贝尔原理，列方程

$$\sum F_x = 0, \quad F_{Ax} + F_{Bx} = 0$$

$$\sum F_y = 0, \quad F_{Ay} + F_{By} = 0$$

$$\sum F_z = 0, \quad F_{Az} = 0$$

$$\sum M_x(\boldsymbol{F}) = 0, \quad M_{Ix} + aF_{Ay} - bF_{By} = 0$$

$$\sum M_y(\boldsymbol{F}) = 0, \quad M_{Iy} + bF_{Bx} - aF_{Ax} = 0$$

解出：$F_{Ax} = F_{Bx} = F_{Az} = 0, F_{Ay} = -F_{By} = \dfrac{mR^2\omega^2\sin 2\theta}{8(a+b)}$

13-21　已知三盘质量皆为 12 kg，盘 A 的质心 G 沿 z 向偏离 x 轴 5 mm，今在 B、C 盘上各加一质量为 1 kg 的平衡质量，使转子达到动平衡。求平衡质量在 B、C 盘上的位置。

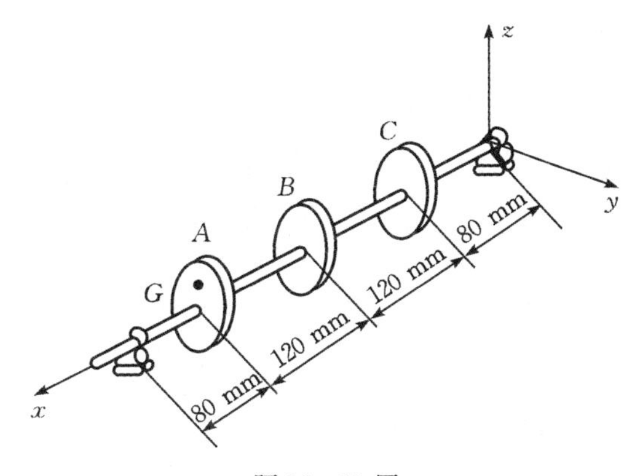

题 13-21 图

解　A 盘质心坐标(320,0,5)，设平衡质量的坐标分别为$(200, z_2, y_2)$、$(80, z_3, y_3)$时可使转子动平衡。平衡转子满足：$y_C = z_C = 0, J_{xy} = J_{xz} = 0 (J_{xy} = \sum m_i x_i y_i, J_{xz} = \sum m_i x_i z_i)$

即：

$m_2 y_2 + m_3 y_3 = 0$，

$5m_A + m_2 z_2 + m_3 z_3 = 0$，

$200 m_2 y_2 + 80 y_3 m_3 = 0$，

$5 \times 320 m_A + 200 z_2 m_2 + 80 z_3 m_3 = 0$。

求解得：$y_2 = y_3 = 0, z_2 = -120\ \text{mm}, z_3 = 60\ \text{mm}$

第 14 章　虚位移原理

虚位移原理又称为静力学的普遍方程，也是分析动力学的基础之一，它借助虚功，通过动力学方法解决静力平衡问题。

14.1　基本知识剖析

1. 基本概念

(1)约束：对非自由质点系的位置、速度之间预先加入的限制条件，称为约束。

(2)约束方程：约束对质点系运动的限制可以通过质点系中各质点的坐标和速度以及时间的数学方程来表示，这种方程称为约束方程。约束通常分为以下几类。

①完整约束和非完整约束(约束方程不能积分成有限形式)。几何约束属完整约束。

②定常约束(约束方程中不含时间)和非定常约束。定常约束也称稳定约束。

③双面约束(由等式表示出的约束，也称不可离约束)和单面约束(可离约束)。

(3)虚位移：质点或质点系在给定瞬时不破坏约束而为约束所许可的任何微小位移。

(4)虚位移原理：具有双面、定常、理想约束的静止质点系，其平衡的必要和充分条件是：所有主动力在任何虚位移上的虚功之和等于零。

2. 重点及难点

重点

(1)正确理解虚位移的概念。

(2)能正确应用虚位移原理解决静力平衡问题。

难点

(1)对约束方程、理想约束和虚位移有清晰的概念。

(2)会计算虚位移的关系(几何法、虚速度法、变分法)，能正确地运用虚位移原理求解物系的平衡问题。

(3)对广义坐标、自由度、广义力和广义坐标形式的虚位移原理有初步的理解，并会计算广义力。

14.2　习题类型、解题步骤及解题技巧

1. 习题类型

(1)求机构平衡时主动力的关系。

(2)求机构的平衡位置。

(3)求结构的约束反力。

2. 解题步骤

(1)取研究对象(整体),并对其进行受力分析,理想约束下,只画主动力。

(2)建立虚位移之间的关系,常用方法有坐标变分法(多用于菱形、等腰三角形等特殊几何关系情况)和几何法(虚速度)。

(3)根据虚位移原理列虚功方程并求解未知量。

3. 解题技巧

虚位移原理建立的是主动力虚功间的关系,因此正确求出主动力作用处虚位移之间的关系是解决问题的关键;对于菱形、等腰三角形等特殊几何形状的机构,宜采用坐标变分法建立虚位移之间的关系;对于刚体的个数不太多的平面机构,可用几何法(虚速度)建立虚位移之间的关系。

14.3　例题精解

例 14-1　图 14-1 所示平面机构,受水平力 $\boldsymbol{P}$ 和铅垂力 $\boldsymbol{Q}$ 作用,对应任意角度 θ,要使机构保持平衡,求 $\boldsymbol{P}$ 和 $\boldsymbol{Q}$ 应满足的比例关系。(忽略各构件自重及摩擦)

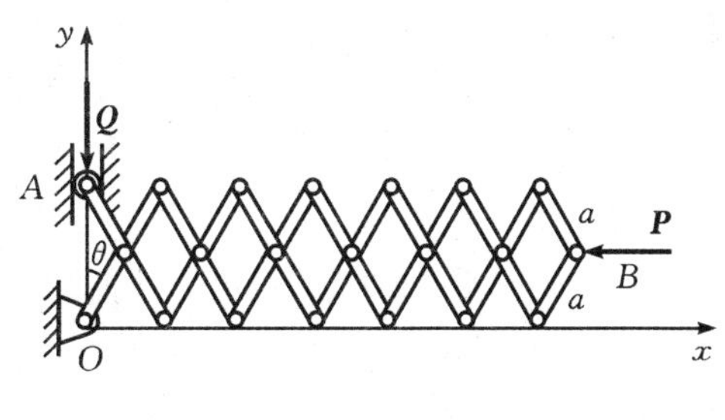

图 14-1

分析　这是一个理想约束下,机构保持平衡时,求主动力间关系的问题,且机构具有对称性。找主动力作用点处虚位移间的关系用坐标变分法最合适。

解　取整体为研究对象,建立图示坐标系。系统受理想约束,受主动力 $\boldsymbol{P}$ 和 $\boldsymbol{Q}$,如图所示。

$y_A = 2a\cos\theta \qquad \delta y_A = -2a\sin\theta \cdot \delta\theta$

$x_B = 13a\sin\theta \qquad \delta x_B = 13a\cos\theta \cdot \delta\theta$

根据虚位移原理:

$-Q\delta y_A - P\delta x_B = 0$

求解得到:

$$\frac{Q}{P} = \frac{13}{2}\cot\theta$$

例 14-2　图 14-2(a)所示机构,不计各构件自重与各处摩擦,求机构在图示位置平衡

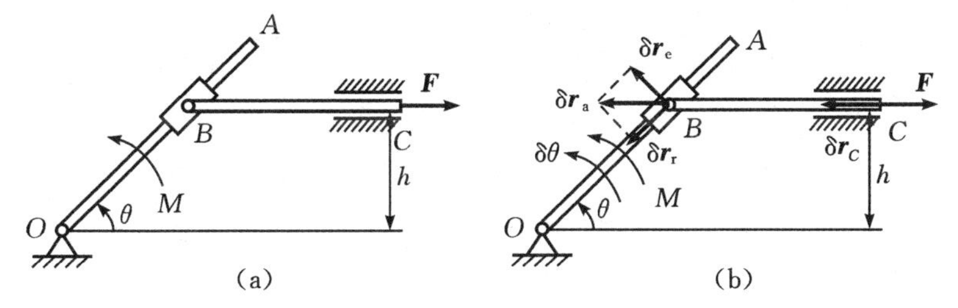

图 14-2

时，主动力偶矩 M 与主动力 $\boldsymbol{F}$ 之间的关系。

分析　依照运动学中分析速度的方法建立虚位移之间的关系，这种方法称为虚速度法。

解　取整体为研究对象；系统受理想约束，受力及虚位移分析如图 14－2(b)所示。

根据速度合成定理(虚速度法)：

$$\delta r_e = OB \cdot \delta\theta = \frac{h\delta\theta}{\sin\theta}$$

$$\delta r_C = \delta r_a = \frac{h\delta\theta}{\sin^2\theta}$$

根据虚位移原理 $M \cdot \delta\theta - F \cdot \delta r_C = 0$，求解得

$$M = \frac{Fh}{\sin^2\theta}$$

例 14－3　静定多跨梁的载荷及几何尺寸如图 14－3 所示，不计自重及各处摩擦。试应用虚位移原理，求：(1)固定端 A 处的约束力偶的力偶矩；(2)可动铰支座 C 处的约束反力。

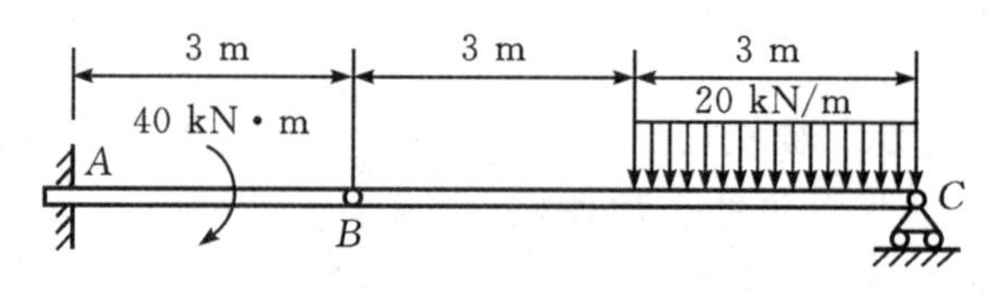

图 14－3

分析　虚位移原理反映的是主动力的虚功间的关系，不涉及约束力；但如果改变结构的约束性质，为保证等效性，还需同时释放某些原有的约束力；这样问题就转化为在新的机构下的平衡问题。解此类问题时，必须首先解除或改变约束，赋予运动自由度。

解　(1)将均布载荷简化为集中力 $\boldsymbol{Q}$，$Q = 60$ kN

解除 A 端约束，以力偶矩 M_A 取代；给杆 AB 一虚转角 $\delta\theta$，如图 14－4(a)所示

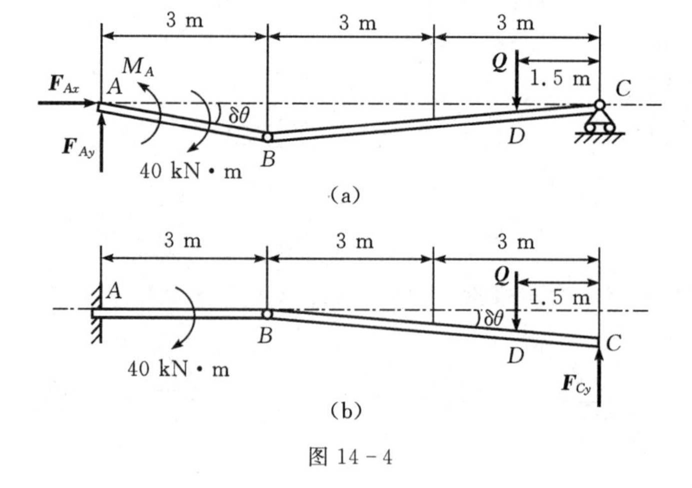

图 14－4

$$\delta y_B = AB \cdot \delta\theta, \delta y_D = \frac{1}{4} AB \cdot \delta\theta$$

由虚位移原理得

$$-M_A \cdot \delta\theta + M \cdot \delta\theta + Q\delta y_D = 0$$

$M_A=85\ \mathrm{kN\cdot m}$

(2)解除 C 端约束,以约束力 F_{Cy} 取代;给杆 BC 一虚转角 $\delta\theta$,如图 14-4(b)所示。

$\delta y_C=BC\cdot\delta\theta,\delta y_D=BD\cdot\delta\theta$

根据虚位移原理得

$Q\cdot\delta y_D-F_{Cy}\cdot\delta y_C=0$

$F_{Cy}=45\ \mathrm{kN}$

思考:如何求出 A 处的铅垂约束反力?

例 14-4　图 14-5 中两根均质刚杆各长 $2l$,质量为 m,在 B 端用铰链连接,A 端用铰链固定,而自由端 C 有水平力 $\boldsymbol{F}$ 作用,求系统在铅直面内的平衡位置。

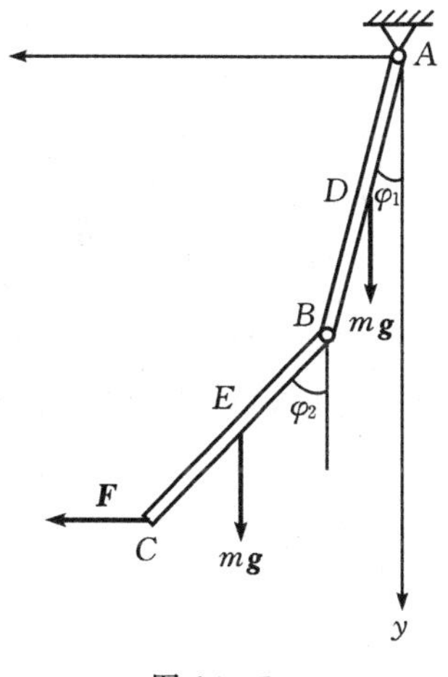

图 14-5

分析:本例是具有两个自由度求系统平衡位置的问题,用解析法较合适;它的位置可以用角 φ_1 和 φ_2(以顺时针为正)来表示。

解:建立图示坐标系;各主动力的作用点有关坐标是

$y_D=l\cos\varphi_1$

$y_E=2l\cos\varphi_1+l\cos\varphi_2$

$x_C=2l\sin\varphi_1+2l\sin\varphi_2$

这就是约束方程。

当角 φ_1 和 φ_2 获得变分 $\delta\varphi_1$ 和 $\delta\varphi_2$ 时,各点的有关虚位移是

$\delta y_D=-l\sin\varphi_1\delta\varphi_1$

$\delta y_E=-l(2\sin\varphi_1\delta\varphi_1+\sin\varphi_2\delta\varphi_2)$

$\delta x_C=2l(\cos\varphi_1\delta\varphi_1+\cos\varphi_2\delta\varphi_2)$

根据虚位移原理的平衡方程,有

$$\begin{aligned}\sum\delta W&=F\delta x_C+mg\delta y_D+mg\delta y_E\\&=F2l(\cos\varphi_1\delta\varphi_1+\cos\varphi_2\delta\varphi_2)-mgl\sin\varphi_1\delta\varphi_1-mgl(2\sin\varphi_1\delta\varphi_1+\sin\varphi_2\delta\varphi_2)\\&=0\end{aligned}$$

即　$(2F\cos\varphi_1-3mg\sin\varphi_1)l\delta\varphi_1+(2F\cos\varphi_2-mg\sin\varphi_2)l\delta\varphi_2=0$

因为 $\delta\varphi_1$ 和 $\delta\varphi_2$ 是彼此独立的,所以上式可以分解成两个独立方程

$2F\cos\varphi_1-3mg\sin\varphi_1=0$

$2F\cos\varphi_2-mg\sin\varphi_2=0$

从而求得平衡时的角度 φ_1 和 φ_2

$\varphi_1=\arctan\dfrac{2F}{3mg}\quad\varphi_2=\arctan\dfrac{2F}{mg}$

14.4　题　解

14-1　平面机构如图所示,活塞可在光滑的竖直滑道内运动,不计各物体的自重。已知 $AB=0.4\ \mathrm{m}$,$BC=0.6\ \mathrm{m}$ 弹簧的刚性系数 $k=1.5\ \mathrm{kN/m}$。当 $\theta=0°$时,弹簧无伸长。试求机构

保持在 $\theta=30°$ 时平衡所需的力偶 M 的力偶矩的大小。

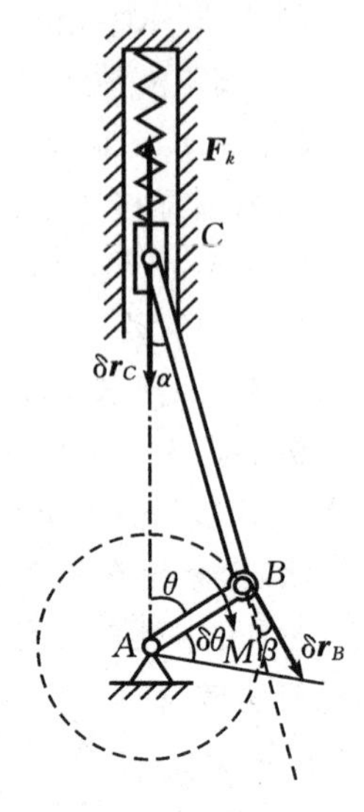

题 14-1 图

解 给 AB 杆一虚转角 $\delta\theta$

则 $\delta r_B=AB\cdot\delta\theta=0.4\times\delta\theta$

由正弦定理：$\dfrac{AB}{\sin\alpha}=\dfrac{BC}{\sin\theta}$， $\dfrac{0.4}{\sin\alpha}=\dfrac{0.6}{\sin30°}$

$\sin\alpha=\dfrac{1}{3}\qquad\cos\alpha=\dfrac{2\sqrt{2}}{3}$

则
$$\begin{aligned}\cos\beta&=\cos[90°-(30°+\alpha)]=\cos(60°-\alpha)\\&=\cos60°\cos\alpha+\sin60°\sin\alpha\\&=\frac{1}{2}\times\frac{2\sqrt{2}}{3}+\frac{\sqrt{3}}{2}\times\frac{1}{3}\\&=\frac{2\sqrt{2}+\sqrt{3}}{6}\end{aligned}$$

$$\begin{aligned}F_k&=k\cdot\Delta l=k[(\overline{AB}+\overline{BC})-\overline{AC}]\\&=1.5[1-(0.6\times\cos\alpha+0.4\times\cos30°)]\end{aligned}$$

$$\delta r_C\cdot\cos\alpha=\delta r_B\cdot\cos\beta,\delta r_C=\frac{\cos\beta}{\cos\alpha}\delta r_B=\frac{\dfrac{2\sqrt{2}+\sqrt{3}}{6}}{\dfrac{2\sqrt{2}}{3}}\times0.4\delta\theta=(0.2+0.05\sqrt{6})\delta\theta$$

由虚位移定理

$$M\cdot\delta\theta-F_k\cdot\delta r_C=0$$

$$\left[M-1.5\times\left(1-0.6\times\frac{2\sqrt{2}}{3}-0.4\times\frac{\sqrt{3}}{2}\right)\times(0.2+0.05\sqrt{6})\right]\delta\theta=0$$

解得 $M=42.5\ \text{N}\cdot\text{m}$

14-2 在题 14-1 中，若已知作用在曲柄 AB 上的力偶矩 $M=100\ \text{N}\cdot\text{m}$，试求该机构保持在 $\theta=30°$ 位置平衡的弹簧刚性系数 k。

解 由上题，$M\cdot\delta\theta-F_k\cdot\delta r_C=0$

$$100\cdot\delta\theta-k(1-0.6\cdot\cos\alpha-0.4\times\cos\theta)\cdot\delta r_C=0$$

$$100\cdot\delta\theta-k\left(1-0.6\cdot\frac{2\sqrt{2}}{3}-0.4\times\frac{\sqrt{3}}{2}\right)\cdot(0.2+0.05\sqrt{6})\delta\theta=0$$

$k=3.53\ \text{N/m}$

14-3 平行四边形机构如图所示，四根不计重量的直杆由光滑铰链连接。已知杆长均为 l，刚性系数为 k 的弹簧原长为 l。试求该机构在 $\theta=45°$ 时平衡所需的作用在 D、B 两铰接点上等值的水平作用力的大小。

解 建立图示坐标系

$x_B=-l\sin\theta\quad\delta x_B=-l\cos\theta\cdot\delta\theta$

$x_D=l\sin\theta\quad\delta x_D=l\cos\theta\cdot\delta\theta$

$y_A=l\cos\theta\quad\delta y_A=-l\sin\theta\cdot\delta\theta$

$y_C=-l\cos\theta\quad\delta y_C=l\sin\theta\cdot\delta\theta$

$F_A=F_C=kl(2\cos\theta-1)$

$F\delta x_B - F\delta x_D - F_A\delta y_A + F_C\delta y_C = 0$

$-Fl\cos\theta \cdot \delta\theta - Fl\cos\theta \cdot \delta\theta + kl(2\cos\theta - 1)l\sin\theta \cdot \delta\theta + kl(2\cos\theta - 1)l\sin\theta \cdot \delta\theta = 0$

$F = kl(2\cos\theta - 1)\tan\theta$

当 $\theta = 45°$ 时 $F = (\sqrt{2} - 1)kl$

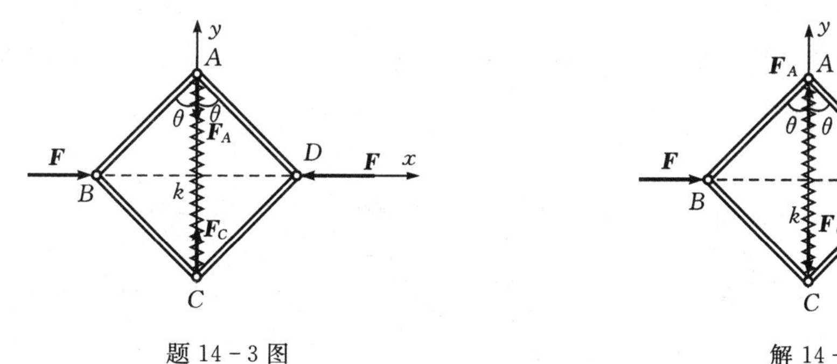

题 14-3 图　　　　解 14-4 图

14-4　在题 14-3 中，刚性系统为 k 的弹簧原长为 $a = 4l$。试求该机构在 $\theta = 45°$ 位置平衡所需作用在 D、B 两铰接点上的等值水平作用力的大小。

解　由上题，建立如图所示坐标系。

$F_A = F_C = k(4l - 2l\cos\theta)$

$F \cdot \delta x_B - F \cdot \delta x_D + F_A \cdot \delta y_A - F_C \cdot \delta y_C = 0$

$-2Fl\cos\theta \cdot \delta\theta - 2kl\sin\theta(4l - 2l\cos\theta)\delta\theta = 0$

$F = kl(2\cos\theta - 4)\tan\theta$

当 $\theta = 45°$ 时 $F = (\sqrt{2} - 4)kl$

14-5　图示机构由水平杆 BC、铅垂杆 CD 和斜杆 AB 组成。A、B、C、D 均为光滑铰链，各杆自重不计，C 处受水平力 $F = 1000$ N 作用。求图示位置在 AB 杆上加多大的力偶矩 M，才能使系统保持平衡？

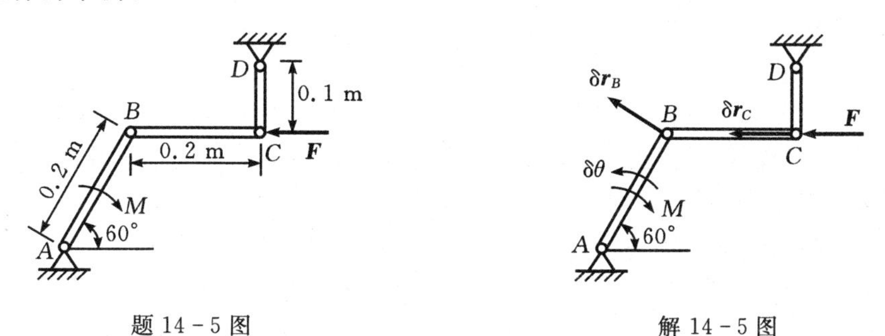

题 14-5 图　　　　解 14-5 图

解　系统为研究对象，受理想约束。给 AB 以虚转角 $\delta\theta$，整个系统受到的主动力及相应的虚位移矢量如解 14-5 图所示。

虚位移关系如下

$$\frac{\sqrt{3}}{2}\delta r_B = \delta r_C$$

$$\delta\theta = \frac{\delta r_B}{AB} = \frac{10\delta r_C}{\sqrt{3}}$$

建立虚功方程：

$-M\delta\theta+F\delta r_C=0$

求解，得：$M=\dfrac{\sqrt{3}F}{10}=173.2\ \text{N}\cdot\text{m}$

14-6 四连杆机构在图示位置平衡，已知 $OA=60$ cm，$BC=40$ cm，作用在 BC 上力偶的力偶矩 $M_2=1\ \text{N}\cdot\text{m}$。图示瞬时 OA 铅垂，AB 水平。各杆重量不计。求作用在 OA 上使得系统保持平衡的力偶矩 M_1 的大小。

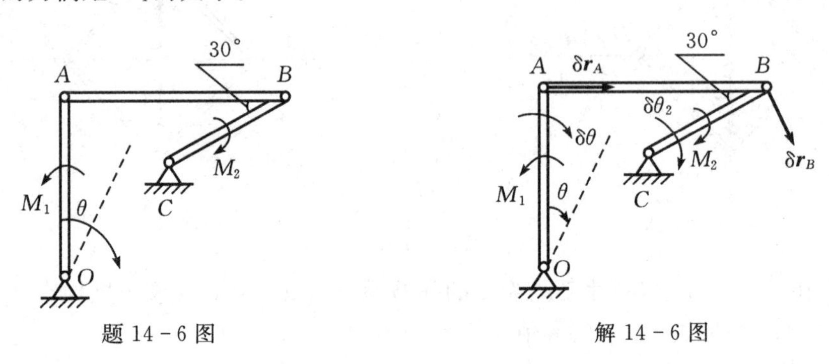

题 14-6 图　　解 14-6 图

解　以系统为研究对象，系统受理想约束。给 OA 以虚转角 $\delta\theta$，整个系统受到的主动力及相应的虚位移矢量如图所示。

虚位移关系如下

$\delta r_A=OA\cdot\delta\theta$

$\delta r_B=2OA\cdot\delta\theta$

$\dfrac{1}{2}\delta r_B=\delta r_A$

$\delta\theta_2=\dfrac{2OA\cdot\delta\theta}{BC}=3\delta\theta$

建立虚功方程

$-M_1\delta\theta+M_2\delta\theta_2=0$

求解，得：　$M_1=3M_2=3\ \text{N}\cdot\text{m}$

14-7 图示三铰拱，拱重不计。$OA=O_1B=AC=BC=a$。求在力 $\boldsymbol{F}$ 及力偶矩 M 作用下铰链 O_1 处的约束力。

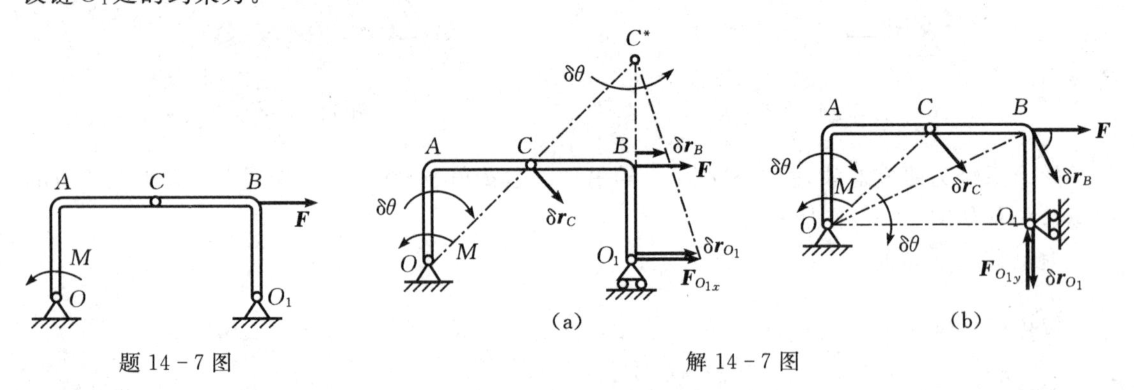

题 14-7 图　　解 14-7 图

解　(1)求解 O_1 处的水平力，解除水平约束，加上水平约束力。给曲杆 AC 一微小转角

$\delta\theta$，曲杆 O_1C 的转动中心在 C^*，受力及相应虚位移如解 14－7 图(a)所示。

虚位移关系如下

$\delta r_{O_1}=2a\cdot\delta\theta,\delta r_B=a\cdot\delta\theta,$

建立虚功方程：

$-M\cdot\delta\theta+F\delta r_B+F_{O_1x}\delta r_{O_1}=0$

求解，得

$$F_{O_1x}=\frac{M}{2a}-\frac{F}{2}$$

(2)求解 O_1 处的铅垂力，解除铅垂约束，加上垂直约束力。给曲杆 AC 一微小转角 $\delta\theta$，杆 O_1C 的转动中心在 O 点，受力及相应虚位移如解 14－7 图(b)所示。

虚位移关系如下：

$\delta r_{O_1}=2a\cdot\delta\theta,\delta x_B=a\cdot\delta\theta,$

建立虚功方程：

$-M\cdot\delta\theta+F\cdot\delta x_B-F_{O_1y}\delta r_{O_1}=0$

求解，得

$$F_{O_1y}=-\frac{M}{2a}+\frac{F}{2}$$

14－8　平面机构如图所示，不计各杆及滑块重量，略去所有接触面上的摩擦。试求该机构在图示位置平衡时，作用在曲柄 O_1A 上的主动力偶的力偶矩 M 与作用在滑块 C 上的主动力 $\boldsymbol{F}$ 的关系。

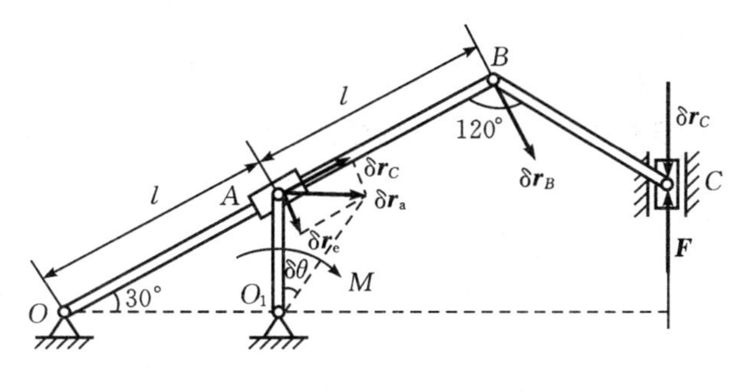

题 14－8 图

解　以滑块 A 为动点，OB 为动系

$\delta\boldsymbol{r}_a=\delta\boldsymbol{r}_e+\delta\boldsymbol{r}_r$

$$\delta r_a=\overline{O_1A}\cdot\delta\theta=\frac{l}{2}\delta\theta$$

$$\delta r_B=2\delta r_e=2\delta r_a\cdot\sin30^\circ=\frac{l}{2}\delta\theta$$

$$\delta r_B\cdot\cos30^\circ=\delta r_C\cdot\cos60^\circ\qquad\delta r_C=\frac{\sqrt{3}}{2}l\delta\theta$$

$$M\cdot\delta\theta-F\cdot\delta r_C=0$$

$$\left(M-F\cdot\frac{\sqrt{3}}{2}l\right)\delta\theta=0$$

$M=\frac{\sqrt{3}}{2}Fl$

14－9 图示平面桁架，各杆长度均为 a。C、E 节点上作用集中力 $\boldsymbol{P}$。求 DF 杆的内力。

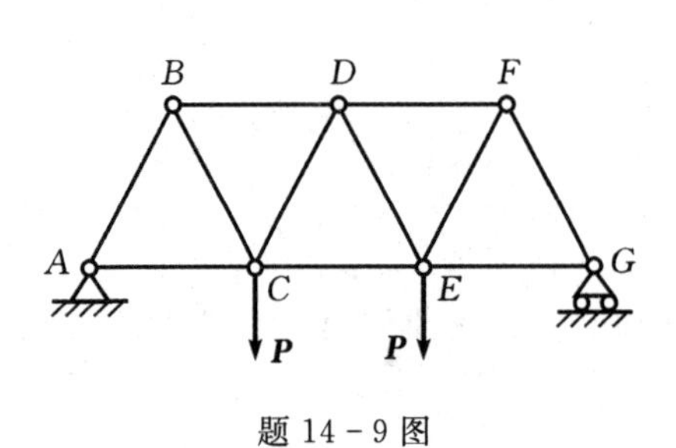

题 14－9 图

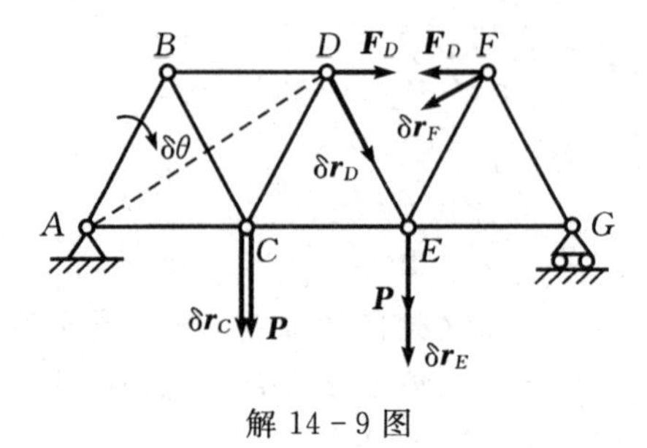

解 14－9 图

解 以系统为研究对象，系统受理想约束。断开 DE 杆，代之以内力。给 ABC 以虚转角 $\delta\theta$，整个系统受到的主动力及相应的虚位移矢量如解 14－9 图所示。

虚位移关系如下：

$\delta r_C=a\delta\theta, \delta r_E=2a\delta\theta$

$\delta r_D=AD\cdot\delta\theta=\sqrt{3}a\delta\theta, \delta r_F=\delta r_E=2a\cdot\delta\theta$

建立虚功方程：

$P\delta r_C+P\delta r_E+F_D\delta r_D\cos 60°+F_D\delta r_F\cos 30°=0$

求解，得　$F=-\frac{2P}{\sqrt{3}}=-\frac{2\sqrt{3}P}{3}$

14－10 平面机构如图所示。已知 $AB=BC=l$，重量均为 P；弹簧原长为 l_0 $(l_0<l)$，刚性系数为 k，不计各处摩擦及轮重。试求机构平衡时的 θ 角。

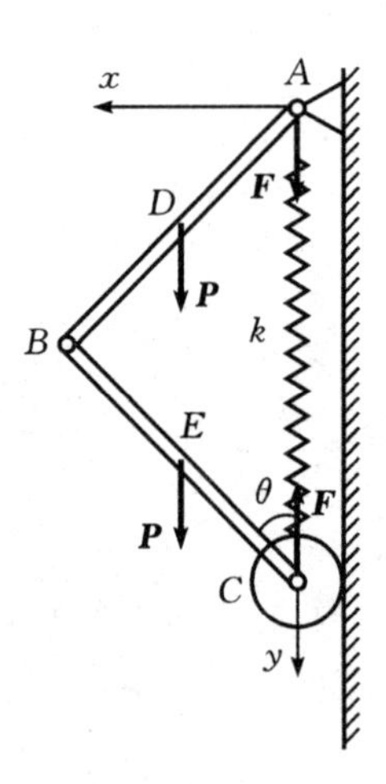

题 14－10 图

解 建立图示坐标系

$y_D=\frac{l}{2}\cos\theta \qquad \delta y_D=-\frac{l}{2}\sin\theta\cdot\delta\theta$

$y_E=\frac{3l}{2}\cos\theta \qquad \delta y_E=-\frac{3l}{2}\sin\theta\cdot\delta\theta$

$y_C=2l\cos\theta \qquad \delta y_C=-2l\sin\theta\cdot\delta\theta$

$F=k(2l\cos\theta-l_0)$

$P\cdot\delta y_D+P\cdot\delta y_E-F\cdot\delta y_C=0$

$\left[-\frac{Pl}{2}\sin\theta-\frac{3Pl}{2}\sin\theta+2kl(2l\cos\theta-l_0)\sin\theta\right]\delta\theta=0$

$\cos\theta=\frac{1}{2l}\left(\frac{P}{k}+l_0\right)$

14－11 试求题 14－10 机构中在 $\theta=30°$ 位置平衡时，需施加在铰链 B 上的水平力的大小。

解 由上题：

$x_B=l\sin\theta \qquad \delta x_B=l\cos\theta\cdot\delta\theta$

$P \cdot \delta y_D + P \cdot \delta y_E - F \cdot \delta y_C - F_B \cdot \delta x_B = 0$

$\left[-\frac{Pl}{2}\sin\theta - \frac{3Pl}{2}\sin\theta + 2kl(2l\cos\theta - l_0)\sin\theta - F_B l\cos\theta\right]\delta\theta = 0$

$F_B = \frac{2\sqrt{3}}{3}\left[k(\sqrt{3}l - l_0) - P\right]$

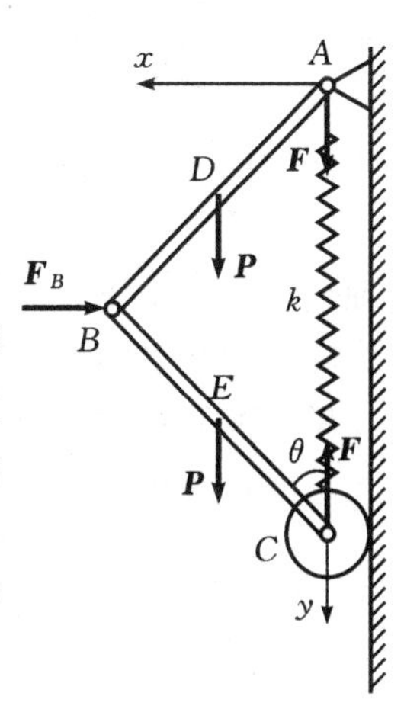

解 14-11 图

14-12　平面机构如图所示，杆 AB 可在铰接于 CD 杆 C 端的套筒内滑动。不计各部件的自重及各处摩擦，曲柄长 $OA=l$，在图示位置，$\theta=45°$，$AC=2l$，$BC=l$，已知作用于 AB 杆 B 端且垂直于 AB 杆的主动力的大小为 F_1。若机构在图示位置平衡，试应用虚位移原理求出作用在曲柄 OA 上的主动力偶 M 的力偶矩以及作用在滑杆 CD 的 D 端的水平主动力 $\boldsymbol{F}_2$。

解　选 θ、φ 为广义坐标

$\delta\theta=0, \delta\varphi\neq 0$；虚位移如题 14-12 图所示

$\delta r_D = \delta r_C = \delta r_B = \delta r_A = l \cdot \delta\varphi$

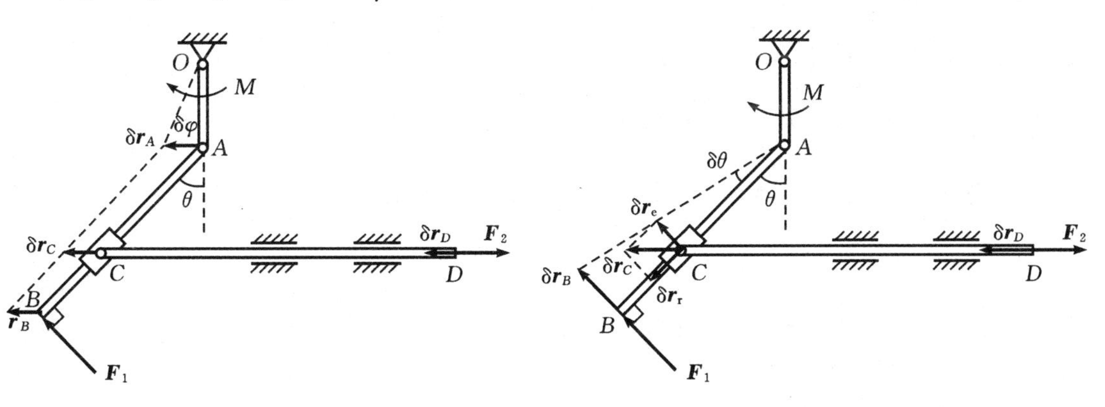

题 14-12 图　　　　解 14-12 图

$M \cdot \delta\varphi - F_2 \cdot \delta r_D + F_1 \cdot \delta r_B \cos(90° - \theta) = 0$

$M \cdot \delta\varphi - F_2 l \cdot \delta\varphi + F_1 l\sin\theta \cdot \delta\varphi = 0$

$$M + F_1 l\sin\theta - F_2 l = 0 \qquad (1)$$

$\delta\theta\neq 0, \delta\varphi=0$，虚位移如解 14-12 图所示

$\delta r_D = \delta r_C = \delta r_e/\sin\theta = \frac{2\delta r_B}{3\sin\theta}$

$F_1 \cdot \delta r_B - F_2 \cdot \delta r_D = 0$

$\left(F_1 - \frac{2}{3\sin\theta}F_2\right)\delta r_B = 0$

$$F_1 - \frac{2}{3\sin\theta}F_2 = 0 \qquad (2)$$

由式(1)、(2)解得

$M = \frac{\sqrt{2}}{4}F_1 l$

$F_2=\dfrac{3\sqrt{2}}{4}F_1$

14－13 差动齿轮系统由半径各为r_1、r_2的齿轮1和2以及曲柄AB组成，如图所示。轴A为固定轴。已知在曲柄AB上作用有力偶矩M。试求平衡时，分别作用于齿轮1和2上的阻力矩M_1和M_2的大小。

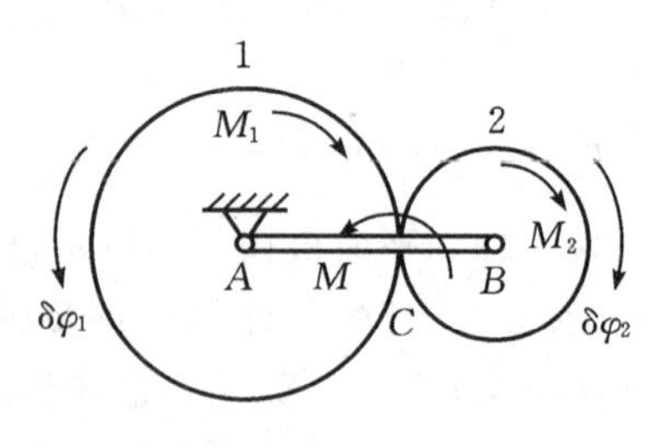

题14－13图

解 取系统为研究对象，系统为2自由度系统。

选取广义坐标φ_1、φ_2如图所示。

当$\delta\varphi_1\neq0$、$\delta\varphi_2=0$时，齿轮2平动。

$\omega_1=\dfrac{v_C}{r_1}=\dfrac{v_B}{r_1}=\dfrac{r_1+r_2}{r_1}\omega_{AB}$；$\delta\varphi_1=\dfrac{r_1+r_2}{r_1}\delta\varphi_{AB}$

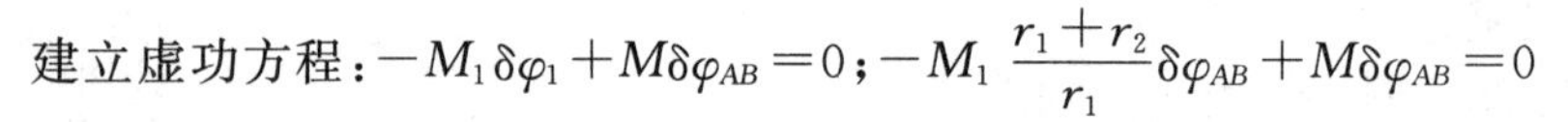

建立虚功方程：$-M_1\delta\varphi_1+M\delta\varphi_{AB}=0$；$-M_1\dfrac{r_1+r_2}{r_1}\delta\varphi_{AB}+M\delta\varphi_{AB}=0$

求解，得：$M_1=\dfrac{r_1}{r_1+r_2}M$

当$\delta\varphi_1=0$、$\delta\varphi_2\neq0$时，齿轮1不动。

$\omega_2=\dfrac{v_C}{r_2}=\dfrac{r_1+r_2}{r_2}\omega_{AB}$；$\delta\varphi_2=\dfrac{r_1+r_2}{r_2}\delta\varphi_{AB}$

建立虚功方程：$M_2\delta\varphi_2-M\delta\varphi_{AB}=0$；$M_2\dfrac{r_1+r_2}{r_2}\delta\varphi_{AB}-M\delta\varphi_{AB}=0$

求解，得：$M_2=\dfrac{r_2}{r_1+r_2}M$

14－14 图示是由5根轻杆和6个铰链连接而成的平行四边形机构台灯组件。若不计杆件自重及灯的尺寸，已知灯头质量为m。试确定能使该台灯在任意角度θ和φ保持平衡所需的配重A、B的质量m_A和m_B。

解 取系统为研究对象，系统为2自由度系统。选取广义坐标θ、φ如图所示。

$y_B=-a\sin\theta, \delta y_B=-a\cos\theta\delta\theta$

$y_A=a\sin\varphi+C, \delta y_A=a\cos\varphi\delta\varphi$

$y_H=(a+b)\sin\theta-b\sin\varphi \qquad \delta y_H=(a+b)\cos\theta\delta\theta-b\cos\varphi\delta\varphi$

(1)令$\delta\theta\neq0$，$\delta\varphi=0$，则

$$\sum\delta W_i=-m_Bg\delta y_B-mg\delta y_H=-m_Bga\cos\theta\delta\theta-mg(a+b)\cos\theta\delta\theta$$

平衡时，对应的广义力：$Q_1=\dfrac{\sum\delta W_i}{\delta\theta}=0$，

求解，得：$m_B=m+m\dfrac{b}{a}$

(2)令$\delta\theta=0$，$\delta\varphi\neq0$，则

$$\sum\delta W_i=-m_Ag\delta y_A-mg\delta y_H=-m_Aga\cos\varphi\delta\varphi-mgb\cos\varphi\delta\varphi$$

平衡时，对应的广义力：$Q_2=\dfrac{\sum\delta W_i}{\delta\varphi}=0$，

求解,得:$m_A=m\dfrac{b}{a}$

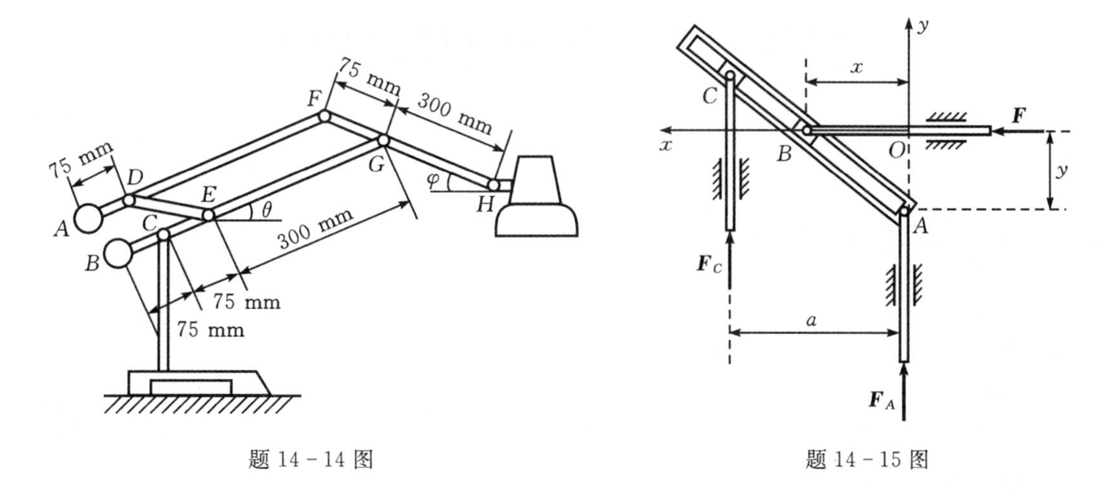

题 14 - 14 图　　　　题 14 - 15 图

14 - 15　放大机构如图所示。已知力 F 和几何尺寸 a,不计机构自重。试确定在任意几何尺寸 x、y 给定的条件下,保持机构平衡所需的力 $\boldsymbol{F}_A$ 和 $\boldsymbol{F}_C$。

解　系统为研究对象,系统受理想约束。

以 x、y 为广义坐标。

$x_B=x, y_A=-y$

$y_C=\dfrac{(a-x)y}{x}, \delta y_C=\dfrac{a(x\cdot\delta y-y\cdot\delta x)}{x^2}-\delta y$

系统虚功为

$\delta W=F\delta x_B+F_A\delta y_A+F_C\delta y_C$

(1)令 $\delta x=0, \delta y\neq 0$,则

$(-F_A+F_C a\dfrac{1}{x}-F_C)\delta y=0$

(2)令 $\delta x\neq 0, \delta y=0$,则

$(F-F_C\cdot a\dfrac{y}{x^2})\delta x=0$

求解,得:　$F_C=F\dfrac{x^2}{ay}$,　$F_A=F\dfrac{ax-x^2}{ay}$

第 15 章　拉格朗日方程

15.1　基本知识剖析

1. 基本概念

(1)动力学普遍方程。

任一瞬时，具有理想、双面约束的非自由质点系上作用的主动力与惯性力在质点系的任一组虚位移上的元功之和等于零，即

$$\sum_{i=1}^{N}(\boldsymbol{F}_i - m_i\boldsymbol{a}_i)\cdot\delta\boldsymbol{r}_i = 0$$

解析表达式为

$$\sum_{i=1}^{N}[(F_{xi} - m_i\ddot{x}_i)\delta x_i + (F_{yi} - m_i\ddot{y}_i)\delta y_i + (F_{zi} - m_i\ddot{z}_i)\delta z_i] = 0$$

以上各式均称为动力学普遍方程。

(2)第二类拉格朗日方程。

设质点系由 N 个质点组成，受到 S 个双面、理想、几何约束，则该质点系的自由度数为 $k=3N-S$，可找到 k 个广义坐标 $q_1,q_2,\cdots,q_k$ 描述系统。

完整系统的拉格朗日方程为

$$\frac{\mathrm{d}}{\mathrm{d}t}\left(\frac{\partial T}{\partial \dot{q}_j}\right)-\frac{\partial T}{\partial q_j} = Q_j \quad (j = 1,2,\cdots,k)$$

$T=T(q_j,\dot{q}_j,t)$ 为系统动能；$\dot{q}_j$ 表示广义速度；Q_j 表示与广义坐标 q_j 对应的广义力。

保守系统的拉格朗日方程为

$$\frac{\mathrm{d}}{\mathrm{d}t}\left(\frac{\partial L}{\partial \dot{q}_j}\right)-\frac{\partial L}{\partial q_j} = 0 \quad (j = 1,2,\cdots,k)$$

上式中 $L=T-V$ 为拉格朗日函数，简称拉氏函数，也称为动势；V 代表系统势能。保守系统中主动力为有势力，势能 V 只是位置的函数 $V(\boldsymbol{r}_1,\boldsymbol{r}_2,\cdots,\boldsymbol{r}_N)$。广义力与势能之间存在如下关系：

$$Q_j = -\frac{\partial V}{\partial q_j} \qquad (j = 1,2,\cdots,k)$$

非保守系统，主动力既有保守力，又有非保守力，拉格朗日方程为

$$\frac{\mathrm{d}}{\mathrm{d}t}\left(\frac{\partial L}{\partial \dot{q}_j}\right)-\frac{\partial L}{\partial q_j} = Q'_j \qquad (j = 1,2,\cdots,k)$$

上式中拉氏函数 $L=T-V$，V 是系统全部保守力对应的势能；Q'_j 是全部非保守力对应于广义坐标 q_j 的广义力。

(3)拉格朗日方程的首次积分。

能量积分

当约束均为定常约束且主动力都是保守力,拉氏函数中不显含时间时,拉氏方程存在广义能量积分,为

$$\sum_{j=1}^{k}\frac{\partial L}{\partial\dot{q}_j}\cdot\dot{q}_j-L=\text{常数}$$

$$T+V=\text{常数}$$

循环积分

在拉氏函数 L 中不显含某些广义坐标 q_j,则这些广义坐标称为循环坐标。若存在 r 个循环坐标($r<k$),则拉氏方程有一次循环积分,为

$$\frac{\partial L}{\partial\dot{q}_l}=\text{常数}\quad(l=1,2,\cdots,r)$$

循环积分对应动量守恒或者动量矩守恒的广义形式。

2. 重点及难点

重点

(1)正确判断系统的自由度,选择合适的广义坐标描述系统的动能和势能。

(2)正确计算拉氏函数以及拉氏函数的(偏)导数,准确地代入拉氏方程。

难点

拉氏方程的推证及理解。

15.2　习题类型、解题步骤及解题技巧

1. 习题类型

(1)建立系统运动微分方程。

(2)求解某瞬时的运动参数。

2. 解题步骤

用动力学普遍方程解题的步骤:

(1)选取研究对象,确定系统自由度。

(2)受力分析,画受力图(只分析主动力,对非理想约束,解除约束代以约束反力,并视为主动力)。

(3)运动分析并虚加惯性力。

(4)计算虚位移。

(5)建立动力学普遍方程并求解。

用拉格朗日方程解题的步骤:

(1)选取系统为研究对象,分析系统约束性质,确定系统自由度,选取与自由度数目相同的广义坐标。

(2)计算以广义坐标表示的系统动能。

(3)计算系统势能或广义力。

(4)计算拉氏函数的(偏)导数。

(5)根据相应形式的拉氏方程,建立质点系运动微分方程。

(6)积分微分方程,根据初始条件确定积分常数,得到以广义坐标表示的质点系运动方程。

3. 解题技巧

第二类拉格朗日方程是动力学普遍方程的一种,因此对于同一题目,采用动力学普遍方程或者拉格朗日方程均可求解。动力学普遍方程求解题目需要通过分析加速度,添加惯性力,因此在实际应用中不如拉格朗日方程简便。在应用拉格朗日方程时,广义坐标的选取要尽可能便于系统动能的计算。无论何种广义坐标,计算动能时必须用绝对速度,因此常用到运动学速度分析的方法。建立的运动微分方程往往含有高阶项,在微幅振动问题中,通常进行简化处理,忽略高阶项,最终给出的是线性系统的运动微分方程。

15.3 例题精解

例 15－1　如图 15－1(a)所示,均质圆轮 A 和 B 中心与 AB 杆铰接,轮子沿倾角为 θ 的斜面纯滚动。已知两轮子的重量均为 $\boldsymbol{G}_1$,半径均为 r,杆的重量为 $\boldsymbol{G}_2$。求系统运动的加速度。

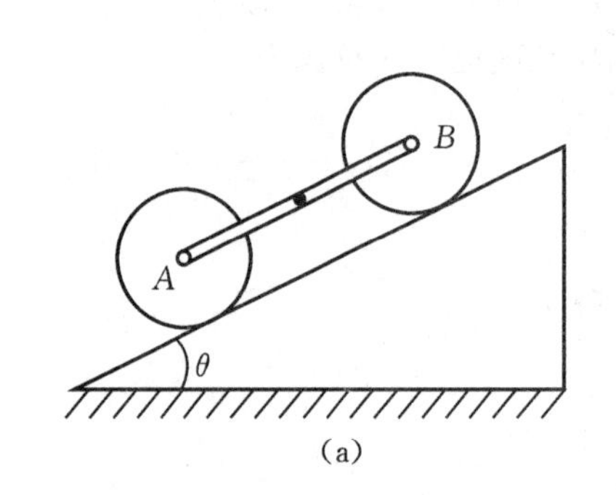

(a)

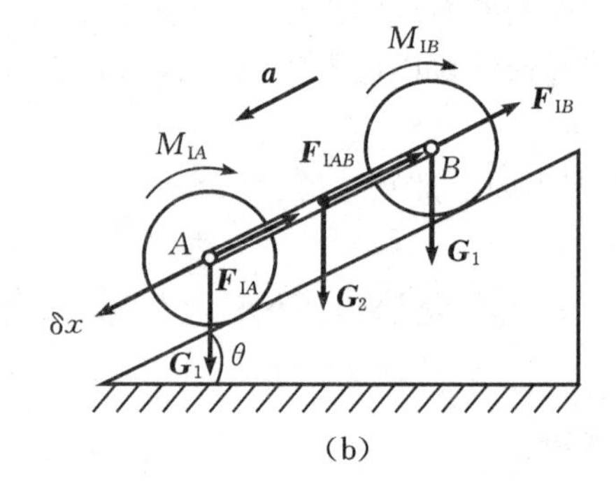

(b)

图 15－1

解　(1)系统为单自由度,取整体为研究对象,选择沿斜面向下的位移 x 为广义坐标。

(2)画出系统主动力、惯性力以及惯性力偶矩,如图 15－1(b)所示。

$$F_{IA}=F_{IB}=\frac{G_1}{g}a,F_{IAB}=\frac{G_2}{g}a$$

$$M_{IA}=M_{IB}=J\alpha=\frac{1}{2}m_1r^2\left(\frac{a}{r}\right)=\frac{1}{2}\frac{G_1}{g}ar$$

(3)给定虚位移 δx,列写动力学普遍方程。

$$(2G_1+G_2)\delta x\cdot\sin\theta-(F_{IA}+F_{IB}+F_{IAB})\delta x-(M_{IA}+M_{IB})\cdot\frac{\delta x}{r}=0$$

虚位移 δx 可任意取值,整理得到

$$(2G_1+G_2)\delta x\cdot\sin\theta-\left(2\frac{G_1}{g}a+\frac{G_2}{g}a\right)\delta x-\frac{G_1}{g}a\cdot\delta x=0$$

$$a=\frac{(2G_1+G_2)g\sin\theta}{3G_1+G_2}$$

例 15－2　如图所示均质圆轮 A 与薄壁圆环 B 用绳相连,并多圈缠绕圆环(绳与滑轮 C

的重量不计)。已知 A、B 的半径均为 r，质量分别为 m_A 和 m_B。试求运动过程中轮心 A、B 的加速度。

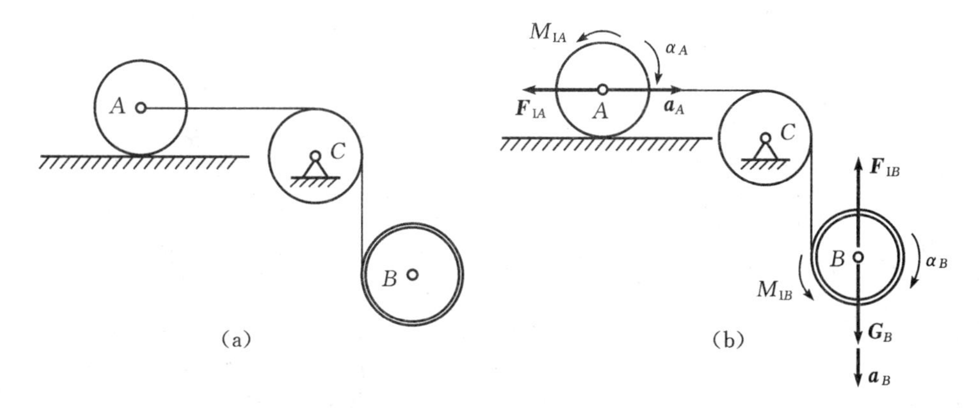

图 15-2

解　(1)系统为 2 自由度系统，受理想约束。选取两轮的转角 φ_A 和 φ_B 为广义坐标。

(2)对系统进行受力分析及运动分析，画受力图，加惯性力。

$$a_A = r\alpha_A, a_B = r\alpha_A + r\alpha_B, \quad J_A = \frac{1}{2}m_A r^2, \quad J_B = m_B r^2$$

$$F_{IA} = m_A a_A, \quad F_{IB} = m_B a_B, \quad M_{IA} = J_A \alpha_A, \quad M_{IB} = J_B \alpha_B$$

(3)由于虚位移可任意选取，给出一组虚位移 $\delta\varphi_A = 0, \delta\varphi_B \neq 0$，动力学普遍方程为

$$(m_B g - F_{IB}) r\delta\varphi_B - M_{IB}\delta\varphi_B = 0 \tag{a}$$

给出另一组虚位移 $\delta\varphi_A \neq 0, \delta\varphi_B = 0$，动力学普遍方程为

$$-F_{IA} r\delta\varphi_A - M_{IA}\delta\varphi_A + (m_B g - F_{IB}) r\delta\varphi_A = 0 \tag{b}$$

整理上面两个方程，得

$$r(\alpha_A + 2\alpha_B) = g \tag{c}$$

$$(\frac{3}{2}m_A r + m_B r)\alpha_A + m_B r\alpha_B = m_B g \tag{d}$$

联立方程(c)、(d)，得

$$a_A = r\alpha_A = \frac{m_B g}{3m_A + m_B}, \quad a_B = \frac{(2m_B + 3m_A)g}{2(3m_A + m_B)}$$

例 15-3　质量为 m_1 的三角块 A 在水平面上运动，质量为 m_2 的物块 B 在三角块斜面上运动，斜面以及水平面光滑，倾角为 θ，弹簧刚度系数为 k。列写系统运动微分方程，求出物块 B 在斜面上的运动规律。

解　系统为 2 自由度系统，受理想约束。选 x_1，x_2 为广义坐标，其中 x_2 的坐标原点在弹簧的静伸长处。

系统动能为

$$T = \frac{1}{2}m_1\dot{x}_1^2 + \frac{1}{2}m_2(\dot{x}_1^2 + \dot{x}_2^2 + 2\dot{x}_1\dot{x}_2\cos\theta)$$

$$= \frac{1}{2}(m_1 + m_2)\dot{x}_1^2 + \frac{1}{2}m_2\dot{x}_2^2 + m_2\dot{x}_1\dot{x}_2\cos\theta$$

选取弹簧原长处为势能零点，静平衡位置(O'点)为重力势能零点，系统势能为

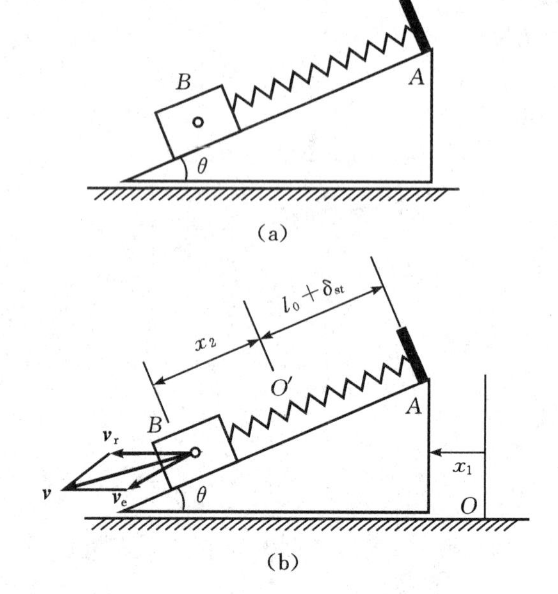

图 15-3

$$V=\frac{1}{2}k(x_2+\delta_{st})^2-m_2gx_2\sin\theta$$

拉氏函数及其(偏)导数：

$$L=T-V$$

$$\frac{\partial L}{\partial \dot{x}_1}=(m_1+m_2)\dot{x}_1+m_2\dot{x}_2\cos\theta$$

$$\frac{\partial L}{\partial \dot{x}_2}=m_2\dot{x}_2+m_2\dot{x}_1\cos\theta$$

$$\frac{d}{dt}\left(\frac{\partial L}{\partial \dot{x}_1}\right)=(m_1+m_2)\ddot{x}_1+m_2\ddot{x}_2\cos\theta$$

$$\frac{d}{dt}\left(\frac{\partial L}{\partial \dot{x}_2}\right)=m_2\ddot{x}_2+m_2\ddot{x}_1\cos\theta$$

$$\frac{\partial L}{\partial x_1}=0,\frac{\partial L}{\partial x_2}=-kx_2$$

将上面各项代入拉格朗日方程：$\frac{d}{dt}(\frac{\partial L}{\partial \dot{q}_j})-\frac{\partial L}{\partial q_j}=0$，得到系统运动微分方程：

$$(m_1+m_2)\ddot{x}_1+m_2\ddot{x}_2\cos\theta=0$$

$$m_2\ddot{x}_2+m_2\ddot{x}_1\cos\theta+kx_2=0$$

上面两式消去 $\ddot{x}_1$，得到物块 B 在斜面上的运动规律：

$$\frac{m_2(m_1+m_2\sin^2\theta)}{m_1+m_2}\ddot{x}_2+kx_2=0$$

例 15-4 图 15-4(a)所示系统中，均质杆 AB 长度为 $2a$，质量为 m，由刚度系数为 k 的弹簧悬挂在固定面上。弹簧的原长为 a，其质量忽略不计。系统在铅垂面内运动，建立系统的运动微分方程。

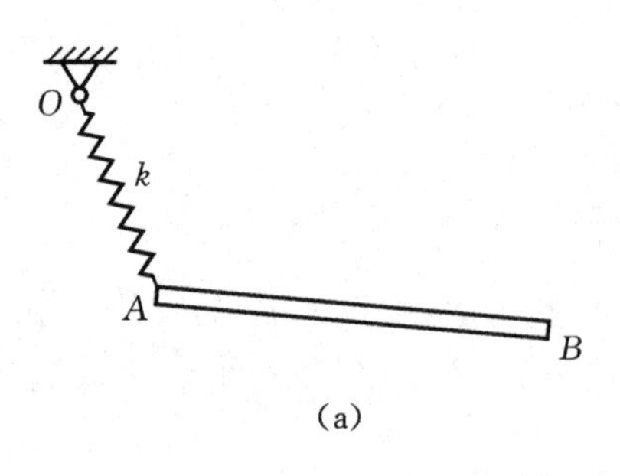

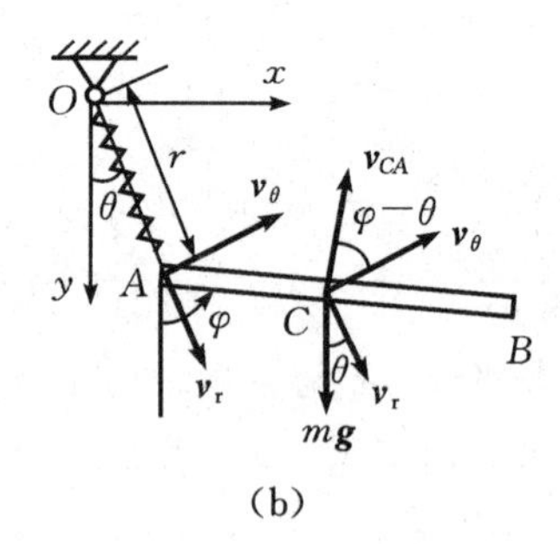

图 15-4

解 取整体为研究对象。AB 杆平面运动，为 3 自由度系统。选取任一瞬时弹簧的长度 r，弹簧中心线与铅垂方向夹角 θ、AB 杆与铅垂线夹角 φ 为广义坐标。

系统动能：

$$T=\frac{1}{2}mv_C^2+\frac{1}{2}J_C\dot{\varphi}^2=\frac{1}{2}m(v_{Cx}^2+v_{Cy}^2)+\frac{1}{2}J_C\dot{\varphi}^2$$

其中：$\boldsymbol{v}_C=\boldsymbol{v}_A+\boldsymbol{v}_{CA}=\boldsymbol{v}_r+\boldsymbol{v}_\theta+\boldsymbol{v}_{CA}$，$v_r=\dot{r}$，$v_\theta=r\dot{\theta}$，$v_{CA}=a\dot{\varphi}$

$$v_{Cx}=v_r\sin\theta+v_\theta\cos\theta+v_{CA}\cos\varphi=\dot{r}\sin\theta+r\dot{\theta}\cos\theta+a\dot{\varphi}\cos\varphi$$

$$v_{Cy}=v_r\cos\theta-v_\theta\sin\theta-v_{CA}\sin\varphi=\dot{r}\cos\theta-r\dot{\theta}\sin\theta-a\dot{\varphi}\sin\varphi$$

$$T=\frac{1}{2}mv_C^2+\frac{1}{2}J_C\dot{\varphi}^2$$

$$=\frac{1}{2}m[\dot{r}^2+r^2\dot{\theta}^2+a^2\dot{\varphi}^2+2ar\dot{\theta}\dot{\varphi}\cos(\varphi-\theta)-2a\dot{r}\dot{\varphi}\sin(\varphi-\theta)]+\frac{1}{6}ma^2\dot{\varphi}^2$$

选弹簧原长处为弹性势能零点，过 O 点的水平面为重力势能零点，系统势能：

$$V=\frac{k}{2}(r-a)^2-mg(r\cos\theta+a\cos\varphi)$$

系统的拉氏函数为

$$L=T-V=\frac{1}{2}m[\dot{r}^2+r^2\dot{\theta}^2+a^2\dot{\varphi}^2+2ar\dot{\theta}\dot{\varphi}\cos(\varphi-\theta)-2a\dot{r}\dot{\varphi}\sin(\varphi-\theta)]+\frac{1}{6}ma^2\dot{\varphi}^2-\frac{k}{2}(r-a)^2+mg(r\cos\theta+a\cos\varphi)$$

拉氏函数的(偏)导数为

$$\frac{\partial L}{\partial\dot{r}}=m[\dot{r}-a\dot{\varphi}\sin(\varphi-\theta)]$$

$$\frac{\mathrm{d}}{\mathrm{d}t}(\frac{\partial L}{\partial\dot{r}})=m[\ddot{r}-a\ddot{\varphi}\sin(\varphi-\theta)-a\dot{\varphi}\cos(\varphi-\theta)(\dot{\varphi}-\dot{\theta})]$$

$$\frac{\partial L}{\partial r}=mr\dot{\theta}^2+ma\dot{\theta}\dot{\varphi}\cos(\varphi-\theta)-k(r-a)+mg\cos\theta$$

$$\frac{\partial L}{\partial\dot{\theta}}=mr^2\dot{\theta}+mar\dot{\varphi}\cos(\varphi-\theta)$$

$$\frac{\mathrm{d}}{\mathrm{d}t}(\frac{\partial L}{\partial\dot{\theta}})=mr^2\ddot{\theta}+2mr\dot{r}\dot{\theta}+ma\dot{r}\dot{\varphi}\cos(\varphi-\theta)+mar\ddot{\varphi}\cos(\varphi-\theta)-mar\dot{\varphi}\sin(\varphi-\theta)(\dot{\varphi}-\dot{\theta})$$

$$\frac{\partial L}{\partial\theta}=mar\dot{\theta}\dot{\varphi}\sin(\varphi-\theta)+ma\dot{r}\dot{\varphi}\cos(\varphi-\theta)-mgr\sin\theta$$

$$\frac{\partial L}{\partial\dot{\varphi}}=ma^2\dot{\varphi}+mar\dot{\theta}\cos(\varphi-\theta)-ma\dot{r}\sin(\varphi-\theta)+\frac{1}{3}ma^2\dot{\varphi}$$

$$\frac{\mathrm{d}}{\mathrm{d}t}(\frac{\partial L}{\partial\dot{\varphi}})=ma^2\ddot{\varphi}+mar\ddot{\theta}\cos(\varphi-\theta)+ma\dot{r}\dot{\theta}\cos(\varphi-\theta)-mar\dot{\theta}\sin(\varphi-\theta)(\dot{\varphi}-\dot{\theta})-ma\ddot{r}\sin(\varphi-\theta)-ma\dot{r}\cos(\varphi-\theta)(\dot{\varphi}-\dot{\theta})+\frac{1}{3}ma^2\ddot{\varphi}$$

$$\frac{\partial L}{\partial\varphi}=-mar\dot{\theta}\dot{\varphi}\sin(\varphi-\theta)-ma\dot{r}\dot{\varphi}\cos(\varphi-\theta)-mga\sin\varphi$$

弹性力和重力均为有势力，用保守系统的拉格朗日方程求解，系统方程为

$$\frac{\mathrm{d}}{\mathrm{d}t}(\frac{\partial L}{\partial\dot{r}})-\frac{\partial L}{\partial r}=0$$

$$\frac{\mathrm{d}}{\mathrm{d}t}(\frac{\partial L}{\partial\dot{\theta}})-\frac{\partial L}{\partial\theta}=0$$

$$\frac{\mathrm{d}}{\mathrm{d}t}(\frac{\partial L}{\partial\dot{\varphi}})-\frac{\partial L}{\partial\varphi}=0$$

整理得到系统运动微分方程：

$$m\ddot{r}-ma[\ddot{\varphi}\sin(\varphi-\theta)+\dot{\varphi}^2\cos(\varphi-\theta)]-mr\dot{\theta}^2+k(r-a)-mg\cos\theta=0$$

$$mr^2\ddot{\theta}+2mr\dot{r}\dot{\theta}+mar\ddot{\varphi}\cos(\varphi-\theta)-mar\dot{\varphi}^2\sin(\varphi-\theta)+mgr\sin\theta=0$$

$$ma[\frac{4}{3}a\ddot{\varphi}+r\ddot{\theta}\cos(\varphi-\theta)+2\dot{r}\dot{\theta}\cos(\varphi-\theta)+r\dot{\theta}^2\sin(\varphi-\theta)-\ddot{r}\sin(\varphi-\theta)+g\sin\varphi]=0$$

15.4 题　解

15-1 重为$\boldsymbol{G}_1$的均质圆柱A上绕一不计重量且不可伸长的细绳，绳的另一端跨过不计重量的定滑轮B和重为$\boldsymbol{G}_2$的物块C相连，如图所示，物块与桌面间的动滑动摩擦系数为f。若圆柱体从静止开始释放，试求其质心的加速度。

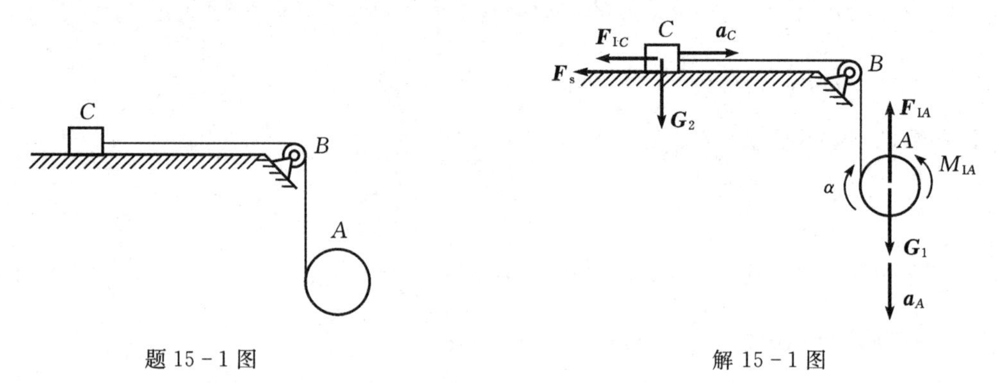

题 15-1 图　　　　解 15-1 图

解　取系统为研究对象，为 2 自由度系统。

运动学关系如下：

$$a_A=a_C+r\alpha,\alpha=\frac{a_A-a_C}{r}$$

惯性力和惯性力偶矩的大小：

$$F_{IA}=\frac{G_1}{g}a_A,F_{IC}=\frac{G_2}{g}a_C,M_{IA}=J_A\alpha=\frac{G_1}{2g}r(a_A-a_C)$$

系统虚位移：以δs_A，δs_C描述圆柱中心和物块的虚位移，则

$$\delta\varphi=\frac{1}{r}(\delta s_A-\delta s_C)$$

列写系统动力学普遍方程(见解 15-1 图)：

$$G_1\delta s_A-F_s\delta s_C-F_{IC}\delta s_C-F_{IA}\delta s_A-M_{IA}\delta\varphi=0$$

整理：

$$G_1-\frac{3G_1}{2g}a_A+\frac{G_1}{2g}a_C=0$$

$$F_s-\frac{G_1}{2g}a_A+\frac{2G_2+G_1}{2g}a_C=0$$

解得：

$$a_A=\frac{G_1+2G_2-fG_2}{G_1+3G_2}g,\quad a_C=\frac{G_1-3fG_2}{G_1+3G_2}g$$

15-2　不可伸长的柔绳分别跨过两个定滑轮 A、B 并且绕过动滑轮 C，略去绳子及两定滑轮的质量且不计轴承处的摩擦。已知：动滑轮的半径 $R=10$ cm，质量 $m=1$ kg，三个重物的质量分别为 $m_1=10$ kg，$m_2=8$ kg，$m_3=4$ kg，试分别求出这三个重物的加速度。

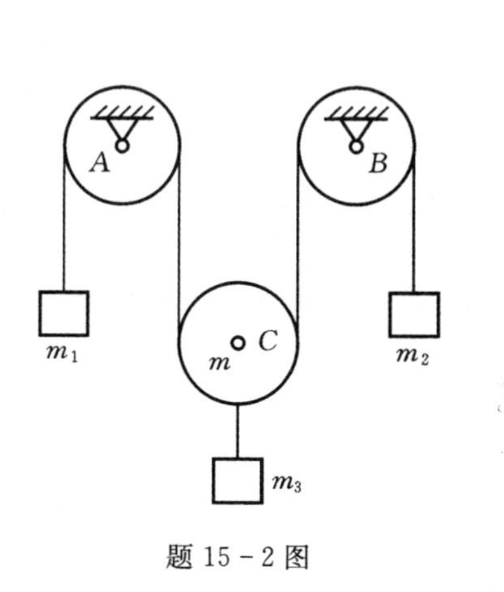

题 15-2 图

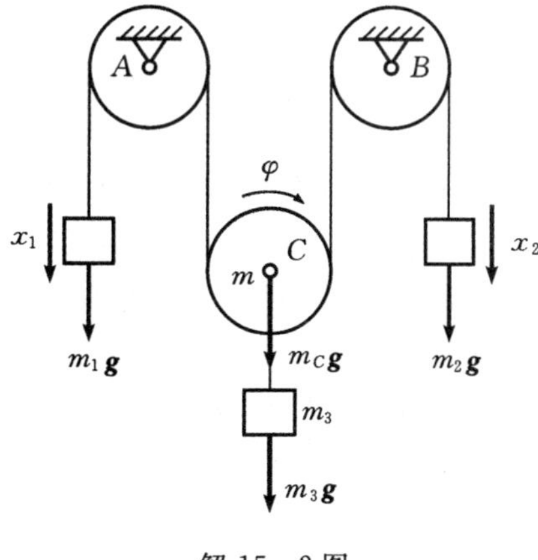

解 15-2 图

解　系统为 2 自由度系统，取物块 1、2 下落的位移 x_1、x_2 为广义坐标，则轮 C 的转角为$\varphi=\dfrac{x_1-x_2}{2R}$。

系统动能：

$$T=\frac{1}{2}m_1\dot{x}_1^2+\frac{1}{2}m_2\dot{x}_2^2+\frac{1}{2}m_3\dot{x}_3^2+\frac{1}{2}m_C\dot{x}_C^2+\frac{1}{2}J_C\dot{\varphi}^2$$

$$=\frac{1}{2}m_1\dot{x}_1^2+\frac{1}{2}m_2\dot{x}_2^2+\frac{1}{2}(m_3+m_C)\left(\frac{\dot{x}_1+\dot{x}_2}{2}\right)^2+\frac{1}{2}\cdot\frac{1}{2}m_CR^2\left(\frac{\dot{x}_1-\dot{x}_2}{2R}\right)^2$$

$$=5\dot{x}_1^2+4\dot{x}_2^2+\frac{5}{8}(\dot{x}_1^2+\dot{x}_2^2+2\dot{x}_1\dot{x}_2)+\frac{1}{16}(\dot{x}_1^2+\dot{x}_2^2-2\dot{x}_1\dot{x}_2)$$

$$=(5+\frac{10}{16}+\frac{1}{16})\dot{x}_1^2+(4+\frac{10}{16}+\frac{1}{16})\dot{x}_2^2+\frac{9}{8}\dot{x}_1\dot{x}_2$$

$$=\frac{91}{16}\dot{x}_1^2+\frac{75}{16}\dot{x}_2^2+\frac{9}{8}\dot{x}_1\dot{x}_2$$

AB 所在位置为势能零点，系统势能：

$$V=-m_1gl_1-m_2gl_2-m_3gl_3-m_Cgl_C-m_1gx_1-m_2gx_2+\frac{1}{2}(m_3+m_C)g(x_1+x_2)$$

$$V=C-10gx_1-8gx_2+\frac{5}{2}g(x_1+x_2)$$

拉格朗日函数及其(偏)导数：

$$L=T-V=\frac{91}{16}\dot{x}_1^2+\frac{75}{16}\dot{x}_2^2+\frac{9}{8}\dot{x}_1\dot{x}_2-C+10gx_1+8gx_2-\frac{5}{2}g(x_1+x_2)$$

$$\frac{\partial L}{\partial \dot{x}_1}=\frac{91}{8}\dot{x}_1+\frac{9}{8}\dot{x}_2,\ \frac{\mathrm{d}}{\mathrm{d}t}\left(\frac{\partial L}{\partial \dot{x}_1}\right)=\frac{91}{8}\ddot{x}_1+\frac{9}{8}\ddot{x}_2$$

$$\frac{\partial L}{\partial \dot{x}_2}=\frac{75}{8}\dot{x}_2+\frac{9}{8}\dot{x}_1,\ \frac{\mathrm{d}}{\mathrm{d}t}\left(\frac{\partial L}{\partial \dot{x}_2}\right)=\frac{75}{8}\ddot{x}_2+\frac{9}{8}\ddot{x}_1$$

$\frac{\partial L}{\partial x_1}=10g-\frac{5}{2}g=\frac{15}{2}g,\frac{\partial L}{\partial x_2}=8g-\frac{5}{2}g=\frac{11}{2}g$

将上面各项代入拉格朗日方程：$\frac{\mathrm{d}}{\mathrm{d}t}(\frac{\partial L}{\partial \dot{q}_j})-\frac{\partial L}{\partial q_j}=0$

$\frac{91}{8}\ddot{x}_1+\frac{9}{8}\ddot{x}_2-\frac{15}{2}g=0,\frac{75}{8}\ddot{x}_2+\frac{9}{8}\ddot{x}_1-\frac{11}{2}g=0$

根据上面两个方程：$\ddot{x}_1=0.608g(\downarrow),\ddot{x}_2=0.514g(\downarrow),\ddot{x}_3=0.561g(\uparrow)$

15-3 如图所示均质圆盘 A 半径为 r，质量为 $M=2m$，可在水平面上作纯滚动，圆盘中心安装一单摆。摆杆长 $AB=l$，质量不计，摆锤 B 的质量为 m。试应用拉格朗日方程建立系统微幅振动的运动微分方程。

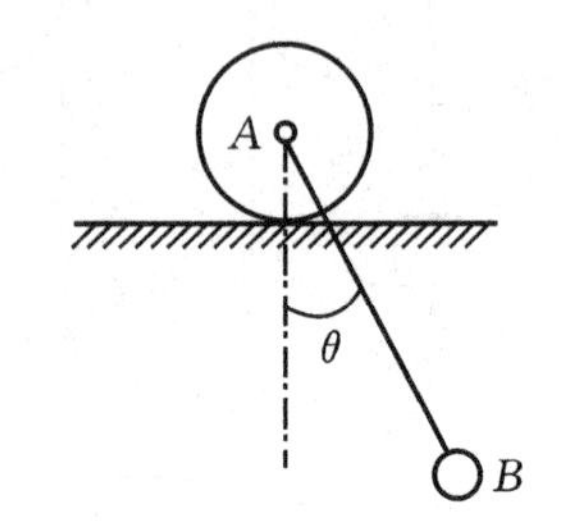

题 15-3 图

解 取系统为研究对象，取轮子水平方向位移 x 和杆的转角 θ 为广义坐标。A 点所在水平面为重力势能零点。

$$T=\frac{1}{2}M\dot{x}^2+\frac{1}{2}\cdot\frac{1}{2}Mr^2\left(\frac{\dot{x}}{r}\right)^2+\frac{1}{2}mv_{Bx}^2+\frac{1}{2}mv_{By}^2$$

$$=\frac{1}{2}2m\dot{x}^2+\frac{1}{2}\cdot\frac{1}{2}2mr^2\left(\frac{\dot{x}}{r}\right)^2+\frac{1}{2}m(\dot{x}+l\dot{\theta}\cos\theta)^2+\frac{1}{2}m(l\dot{\theta}\sin\theta)^2$$

$$=\frac{3}{2}m\dot{x}^2+\frac{1}{2}m\dot{x}^2+\frac{1}{2}ml^2\dot{\theta}^2+ml\dot{x}\dot{\theta}\cos\theta$$

$$V=-mgl\cos\theta$$

$$L=T-V=2m\dot{x}^2+\frac{1}{2}ml^2\dot{\theta}^2+ml\dot{x}\dot{\theta}\cos\theta+mgl\cos\theta$$

$$\frac{\partial L}{\partial \dot{x}}=4m\dot{x}+ml\dot{\theta}\cos\theta,\frac{\mathrm{d}}{\mathrm{d}t}\left(\frac{\partial L}{\partial \dot{x}}\right)=4m\ddot{x}+ml\ddot{\theta}\cos\theta-ml\dot{\theta}^2\sin\theta$$

$$\frac{\partial L}{\partial \dot{\theta}}=ml^2\dot{\theta}+m\dot{x}l\cos\theta,\frac{\mathrm{d}}{\mathrm{d}t}\left(\frac{\partial L}{\partial \dot{\theta}}\right)=ml^2\ddot{\theta}+m\ddot{x}l\cos\theta-m\dot{x}\dot{\theta}l\sin\theta$$

$$\frac{\partial L}{\partial x}=0\quad \frac{\partial L}{\partial \theta}=-mgl\sin\theta-ml\dot{x}\dot{\theta}\sin\theta$$

将上面各项代入拉格朗日方程：$\frac{\mathrm{d}}{\mathrm{d}t}(\frac{\partial L}{\partial \dot{q}_j})-\frac{\partial L}{\partial q_j}=0$

$$4m\ddot{x}+ml\ddot{\theta}\cos\theta-ml\dot{\theta}^2\sin\theta=0$$

$$ml^2\ddot{\theta}+m\ddot{x}l\cos\theta+mgl\sin\theta=0$$

整理，$\cos\theta\approx1,\sin\theta\approx\theta$，略去高阶项：$4\ddot{x}+l\ddot{\theta}=0,\ddot{x}+l\ddot{\theta}+g\theta=0$

15-4 如图所示，设与弹簧相连的滑块 A，质量为 M，滑块可沿光滑水平面作无摩擦平动，弹簧刚性系数为 k。在滑块 A 上连接一单摆，摆长 $AB=l$，摆锤质量为 m。试应用拉格朗日方程建立系统微幅振动的运动微分方程。

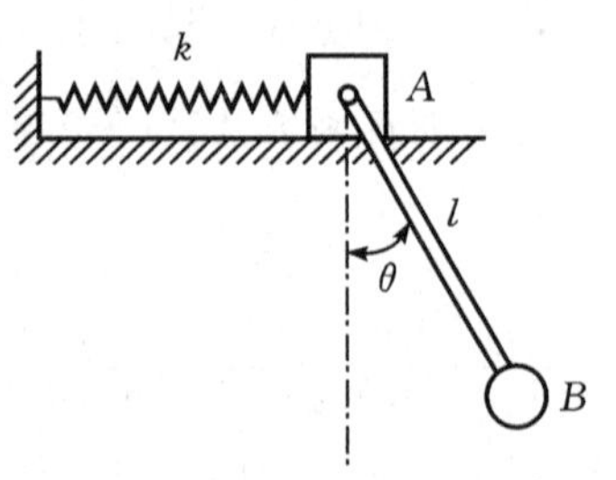

题 15-4 图

解 以系统为研究对象，取物块 A 水平方向位移 x 和杆的转角 θ 为广义坐标。弹簧原长处为弹性势能零点，A 点所在水平面为重力势能零点。

$$T=\frac{1}{2}M\dot{x}^2+\frac{1}{2}mv_{Bx}^2+\frac{1}{2}mv_{By}^2$$

$$=\frac{1}{2}M\dot{x}^2+\frac{1}{2}m(\dot{x}+l\dot{\theta}\cos\theta)^2+\frac{1}{2}m(l\dot{\theta}\sin\theta)^2$$

$$=\frac{1}{2}M\dot{x}^2+\frac{1}{2}m\dot{x}^2+\frac{1}{2}ml^2\dot{\theta}^2+ml\dot{x}\dot{\theta}\cos\theta$$

$$V=\frac{1}{2}kx^2-mgl\cos\theta$$

$$L=T-V=\frac{1}{2}(M+m)\dot{x}^2+\frac{1}{2}ml^2\dot{\theta}^2+ml\dot{x}\dot{\theta}\cos\theta-\frac{1}{2}kx^2+mgl\cos\theta$$

$$\frac{\partial L}{\partial \dot{x}}=(M+m)\dot{x}+ml\dot{\theta}\cos\theta,\frac{\mathrm{d}}{\mathrm{d}t}\left(\frac{\partial L}{\partial \dot{x}}\right)=(M+m)\ddot{x}+ml\ddot{\theta}\cos\theta-ml\dot{\theta}^2\sin\theta$$

$$\frac{\partial L}{\partial \dot{\theta}}=ml^2\dot{\theta}+m\dot{x}l\cos\theta,\frac{\mathrm{d}}{\mathrm{d}t}\left(\frac{\partial L}{\partial \dot{\theta}}\right)=ml^2\ddot{\theta}+m\ddot{x}l\cos\theta-ml\dot{x}\dot{\theta}\sin\theta$$

$$\frac{\partial L}{\partial x}=-kx\quad \frac{\partial L}{\partial \theta}=-mgl\sin\theta-ml\dot{x}\dot{\theta}\sin\theta$$

将上面各项代入拉格朗日方程：$\frac{\mathrm{d}}{\mathrm{d}t}(\frac{\partial L}{\partial \dot{q}_j})-\frac{\partial L}{\partial q_j}=0$

$$(M+m)\ddot{x}+ml\ddot{\theta}\cos\theta-ml\dot{\theta}^2\sin\theta+kx=0$$

$$ml^2\ddot{\theta}+m\ddot{x}l\cos\theta+mgl\sin\theta=0$$

整理，$\cos\theta\approx1$，$\sin\theta\approx\theta$，略去高阶项得

$$(M+m)\ddot{x}+ml\ddot{\theta}+kx=0$$

$$\ddot{x}+l\ddot{\theta}+g\theta=0$$

15－5　图示均质杆 AB 长为 l，质量为 m，A 端与刚性系数为 k 的弹簧连接，可沿铅直方向运动，也可绕点 A 在铅直面内摆动，若不计摩擦及小轮的重量，试用拉格朗日方程导出杆 AB 在平衡位置附近微幅振动的运动微分方程。

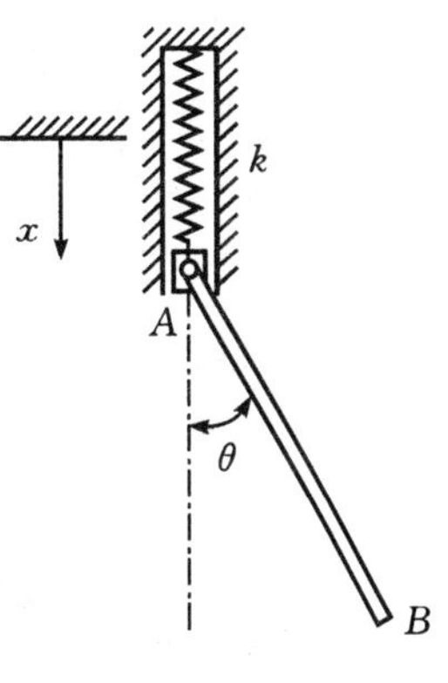

题 15－5 图

解　取系统为研究对象，A 点铅垂方向位移 x 和杆的转角 θ 为广义坐标，AB 杆作平面运动。

系统动能：

$$T=\frac{1}{2}mv_C^2+\frac{1}{2}J_C\dot{\theta}^2$$

$$=\frac{1}{2}m[(\dot{x}-\frac{l}{2}\dot{\theta}\sin\theta)^2+(\frac{l}{2}\dot{\theta}\cos\theta)^2]+\frac{1}{2}J_C\dot{\theta}^2$$

$$=\frac{1}{2}m\dot{x}^2+\frac{1}{8}ml^2\dot{\theta}^2-\frac{1}{2}ml\dot{x}\dot{\theta}\sin\theta+\frac{1}{24}ml^2\dot{\theta}^2$$

取静平衡位置为势能零点，系统势能：

$$V=\frac{1}{2}kx^2+mg\ \frac{l}{2}(1-\cos\theta)$$

拉格朗日函数：

$$L=T-V=\frac{1}{2}m\dot{x}^2+\frac{1}{6}ml^2\dot{\theta}^2-\frac{1}{2}ml\dot{x}\dot{\theta}\sin\theta-\frac{1}{2}kx^2-mg\ \frac{l}{2}(1-\cos\theta)$$

$$\frac{\partial L}{\partial \dot{x}}=m\dot{x}-\frac{1}{2}ml\dot{\theta}\sin\theta,\qquad \frac{\mathrm{d}}{\mathrm{d}t}\left(\frac{\partial L}{\partial \dot{x}}\right)=m\ddot{x}-\frac{1}{2}ml\ddot{\theta}\sin\theta-\frac{1}{2}ml\dot{\theta}^2\cos\theta$$

$$\frac{\partial L}{\partial \dot{\theta}}=\frac{1}{3}ml^2\dot{\theta}-\frac{1}{2}ml\dot{x}\sin\theta,\quad \frac{\mathrm{d}}{\mathrm{d}t}\left(\frac{\partial L}{\partial \dot{\theta}}\right)=\frac{1}{3}ml^2\ddot{\theta}-\frac{1}{2}ml\ddot{x}\sin\theta-\frac{1}{2}ml\dot{x}\dot{\theta}\cos\theta$$

$$\frac{\partial L}{\partial x}=-kx$$

$$\frac{\partial L}{\partial \theta}=-\frac{1}{2}ml\dot{x}\dot{\theta}\cos\theta-\frac{1}{2}mgl\sin\theta$$

将上面各项代入拉格朗日方程：$\frac{\mathrm{d}}{\mathrm{d}t}(\frac{\partial L}{\partial \dot{q}_j})-\frac{\partial L}{\partial q_j}=0$

$$m\ddot{x}-\frac{1}{2}ml\ddot{\theta}\sin\theta-\frac{1}{2}ml\dot{\theta}^2\cos\theta+kx=0$$

$$\frac{1}{3}ml^2\ddot{\theta}-\frac{1}{2}ml\ddot{x}\sin\theta+\frac{1}{2}mgl\sin\theta=0$$

整理，在静平衡位置附近 $\cos\theta\approx1$，$\sin\theta\approx\theta$，略去高阶项得

$$m\ddot{x}+kx=0$$

$$\frac{2}{3}l\ddot{\theta}+g\theta=0$$

15-6 图示均质杆 AB 质量为 m，长为 $3r$，通过光滑铰链与半径为 r、质量为 m 的均质圆盘的中心 A 铰接，圆盘可在水平轨道上作纯滚动。试求系统在平衡位置附近微幅振动的运动微分方程。

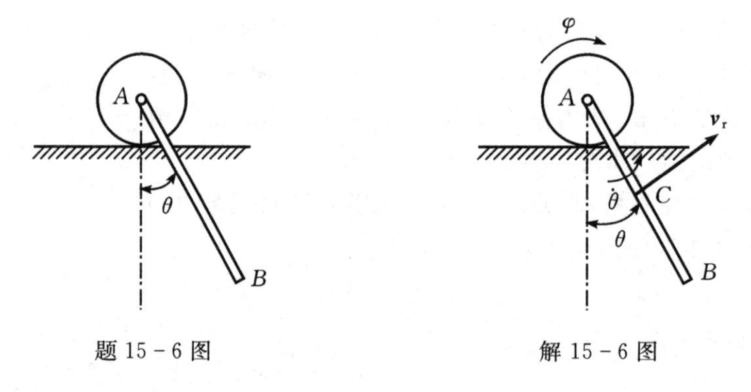

题 15-6 图　　解 15-6 图

解 取系统为研究对象，轮 A 的转角 φ 和杆的转角 θ 为广义坐标，A 点所在水平面为势能零点，则

$$T=\frac{1}{2}m(\dot{\varphi}r)^2+\frac{1}{2}\cdot\frac{1}{2}mr^2\dot{\varphi}^2+\frac{1}{2}m(v_{Cx}^2+v_{Cy}^2)+\frac{1}{2}\cdot\frac{1}{12}m(3r)^2\dot{\theta}^2$$

$$=\frac{1}{2}m(\dot{\varphi}r)^2+\frac{1}{2}\cdot\frac{1}{2}mr^2\dot{\varphi}^2+\frac{1}{2}m\left[\left(\dot{\varphi}r+\frac{3}{2}r\dot{\theta}\cos\theta\right)^2+\left(\frac{3}{2}r\dot{\theta}\sin\theta\right)^2\right]+\frac{3}{8}mr^2\dot{\theta}^2$$

$$=\frac{3}{4}mr^2\dot{\varphi}^2+\frac{1}{2}mr^2\left(\dot{\varphi}^2+\frac{9}{4}\dot{\theta}^2+3\dot{\theta}\dot{\varphi}\cos\theta\right)+\frac{3}{8}mr^2\dot{\theta}^2$$

$$V=-\frac{3r}{2}mg\cos\theta$$

$$L=T-V=\frac{5}{4}mr^2\dot{\varphi}^2+\frac{3}{2}mr^2\dot{\theta}^2+\frac{3}{2}mr^2\dot{\theta}\dot{\varphi}\cos\theta+\frac{3r}{2}mg\cos\theta$$

$$\frac{\partial L}{\partial \dot{\varphi}}=\frac{5}{2}mr^2\dot{\varphi}+\frac{3}{2}mr^2\dot{\theta}\cos\theta,\quad \frac{\mathrm{d}}{\mathrm{d}t}\left(\frac{\partial L}{\partial \dot{\varphi}}\right)=\frac{5}{2}mr^2\ddot{\varphi}+\frac{3}{2}mr^2\ddot{\theta}\cos\theta-\frac{3}{2}mr^2\dot{\theta}^2\sin\theta$$

$$\frac{\partial L}{\partial \dot{\theta}}=3mr^2\dot{\theta}+\frac{3}{2}mr^2\dot{\varphi}\cos\theta,\quad \frac{\mathrm{d}}{\mathrm{d}t}\left(\frac{\partial L}{\partial \dot{\theta}}\right)=3mr^2\ddot{\theta}+\frac{3}{2}mr^2\ddot{\varphi}\cos\theta-\frac{3}{2}mr^2\dot{\varphi}\dot{\theta}\sin\theta$$

$$\frac{\partial L}{\partial \varphi}=0$$

$$\frac{\partial L}{\partial \theta}=-\frac{3}{2}mr^2\dot{\theta}\dot{\varphi}\sin\theta-\frac{3r}{2}mg\sin\theta$$

将上面各项代入拉格朗日方程：$\frac{\mathrm{d}}{\mathrm{d}t}\left(\frac{\partial L}{\partial \dot{q}_j}\right)-\frac{\partial L}{\partial q_j}=0$

$$5mr^2\ddot{\varphi}+3mr^2\ddot{\theta}\cos\theta-3mr^2\dot{\theta}^2\sin\theta=0$$

$$6mr^2\ddot{\theta}+3mr^2\ddot{\varphi}\cos\theta+3rmg\sin\theta=0$$

若系统在平衡位置附近微幅振动，$\cos\theta\approx 1$，$\sin\theta\approx\theta$

系统运动微分方程为

$$5\ddot{\varphi}+3\ddot{\theta}=0$$

$$2\ddot{\theta}+\ddot{\varphi}+\frac{g}{r}\theta=0$$

15-7　均质圆柱体 A 重量 $G_1=19.6$ N，$r=10$ cm，通过绳子和弹簧与重量 $G_2=9.8$ N 的重物 C 相连。弹簧的刚性系数 $k=2$ N/cm。若不计定滑轮 B 的质量，且圆柱体在斜面上作纯滚动，试求系统的运动微分方程。

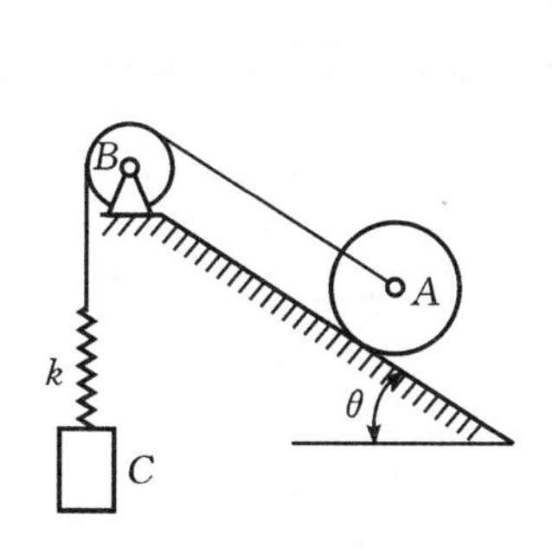

题 15-7 图

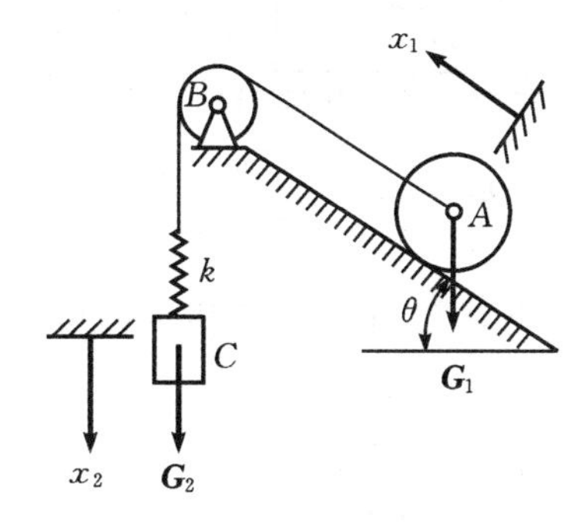

解 15-7 图

解　取系统为研究对象，轮 A 和物块 C 的位移 x_1 和 x_2 为广义坐标，如解 15-7 图所示。

系统动能：

$$T=\frac{1}{2}m_1\dot{x}_1^2+\frac{1}{2}\cdot\frac{1}{2}m_1r^2\left(\frac{\dot{x}_1}{r}\right)^2+\frac{1}{2}m_2\dot{x}_2^2=\frac{3}{4}m_1\dot{x}_1^2+\frac{1}{2}m_2\dot{x}_2^2$$

取静平衡位置为势能零点，静变形对应的弹性势能与重力势能相抵消，系统势能：

$$V=\frac{k}{2}(x_2-x_1)^2$$

拉格朗日函数：

$$L=T-V=\frac{3}{4}m_1\dot{x}_1^2+\frac{1}{2}m_2\dot{x}_2^2-\frac{k}{2}(x_2-x_1)^2$$

$$\frac{\partial L}{\partial \dot{x}_1}=\frac{3}{2}m_1\dot{x}_1,\frac{\mathrm{d}}{\mathrm{d}t}\left(\frac{\partial L}{\partial \dot{x}_1}\right)=\frac{3}{2}m_1\ddot{x}_1$$

$$\frac{\partial L}{\partial \dot{x}_2}=m_2\dot{x}_2,\frac{\mathrm{d}}{\mathrm{d}t}\left(\frac{\partial L}{\partial \dot{x}_2}\right)=m_2\ddot{x}_2$$

$$\frac{\partial L}{\partial x_1}=k(x_2-x_1),\frac{\partial L}{\partial x_2}=-k(x_2-x_1)$$

将上面各项代入拉格朗日方程，$\frac{\mathrm{d}}{\mathrm{d}t}(\frac{\partial L}{\partial \dot{q}_j})-\frac{\partial L}{\partial q_j}=0$，整理得到系统运动微分方程：

$$\frac{3}{2}m_1\ddot{x}_1-k(x_2-x_1)=0$$

$$m_2\ddot{x}_2+k(x_2-x_1)=0$$

代入具体参数：$\begin{aligned}&3\ddot{x}_1-200(x_2-x_1)=0\\&\ddot{x}_2+200(x_2-x_1)=0\end{aligned}$

15-8　小车重量为 $2\boldsymbol{G}$，可在光滑水平面上运动，圆柱体 C 重量为 $\boldsymbol{G}$，半径为 r，可在小车上半径为 $3r$ 的半圆槽内作微幅纯滚动。设圆柱体 C 从 $\theta=\theta_0$ 处由静止开始运动，试求：(1)系统的运动微分方程；(2)初瞬时小车的加速度。

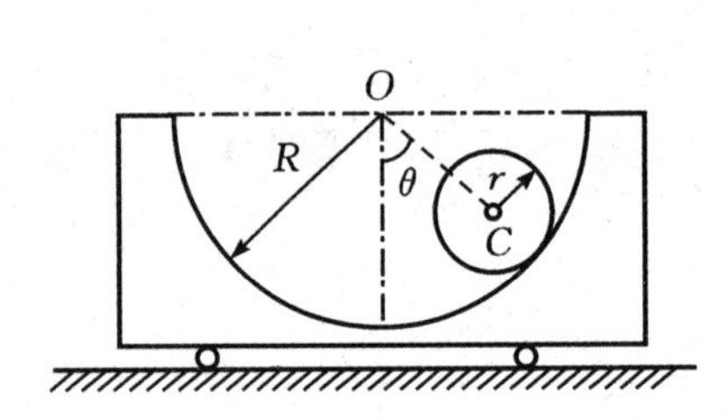

题 15-8 图

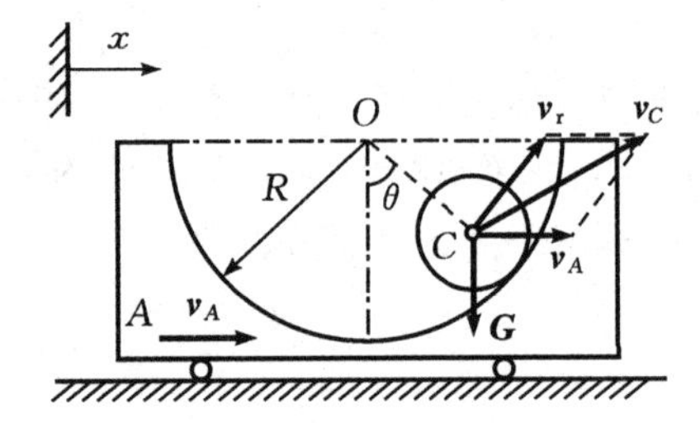

解 15-8 图

解　取系统为研究对象，小车的位移 x 和 OC 与铅垂方向的夹角 θ 为广义坐标。

系统动能：

$$\begin{aligned}T&=\frac{1}{2}m_Av_A^2+\frac{1}{2}m_Cv_C^2+\frac{1}{2}J_C\omega_C^2\\&=\frac{1}{2}m_Av_A^2+\frac{1}{2}m_C(v_A^2+v_r^2+2v_Av_r\cos\theta)+\frac{1}{4}m_Cr^2\omega_C^2\\&=\frac{1}{2}m_A\dot{x}^2+\frac{1}{2}m_C[\dot{x}^2+(3r-r)^2\dot{\theta}^2+2\dot{x}(3r-r)\dot{\theta}\cos\theta]+\frac{1}{4}m_Cr^2\cdot\left(\frac{3r-r}{r}\right)^2\dot{\theta}^2\\&=\frac{1}{g}G\dot{x}^2+\frac{1}{2g}G[\dot{x}^2+4r^2\dot{\theta}^2+4r\dot{x}\dot{\theta}\cos\theta]+\frac{1}{g}Gr^2\cdot\dot{\theta}^2\\&=\frac{3}{2g}G\dot{x}^2+\frac{2}{g}Gr\dot{x}\dot{\theta}\cos\theta+\frac{3}{g}Gr^2\cdot\dot{\theta}^2\end{aligned}$$

系统中只有重力做功，取 $x=0,\theta=0$ 为势能零点，系统势能：

$$V=mg(3r-r)(1-\cos\theta)=2mgr(1-\cos\theta)$$

拉格朗日函数及其(偏)导数：

$$L=T-V=\frac{3}{2g}G\dot{x}^2+\frac{2}{g}Gr\dot{x}\dot{\theta}\cos\theta+\frac{3}{g}Gr^2\cdot\dot{\theta}^2-2mgr(1-\cos\theta)$$

$$\frac{\partial L}{\partial \dot{x}}=\frac{3}{g}G\dot{x}+\frac{2}{g}Gr\dot{\theta}\cos\theta,\quad \frac{\mathrm{d}}{\mathrm{d}t}\left(\frac{\partial L}{\partial \dot{x}}\right)=\frac{3}{g}G\ddot{x}+\frac{2}{g}Gr\ddot{\theta}\cos\theta-\frac{2}{g}Gr\dot{\theta}^2\sin\theta$$

$$\frac{\partial L}{\partial \dot{\theta}}=\frac{6}{g}Gr^2\dot{\theta}+\frac{2}{g}Gr\dot{x}\cos\theta,\quad \frac{\mathrm{d}}{\mathrm{d}t}\left(\frac{\partial L}{\partial \dot{\theta}}\right)=\frac{6}{g}Gr^2\ddot{\theta}+\frac{2}{g}Gr\ddot{x}\cos\theta-\frac{2}{g}Gr\dot{x}\dot{\theta}\sin\theta$$

$$\frac{\partial L}{\partial x}=0,\quad \frac{\partial L}{\partial \theta}=-2mgr\sin\theta-\frac{2}{g}Gr\dot{x}\dot{\theta}\sin\theta$$

将上面各项代入拉格朗日方程$\frac{\mathrm{d}}{\mathrm{d}t}(\frac{\partial L}{\partial \dot{q}_j})-\frac{\partial L}{\partial q_j}=0$，整理，略去高阶量，得到系统在静平衡位置微幅振动的运动微分方程：

$$3\ddot{x}+2r\ddot{\theta}=0$$

$$3r\ddot{\theta}+\ddot{x}+g\theta=0$$

(2)初瞬时，$\theta=\theta_0$，代入上面的运动微分方程，得

$$\ddot{x}=\frac{2}{7}g\theta_0$$

15－9　铅垂面内摆的悬挂点O以匀速率v作半径为R的圆周运动。若摆锤的质量为m，摆杆长度$OA=2R$，不计摆杆质量。试求摆的运动微分方程。

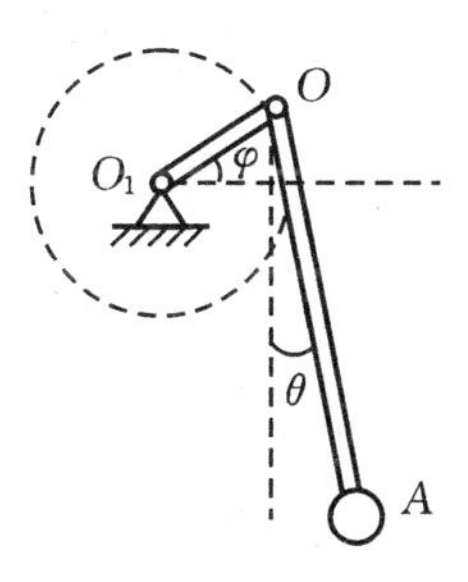

题 15－9 图

解　由于与φ对应的运动已知，因此系统为单自由度系统，选OA与铅垂方向的夹角θ为广义坐标。

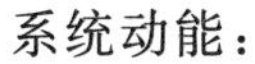
系统动能：

$$T=\frac{1}{2}m_Av_A^2=\frac{1}{2}m_A(v_{Ax}^2+v_{Ay}^2)$$

$$=\frac{1}{2}m_A[(-v\sin\varphi+\dot{\theta}l\cos\theta)^2+(v\cos\varphi+\dot{\theta}l\sin\theta)^2]$$

$$=\frac{1}{2}m_A(v^2+\dot{\theta}^2l^2-2v\dot{\theta}l\sin\varphi\cos\theta+2v\dot{\theta}l\cos\varphi\sin\theta)$$

OO_1水平，OA铅垂位置处为重力势能零点，系统势能：

$$V=mgR\sin\varphi+mgl(1-\cos\theta)$$

拉格朗日函数及其(偏)导数：

$$L=T-V=\frac{1}{2}m_A(v^2+\dot{\theta}^2l^2-2v\dot{\theta}l\sin\varphi\cos\theta+2v\dot{\theta}l\cos\varphi\sin\theta)-mgR\sin\varphi-mgl(1-\cos\theta)$$

$$\frac{\partial L}{\partial \dot{\theta}}=m_Al^2\dot{\theta}-m_Avl\sin\varphi\cos\theta+m_Avl\cos\varphi\sin\theta,$$

$$\frac{\mathrm{d}}{\mathrm{d}t}\left(\frac{\partial L}{\partial \dot{\theta}}\right)=m_Al^2\ddot{\theta}+m_Avl\dot{\theta}\sin\varphi\sin\theta+m_Avl\dot{\theta}\cos\varphi\cos\theta-m_Avl\dot{\varphi}\cos\varphi\cos\theta-m_Avl\dot{\varphi}\sin\varphi\sin\theta$$

$$=m_Al^2\ddot{\theta}+m_Avl(\dot{\theta}-\dot{\varphi})\sin\varphi\sin\theta+m_Avl(\dot{\theta}-\dot{\varphi})\cos\varphi\cos\theta$$

$$=m_Al^2\ddot{\theta}+m_Avl(\dot{\theta}-\dot{\varphi})(\sin\varphi\sin\theta+\cos\varphi\cos\theta)$$

$$=m_Al^2\ddot{\theta}+m_Avl(\dot{\theta}-\dot{\varphi})\cos(\varphi-\theta)$$

$$\frac{\partial L}{\partial \theta}=-m_Agl\sin\theta+m_Av\dot{\theta}^2l\sin\varphi\sin\theta+m_Av\dot{\theta}^2l\cos\varphi\cos\theta$$

将上面各项代入拉格朗日方程$\frac{\mathrm{d}}{\mathrm{d}t}(\frac{\partial L}{\partial \dot{q}_j})-\frac{\partial L}{\partial q_j}=0$，略去高次项，整理得到系统运动微分

方程：

$$\ddot{\theta}-\frac{v^2}{2R^2}\cos(\varphi-\theta)+\frac{g}{2R}\theta=0$$

15－10 铅垂面内的复合摆由两根完全相同的均质杆组成。若杆长为 l，质量为 m，弹簧的原长为 c，刚性系数为 k，b 为已知量。试用拉格朗日方程建立系统的运动微分方程。

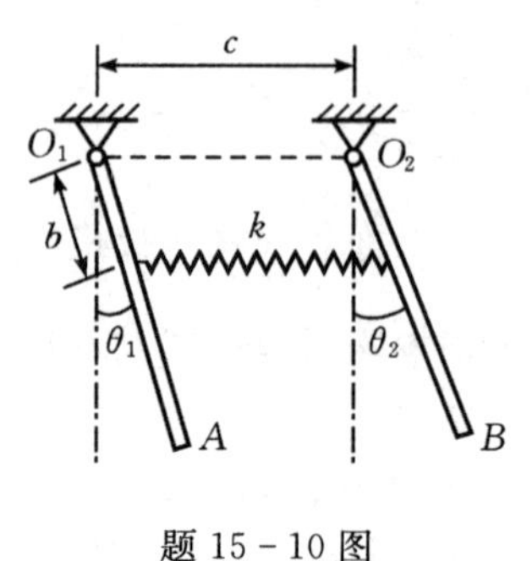

题 15－10 图

解 系统为 2 自由度系统，选取 θ_1 和 θ_2 为广义坐标。

系统动能：

$$T=\frac{1}{2}J_{O_1}\omega_1^2+\frac{1}{2}J_{O_2}\omega_2^2$$

$$=\frac{1}{2}\cdot\frac{1}{3}ml^2\dot{\theta}_1^2+\frac{1}{2}\cdot\frac{1}{3}ml^2\dot{\theta}_2^2=\frac{1}{6}ml^2(\dot{\theta}_1^2+\dot{\theta}_2^2)$$

取静平衡位置为势能零点：

$$V=\frac{1}{2}k(b\theta_2-b\theta_1)^2+\frac{1}{2}mgl(1-\cos\theta_1)+\frac{1}{2}mgl(1-\cos\theta_2)$$

$$=\frac{1}{2}kb^2(\theta_2^2+\theta_1^2-2\theta_1\theta_2)+\frac{1}{2}mgl(1-\cos\theta_1)+\frac{1}{2}mgl(1-\cos\theta_2)$$

拉格朗日函数及其(偏)导数：

$$L=T-V$$

$$=\frac{1}{6}ml^2(\dot{\theta}_1^2+\dot{\theta}_2^2)-\frac{1}{2}kb^2(\theta_2^2+\theta_1^2-2\theta_1\theta_2)-\frac{1}{2}mgl(1-\cos\theta_1)+\frac{1}{2}mgl(1-\cos\theta_2)$$

$$=\frac{1}{6}ml^2\dot{\theta}_1^2+\frac{1}{6}ml^2\dot{\theta}_2^2-\frac{1}{2}kb^2\theta_2^2-\frac{1}{2}kb^2\theta_1^2+kb^2\theta_1\theta_2-mgl+\frac{1}{2}mgl\cos\theta_1+\frac{1}{2}mgl\cos\theta_2$$

$$\frac{\partial L}{\partial\dot{\theta}_1}=\frac{1}{3}ml^2\dot{\theta}_1,\frac{\mathrm{d}}{\mathrm{d}t}\left(\frac{\partial L}{\partial\dot{\theta}_1}\right)=\frac{1}{3}ml^2\ddot{\theta}_1$$

$$\frac{\partial L}{\partial\dot{\theta}_2}=\frac{1}{3}ml^2\dot{\theta}_2,\frac{\mathrm{d}}{\mathrm{d}t}\left(\frac{\partial L}{\partial\dot{\theta}_2}\right)=\frac{1}{3}ml^2\ddot{\theta}_2$$

$$\frac{\partial L}{\partial\theta_1}=-kb^2\theta_1+kb^2\theta_2-\frac{1}{2}mgl\sin\theta_1,\frac{\partial L}{\partial\theta_2}=-kb^2\theta_2+kb^2\theta_1-\frac{1}{2}mgl\sin\theta_2$$

将上面各项代入拉格朗日方程 $\frac{\mathrm{d}}{\mathrm{d}t}(\frac{\partial L}{\partial\dot{q}_j})-\frac{\partial L}{\partial q_j}=0$，整理得到系统运动微分方程：

$$\frac{1}{3}ml^2\ddot{\theta}_1+(\frac{1}{2}mgl+kb^2)\theta_1-kb^2\theta_2=0$$

$$\frac{1}{3}ml^2\ddot{\theta}_2+(\frac{1}{2}mgl+kb^2)\theta_2-kb^2\theta_1=0$$

15－11 图示一均质等截面水平梁长为 L，质量为 M。由两根相同的弹簧支承。设弹簧的刚性系数为 k，梁可在平衡位置附近作微幅运动且无横向位移。试建立该梁的动力学控制方程。

解 系统为 2 自由度系统，选取杆质心铅垂方向位移 y 和杆与水平方向的夹角 θ 为广义坐标。

系统动能：

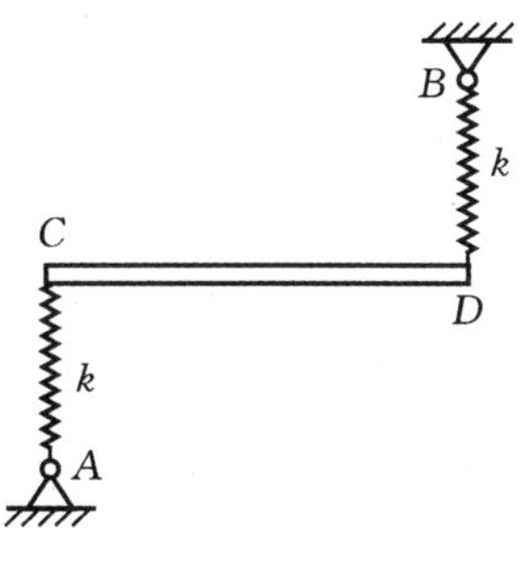

题 15 - 11 图

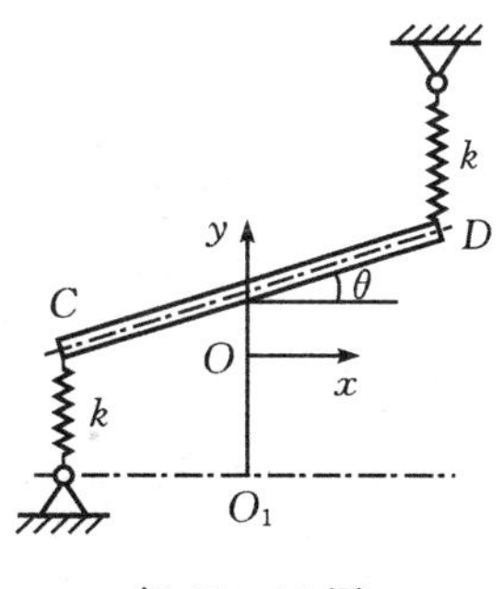

解 15 - 11 图

$$T=\frac{1}{2}M\dot{y}^2+\frac{1}{2}\left(\frac{1}{12}ML^2\right)\dot{\theta}^2$$

取静平衡位置为系统的势能零点($y=0$),则系统势能为

$$V=\frac{1}{2}k\left(y-\frac{1}{2}L\sin\theta\right)^2+\frac{1}{2}k\left(y+\frac{1}{2}L\sin\theta\right)^2$$

拉格朗日函数及其(偏)导数:

$$L=T-V$$

$$\frac{\mathrm{d}}{\mathrm{d}t}\left(\frac{\partial L}{\partial \dot{y}}\right)=M\ddot{y},\quad \frac{\partial L}{\partial y}=-2ky$$

$$\frac{\mathrm{d}}{\mathrm{d}t}\left(\frac{\partial L}{\partial \dot{\theta}}\right)=\frac{1}{12}L^2M\ddot{\theta},\quad \frac{\partial L}{\partial \theta}=-\frac{1}{4}kL^2\sin 2\theta$$

将上面各项代入拉格朗日方程$\frac{\mathrm{d}}{\mathrm{d}t}(\frac{\partial L}{\partial \dot{q}_j})-\frac{\partial L}{\partial q_j}=0$,整理得到系统运动微分方程:

$$M\ddot{y}+2ky=0$$

$$\frac{1}{6}M\ddot{\theta}+k\theta=0$$

第16章 碰　　撞

碰撞是一类特殊的动力学问题,其特点是在极短的时间内,物体的速度(或动量)发生有限的变化。

16.1 基本知识剖析

1. 基本概念

两点假设:

(1)同撞击力相比,主动力中的非撞击力(例如重力、弹性力)的影响可以忽略。至于一般约束力及摩擦力,则需考察它们是否含有撞击力成分而定。

(2)碰撞过程中物体的位移很小,因而可忽略,即认为碰撞前后物体的几何位置不变。

以上简化只是“可以”,并非“必须”,如飞机起落架的变形也是允许的。

碰撞分类:

(1)按碰撞力作用线是否过两物体的质心:对心碰撞与偏心碰撞。

(2)按碰撞时质心速度是否沿接触处公法线:正碰撞与斜碰撞。

(3)按恢复系数 e:$e=0$,塑性碰撞;$e=1$,完全弹性碰撞;$0<e<1$,非完全弹性碰撞。

恢复系数:恢复阶段与变形阶段碰撞冲量大小的比值,$e=I_{\mathrm{II}}/I_{\mathrm{I}}$;对心正碰撞也等于碰撞后的相对分离速度大小($v'_2-v'_1$)与碰撞前的相对接近速度大小($v_1-v_2$)之比,即 $e=\dfrac{v'_2-v'_1}{v_1-v_2}$。

2. 碰撞问题中的动力学定理

(1)动量定理的积分形式:

$$\sum m_i\boldsymbol{v}'_i-\sum m_i\boldsymbol{v}_i=\sum\int_0^{\tau}\boldsymbol{F}_i\mathrm{d}t=\sum\boldsymbol{I}_i^{\mathrm{e}}\quad 或\quad \boldsymbol{P}_2-\boldsymbol{P}_1=\boldsymbol{I}_{\mathrm{R}}^{\mathrm{e}}$$

在某一个时间间隔内,质点系在碰撞过程中动量的变化,等于在同一时间间隔内作用于质点系上外碰撞冲量的矢量和。

(2)动量矩定理的积分形式:

$$\boldsymbol{L}_{O2}-\boldsymbol{L}_{O1}=\sum\int_0^{\tau}\boldsymbol{r}_i\times\mathrm{d}\boldsymbol{I}_i^{\mathrm{e}}=\sum\boldsymbol{M}_O(\boldsymbol{I}_i^{\mathrm{e}})$$

$$\boldsymbol{L}_{C2}-\boldsymbol{L}_{C1}=\sum\int_0^{\tau}\boldsymbol{r}'_i\times\mathrm{d}\boldsymbol{I}_i^{\mathrm{e}}=\sum\boldsymbol{M}_C(\boldsymbol{I}_i^{\mathrm{e}})$$

质点系对某定点或质心的动量在一段时间间隔内的改变等于在同一时间间隔内作用于质点系上外碰撞冲量对同一点之矩的矢量和。

(3)刚体定轴转动的运动微分方程的积分形式:

$$J_z\dot{\varphi}_2-J_z\dot{\varphi}_1=M_z(I^{\mathrm{e}})$$

式中：$\dot{\varphi}_1$、$\dot{\varphi}_2$ 各表示某一时间间隔始、末的刚体角速度；J_z 表示刚体对定轴的转动惯量；$M_z(I^e)$ 表示所有外碰撞冲量对定轴 z 之矩的代数和。

(4)刚体平面运动微分方程的积分形式

$$\begin{cases} m\dot{x}_{C2}-m\dot{x}_{C1}=I_x^e \\ m\dot{y}_{C2}-m\dot{y}_{C1}=I \\ J_C\dot{\varphi}_2-J_C\dot{\varphi}_1=M_C(I^e) \end{cases}$$

式中：$\dot{x}_{C1}$、$\dot{y}_{C1}$ 和 $\dot{x}_{C2}$、$\dot{y}_{C2}$ 各表示某一时间间隔始、末刚体质心 C 的速度在 x、y 轴上的投影；m 表示刚体质量；$\dot{\varphi}_1$、$\dot{\varphi}_2$ 各表示同一时间间隔始、末的刚体角速度；J_C 表示刚体对过质心 C 并垂直刚体平面图形的轴的转动惯量；$M_C(I^e)$ 表示所有外碰撞冲量对质心之矩的代数和。

3. 两球的对心正碰撞

设对心正碰撞两球的质量分别为 m_1 和 m_2，碰撞始、末的速度分别为 $\boldsymbol{v}_1$、$\boldsymbol{v}_2$ 和 $\boldsymbol{v}_1'$、$\boldsymbol{v}_2'$，则

$$v_1'=v_1-(1+e)\frac{m_2}{m_1+m_2}(v_1-v_2)$$

$$v_2'=v_2+(1+e)\frac{m_2}{m_1+m_2}(v_1-v_2)$$

系统的能量损失为

$$\Delta T=\frac{1}{2}(1-e^2)\frac{m_1m_2}{(m_1+m_2)}(v_1-v_2)^2$$

4. 撞击中心

如果外碰撞冲量作用在刚体质心对称面内的**撞击中心**上且垂直于质心与轴心的连线，则轴承处将不引起撞击力。

碰撞中心到轴心的距离为

$$h=\frac{J_O}{md}$$

式中：d 为质心到轴心的距离；J_O 表示刚体对过 O 点且垂直于刚体质心对称面之轴的转动惯量。

5. 重点及难点

重点

(1)碰撞现象的特点。

(2)恢复系数的物理意义及其计算。

(3)碰撞阶段的基本定理及其计算、碰撞中心。

难点

(1)正确划分包含碰撞动力学问题的几个阶段：碰前阶段、碰撞阶段、碰后阶段。

(2)刚体平面运动的碰撞方程及其应用。

16.2 习题类型、解题步骤及解题技巧

1. 习题类型

(1)对心碰撞或正碰撞问题。

(2)偏心碰撞或斜碰撞问题。

2. 解题步骤

(1)根据明确的题意判断问题属于碰撞的哪个阶段:碰前、碰中、碰后;

(2)碰前阶段碰前瞬间的各力学量按动力学常规的方法确定;

(3)碰撞阶段的受力和运动分析,建立碰撞阶段的动力学方程并求解;

(4)碰后阶段根据碰撞结束瞬时的有关力学要素,按动力学常规方法,对某个物体进行受力和运动分析,计算碰撞后所需的力学要素。

3. 解题技巧

首先要明确碰撞的类型及碰撞的阶段;其次在进行受力和运动分析时,要分清主动力和碰撞力;只考虑碰撞力冲量,同时还要区分内碰撞冲量和外碰撞冲量,内碰撞冲量不影响质点系的动量。

16.3 例题精解

例 16-1 两小球的质量分别为 m_1 和 m_2,碰撞开始时两质心的速度分别为 $\boldsymbol{v}_1$ 和 $\boldsymbol{v}_2$,且沿同一直线,如图 16-1(a)所示。如恢复系数为 e,试求碰撞后两球的速度和碰撞过程中损失的动能。

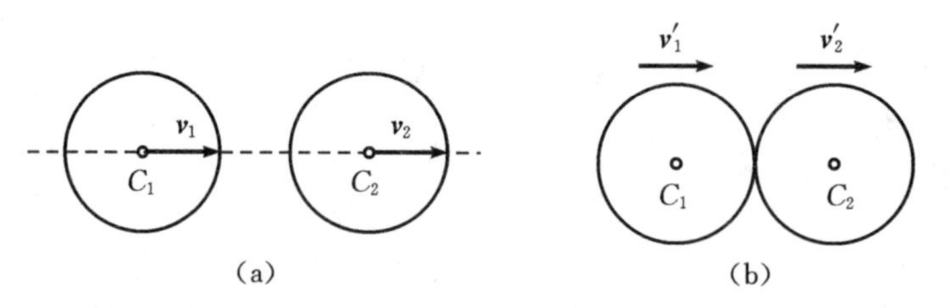

图 16-1

解 图示两球能碰撞的条件是 $v_1>v_2$。设碰撞结束时,二者的速度分别为 $\boldsymbol{v}_1'$ 和 $\boldsymbol{v}_2'$,方向如图 16-1(b)所示。

根据动量守恒,有

$$m_1\boldsymbol{v}_1+m_2\boldsymbol{v}_2=m_1\boldsymbol{v}_1'+m_2\boldsymbol{v}_2'$$

由恢复系数定义有

$$e=\frac{v_2'-v_1'}{v_1-v_2}$$

联立以上两式,解得

$$v_1'=v_1-(1+e)\frac{m_2}{m_1+m_2}(v_1-v_2)$$

$$v_2'=v_2+(1+e)\frac{m_2}{m_1+m_2}(v_1-v_2)$$

$$\Delta T=T_1-T_2=\frac{1}{2}m_1(v_1^2-v_1'^2)+\frac{1}{2}m_2(v_2^2-v_2'^2)$$

考虑到

$$v_1'=v_1-(1+e)\frac{m_2}{m_1+m_2}(v_1-v_2)$$

$$v_2'=v_2+(1+e)\frac{m_2}{m_1+m_2}(v_1-v_2)$$

$$e=\frac{v_2'-v_1'}{v_1-v_2}$$

于是有　$\Delta T=T_1-T_2=\frac{m_1m_2}{2(m_1+m_2)}(1-e^2)(v_1-v_2)^2$

讨论

在理想情况下，$e=1$，$\Delta T=T_2-T_1=0$。可见，在完全弹性碰撞时，系统动能没有损失，即碰撞开始时的动能等于碰撞结束时的动能。

在塑性碰撞时，$e=0$，动能损失为

$$\Delta T=T_1-T_2=\frac{m_1m_2}{2(m_1+m_2)}(v_1-v_2)^2$$

如果第二个物体在塑性碰撞开始时处于静止，即 $v_2=0$，则动能损失为

$$\Delta T=T_1-T_2=\frac{m_1m_2}{2(m_1+m_2)}v_1^2$$

例 16－2　均质杆质量为 m，长为 $2b$，其上端由圆柱铰链固定，如图 16－2(a)所示。杆由水平位置无初速落下，撞上一固定物块。设恢复系数为 e，求：(1)轴承的碰撞冲量；(2)撞击中心的位置。

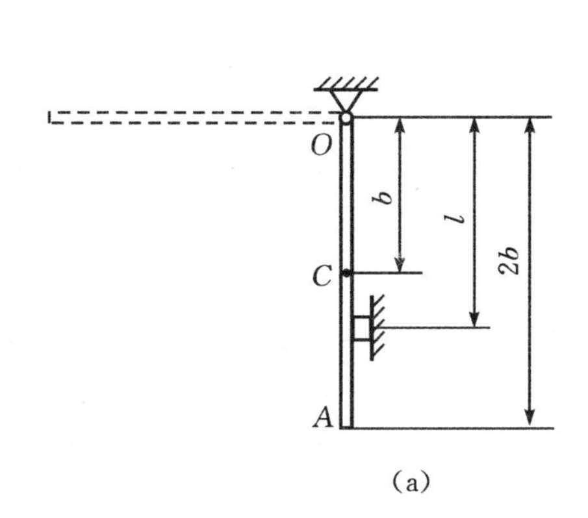

(a)

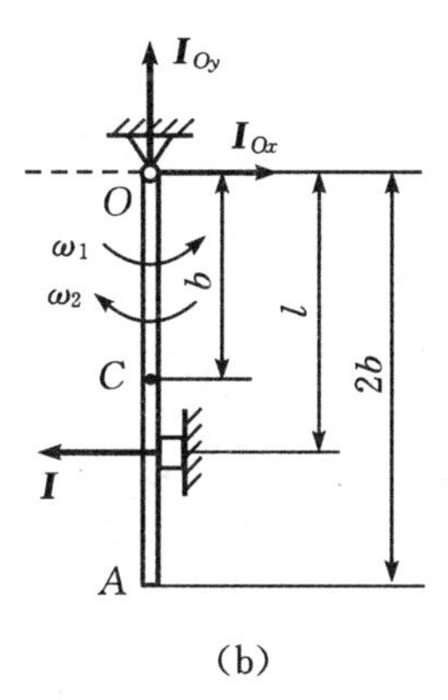

(b)

图 16－2

解　杆在铅直位置与物块碰撞，设碰撞开始和结束时，杆的角速度分别为 ω_1 和 ω_2。

在碰撞前，杆自水平位置自由落下，应用动能定理：

$$\frac{1}{2}J_O\omega_1^2-0=mgb$$

求得　$\omega_1=\sqrt{\frac{2mgb}{J_O}}=\sqrt{\frac{3g}{2b}}$

撞击点碰撞前后的速度为 v 和 v'，由恢复系数

$$e=\frac{u_{2n}-u_{1n}}{v_{1n}-v_{2n}}\qquad e=\frac{0-(-v')}{v-0}=\frac{\omega_2 l}{\omega_1 l}=\frac{\omega_2}{\omega_1}$$

得　$\omega_2=e\omega_1$

对 O 点的冲量矩定理得

$$J_O\omega_2-(-J_O\omega_1)=I\cdot l$$

于是碰撞冲量

$I=\dfrac{J_O}{l}(\omega_2+\omega_1)=\dfrac{4mb^2}{3l}(1+e)\omega_1$

代入 ω_1 的数值，得

$I=\dfrac{2mb}{3l}(1+e)\sqrt{6bg}$

根据冲量定理，有

$m(-\omega_2 b-\omega_1 b)=I_{Ox}-I$

$I_{Oy}=0$

则 $I_{Ox}=-mb(\omega_1+\omega_2)+I=I-(1+e)bm\omega_1=(1+e)m(\dfrac{2b}{3l}-\dfrac{1}{2})\sqrt{6bg}$

由上式可见，当 $\dfrac{2b}{3l}-\dfrac{1}{2}=0$ 时，$I_{Ox}=0$，此时碰撞于撞击中心，由上式得

$$l=\frac{4b}{3}$$

例 16-3 如图 16-3(a)所示，均质薄球壳的质量为 m，半径为 r，以质心速度 $\boldsymbol{v}_C$ 斜向撞在水平面上，$\boldsymbol{v}_C$ 对铅直线成偏角 α。同时，球壳具有绕水平质心轴（垂直于 $\boldsymbol{v}_C$）的角速度 ω_0。假定碰撞接触点的速度能按反向全部恢复（$e=e'=1$），求碰撞后球壳的运动。

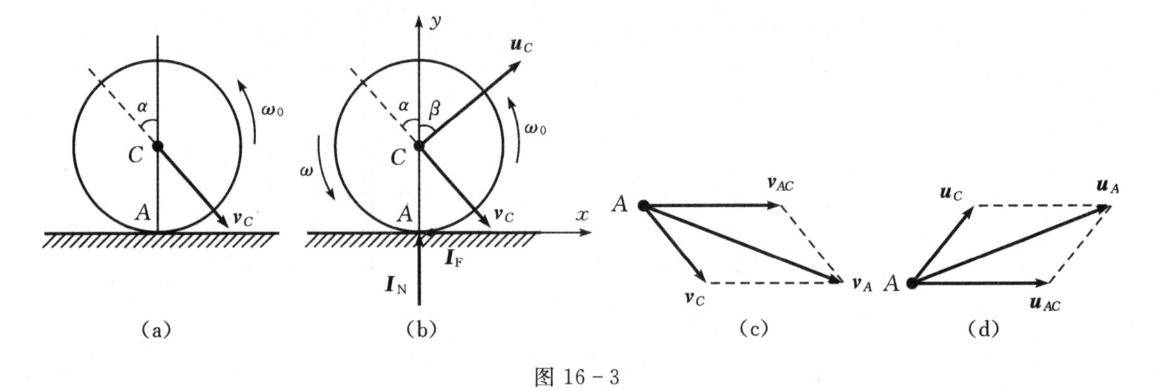

图 16-3

解 球壳作平面运动，作用于它的外碰撞冲量有瞬时法向反力的冲量 $\boldsymbol{I}_N$ 和瞬时摩擦力的冲量 $\boldsymbol{I}_F$，设碰撞结束时质心速度是 $\boldsymbol{u}_C$，绕质心轴的角速度是 ω（规定以逆钟向为正），如图16-3(b)所示。

写出质心冲量方程和对质心的冲量矩方程，并注意球壳对质心轴的转动惯量 $J_C=2mr^2/3$。

$$mu_{Cx}-mv_C\sin\alpha=-I_F$$

$$mu_{Cy}-mv_C\cos\alpha=I_N$$

$$\frac{2}{3}mr^2\omega-\frac{2}{3}mr^2\omega_0=-I_F r$$

由恢复系数的定义可知，在完全弹性碰撞结束后，接触点的切向和法向相对速度都按相反方向全部恢复；以 $\boldsymbol{v}_A$ 和 $\boldsymbol{u}_A$ 分别表示碰撞始、末接触点 A 的速度，则有

$$u_{Ax}=-v_{Ax},u_{Ay}=-v_{Ay}$$

但由运动学知

$\boldsymbol{u}_A=\boldsymbol{u}_C+\boldsymbol{u}_{AC}$，$\boldsymbol{v}_A=\boldsymbol{v}_C+\boldsymbol{v}_{AC}$，如图 16－3(c)、(d)所示。

从而可得

$$u_{Ax}=u_{Cx}+r\omega, u_{Ay}=u_{Cy}$$

$$v_{Ax}=v_C\sin\alpha+r\omega_0, v_{Ay}=-v_C\cos\alpha$$

由于

$$u_{Ax}=-v_{Ax}, u_{Ay}=-v_{Ay}$$

则有

$$u_{Cx}+r\omega=-(v_C\sin\alpha+r\omega_0)$$

$$u_{Cy}=v_C\cos\alpha$$

联立求解上面的方程，就可得到

$$\omega=-\frac{\omega_0 r+6v_C\sin\alpha}{5r}$$

$$u_{Cx}=\frac{v_C\sin\alpha-4\omega_0 r}{5}$$

$$u_{Cy}=v_C\cos\alpha$$

由上式可以求出球壳回跳时的角度 β，有

$$\tan\beta=\frac{u_{Cx}}{u_{Cy}}=\frac{v_C\sin\alpha-4\omega_0 r}{5v_C\cos\alpha}=\frac{1}{5}\left(\tan\alpha-\frac{4\omega_0 r}{v_C\cos\alpha}\right)$$

16.4 题　解

16－1 至 **16－13** 答案略。

16－14 质量为 100 g 的球，以 15 m/s 的速度投向击球手。击球手用球棒在 B 点击中球后，球的速度为 45 m/s，方向如图所示。若棒和球的接触时间为 0.02 s，求作用在棒上作用力的平均值。

解 取球为研究对象，建立图示坐标系。

根据动量定理，有

$I_x=m(u_x+v_x)=0.1\times(45\cos 45°+15)=4.68\ \text{N}\cdot\text{s}$

$I_y=m(u_y+v_y)=0.1\times45\sin 45°=3.18\ \text{N}\cdot\text{s}$

作用在球上的合碰撞冲量的大小为

$I=\sqrt{I_x^2+I_y^2}=5.66\ \text{N}\cdot\text{s}$

作用在棒上作用力的平均值

$F=\dfrac{I}{t}=\dfrac{5.66}{0.02}=283\ \text{N}$

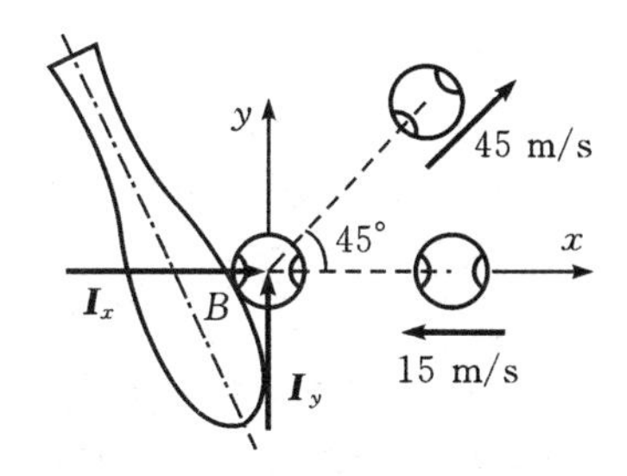

题 16－14 图

16－15 小球 A 以水平速度 $\boldsymbol{v}$ 打在一个可以绕水平轴 O 转动的圆环上。碰撞后，小球的速度为零。设小球和圆环的质量均为 m，求轴承处 O 的碰撞冲量。

解 取圆环为研究对象，作用在圆环上的合碰撞冲量有 $\boldsymbol{I}$ 和 $\boldsymbol{I}_O$，碰撞前圆环的角速度为零，碰撞后圆环的角速度为 ω，如解 16－15 图所示。

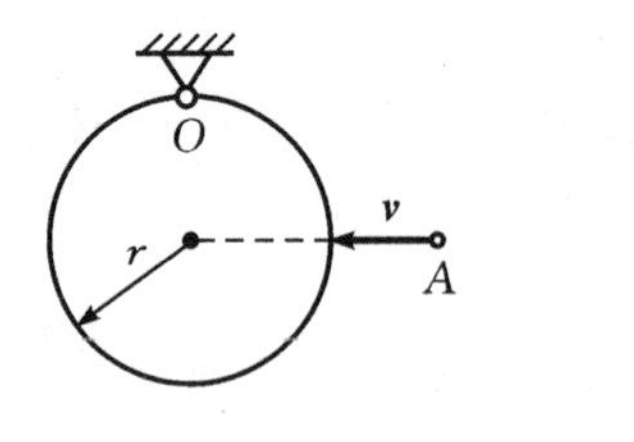

题 16－15 图

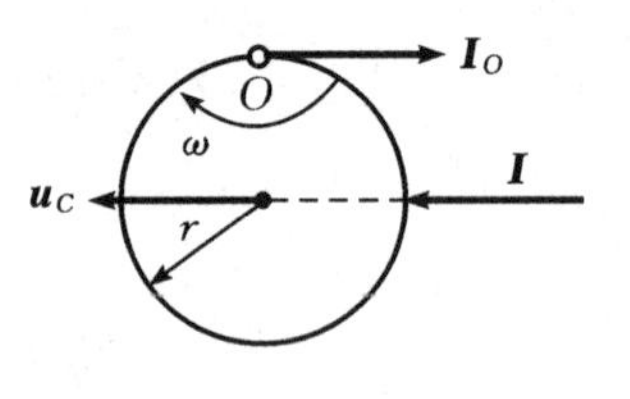

解 16－15 图

由冲量矩定理和冲量定理，有

$$2mr^2\omega=I\cdot r,\quad mr\omega=I-I_O$$

轴承处 O 的碰撞冲量为

$$I_O=\frac{1}{2}mv$$

16－16 均质杆 AB 由铅垂静止位置绕下端的轴 A 倒下。杆上的一点 K 击中固定钉子 D，碰撞后回到水平位置。求碰撞时的恢复系数 e，并证明这个结果与钉子到轴承 A 的距离无关。

解 取 AB 为研究对象，碰撞前杆的角速度为 ω_1，碰撞后圆环的角速度为 ω_2。

由动能定理，有

$$\frac{1}{2}J_A\omega_1^2-0=mg\left(\frac{l}{2}+\frac{l}{4}\right)$$

$$\frac{1}{2}J_A\omega_2^2-0=mg\ \frac{l}{4}$$

$$\frac{1}{2}\times\frac{1}{3}ml^2\omega_1^2=mg\ \frac{3l}{4}$$

$$\frac{1}{2}\times\frac{1}{3}ml^2\omega_2^2=mg\ \frac{l}{4}$$

解得 $\omega_1^2=\dfrac{9g}{2l}\qquad \omega_2^2=\dfrac{3g}{2l}$

设 $AD=a$，由恢复系数的定义，可得

$$e=\frac{u}{v}=\frac{a\omega_2}{a\omega_1}=\frac{\omega_2}{\omega_1}=\frac{\sqrt{3}}{3}\approx 0.577$$

显然此结果与距离 a 无关。

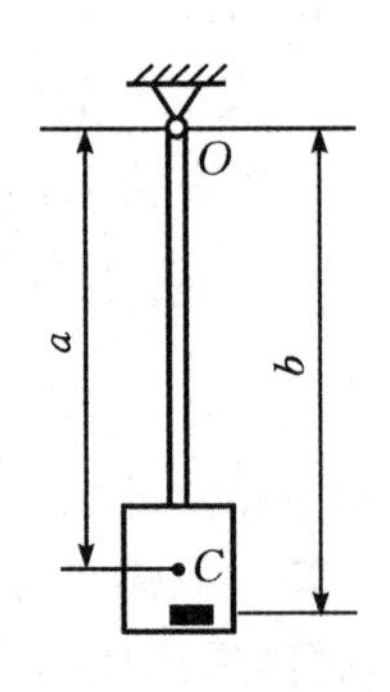

题 16－17 图

16－17 图示为一测定枪弹速度的冲击摆。设摆重为 $\boldsymbol{G}$，重心为 C，$CO=a$，摆对于悬点 O 的回转半径为 ρ，枪弹的重量为 $\boldsymbol{P}$，射入的位置距 O 点的距离为 b，且 $P\ll G$，测得枪弹射入后冲击摆转过的角度为 α，求枪弹的速度。

解 取枪弹和摆组成的系统为研究对象，设枪弹的速度为 $\boldsymbol{v}$，枪弹射入摆后摆的角速度为 ω，在此过程中，作用在系统上的外碰撞冲量只有作用在 O 处的反碰撞冲量，以 O 点为矩心，由冲量矩定理得

$$\frac{G}{g}\rho^2\omega-\frac{P}{g}vb=0$$

枪弹射入后，摆以初角速度 ω 转过角度 α 后，角速度变为零。由动能定理有

$$\frac{G}{2g}\rho^2\omega^2=Ga(1-\cos\alpha)$$

联立解得枪弹的速度

$$v=\frac{G\rho}{Pb}\sqrt{2ga(1-\cos\alpha)}$$

16－18　图示一球放在水平面上，其半径为 r。在球上作用一水平冲量 $\boldsymbol{I}$，欲使球与水平面间无相对滑动，求冲量距水平面的高度 h。

解　取球为研究对象，设受冲量 $\boldsymbol{I}$ 作用后质心速度为 $\boldsymbol{v}_C$，角速度为 ω，如图所示。由冲量定理和相对质心的冲量矩定理，有

$$mv_C=I$$

$$\frac{2}{5}mr^2\omega=I(h-r)$$

欲使球与水平面间无相对滑动，应有

$$m_C=\omega r$$

解得　$h=\dfrac{7}{5}r$

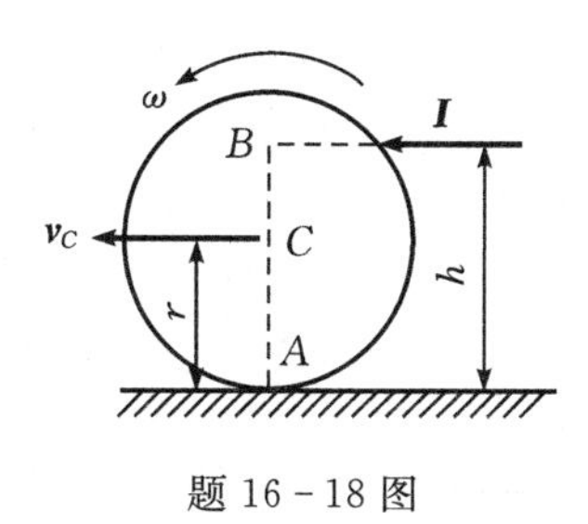

题 16－18 图

16－19　乒乓球的半径为 r，以速度 $\boldsymbol{v}$ 落到地面，$\boldsymbol{v}$ 与铅垂线成 α 角，此时球有绕水平轴 O 转动的角速度 ω_O，如图所示。如球与地面相撞后，因瞬时摩擦作用，接触点水平速度突然变为零，并设恢复系数为 e，求回弹角 β。

解　取乒乓球为研究对象，碰撞开始时质心的速度 $\boldsymbol{v}$，角速度 ω_O；碰撞结束时质心的速度 $\boldsymbol{v}'$，角速度 ω_1；碰撞点的反弹速度 $\boldsymbol{u}$ 铅垂向上，碰撞结束时球的速度瞬心在 C 点。

$$\omega_1=\frac{v'}{\overline{OC}}=\frac{v'\sin\beta}{r}$$

由冲量定理，有

$$m(v'\sin\beta-v\sin\alpha)=-I_\tau$$

由相对质心的冲量矩定理，有

$$\frac{2}{3}mr^2(\omega_1+\omega_0)=I_\tau r$$

由根据恢复系数的定义有

$$e=\frac{v'\cos\beta}{v\cos\alpha}$$

以上四式联立解得

$$\beta=\arctan\left[\frac{1}{5e}\left(3\tan\alpha-\frac{2r\omega_0}{v\cos\alpha}\right)\right]$$

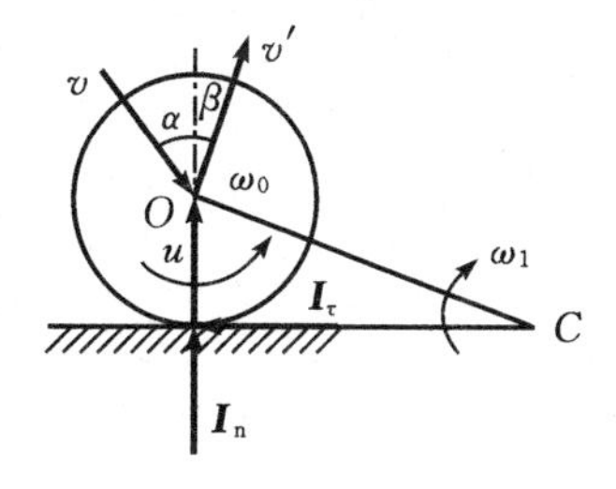

题 16－19 图

16－20　平台车以速度 $\boldsymbol{v}$ 沿水平路轨行进，其上放置一均质正方形物块 A，其边长为 a，质量为 m，如图所示。在平台上靠近物块有一突出的棱 B，它能阻止物块向前运动，但不阻止它绕棱转动。求当平台车突然停止时物块转动的角速度。

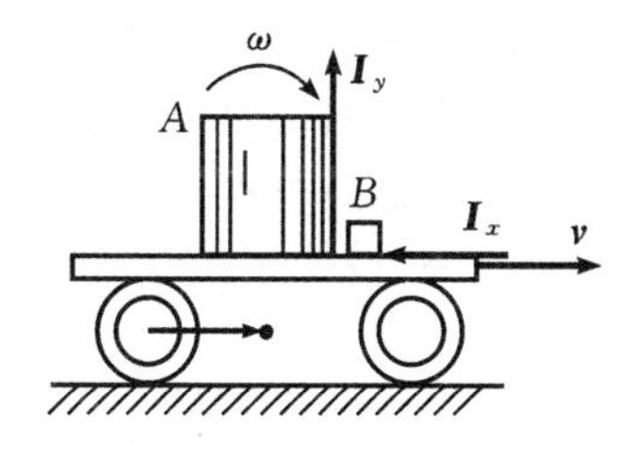

题 16－20 图

解　取物块 A 为研究对象，当平台车突然停止时，由于

惯性，物块 A 以速度 $\boldsymbol{v}$ 前冲并与棱 B 相撞，若碰撞是塑性的，碰撞结束时物块 A 将绕 B 转动，设其角速度为 ω，碰撞时作用在物块 A 上的外碰撞冲量 $\boldsymbol{I}_x$、$\boldsymbol{I}_y$ 均通过 B 点，因此物块 A 对 B 点的动量矩守恒，即

$$mv\frac{a}{2}=\frac{2}{3}ma^2\omega$$

$$\omega=\frac{3v}{4a}$$

16－21 AB、BC 两均质杆刚接如图所示。设$AB=BC=l$，$m_{BC}=2m_{AB}$。试求：

(1)当以 A 点为悬点时撞击中心的位置。

(2)欲使撞击中心位于端点 C，悬点 O 应位于何处。

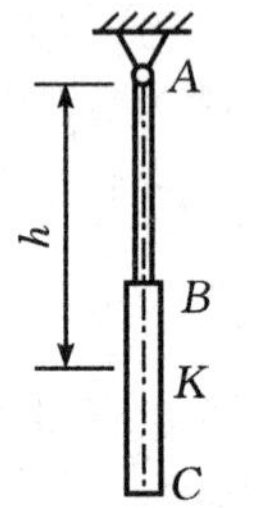

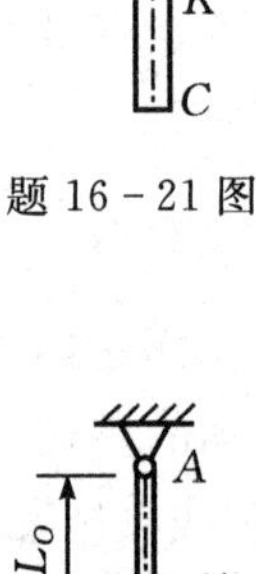

题 16－21 图

解 (1)取组合梁 ABC 为研究对象。其质心距 A 端的距离为

$$d=\frac{m_{AB}\dfrac{l}{2}+m_{BC}\dfrac{3l}{2}}{m_{AB}+m_{BC}}=\frac{7}{6}l$$

组合梁 ABC 对 A 轴的转动惯量为

$$J_A=\frac{1}{3}m_{AB}l^2+\frac{1}{12}m_{BC}l^2+m_{BC}\left(\frac{3}{2}l\right)^2=5m_{AB}l^2$$

由公式求得撞击中心 K 到 A 轴的距离

$$h=\frac{J_A}{Md}=\frac{5m_{AB}l^2}{3m_{AB}\dfrac{7}{6}l}=\frac{10}{7}l$$

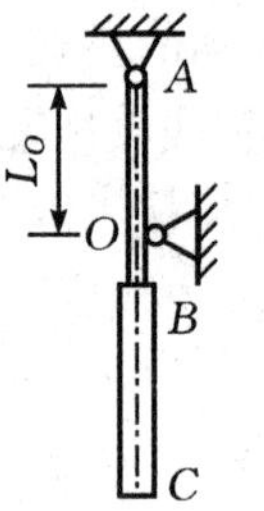

(2)撞击中心位于端点 C，悬点 O 距 A 点 l_O

$$J_O=\frac{1}{12}m_{AB}l^2+m_{AB}\left(l_O-\frac{l}{2}\right)^2+\frac{1}{12}m_{BC}l^2+m_{BC}(l-l_O)^2$$
$$=(5l^2+3l_O+7ll_O)m_{AB}$$

解 16－21 图

由撞击中心定义，有

$$h=\frac{J_O}{Md}$$

即 $2l-l_O=\dfrac{(5l^2+3l_O+7ll_O)m_{AB}}{3m_{AB}(\dfrac{7}{6}l-l_O)}$

解得 $l_O=\dfrac{4}{5}l$

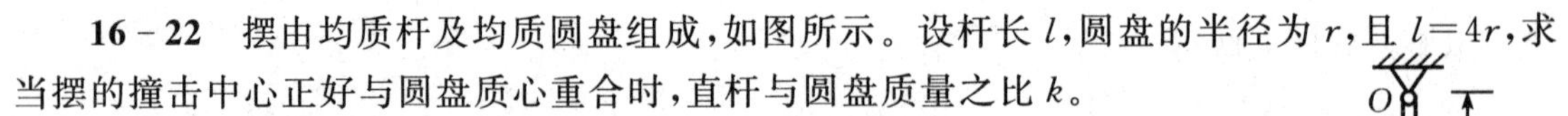

16－22 摆由均质杆及均质圆盘组成，如图所示。设杆长 l，圆盘的半径为 r，且 $l=4r$，求当摆的撞击中心正好与圆盘质心重合时，直杆与圆盘质量之比 k。

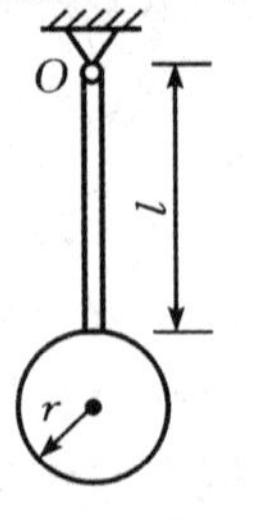

解 取杆和盘组成的系统为研究对象。设盘质量为 m，则杆为 km。系统的质心到转轴的距离及摆到转轴的转动惯量分别为

$$d=\frac{km\dfrac{l}{2}+m(l+r)}{km+m}=\frac{2k+5}{k+1}r$$

$$J_O=\frac{1}{3}kml^2+\frac{1}{2}mr^2+m(r+l)^2=\left(\frac{16}{3}k+\frac{51}{2}\right)mr^2$$

题 16－22 图

由撞击中心定义 $h=\dfrac{J_O}{Md}$，有 $l+r=\dfrac{J_O}{(k+1)md}$，而 $l=4r$

解得 $k=\dfrac{3}{28}$

16－23 均质木箱由图示倾斜位置倒下，假设地板足够粗糙，能阻止滑动，且在 B 处的碰撞是塑性的。求使棱 A 不致跳起的最大比值 b/a。

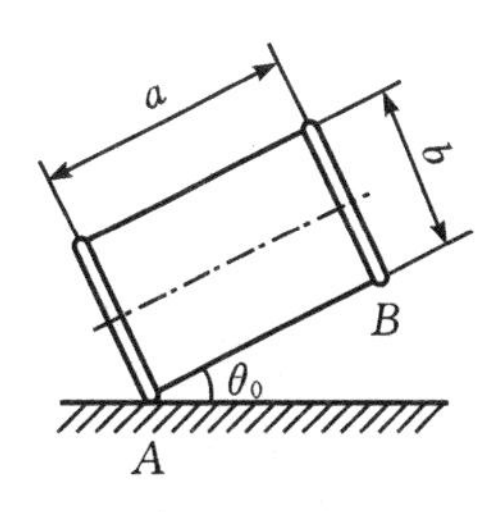

题 16－23 图

解 取木箱为研究对象；设其碰撞开始时绕 A 转动的角速度为 ω，则质心点的速度为

$$v_x=\frac{b}{2}\omega;v_y=\frac{a}{2}\omega$$

设碰撞时作用在 B 点的碰撞冲量为 $\boldsymbol{I}_x$、$\boldsymbol{I}_y$，碰撞结束时木箱绕 A 转动的角速度 ω 及质心点的速度均为零；$\boldsymbol{I}_x$、$\boldsymbol{I}_y$ 均通过 B 点，因此碰撞前后木箱对 B 点的动量矩均为零，即

$$-\frac{1}{12}m(a^2+b^2)\omega+\frac{1}{2}mav_y-\frac{1}{2}mbv_x=0$$

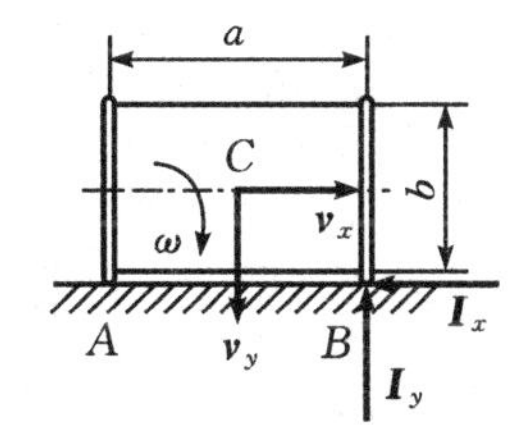

解 16－23 图

整理可得

$$2a^2-4b^2=0$$

$$\frac{b}{a}=\frac{\sqrt{2}}{2}$$

16－24 如图所示，用打桩机打入质量为 50 kg 的桩柱，打桩机重锤的质量为 450 kg，由高度为 $h=2$ m 处下落，其初速度为零。若恢复系数 $e=0$，经过一次撞击后，桩柱深入 1 m，试求桩柱陷入土地中的平均阻力。

解 取桩和锤组成的系统为研究对象。根据动能定理，有

$$\frac{1}{2}m_1v^2=m_1gh$$

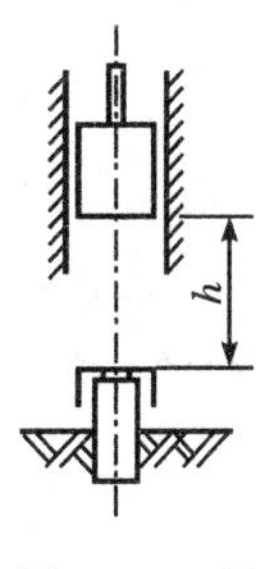

题 16－24 图

求得锤击桩时的速度

$$v^2=\sqrt{2gh}=6.26\text{ m/s}$$

设碰撞结束时桩和锤一起向下移动的速度为 $\boldsymbol{u}$，根据冲量定理，有

$$m_1v=(m_1+m_2)u$$

$$u=\frac{m_1v}{(m_1+m_2)}=\frac{450\times6.26}{50+450}=5.64\text{ m/s}$$

设桩和锤一起向下移动 $s=1$ m 时受到的平均阻力为 $\boldsymbol{F}$，根据动能定理，有

$$\frac{1}{2}(m_1+m_2)u^2=[F-(m_1+m_2)g]s$$

$$F=\frac{(m_1+m_2)u^2}{2s}+(m_1+m_2)g$$

$$=\frac{(50+450)\times5.64^2}{2\times1}+(50+450)\times9.8=12.85\text{ kN}$$

附录1　理论力学期末考试自测题及解答

理论力学期末考试自测题

1.（10分）三个大小均为 F 的力 $\boldsymbol{F}_1$、$\boldsymbol{F}_2$、$\boldsymbol{F}_3$ 分别与三根坐标轴平行，且分别在三个坐标平面内，它们的作用线到原点的距离分别为 a、b、c，如图所示。求：

（1）该力系向 O 点简化的主矢和主矩。

（2）a、b、c 满足什么条件时，该力系才能合成为一个合力。

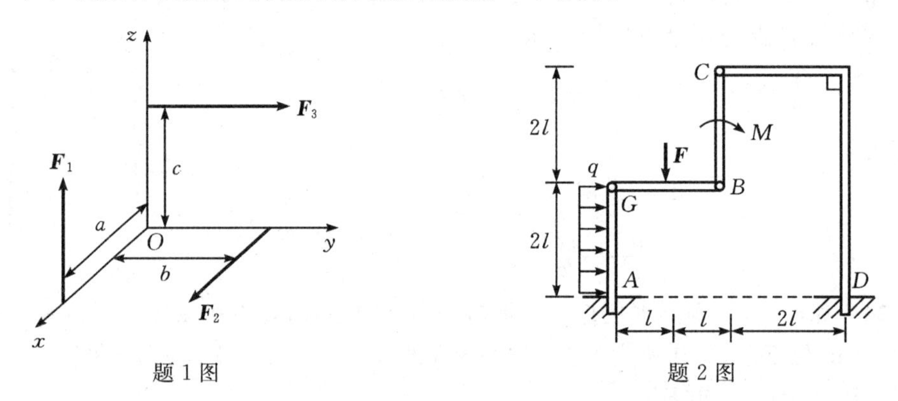

题1图　　　　　　　　　　　　题2图

2.（20分）图示平面结构由铅垂杆 AG、CB，水平杆 GB 和直角曲杆 CD 组成。已知：$q=2\ \text{kN/m}$，$l=1.5\ \text{m}$，$F=10\ \text{kN}$，$M=9\ \text{kN}\cdot\text{m}$。试求 A 处的约束反力（不计各杆自重和摩擦）。

3.（15分）平面机构如图所示。半径为 r 的滚子中心铰接套筒 C，杆 BD 穿过套筒。滚子沿水平地面作纯滚动。已知：$OA=r=10\ \text{cm}$，$AB=2r$，$BD=2\sqrt{3}r$。在图示位置时，OA 铅垂，OA 的角速度 $\omega=2\ \text{rad/s}$，$AB\perp BD$，$\theta=60°$，套筒 C 恰在杆 BD 的中点。试求该瞬时滚子的角速度。

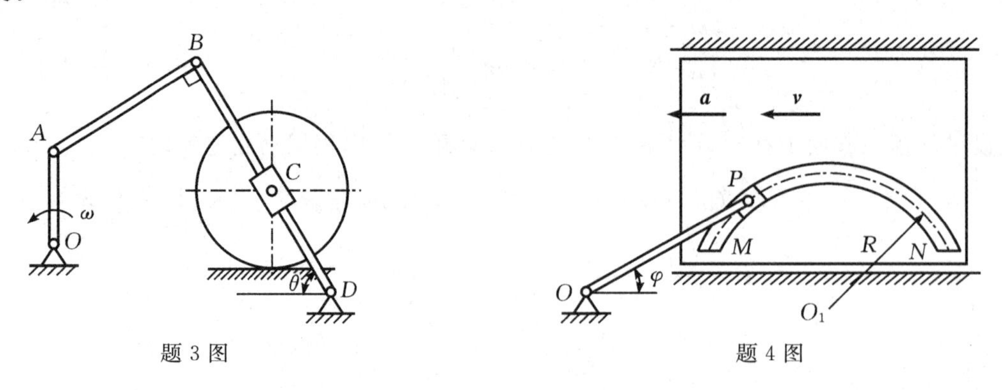

题3图　　　　　　　　　　　　题4图

4.（15分）图示一曲柄滑块机构，在滑块上有一圆弧槽，圆弧的半径 $R=0.3\ \text{m}$，曲柄 $OP=0.4\ \text{m}$。当 $\varphi=30°$ 时，曲柄 OP 的中心线与圆弧槽的中心弧线 MN 在点 P 相切，这时，滑块以

速度 $v=0.4\ \mathrm{m/s}$、加速度 $a=0.4\ \mathrm{m/s^2}$ 向左运动。试求在此瞬时曲柄 OP 的角速度与角加速度。

5.(10分)图示铅垂面内半径为 r 的均质轮 C 铰接在无重支架 ABC 上。已知：轮 C 重 $P=100\ \mathrm{N}$，物块 D 重 $Q=200\ \mathrm{N}$，夹角 $\theta=30^\circ$，绳与轮间无相对滑动，不计各铰链处的摩擦以及绳的重量。用 250 N 的已知力 $\boldsymbol{F}$ 拉起重物 D，用动静法求解：(1)重物上升的加速度；(2)杆 AC、BC 的受力。(重力加速度按照 $10\ \mathrm{m/s^2}$ 计算)

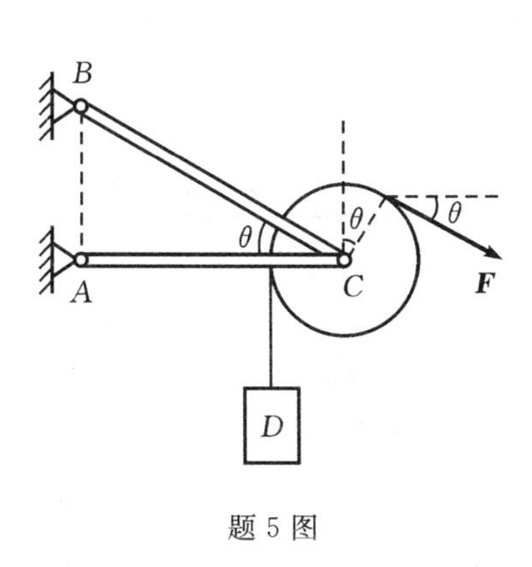

题5图

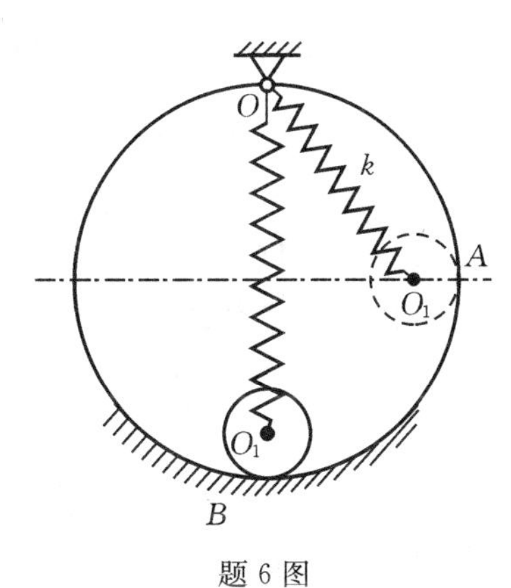

题6图

6.(20分)重量为 G、半径为 R 的均质圆盘，在半径为 $4R$ 的固定圆环内滚动而不滑动。在圆盘中心 O_1 上活动地系一弹簧，弹簧原长为 $8R$，刚性系数为 k，另一端固定在圆环顶点 O。今圆盘从 A 点无初速度地沿圆环滚下，盘与环间的滑动摩擦系数为 f。试求圆盘到达最低点 B 时盘中心 O_1 的速度及圆环作用于盘的法向反力和摩擦力。

7.(10分)图示机构位于铅垂平面内，已知：杆 AB、BC 的重量均为 $Q_1=5\ \mathrm{N}$；D 物块重量 $Q_2=25\ \mathrm{N}$；$L_1=0.125\ \mathrm{m}$，$L_2=0.3\ \mathrm{m}$，EB 段绳索水平。不计绳索重量及各处摩擦，试用虚位移原理求图示位置平衡时 $\boldsymbol{P}$ 的大小。

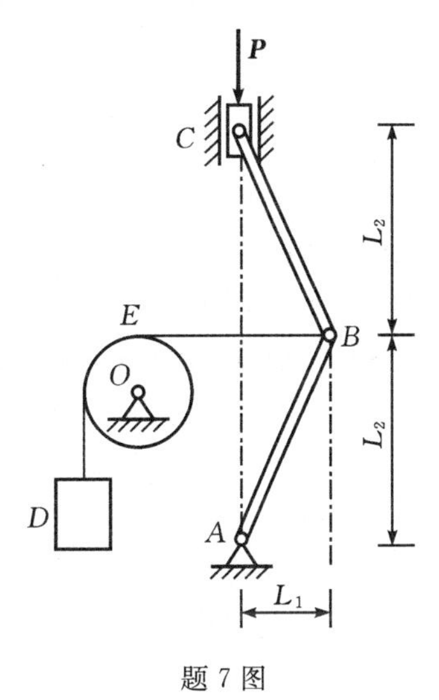

题7图

解　答

1. **解**　(1)主矢 $\boldsymbol{F}_R'=F\boldsymbol{i}+F\boldsymbol{j}+F\boldsymbol{k}$　(3 分)　　主矩 $\boldsymbol{M}_O=-cF\boldsymbol{i}-aF\boldsymbol{j}-bF\boldsymbol{k}$　(3 分)

(2)$\boldsymbol{F}_R'\cdot\boldsymbol{M}_O=-cF^2-aF^2-bF^2=-F^2(a+b+c)=0$　(3 分)

$F\neq0$;该力系合成为一个合力的条件$(a+b+c)=0$　(1 分)

2. **解**

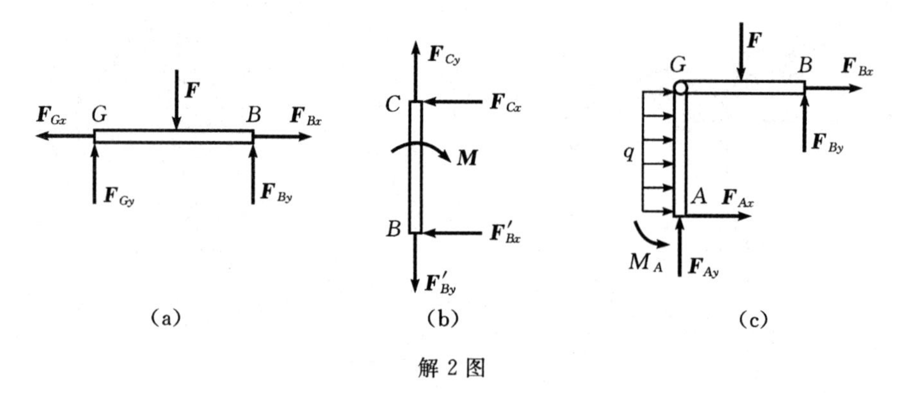

解 2 图

以 GB 为研究对象,$\sum M_G(\boldsymbol{F})=0$　　$-F\times l+F_{By}\times 2l=0$　(3 分)

以 BC 为研究对象,$\sum M_C(\boldsymbol{F})=0$　　$-M-F'_{Bx}\times 2l=0$　(3 分)

以 AGB 为研究对象,平衡方程为

$\sum Y=0$　　$F_{Ay}-F+F_{By}=0$

$\sum X=0$　　$F_{Ax}+q\times 2l+F_{Bx}=0$

$\sum M_A(\boldsymbol{F})=0$　　$M_A-q\times 2l\times l-F\times l-F_{Bx}\times 2l+F_{By}\times 2l=0$　(6 分)

解得:$F_{Ax}=-3$ kN　　$F_{Ay}=5$ kN　　$M_A=0$ kN·m　(2 分)

受力图　(6 分)

3. **解**　AB 杆作平面运动,点 P 为其速度瞬心。　(4 分)

$v_A=r\omega=20$ cm/s

$\omega_{AB}=\dfrac{v_A}{AP}$

$v_B=BP\times\omega_{AB}=10\sqrt{3}$ cm/s　(5 分)

动点:套筒上点 C

动系:BD 杆

$\boldsymbol{v}_C=\boldsymbol{v}_e+\boldsymbol{v}_r$　$v_e=\dfrac{1}{2}v_B$,$v_C=\dfrac{v_e}{\cos30^\circ}=10$ cm/s　(5 分)

所以 $\omega=\dfrac{v_C}{r}=1$ rad/s(逆时针)　(1 分)

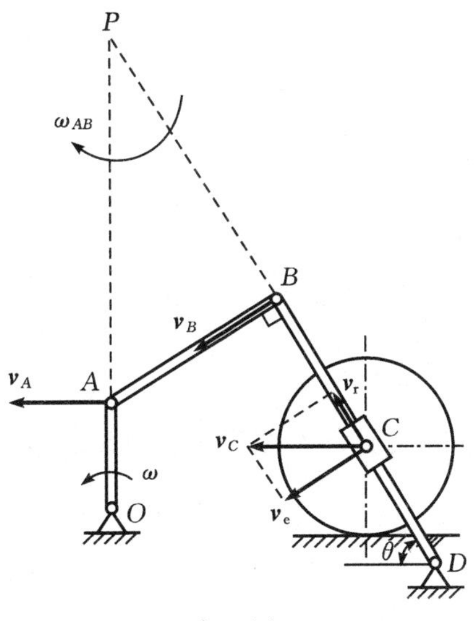

解3图

4. **解**　取曲柄端点 P 为动点,动系固连于滑块,牵连运动为平动;速度及加速度分析分别如解4图(a)、(b)所示。

$$\boldsymbol{v}_P=\boldsymbol{v}_e+\boldsymbol{v}_r$$

则　$v_P=v_e\sin30°$,　$v_e=v$,　$\omega=\dfrac{v_P}{OP}=0.5\ \mathrm{rad/s}$

而　$v_r=v_e\cos30°=0.2\sqrt{3}\ \mathrm{m/s}$　(5分)

$$\boldsymbol{a}_P^n+\boldsymbol{a}_P^\tau=\boldsymbol{a}_e+\boldsymbol{a}_r^n+\boldsymbol{a}_r^\tau$$

向 $\boldsymbol{a}_P^\tau$ 方向投影得:$a_P^\tau=a_e\sin30°-a_r^n$

而　$a_r^n=\dfrac{(v_r)^2}{R}=0.4\ \mathrm{m/s^2}$,　$a_e=a$

$a_P^\tau=-0.2\ \mathrm{m/s^2}$

$\alpha=\dfrac{a_P^\tau}{OP}=-0.5\ \mathrm{rad/s^2}$　(顺时针)　(5分)　(图5分)

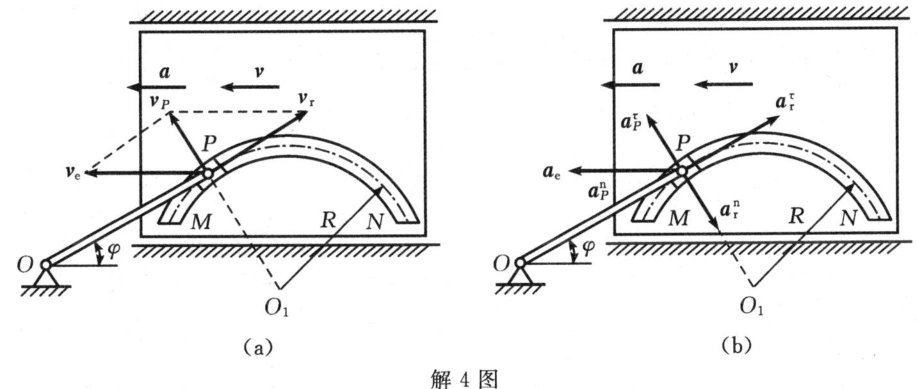

(a)　(b)

解4图

5. **解**　研究轮 C(带重物 D),受力如解5图所示,$F_I=\dfrac{Q}{g}a$,$M_I=\dfrac{P}{2g}r^2\alpha$

$$\sum M_C = 0 \quad (F_I + Q - F)r + M_I = 0$$

$$a = \frac{2(F-Q)g}{2Q+P} = \frac{2(250-200)g}{2\times 200+100} = 0.2g = 2\ \mathrm{m/s^2} \quad (3\ 分)$$

$$\sum F_y = 0 \quad F_{BC}\sin\theta - F\sin\theta - Q - P - F_I = 0$$

$$F_{BC} = F + \frac{2Q(P+2F)}{2Q+P} + 2P = 930\ \mathrm{N} \quad (2\ 分)$$

$$\sum F_x = 0 \quad -F_{AC} + F\cos\theta - F_{BC}\cos\theta = 0 \quad 图(3\ 分)$$

$$F_{AC} = -\sqrt{3}\left(P + \frac{Q(P+2F)}{2Q+P}\right) = -340\sqrt{3}\ \mathrm{N} \quad (2\ 分)$$

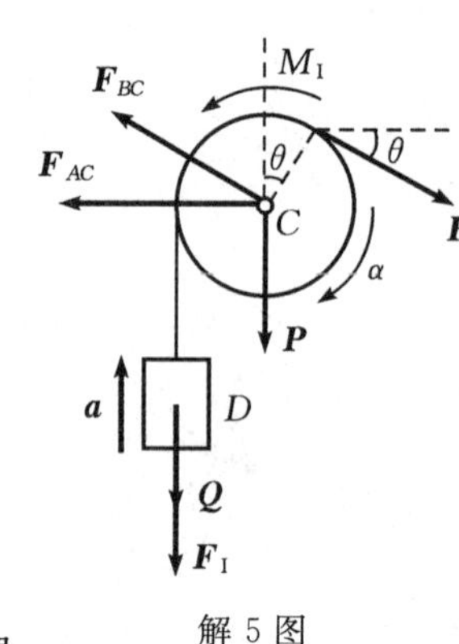

解 5 图

6.**解** 取圆盘为研究对象，受力如解 6 图所示。圆盘从 A 位置到 B 位置，力的功为

$$\sum W = 3GR + \frac{1}{2}k(\delta_1^2 - \delta_2^2)$$

$\delta_1 = 8R - \sqrt{(4R)^2 + (3R)^2} = 3R, \delta_2 = 8R - 7R = R$

初始时，系统静止，动能 $T_1 = 0$

末瞬时，系统动能 $T_2 = \frac{1}{2}J_{O_1}\omega_{O_1}^2 + \frac{1}{2}\frac{G}{g}v_{O_1}^2 = \frac{3G}{4g}v_{O_1}^2$

由 $\sum W = T_2 - T_1$

求得 $v_{O_1} = 2\sqrt{\left(R + \frac{4kR^2}{3G}\right)g}$ （含图 10 分）

圆盘在 B 点时：$\frac{G}{g}\frac{v_{O1}^2}{3R} = F_N - k\delta_2 - G$

法向反力为：$F_N = \frac{4(3G+4kR)}{9} + kR + G = \frac{7}{3}G + \frac{25}{9}kR$

由于盘在运动过程中速度瞬心到质心 O_1 的距离恒为 R

圆盘在 B 点时：$J_B\alpha_{O_1} = \sum M_B(\boldsymbol{F}) = 0, \alpha_{O_1} = 0$

又由 $\quad J_{O_1}\alpha_{O_1} = \sum M_{O_1}(\boldsymbol{F}) = F_s R$

摩擦力 $\quad F_s = 0$ （10 分）

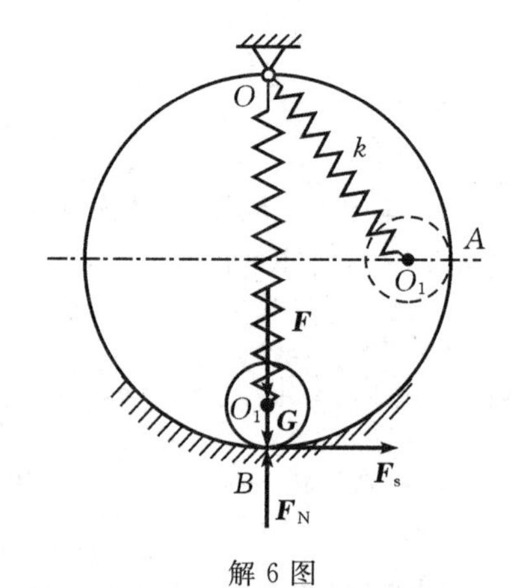

解 6 图

7.**解** 用解析法，设 $AB = BC = L$，建立图示坐标系。

$y_E = \frac{1}{2}L\cos\theta \quad \delta y_E = -\frac{1}{2}L\sin\theta\delta\theta$

$y_F = \frac{3}{2}L\cos\theta \quad \delta y_F = -\frac{3}{2}L\sin\theta\delta\theta$

$y_C = 2L\cos\theta \quad \delta y_C = -2L\sin\theta\delta\theta$

$y_D = x_B + c_0 \quad x_B = L\sin\theta \quad \delta x_B = L\cos\theta\delta\theta$

（虚位移含图 4 分）

由虚位移原理：

$-P\delta y_C - Q_1\delta y_E - Q_1\delta y_F - Q_2\delta x_B = 0$ （4 分）

得 $(2P + 2Q_1)\sin\theta - Q_2\cos\theta = 0$

$P = (Q_2\cot\theta - 2Q_1)/2 = 25\ \mathrm{N}$ （2 分）

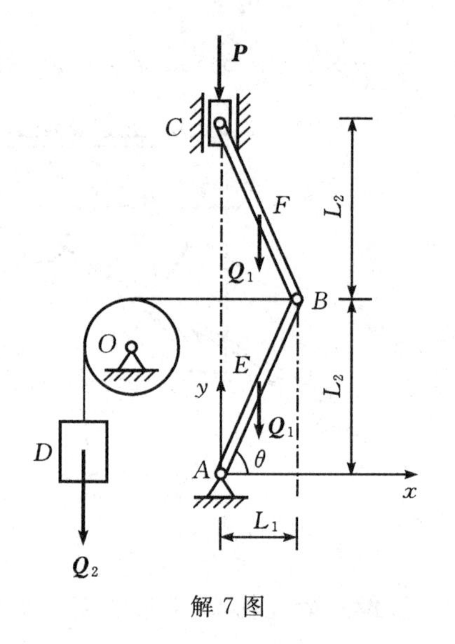

解 7 图

附录 2　工程力学(理论力学部分)考研自测题及解答

(时间为 90 分钟)

工程力学(理论力学部分)考研自测题

一、简答题(每小题 5 分,共 15 分)

1. 力系向某点简化的一般结果是什么?该力系能进一步简化为合力的条件是什么?

2. 什么是刚体的平面运动?求平面运动刚体上点的速度有哪些常用方法?

3. 什么是虚位移?虚位移与实位移有哪些异同?

二、计算题(每小题 20 分,共 60 分)

4. 平面构架如图所示,C、D 处均为铰链连接,BH 杆上的销钉 B 置于 AC 杆的光滑槽内,力 $F=200$ N,力偶 $M=100$ N·m,不计各构件重量,$AB=BC=0.8$ m,求 A、B、C 处的受力。

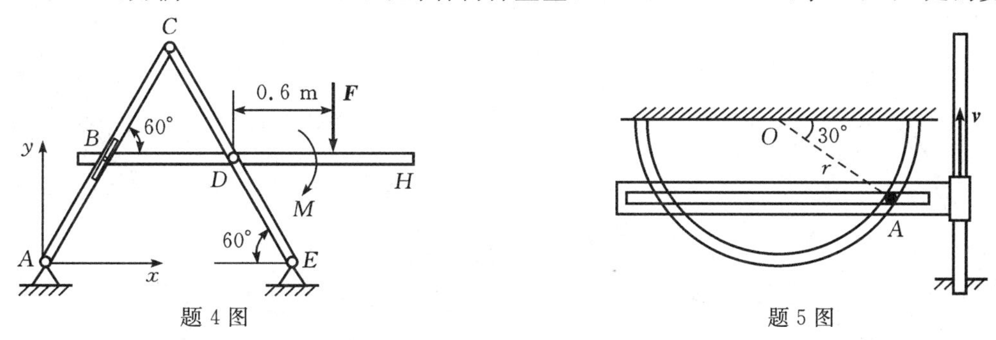

题 4 图　　　　题 5 图

5. 平面机构如图所示,销钉 A 由水平槽杆带动,使其在半径为 $r=200$ mm 的固定半圆槽内运动。设槽杆以匀速 $v=400$ mm/s 向上运动,求销钉 A 在图示位置时的绝对速度和绝对加速度。

6. 在图示系统中,已知:塔轮 C 的质量为 m_1,半径分别为 R 和 r,对其中心轴 C 的回转半径为 ρ,可在水平轨道上作纯滚动;滑轮 B 的质量不计;物块 A 的质量为 m_2,绳 EH 段与水平面平行,绳与滑轮间无相对滑动,不计绳重及轴承 B 处的摩擦。当物块 A 由静止开始下降距离 s 时,试求:(1)物块 A 的加速度 $\boldsymbol{a}_A$;(2)水平段 EH 绳子的拉力;(3)塔轮触地点 D 处的摩擦力(可表示为 $\boldsymbol{a}_A$ 的函数)。

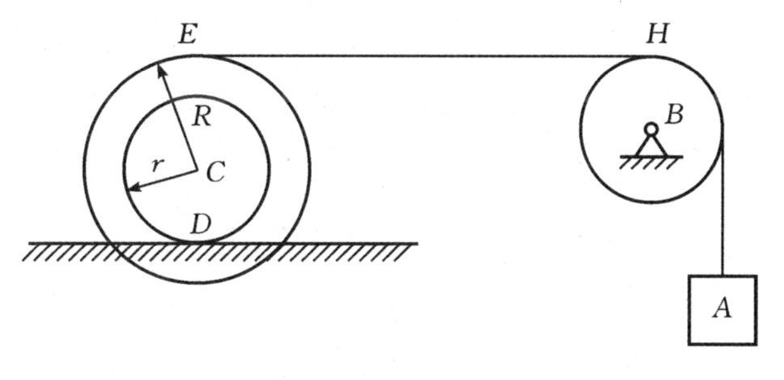

题 6 图

解 答

一、简答题

1. 力和力偶;主矩为 0、主矢不为 0,或主矢、主矩均不为 0,但主矢垂直主矩。
2. (1)刚体平面运动:在运动过程中,刚体内任一点到某一固定平面的距离始终保持不变。
   (2)常用的求速度方法:基点法、速度投影法、速度瞬心法。
3. (1)虚位移:质点或质点系在给定瞬时不破坏约束而为约束所许可的任何微小位移。
   (2)异同点:
   ①不同点。
   虚位移:假想的无限小量;产生虚位移无需时间,虚位移是一个集合。
   实位移:实际发生的有限量或无限小量;须消耗一定时间且与受力及运动的初始条件有关。
   ②相同点:都必须为约束所允许。

二、计算题

4. **解** (1)取整体为研究对象,受力如解 4 图(a)所示

$$\sum M_E(\boldsymbol{F})=0,-F_{Ay}\times 1.6-M-F\times 0.2=0$$

$$F_{Ay}=-87.5\ \text{N}\quad (5\ 分)$$

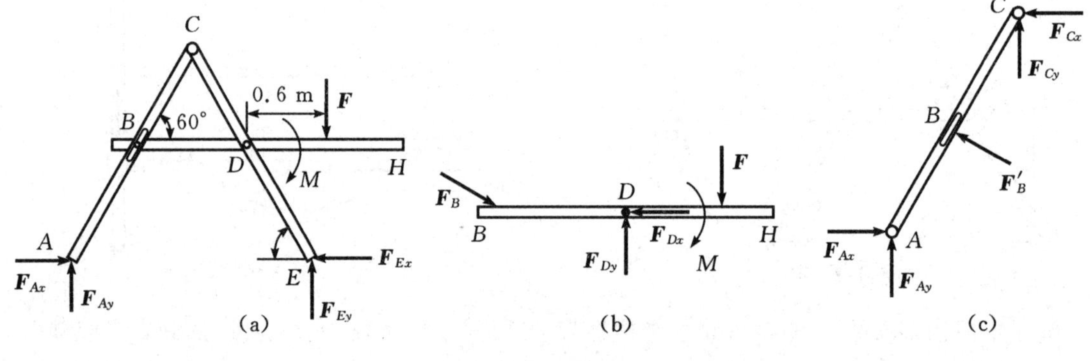

解 4 图

(2)取杆 BDH 为研究对象,受力如解 4 图(b)所示

$$\sum M_D(\boldsymbol{F})=0,\quad F_B\cdot\sin 30^\circ\times 0.8-M-F\times 0.6=0$$

$$F_B=550\ \text{N}\quad (5\ 分)$$

(3)取杆 ABC 为研究对象,受力如解 4 图(c)所示

$$\sum X=0,F_{Ax}-F_{Cx}-F'_B\cos 30^\circ=0$$

$$\sum Y=0,F_{Ay}+F_{Cy}+F_B\sin 30^\circ=0$$

$$\sum M_C(\boldsymbol{F})=0,F_{Ax}\times 1.6\times\cos 30^\circ-F_{Ay}\times 1.6\times\sin 30^\circ-F'_B\times 0.8=0$$

得 $F_{Ax}=267\ \text{N},F_{Cx}=-209\ \text{N},F_{Cy}=-187.5\ \text{N}$ (10 分)

5. 解　动点:销钉 A,动系:水平槽杆。

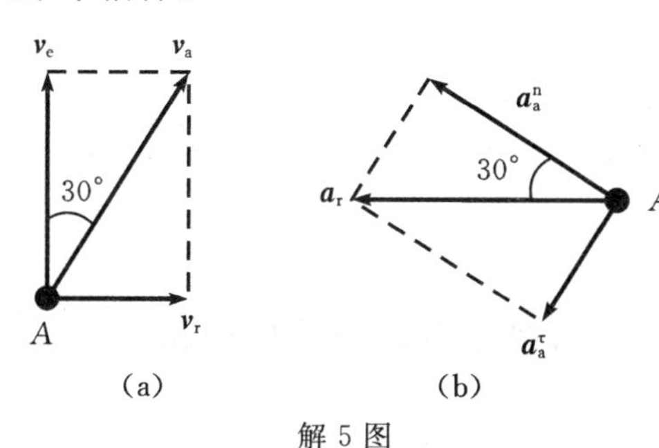

解 5 图

速度分析如解 5 图(a)所示

$$\boldsymbol{v}_a = \boldsymbol{v}_e + \boldsymbol{v}_r, v_e = v$$

$$v_a = \frac{v_e}{\cos 30^\circ} = \frac{800\sqrt{3}}{3}\ \mathrm{mm/s}\quad (10\ 分)$$

加速度分析如解 5 图(b)所示

$$\boldsymbol{a}_a^n + \boldsymbol{a}_a^\tau = \boldsymbol{a}_r, a_a^n = \frac{v_a^2}{r} = \frac{3200}{3}\ \mathrm{mm/s^2}$$

$$a_a = a_r = \frac{a_a^n}{\cos 30^\circ} = \frac{3200}{3} \times \frac{2}{\sqrt{3}} = \frac{6400\sqrt{3}}{9}\ \mathrm{mm/s^2},水平向左\quad (10\ 分)$$

6. 解　(1)取系统为研究对象,系统受理想约束。

设物块 A 由静止开始下降距离 s 时的速度为 $\boldsymbol{v}_A$。

$$\omega_C = \frac{v_A}{R+r}, v_C = \omega_C \cdot r = \frac{r}{R+r} v_A$$

$$T = \frac{1}{2}J_C\omega_C^2 + \frac{1}{2}m_1 v_C^2 + \frac{1}{2}m_2 v_A^2 = \frac{1}{2}(m_1\rho^2)\left(\frac{1}{R+r}\right)^2 v_A^2 + \frac{1}{2}m_1\left(\frac{r}{R+r}\right)v_A^2 + \frac{1}{2}m_2 v_A^2$$

$$W = m_2 gs$$

$\dfrac{\mathrm{d}T}{\mathrm{d}t} = \dfrac{\mathrm{d}W}{\mathrm{d}t}$,注意 $\dfrac{\mathrm{d}s}{\mathrm{d}t} = v_A$,$\dfrac{\mathrm{d}v_A}{\mathrm{d}t} = a_A$

解得　$a_A = \dfrac{m_2 g}{m_1 \dfrac{\rho^2 + r^2}{(R+r)^2} + m_2}$　(10 分)

(2)　取轮 C 为研究对象,受力如解 6 图所示

由于速度瞬心 D 到质心 C 的距离始终为 r

$$J_D\alpha_C = F_{EH}(R+r)$$

$$\alpha_C = \frac{a_A}{R+r}$$

$$F_{EH} = \frac{\rho^2 + r^2}{(R+r)^2} m_1 a_A$$

(3) $J_C\alpha_C = F_{EH}R + F_s r$

$F_s = \dfrac{\rho^2 - rR}{(R+r)^2} m_1 a_A$　(10 分)

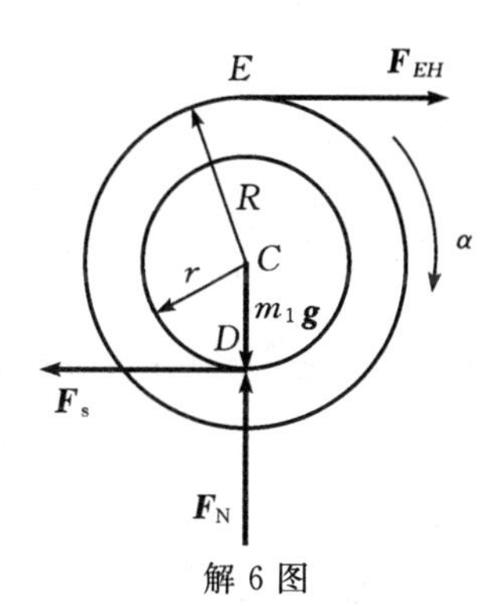

解 6 图

附录3 理论力学考研自测题及解答

理论力学考研自测题

一、填空题(每空3分,共45分;请将答案填入划线内。)

1. 图示长方体的边长为 $a=3r,b=\sqrt{3}r,c=r$,作用大小均等于 F 的主动力 $\boldsymbol{F}_1$ 和 $\boldsymbol{F}_2$,在上表面作用一大小等于 $\frac{\sqrt{3}}{2}Fr$ 的力偶矩 M,则 $\boldsymbol{F}_1$ 在 x 轴的投影为________,$\boldsymbol{F}_1$ 对 x 轴的矩为________,$\boldsymbol{F}_1$ 对 O 点之矩为____________。该力系向 O 点简化的主矢 $\boldsymbol{F}_R'=$________,主矩 $\boldsymbol{M}_O=$____________。

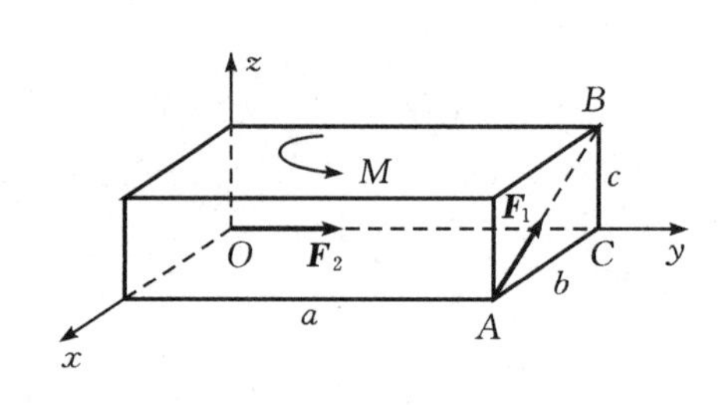

题1图

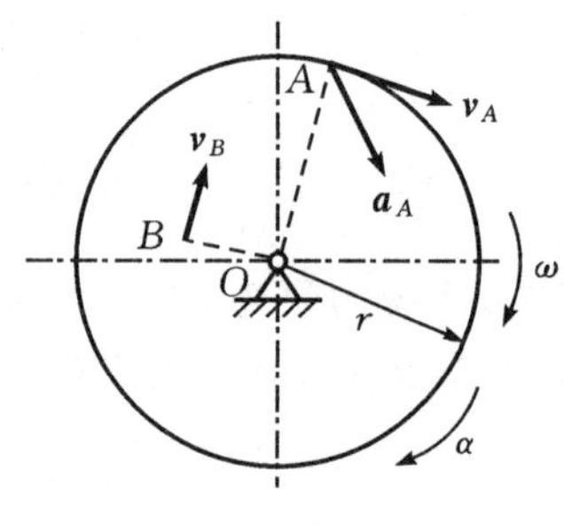

题2图

2. 一绕轴 O 转动的皮带轮,某瞬时轮缘上点 A 的速度大小 $v_A=50$ cm/s,加速度大小 $a_A=150$ cm/s^2;轮内另一点 B 的速度大小 $v_B=10$ cm/s。已知 A、B 两点到轮轴的距离相差20 cm,则该瞬时皮带轮的角速度 $\omega=$______ rad/s,角加速度 $\alpha=$______ rad/s^2。

3. 半径均为 r 的两轮用长为 l 的杆 O_2A 相连如图;前轮轮心 O_1 匀速运动,其速度为 $\boldsymbol{v}$,两轮皆作纯滚动。则图示位置时,后轮角速度的大小等于______,角加速度的大小等于______。

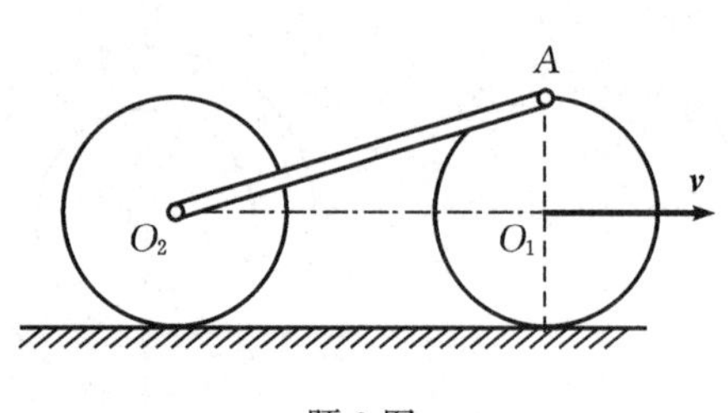

题3图

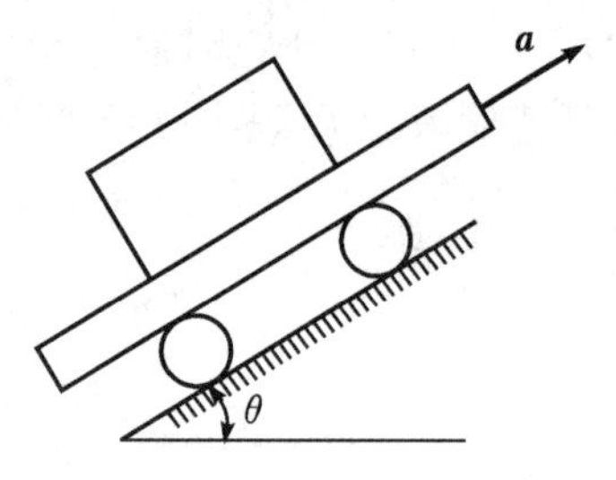

题4图

4. 小车载着质量为 m 的物体以加速度 $\boldsymbol{a}$ 沿着斜坡上行,如果物体不捆扎,也不致于掉下,物体与小车接触面的摩擦系数至少应为__________。

5. 行星齿轮机构在水平面内运动，质量为 m 的均质曲柄 AB 以匀角速度 ω 绕 A 轴转动，并带动行星齿轮Ⅰ在固定齿轮Ⅱ上作纯滚动。齿轮Ⅰ的质量为 m_1，半径为 r_1，定齿轮Ⅱ的半径为 r_2，杆与轮铰接处的摩擦均忽略不计。则在图示瞬时机构的动量大小 $P=$__________；对 A 轴动量矩的大小 $L_A=$__________；动能 $T=$__________；惯性力系向 A 轴简化所得惯性主矢大小 $F'_{IR}=$__________，惯性主矩大小 $M_{IA}=$__________。

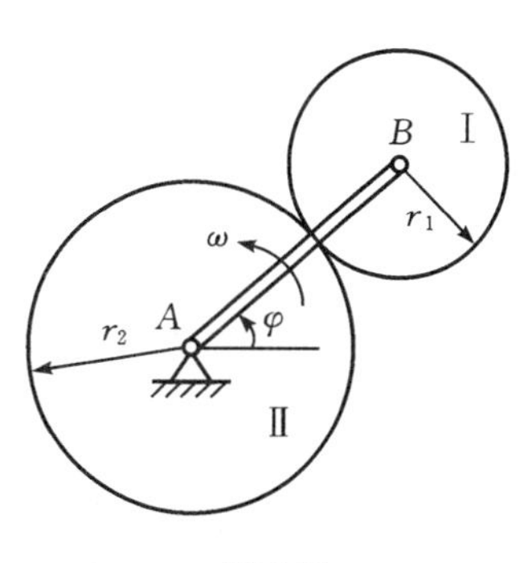

题 5 图

二、计算题(共 4 题，共 105 分)

6. (30 分)如图所示，位于水平梁上的起重机自重为 $G=50$ kN，重心位于铅直线 DC 上，载重为 $P=10$ kN。已知 $AC=c=4$ m，$CB=b=8$ m，$KL=d=4$ m，$JC=CQ=a=1$ m，不计梁重。求 A、B 处的约束反力。

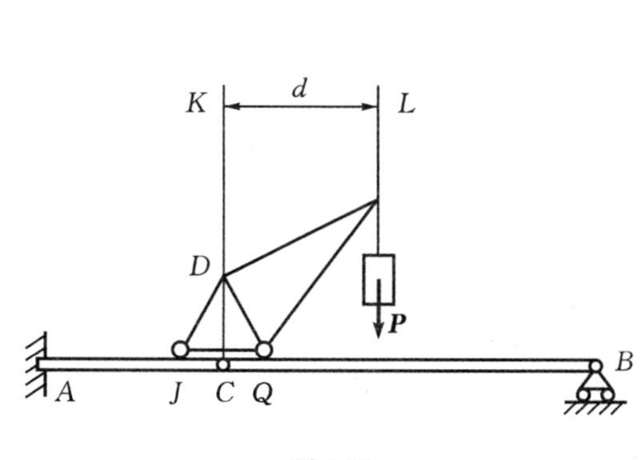

题 6 图

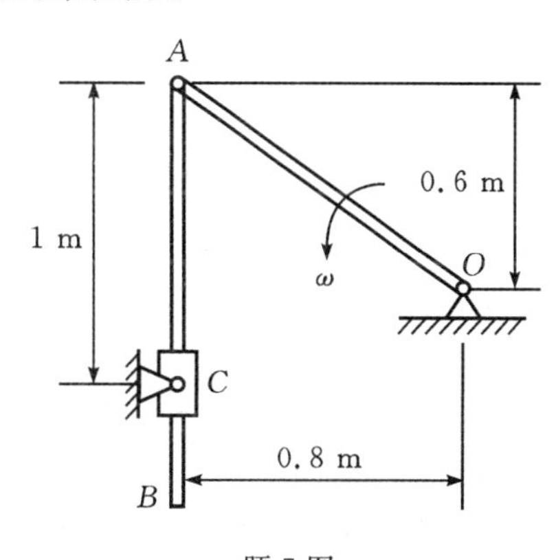

题 7 图

7. (30 分)平面机构如图所示，曲柄 OA 绕轴 O 以匀角速度 $\omega=2.5$ rad/s 在平面内转动，杆 AB 可在套筒 C 内滑动。在图示位置试求套筒 C 的角速度和角加速度。

8. (30 分)质量为 m、半径为 r 的圆柱，开始时质心 C 位于与 OB 同一高度上。设圆柱由静止开始沿斜面滚动而不滑动，当它滚到半径为 R 的圆弧段 $\overset{\frown}{AB}$ 上时，求在任意 θ 位置上圆柱对圆弧的正压力和摩擦力。

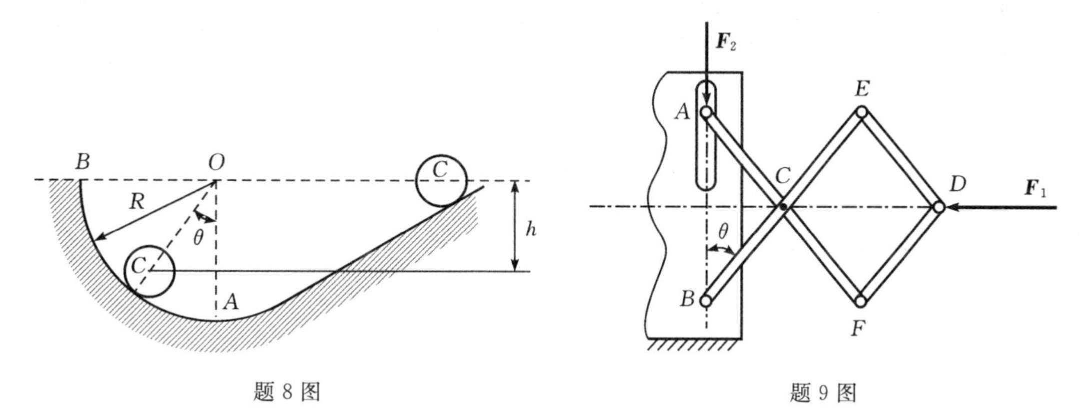

题 8 图　　题 9 图

9. (15 分)如图所示平面机构，D 点作用一水平力 $\boldsymbol{F}_1$，求保持机构平衡时主动力 $\boldsymbol{F}_2$ 的值。图示 $AC=BC=EC=DE=FC=DF=l$。

解 答

1. $-\frac{\sqrt{3}}{2}F$, $1.5Fr$, $(1.5\boldsymbol{i}-\frac{\sqrt{3}}{2}\boldsymbol{j}+1.5\sqrt{3}\boldsymbol{k})Fr$, $(-\frac{\sqrt{3}}{2}\boldsymbol{i}+\boldsymbol{j}+\frac{1}{2}\boldsymbol{k})F$, $(1.5\boldsymbol{i}-\frac{\sqrt{3}}{2}\boldsymbol{j}+2\sqrt{3}\boldsymbol{k})Fr$

2. 2 ,$2\sqrt{5}$

3. $\frac{2v}{r}$,$\frac{v^2}{r\sqrt{l^2-r^2}}$

4. $\frac{(a+g\sin\theta)}{g\cos\theta}$

5. $\left(\frac{m}{2}+m_1\right)(r_1+r_2)\omega$, $(r_1+r_2)^2\cdot m_1\omega+\frac{1}{2}m_1r_1(r_1+r_2)\omega+\frac{1}{3}m(r_1+r_2)^2\omega$,

$\left(\frac{1}{6}m+\frac{3}{4}m_1\right)(r_1+r_2)^2\omega^2$, $\left(\frac{m}{2}+m_1\right)(r_1+r_2)\omega^2$, 0

6. **解** (1)取起重机为研究对象,受力如解 6 图(a) (3 分)

$$\sum M_J(\boldsymbol{F})=0,\quad F_2 2a-P(a+d)-Ga=0$$

$$F_2=50\ \text{kN}\quad (5\ 分)$$

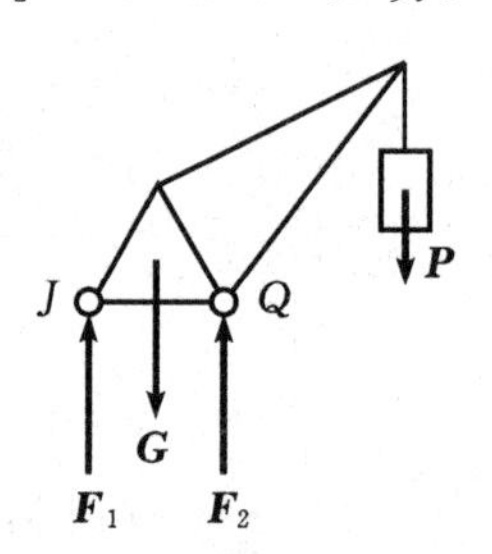

(a)

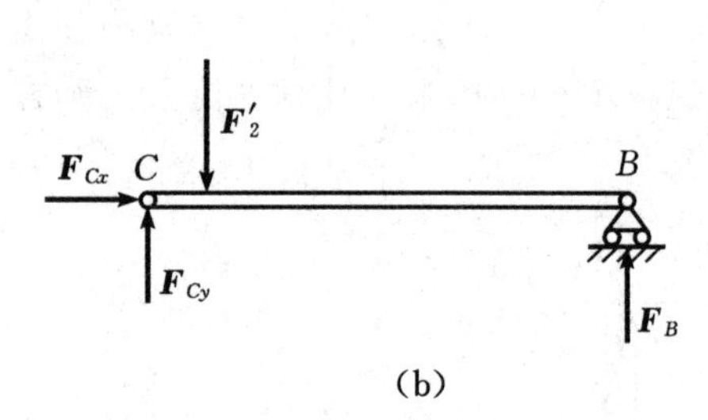

(b)

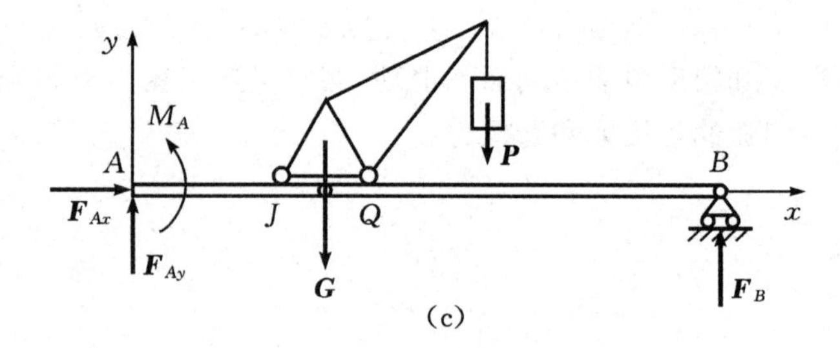

(c)

解 6 图

(2)选 CB 梁为研究对象,受力如解 6 图(b) (3 分)

$$\sum M_C(\boldsymbol{F})=0,\quad F_Bb-F_2'a=0$$

$$F_B=6.25\ \text{kN}\quad (5\ 分)$$

(3)取整体为研究对象,受力如解 6 图(c) (4 分)

$$\sum F_x = 0,\quad F_{Ax} = 0$$

$$\sum F_y = 0,\quad F_{Ay} - G - P + F_B = 0, F_{Ay} = 53.75\ \text{kN}$$

$$\sum M_A(\boldsymbol{F}) = 0,\quad M_A - Gc - P(c+d) + F_B(c+b) = 0$$

$$M_A = 205\ \text{kN} \cdot \text{m}\quad (10\ 分)$$

7. **解**　取动点为 A，动系固接于套筒

(1)速度分析如解 7 图(a)所示　(5 分)

$$\boldsymbol{v}_\text{a} = \boldsymbol{v}_\text{e} + \boldsymbol{v}_\text{r}$$

$v_\text{e} = v_\text{a}\cos\theta = 2.5 \times 1 \times 0.6 = 1.5\ \text{m/s}$

$v_\text{r} = v_\text{a} \cdot \sin\theta = 2\ \text{m/s}$

$\omega_C = \dfrac{v_\text{e}}{AC} = \dfrac{1.5}{1} = 1.5\ \text{rad/s}$ 逆时针　(10 分)

(2)加速度分析如解 7 图(b)所示　(5 分)

$$\boldsymbol{a}_\text{a}^\text{n} = \boldsymbol{a}_\text{e}^\text{n} + \boldsymbol{a}_\text{e}^\tau + \boldsymbol{a}_\text{r} + \boldsymbol{a}_\text{c}$$

向水平方向投影：

$a_\text{a}^\text{n}\sin\theta = -a_\text{e}^\tau + a_\text{c}$

$\omega^2 \cdot OA \cdot \sin\theta = -\alpha_C^2 \cdot AC + 2 \cdot \omega_C \cdot v_\text{r}$

$\alpha_C = 1\ \text{rad/s}^2$ 逆时针　(10 分)

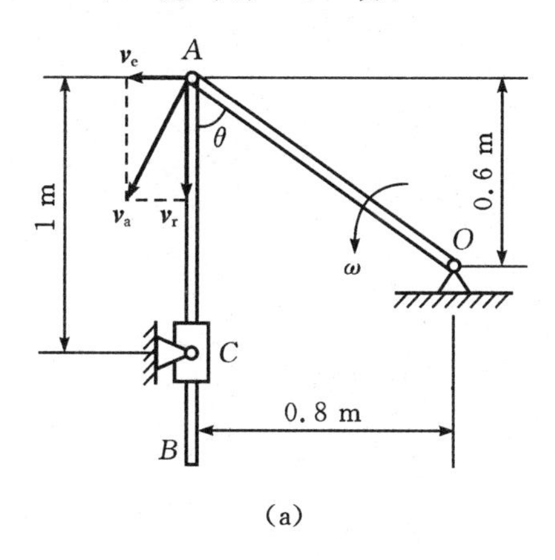

(a)

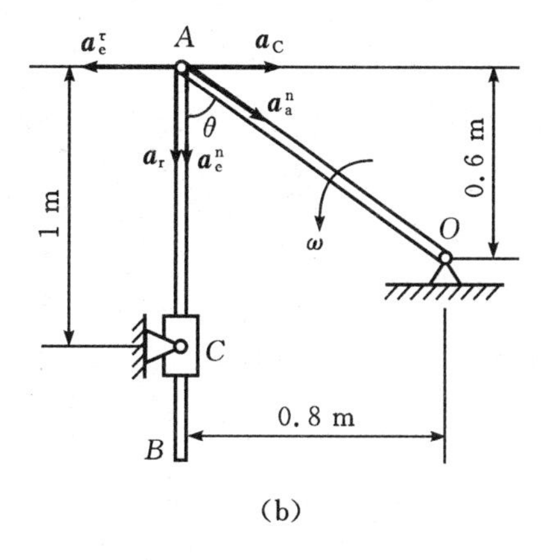

(b)

解 7 图

8. **解**　取圆柱体为研究对象，当其下落到 $\overset{\frown}{AB}$ 段任意位置，重力的功为

$$W = mgh = mg(R-r)\cos\theta\quad (5\ 分)$$

初始时，系统静止，动能 $T_1 = 0$

任意 θ 位置时，系统动能 $T_2 = \dfrac{1}{2}J_C\omega^2 + \dfrac{1}{2}mv^2 = \dfrac{3}{4}mv^2$

由动能定理：$\sum W = T_2 - T_1$ 求得：

$v = \sqrt{\dfrac{4}{3}g(R-r)\cos\theta}$　(10 分)

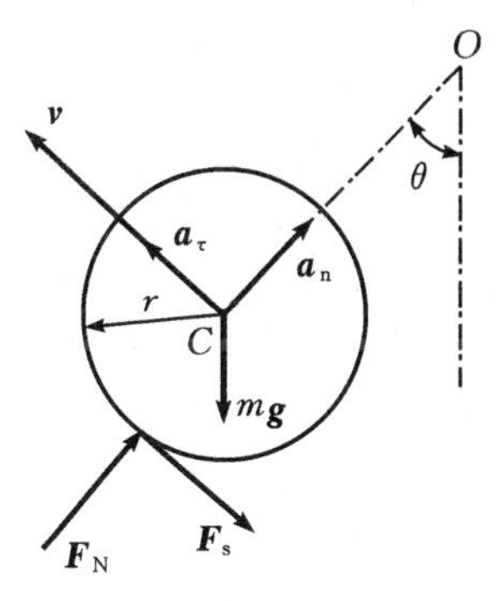

解 8 图

圆柱体受力与运动分析如解 8 图所示 （5 分）

刚体平面运动微分方程为

$$ma_C^{\tau}=-mg\sin\theta-F_s$$

$$m\frac{v^2}{R-r}=F_N-mg\cos\theta$$

$$\frac{1}{2}mr^2\alpha_C=F_s r$$

补充方程：$\alpha_C=\dfrac{a_\tau}{r}$

联立求得：$F_N=\dfrac{7}{3}mg\cos\theta, F_s=-\dfrac{1}{3}mg\sin\theta$ （10 分）

9. **解** 取整个系统为研究对象，建立坐标系 Bxy 如解 9 图所示，则有

$y_A=2l\cos\theta \qquad \delta y_A=-2l\sin\theta\delta\theta$

$x_D=3l\sin\theta \qquad \delta x_D=3l\cos\theta\delta\theta$ （5 分）

根据虚功方程有

$$-F_2\delta y_A-F_1\delta x_D=0$$

得到：$F_2=\dfrac{3}{2}F_1\cot\theta$ （10 分）

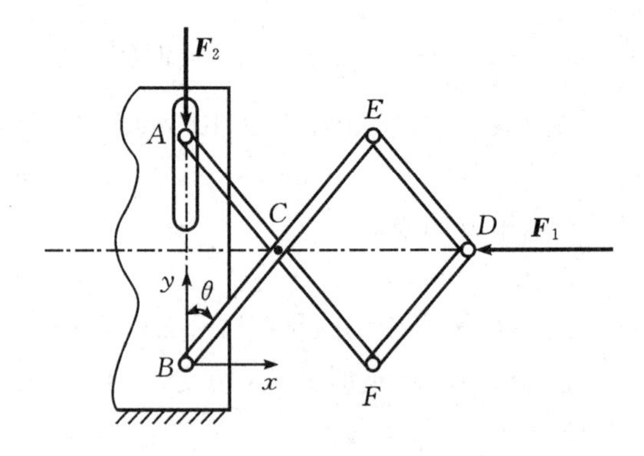

解 9 图